中侨彩图馆

刘凤珍 主编

精神分析引论彩图馆

（奥）弗洛伊德 著

崔雪娇 编译

中国华侨出版社

图书在版编目（CIP）数据

精神分析引论彩图馆 /（奥）弗洛伊德著 ；崔雪娇
编译 . — 北京 ：中国华侨出版社，2015.12
（中侨彩图馆 / 刘凤珍主编）
ISBN 978-7-5113-5868-4

Ⅰ . ①精… Ⅱ . ①弗… ②崔… Ⅲ . ①精神分析－普
及读物 Ⅳ . ① B84-065

中国版本图书馆 CIP 数据核字（2015）第 302971 号

精神分析引论彩图馆

著　　者 /（奥）弗洛伊德

编　　译 / 崔雪娇

丛书主编 / 刘凤珍

总 审 定 / 江　冰

出 版 人 / 方　鸣

责任编辑 / 文　卿

装帧设计 / 贾惠茹 杨　琪

经　　销 / 新华书店

开　　本 /720mm×1020mm　1/16　印张：27.5　字数：605 千字

印　　刷 / 北京鑫国彩印刷制版有限公司

版　　次 /2016 年 5 月第 1 版　　2016 年 5 月第 1 次印刷

书　　号 /ISBN 978-7-5113-5868-4

定　　价 /39.80 元

中国华侨出版社　北京市朝阳区静安里 26 号通成达大厦 3 层　邮编：100028

法律顾问：陈鹰律师事务所

发行部：（010）64443051　　　　传真：（010）64439708

网　址：www.oveaschin.com　　　　E-mail: oveaschin@sina.com

F 编者序
oreword

在19世纪之前，心理学是属于哲学范畴的。在19世纪中期，自然科学的发展对早期心理学产生了极大的影响，这个时候心理学的研究也逐渐开始重视实验方法的使用。德国的费希纳在1860年开创了心理物理学，德国的艾宾浩斯开创记忆的实验研究。冯特于1879在莱比锡大学建立了世界上第一个心理学实验室，标志着科学心理学的诞生。这也是心理学实验方法的运用使这一学科成为科学的转折点。之后的100多年，随着心理学派的增加和发展，也使得这一学科的体系不断完善。

弗洛伊德在1900年出版的《梦的解析》一书标志着现代心理学的建立。他的另一部巨著《精神分析引论》则比较系统地深入浅出地介绍了精神分析的一般理论。精神分析是一种治疗神经病的方法，也是一种研究心理功能的技术，后来便成为一种心理学的理论，也是现代心理学的一个重要学派。精神分析对人类学、医学、心理学，甚至于史学、文学艺术和哲学都产生了不同程度的影响。

精神分析体系是以自我或超我与潜意识欲望的矛盾为基础的。他在文中提到的过失心理学以及神经病症的解释都是建立在这个基础之上的。

弗洛伊德在此书中提出了关于"性"的话题，人们误以为他是性生活的自由主义者。但事实上，他却不是这样的人。舒尔茨说："值得我们注意的是，弗洛伊德虽然这样热烈地强调'性'在我们情绪生活中的作用，但他个人对于'性'却始终坚持一种极端否定的态度。他时常会提醒告知'性'的危险，甚至对非神经病者来说也是这样，他告知人们必须努力克服一般动物的需要。他说，过于频繁的性行为是会使人堕落的，会污损精神和肉体的。他本人在41岁时，便已完全没有性行为了。"

所以，我们应该正确地认识弗洛伊德，他"不是改良派，而只是观察派"，或仅仅只是治疗神经病的医生而已。他在治疗病人时，发现病人的本能欲望不能很好地发泄出来而压抑成病。因此，他认为人世间的道德法律要求人对于"性"的牺牲，往往超出了人们所能负担的程度，所以，他将"性"强调到了一个不适当的程度，以致造成了理论上的乖谬。

弗洛伊德的影响力在心理学家中是极为罕见的。他对心理学的主要贡献是关于人类动机的研究，就如波林所说，"动力心理学的重要来源当然是弗洛伊德"。人们都知道，冯特及其学生的实验心理学，继承了联想心理学和生理心理学的传统，从事感知觉的研究，重视意识的内省分析，对于人的行为及其动力或动机的分析是比较忽视的。但是弗洛伊德的精神分析对却对传统的实验心理学起了很好的补充作用。所以，引起了人们的重视和欢迎。

美国《图书》杂志曾经这样评价弗洛伊德："世界上如果没有弗洛伊德，20世纪可能会大不相同，我们不会对自己的内心世界有如此深的了解，而且这个时代也会少许多优秀的艺术家。"

美国学者欧内斯特·琼斯曾这样评价弗洛伊德的《精神分析引论》："精神分析已经由弗洛伊德这位最合适的作者填补了，我们临床的医生甚至是整个心理医学界都应该感谢他所付出的努力。以后在研究相关问题时，我们可以毫不迟疑地说：'这是一本开始研究精神分析的好书。'"

尽管人们对弗洛伊德的学说存在着质疑，但他本人还是以极大的勇气和评判精神大胆地为我们揭示了人类不为人知的内心世界。

《精神分析引论》是学习精神分析学的标准入门教材，此书完成于1915~1917年，是由弗洛伊德在维也纳大学讲授精神分析学说的演讲稿组成的。全书总共有3卷：过失心理学、梦和神经病通论，共分28章。此书用通俗、简洁的语言、深入浅出地为我们讲述了精神分析学说的基本理论和方法。

而本书最大的特点就是运用插图和图解的形式，用更为形象化的画面，全方位、立体式阐述弗洛伊德思想的精髓。弗洛伊德对梦境及生命中潜意识的透视，引导着人类更加彻底地了解了自己，同时对此所涉及的人文领域都留下了难以复制的影响。

本书有近300多幅插图，极大地丰富了我们的大脑，将人类不凡的思想表现得更为灵活、生动，形式的多变，使得原著的精要思想更加凸显，同时也规避了晦涩难懂的表述方式，是每一代学人都值得收藏的心灵书籍。

当然由于人类对精神分析的探索是永无止境的，再加上精神分析学的理论深度以及编者自身水平的限制，我们在出版这本书难免会出现一些错误和纰漏，我们在此诚恳地希望读者朋友提出宝贵的建议，以便我们在以后的工作中加以改进和更正。

目录
Contents

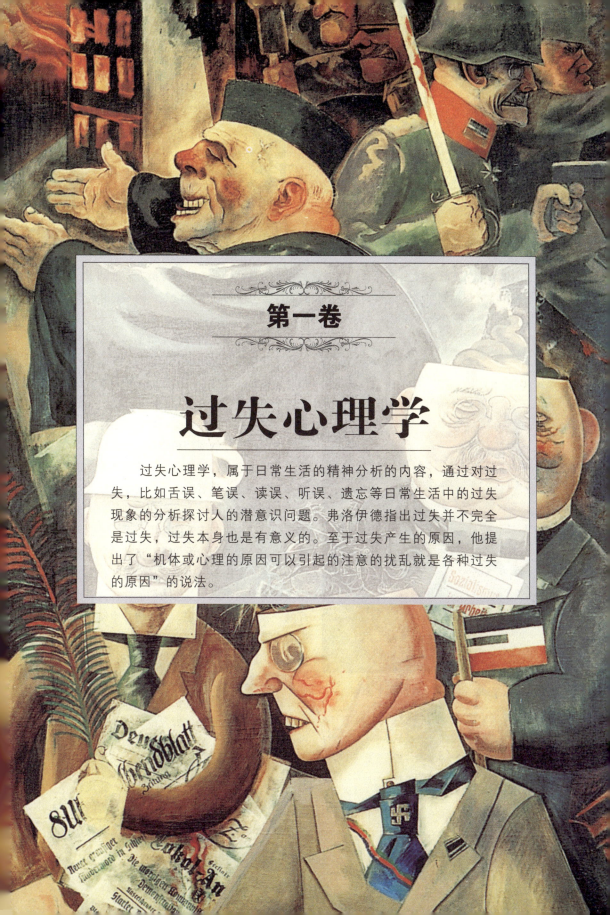

第一卷

过失心理学

  过失心理学，属于日常生活的精神分析的内容，通过对过失，比如舌误、笔误、读误、听误、遗忘等日常生活中的过失现象的分析探讨人的潜意识问题。弗洛伊德指出过失并不完全是过失，过失本身也是有意义的。至于过失产生的原因，他提出了"机体或心理的原因可以引起的注意的扰乱就是各种过失的原因"的说法。

第一章

绪　论

　　诸位可能从平日的读书或者看新闻中或多或少知道一些有关精神分析方面的知识，但是我并不清楚你们对此了解多少。鉴于我的题目是"精神分析引论"，顾名思义，所以我只好假设你们对于这一领域一无所知，需要我从头讲给你们听。

精神分析学的鼻祖　弗洛伊德 摄影

　　西格蒙德·弗洛伊德（1856.5.6~1939.9.23），犹太人，奥地利精神病医生及精神分析学家，精神分析学派的创始人。弗洛伊德的精神分析理论不仅作为一种心理学派对心理学的发展起了巨大的推动作用，而且在一些资本主义国家里，弗洛伊德主义同样作为一种哲学思潮在一般意识形态领域也得到了广泛的传播。

　　也许大家对精神分析了解不够，不过有一件事我觉得你们应该是知道的，那就是：精神分析是治疗神经错乱症的一种方法。这个方法与其他治疗方法是截然不同的。一般来说，医生想要患者接受一种新的治疗时，都会对这一治疗的便利和疗效夸大其辞，以使患者相信自己能被治愈。以我的观点，这种方法也不错，患者安然接受治疗，疗效通常会有所增加。不过若是运用精神分析法来治疗神经病患者，那我们采用的手段可就大不一样了。我们会告诉患者，这种治疗方法使用起来十分困难，需要很长的时间，而他本人也需要付出极大的努力和牺牲；而对于疗效，我们也并不确定，如果他希望痊愈，就要自己去了解、适应这种治疗方法，不仅要努力，还要学会忍耐。

　　为什么我们要采取这种迥异于常规的治疗态度？这当然有其合理的原因了，这些原因接下来我会慢慢告诉各位。可能你们会觉得我在演讲时，就像对待神经病患者一样对待你们，如果你们觉得不适的话，那么我奉劝你们不用来听我的下一次演讲。我现在为大家讲述的，只是一些关于精神分析的并不完整的知识，当然这些知识也不足以使你们对精神分析形成一种清晰的认识。你们所接受的教育，你们的思维惯性，都会使你们不自觉地对精神分析产生排斥，如果你们希望能真正了解我说的话，恐怕你们必须努力克服这种本能的抵抗。我不能断定，我这次的讲演到底会让你们对于精神分析有多少理解，不过有一点我想我很明白，那就是你们在听完我的演讲后，绝不会学会如何去研究精神分析，更不会运用精神分析做治疗。还有一点，我想诸位当中会有人不满足浅尝辄止，希望能够更深入地了解精神分析，不过我必须对那位仁兄说，我不会鼓励你，反之，我要警告你，你的想法是非常危险的。根据目前的社会现实，选择了精神分析这一行业，他不会有在学术上成功的机会，如果他开始营业，他就会发现所有人都在以怀疑的眼光看着他，他会遭遇误解和敌视，甚至会受到一些不理智的人的迫害。现在整个欧洲都陷入了战争旋涡，到处民怨沸腾，你可以猜到他需要应付的麻烦绝对是无法估量的。

　　不过，一门新的学科总会吸引到一些人不顾一切地来了解和接受。各位当中如果有人就算是被严重警告，仍然坚持来听第二次演讲，那我绝对十分欢迎。然而我必须在你们入门之前告诉你们精神分析领域所存在的困难。

　　首先是精神分析的教学和阐述问题。在你们进行医学研究时，习惯用眼睛观察，比如说观察人体解剖的标本、观察试管中的沉淀物、观察神经受刺激后肌肉的收缩等；当你们从业时，你们就会接触患者，你们会用眼睛观察患者的症状、分析发病的原因、了解病理作用的效果；若是你们从事外科，你们可以看到手术的实施，甚至自己去尝试；而我们常见的神经病治疗，一般都是通过对患者的症状、怪异的表现、日常的言行等方面的观察，使我们的脑海中产生了一系列直观的印象，然后我们再对这些印象作进一步的分析。所以说，医学院的老师们在教学生时通常都是在说明和指导，他们就像是博物馆的导游，引导着你们去直接接触所观察的对象，只有你们亲身经历了，才会相信存在着这些事实。

　　不过精神分析就不一样了。可能会令人失望，但是精神分析的治疗中，医生除了与患者谈话之外，不会有任何其他方法。在这一治疗过程中，患者说出他过去的经历、对于现状的认知、倾诉心中的苦恼，然后表达出他的心情和希望，在患者诉说时，医生要静静地倾听，在适当时设法引导患者的思维，让他注意到一些事情，在他困惑时给予一些解释，并仔细观察他对此或肯定或否定的反应。患者的亲友只相信他们亲眼看到的，或者电影中所展示的治疗方法，对于"谈话也即治疗"这种方法无不表示怀疑，不过他们怀疑的原因纯粹是一种感性想象，根本不合逻辑。而且他们认为神经病患者所感知的病痛，只不过是他的胡思乱想，实际上根本就不存在。说话和巫术在本质上是一回事。我们运用话语可以使人喜悦，也可以打击人的信心，使人绝望。教授们运用话语传授给学生知识，使他们获得能力，演讲家运用话语使听众感动，以影响他们的选择。话语可以引起人们的情感波动，我们常用话语来感应彼此的心灵，它真算得上一个能有效影响他人的工具，这和巫术真的没什么区别。所以，我们不要看低心理治疗过程中的谈话，

治疗

图中一位抽着烟斗的人正在和一位裸体美人下棋，远看他们似乎就应该是这样的，没有什么不妥，远离看客对她裸体的评价，这是人类释放痛苦的一种方法，通过下棋可以暂时忘记这种困惑，我们也可以把它看成是一种心理治疗的方式。

如果你们听到医生与患者在进行语言上的交流，应该觉得安慰。

不过你们若想听到他们的谈话，恐怕也非常难。因为医生在对患者作精神分析的谈话时，是不允许有人旁听的，整个治疗过程也不能让公众知晓。我们在讲述神经病学时，有时会请神经衰弱症或癔病的患者来作自我介绍，不过他们至多会叙述一下自己的病症，绝不会再涉及其他。如果想要患者详细介绍他的病情，那只有在对治疗医生特别信任的情况下，而且在那种情况下一定不能有与患者没有关系的第三者在场，否则他会一直沉默着。我们希望患者说的都是他们内心深处的思想和情感，这是他们的秘密，他们不会愿意告诉别人，甚至于他们自己也不愿意知道。

所以说，你们无法去参观精神分析的治疗过程了。如果你们希望学习精神分析，那只能凭借道听途说了，不过这种间接地了解对于你们在精神分析这一领域形成独立的判断是非常困难的。所以，最好的办法是，你们要相信演说者所讲的内容。

假设你们现在不是在听精神病学，而是在上历史课，你们的教授给你们讲的是亚历山大大帝的传记和成功之道。那么，教授讲给你们的历史，你们凭什么相信它的真实性？实际上，亚历山大的事迹比之精神病学更不靠谱，为什么？因为历史教授们绝对没有参与过亚历山大大帝的战事，而精神分析教授们则绝不会没有实践治疗的经历。如果你请求历史教授们拿出证据证明他所讲的关于亚历山大大帝的历史，他可能会让你们去翻阅普鲁塔克、阿利安、狄奥多罗斯等人的记载，这些人所处的时代与亚历山大差不多；或者他会带你去欣赏他收藏的亚历山大时代的钱币和石雕以及描绘伊苏斯战争的油画。不过严格来讲，他所提供的这些证据只能使人相信亚历山大和他那些历史功绩的存在。所以你们可能又要开始批判了，或许你们觉得关于亚历山大的记载不够翔实，或许你们觉得一些重要的历史细节缺少足够的证明。不过，在你们离开教室后，我相信，你们绝不会去怀疑亚历山大大帝是否真的存在。原因有两点：一来，历史教授们绝不会要你们相信他们自己都怀疑的历史，因为这对他们有害无益；二来，自古以来，史学家对

亚历山大的伊苏斯之战 阿尔布雷希特·阿尔特多费尔 德国 板面油画 1529年 德国慕尼黑旧画廊收藏

　　伊苏斯之战是波斯国王大流士与马其顿大帝亚历山大之间的一场决定性战役。位于图中左方位置坐在马拉战车上的是亚历山大大帝，画上方吊着一幅巨大的镶板装饰，说明了亚历山大打败大流士的战绩，也突出了亚历山大大帝想要征服整个世界的野心。整个场面充满了戏剧性的冲突和强烈的战争气氛。

于重要历史人物和历史事件的记载，很少有自相矛盾之处。如果你们怀疑某人的记载有误，可以用两种方法来测验，第一是判断作伪对他来说有没有好处，第二就是查阅其他人的记载是否与他一致。运用这种测验方法，你们就可以得出亚历山大大帝在历史上是确凿无疑的存在这一结果，不过测验尼罗特和摩西的结果可能要差一些，毕竟他们比不上亚历山大在历史上那么显赫。将测验历史的方法用之于精神分析，你们就可以知道演说者关于精神分析的讲话有什么可怀疑之处了。

我想你们心中肯定会有这样的疑虑：我们无法公开参观精神分析的治疗过程，又缺少真实有效的证据，那么我们该如何来做研究，如何去相信它的实效？ 的确，研究精神分析是一件非常不容易的工作，而且目前对它有深入研究的人也是屈指可数。不过，若是学习也并非无路可循，比如说"自我研究"，就可以作为研究精神分析的入门课程。这个"自我研究"并非完全是"三省吾身"那种，由于我想不到一个更合适的词，只好用这个有点牵强的词汇来描述它。自我研究是这样的，假如我们掌握了一些自我分析的知识，那么你们就可搜集自己常有的心理现象，将之用于自我分析。等到你们的自我分析完成后，你们就会相信，精神分析的发展会受到多方面的限制，但是它所表述的方法和效果绝不是在欺骗大众。假如你们希望学到更多，你们可以像患者一样接受精神分析教授的治疗，然后利用这次机会仔细观察精神分析者在治疗过程所使用的精妙技艺。这个方法非常不错，你们可以试一试，不过它只适用于个人，不要所有人同时去接受分析。

精神分析的第二个困难，其实并非来自于它本身，而是你们在平日的医学研究中逐渐产生的。你们受医学训练时所养成的那种心理态度与精神分析所需要的心理态度是截然不同的。你们经常用解剖学来解释有机体的技能和失调，用物理结构或者化学反应来说明病理，然后用生物学的知识来作进一步的解释。你们从来没有关注过精神领域的生

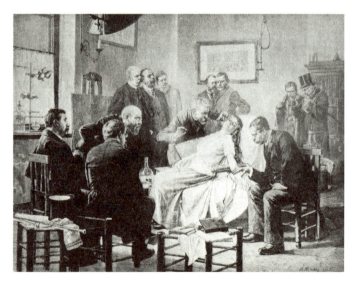

被麻醉的女病人

德国 版画

图片的主体是一位半躺着被麻醉的女病人，她的周围是一群临床的外科医生，右上角最边上的一位医生还在冷漠地抽着香烟，女病人似乎只是他们的一个实验品而已，等她醒来，这一切都将过去。也许是女病人没有办法去承受这些旁人的眼光，所以医生用麻醉的方法满足了她的"精神世界"。

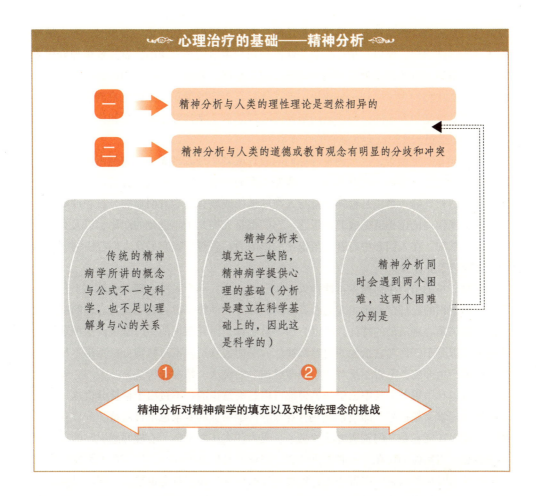

活，因为你们并不知道精神生活是复杂有机体发展到最后的精华产物，所以你们对于精神分析这方面一无所知。你们经常怀疑精神分析的价值，认为它不属于科学，而是一门艺术，它应该是诗人、哲人、神学家和普通民众所掌握的，与你无关。你们这种思维，是不会让你们成为一名优秀的医生的，因为医生在治疗患者时，他最先了解的，就是患者的精神生活。你们认为江湖术士和巫师都是在招摇撞骗，然而由于你们对精神生活缺乏重视，所以恐怕只有让那些招摇撞骗的江湖术士和巫师来治疗患者的精神生活了。

你们过去接受的教育所存在这一缺陷，是情有可原的。我知道，你们在学校所学习的课程中，并没有一种用于辅助医学研究的哲学科目。不管是叙述性心理学、思辨哲学，还是用来帮助感官生理学研究的实验心理学，都不足以教会你们理解身与心的关系，或者懂得精神生活的失衡与调节。传统的精神病学虽然也讲解了许多精神失调的症状，并辅以各种临床图书佐证，但就算是研究精神病学的专家，也怀疑书中所讲的概念与公式是否科学。书中的图画所描述的精神病症状究竟是如何引发的，彼此之间有何联系，这都是个谜：可能它们与头脑的变动没有联系上，也可能彼此联系上了，却不能解释清楚。只有当这些精神失常的症状被诊断为有机体所患疾病导致的后果时，那么精神病才可能得到治疗。所以，精神病学关注不到精神生活的这一缺陷，就需要精神分析来填充了。精神分析法用来为精神病学提供心理的基础，要求有一种相同的原因来说明身体和精神的病状。为了达到这种效果，就必须放弃以往的偏见，不论是解剖学方面的，还是生理学或化学方面的，应该运用纯粹的心理学概念来治疗患者。最初你们可能会觉得奇怪，但是很快你们就会发现它的疗效了。

最后还有一个困难，这个困难与你们的教育或者心理态度无关，它是由精神分析的本质属性引起的。精神分析有两项足以激怒人类的理念，第一是精神分析与人类的理性理论是迥然相异的，第二是精神分析与人类的道德或教育观念有明显的分歧和冲突。然而不论是理性理论还是道德或教育观念，它们都是人类几千年进化的产物，以人类的情绪力量为基础，在人们心中有着无与伦比的影响力。若想打破它们在人们心中的固有地位，无疑难于上青天。

精神分析的第一个命题就可能令人不快，它认为：一个人的心理过程基本上是潜意识的，而意识的心理过程则是人的心灵分离的部分和动作。过去我们认为心理的就是意识的，意识是心理活动的特征，所以心理学被看作是研究意识的一门学科。这种观点太普遍了，以至于任何与它抵触的内容都被认为是胡说八道。不过精神分析不得不与这一传统见解产生冲突，不得不反对"心理即意识"的说法。精神分析认为，人的心理包括感情、欲望和思想等，其中欲望和思想都可以是潜意识的。不过由于精神分析这一主张与传统心理学大相径庭，即便是那些有着冷静科学头脑的专家也不再对精神分析存有同情心，反而怀疑它是一门荒唐捣乱的巫术。我为什么还要坚持"心理即意识"的说法有失偏颇呢？当然你们现在并不能很快理解。假设潜意识真的存在，那么在人类发展进程中会在什么时期否认它？或者否认它到底有什么好处？你们肯定也猜想不到。只能说，心理活动到底是意识还是超脱于意识之上，辩论这一问题只不过是文字之争，并无实际意义。我想要告诉你们的是，承认潜意识的心理过程，是对人类和科学开辟新领域、新观点的一个重要举措。

接下来我要叙述关于精神分析的第二个命题了，你们一定想不到第二个命题与第一个命题之间存在着什么密切的联系。第二个命题可算是精神分析的一个重要创见，它认为，一个人的性冲动，不论是广义上的还是狭义上的，都是导致精神病和神经病的重要原因，当然，这在过去没有人会意识到。而一些疯狂的观点认为：性冲动实际上对人类心灵最高文化的成就以及社会和艺术所作出的最大贡献。

以我的看法，精神分析法之所以为公众仇视，其原因就在于这个结论。你们肯定想知道形成这一结论的缘由。我的理解是，人类在现代社会上生存，面临着巨大的竞争压力，所以他们极力克制自己的原始欲望，努力去创造文化。文化之所以能被不断改造，正是由于历代都有人加入社会生活，继续为了公共利益而放弃本能的冲动。在其所牺牲的本能冲动中，最重要的就是性的本能。于是，性的含义被升华了，换句话说，性舍弃

女人与鸟 米罗

西班牙 布面油画
1949年 英国伦敦塔
特陈列馆收藏

　　西班牙画家米罗的这幅"女人与鸟"是抽象性超现实主义的典型作品，米罗毫无疑问是这个派别的代表人物。图中将女人和鸟的一些共同特征很好的融合成一体，这都是源自画家潜意识梦境中所涌现出的描绘。米罗的绘画作品中总是在变幻的形式背后蕴藏着丰富的内容。他一生中也曾涉及过其他领域，如石版画、蚀刻版画以及陶瓷的创作。

了它的最初目标，而转向一种更为高尚的社会目标。不过由此而形成的秩序却不够稳健，因为性冲动从来就不容易被控制，任何参与文化事业的人免不了遇到性冲动高涨的危险。而人的性冲动一旦得到释放，它就会恢复它的最初目标，如此一来，人类创造的文化就将面临最大的危机了。有鉴于此，社会公众都不愿意指出性与社会发展的关系，也不愿意承认性的本能有多大的势力或者讨论性生活对每个人的重要性。为了克制自己的欲望，对于性的问题，所有人都避而不谈。所以，精神分析这一命题肯定是要受社会非难的，它被公众认为是不道德的、丑恶的、极端危险的。不过社会的这种责难是很难长久的，因为精神分析的理论可以说是科学研究的成果，如果想要驳斥它，没有充足的正当的理由，是绝不可能将之驳倒的。对于不如己意的东西，便斥之为虚妄荒谬，然后东拼西凑一些理由来反驳它，这就是人类的本性。所以，如果社会要宣布某一它不愿接受的事物是不真实的，比如说精神分析，它就会运用一些源自情感冲动的具体理由来诋毁精神分析的理论，并且坚持偏见，以抵抗我们的有力反驳。

　　我们绝不会对这种反面的理论趋势表示妥协。只要我们坚持我们努力研究所得来的事实，就一定能取得成效。我们认为，在科学研究的范围内，我们不必去顾及其他人的成就，不管它们是否合理。

　　以上所说，就是你们在学习精神分析法时所要面临的一些问题。对于你们初学者来说，可能我说的困难太多了。假如你们不会因此而退缩，我就继续讲下去。

劫持 保罗·塞尚 法国

　　人类和动物都有性本能，因为这是保存物种的主要方式。性冲动是一种对性行为的渴望或者冲动，它不仅限于性器官而且也连及整个身体和整个的心灵。这是塞尚一幅早期作品，画面中充满了阴郁的痛苦，人物充满了不祥感，平静的表面下隐藏着混乱的激情。

第二章

过失心理学

　　我们先不用假设，而是从观察事实入手。对于所需要的事实，我们可以从日常生活中那些经常遇见然而很少有人会注意的现象中选取。我们所选的现象，任何人都会有，与疾病没有关系。现在我说一些你们经常会犯的过失，譬如说，你在表述一件事情时用错了词，这是舌误；或者你在写作的时候写错了字，这是笔误，笔误一般很明显，不过也经常被忽略；再或者，你阅读时念错了读音，这是读误；听错了人家说的话，这叫听误。还有一种过失，它是由于短暂性的遗忘所致，譬如说一个人记不起他熟悉的人的名字，虽然在过去与他一见面便能认出来；又或者，一个人忘记了他准备去做的事，可是很快他又想起来了，这些都是短暂性遗忘。此外还有一种遗忘，譬如说东西放错了位置以致后来找不到了，这也是遗忘的一种，它不是短暂性遗忘，但是略异于普通的遗忘，因为我们对于这种遗忘感觉懊恼又无法想明白。还有一些过失，譬如说一个人知道某件事不确定，但有时候他总会信以为真，像这种情况，现实中有很多。这种遗忘虽然也有短暂性，不过他与前一种遗忘属于同类。

　　上面列举的诸多过失，在德文中的名词均以"ver"开头，这表明了它们彼此之间的联系。这些过失通常是短暂性的，并不重要的事情，对于生活也不会有太大的影响，譬如说丢失了小物件或者忘记了做家务，对于当事人来没什么重要。因此很多过失是不会

记忆的永恒 *萨尔瓦多·达利 西班牙 油画 1931年 纽约现代美术馆藏*

　　达利是一位具有非凡才能和想象力的艺术家，他以探索潜意识的意象著称。这幅"记忆的永恒"非常典型地体现了他早期的超现实主义画风。画面中最令人称奇的那三只软塌塌的钟表，仿佛时间也已经疲惫不堪了，于是都松垮了下来。达利的这一灵感来自于精神病人潜意识，他让我们看到了一个现实生活中根本不可能看到的离奇而有趣的景象，让正常人体验到精神病人世界的秩序。

侦探 巴斯特·基顿

图为巴斯特·基顿在电影《少年夏洛克》中饰演的一位业余侦探。侦探仅仅靠表象是无法侦破案件的，必须从细微之处着手，层层剥离，不能放过任何蛛丝马迹。只有这样，才能有重大发现，"细微"的力量是不能忽视的。

引起人们的注意的，更不会令他们有兴趣去处理。

但现在，我要请你来研究这些现象，可能你们会不耐烦，你们要反驳我说："这世上有太多的关于精神错乱方面的神秘奥妙的事情需要去解释，我们何必要在这些无足轻重的过失上浪费时间，这真的是很无聊啊。如果我们能够去解释一个耳聪目明的正常人如何能在大白天看到或者听到一个根本就不存在的事物或声音，或者去解释一个人突然开始认为他的亲友们在迫害他，再或者运用什么方法去证明一个连孩子都觉得荒唐的幻想，那么，整个社会肯定会对精神分析另眼相待。我们如今坐在这里分析一个演讲者为什么会说错字，或者一个家庭主妇为什么会丢失了钥匙这些鸡毛蒜皮的小事，还不如把我们的时间和精力投入到意义更为重大的事情的研究中去。"

如果你们心中有这样的疑问，那么我的回答是："同学们，不要着急，你们的反驳是没有对应主题的。精神分析并没有规定说从来不研究琐碎的小事，恰恰相反，精神分析所观察和研究的材料往往是被其他学科认为是琐屑的、平凡的、无关紧要的事情，甚至可以说是事实材料中的废料。你们认为一个重大的事件肯定会有重大的表现，当然，这种观点不能算错，但是，在某一时刻或者某种情况下，重大的事件也可以通过琐碎的小事表现出来。这个很容易举例说明，譬如说，在座的众多年轻男孩子，你们是如何知道自己已经博取女孩子的欢心了？莫非你们一定要女孩子明示，或者给你一个热烈的拥抱你们才能确认？难道女孩子趁别人不注意时看你一眼，或者拉一拉你的手，你们就不能明白她的心意吗？再譬如说，你是一个侦探，你正在侦察一个谋杀案，那么你会如何去搜集线索？莫非你认为罪犯应该在现场留下一张名片或者相片，这样的线索才有价值？难道你不会通过现场的蛛丝马迹来找寻你需要的线索？不要轻视任何微小的事物，通过它们，我们也许会有重大的发现，它们的价值是我们无法估量的。如果你们认为我们应该首先关注世界上那些重大的科学问题，我自然不会反对。不过你们从事重大科学项目研究，我认为不会有什么好处，你们第一步只是作了选择，但是第二步该如何做，很多人都会陷入迷茫的。对于科学工作，我的看法是，如果前面有一条适合你的路，那你就照着这条路走下去，不要保守，不要带有偏见，你应当勇往直前，义无反顾。你也可以通过对各种事件之间关系的研究，做一些微不足道的工作，那么你也会逐步走向研究重大科学项目的道路上。"

　　我希望你们能从这个观点出发，对这些普通人的微小过失产生研究的兴趣。现在，我想先提问那些对精神分析一无所知的人，他们是如何来解释这些小过失。

　　他肯定会满不在乎地说：“这都是些不值得解释的小事。”他说这句话是什么意思？难道他认为这些小事是独立的，与其他的事情没有任何联系？如果他这么想，那就大错特错了。不论是什么人，不论在什么方面，如果否认了自然规律中的因果关系，无异于将最基本的世界观都抛弃了。即便是宗教的世界观也不会如此荒谬，根据基督教的教义，如果没有上帝的旨意，即使是一片鸿毛也不能无缘无故落地。不过，我想我们这位朋友不会再坚持他的第一个答案，他肯定会作出让步，他会说，我要去研究这些现象，一定会在短时间内找到合理的答案。这些小过失一定是因为身体机能的轻微错乱或者精神松懈所导致的。这些现象很容易找得到。譬如说，一个人平时言辞流畅，然而在某个时刻说错了话，那他一定是他太疲倦了，或者太兴奋了，再或者在想其他事情的结果。这也很容易证实。一个人若疲倦或者患了头痛症，经常会说错话。最常见的一种说错话的情况是忘记了合适的名词，很多人都会蓦地忘记了想要表达的名词，那种情况下，大概他的头痛症就要发作了；当一个人处于兴奋状态，他也经常说错话，或者做错

纸牌游戏　巴尔蒂斯 法国 1948~1950年

　　图中两个年轻人身体都还像孩子，但是脸上却洋溢出两性相互吸引的喜悦，巴尔蒂斯用最为细腻的笔触表现了人类性意识的觉醒。同性相斥，异性相吸，这是自然规律中不可违背的因果关系，这也是人类世界观中最为基本的定律，世界万物皆是如此。

事；如果一个人走神或者注意力不集中，也很容易忘记眼下要做的事情或者准备计划的事项。譬如说他出门的时候正在思考一本书的内容，以至于他忘记带自己的雨伞。我们可以根据自己的经验来理解，如果一个人对于某件事太过专注，他很有可能会忘记本来的计划或者与他人的约定。

弹琴的女人 　雅各布·奥奇特韦尔　荷兰　油画

　　图中有一位年轻的女士，穿着绚丽的猩红色服装，正在熟练地弹着钢琴，美妙的音乐感染着她身边的每一个人。如果是手法熟练的钢琴师，很容易依照自己的惯性来弹奏，殊不知，习惯性的动作更容易增加出错的危险，偶尔的过失是人的一种兴奋和疲劳状态的表现。

他的这些话似乎是很容易理解的，也没有什么可反驳的，不过这些话是不能满足我们的期望的，所以不会引起我们多大的兴趣的。先让我们来研究一些他对于过失所解释的理论。实际上，他所说的这些过失发生的条件，并不属于同一类。循环系统的疾病和失调是导致常态机能错乱的生理根据，而疲劳、兴奋或者烦恼等情绪，则是心理、生理的原因，这些都可以归结为理论。疲倦、兴奋和烦恼可以分散人的注意力，以至于不能专心从事活动，很容易干扰正在做的事情而使其不能很好地完成。神经中枢的血液循环如果遇到问题或变化也会引起同样的后果，一样分散人的注意力。总的来说，由于身体或者心理的原因造成的注意力的混乱才是形成各种过失的主要原因。

迷惑的木雕　芭芭拉·赫普沃思　1963年

这件作品欣赏者的第一感觉像是一个被切开的苹果一样，实际上却跟这个一点关系也没有。艺术家的这件雕塑手法以及对它的曲线刻画，主要是反映艺术家早年居住的故乡——约克镇乡间起伏不定的地形的回忆，主要是想为我们传达一种与大自然和谐一体的感觉。

不过这种解释对于研究精神分析并没有太多的帮助，我们只好将之抛弃了。说实话，如果对这一问题作进一步的研究，就会发现，其实这个"注意力"与事实并不完全相符，至少不能由"注意力"来推断一切。我们都知道，很多人经常在发生过失或遗忘的时候，并不觉得兴奋或者疲劳，他们会认为自己仍处于一种常态。只有当他们在事后认识到了自己所犯的过失，他们才会将这些过失归因于他们不愿承认的一种兴奋或疲劳状态。而且，这一问题，也绝不是注意力的强弱问题，即便是加强注意力，事情也不一定会成功。同样，注意力被分散，事情也不见得会失败。每个人，都有很多动作是习惯性的，就算注意力不够集中，他也可以凭借习惯性的动作而成功。譬如说走路，也许你不知道目的地在哪儿，但是你一定不会走偏了路，这是每个人都能感知到的。再譬如说手法精湛的钢琴师，他可以不假思索地弹奏出曲调，当然，他也会偶尔犯一些小错误。习惯性弹奏很容易增加出错的危险，但是钢琴师却在不断地练习以求弹琴的动作变得有习惯性，要知道这样很容易出错的。但是我们知道，在很多动作没有给予他们过多的注意时，他们会取得非常好的成绩，而有时候一个人太渴望成功，以致不敢稍微分散注意力，这样反而容易出错。当然，你们会说他是因为太兴奋了，可是，为什么兴奋不能用于集中注意力上以追求他期望的目标？这些我们现在都还无法了解。我们所得出的结论是：如果一个人在重要的讲话中说错了要说的话，那就不能只用心理生理学或注意说来解释了。

对于这些过失，其实还有其他次要的特征，而这些特征也不是某些理论能解释清楚的。譬如说一个人忘记了朋友的姓名，十分懊恼，他一直在努力回忆，然而总是想不起来。为什么他虽然很懊恼，却始终无法记起那个到了嘴边就能脱口而出的名字呢？依据我们上述提及的理论是无法解释的。还有一种特征是，错误很多，彼此连接，或者相互替换。譬如说一个人忘记了一次约会，所以在第二次约会时他时刻谨记在心，然而到最后却发现自己记错了时间；再譬如说，有个人想用联系的方法记住一个名字，但是他在首先回忆第一个名字的时候，却忘记用以提示第一个名字的第二个名字，于是他便追忆第二个名字，却又忘记了为第二个名字作提示的第三个名字，如此循环，终是没有记起来。排版时的一种错误与前面的差不多，这种错误常见于时政报纸上，譬如说有一家报纸在报道一次节宴，其中有句话错误："His Highness, the Clown Prince（到会者呆子殿下）"，到了第二日，该报登文道歉说：错句应为"His Highness, the Crow-Prince（到会者公鸡殿下）"。显然，这也是错的。还有一个例子，有一位将军秉性怯懦，有一位随军记者希望采访他，给他写信称他为"this battle-scared veteran（意思是临战而惧的将军）"，翌日他再次写信致歉说，昨天的话应改为"the bottle-scarred veteran（意思是好酒成癖的将军）"。这又错了。据说这些错误都是因为打字机中有怪物在捣鬼，这个传言的寓意那就不属于心理生理学所涵盖的范围了。

讲错话也有可能是受暗示影响。我们来举一个例子说明，有一位新演员在话剧《奥尔良市少女》中出演一个重要角色，他有一句台词是："The constable sends back his sword（警察局长将剑送回去了）"。在排演的时候，喜欢开玩笑的主角有好几次对胆怯的新演员说，可以将台词改为"The Komfortabel sends back his steed（独马车将马送回去了）"。在正式演出时，这位新演员虽然被告诫不要说错，但可能就是因为受了告诫的影响，他竟然说了那句错误的台词。

对于这些过失的特征，仅凭分心说无法说清楚，不过这也并不意味着分心说或者注意说就是错误的。可能它需要加入某一个环节，那么它的理论才是完美无缺的。所以，对于许多过失，我们可以从另一方面来考虑。

我们选择舌误的例子来进行探究。虽然笔误和读误也有例子可循，但是我们要记得，之前我们曾经所讨论的，只是在什么场所和什么情况下我们会说错话，而我们所得出的结论也只适用于舌误这一点。你也许会问，为什么只有这个特殊的错误，其他的呢？回答这一问题，恐怕要对过失的性质加以考虑了。如果这个问题得不到回答，而过失的结果又无法解释，那么即使生理学方面的理论已经提出了，但在心理学方面，它们仍然算是偶然发生的现象。譬如说，我说错了一个字，我可以用无数的方式说错它，比如说用1000个其他字代替那个对的，或者将那个对的变成其他的意思。可能发生的错误有很多，但是为什么只会发生这个错误，究竟有什么原因呢？难道仅仅是偶然发生的？这一问题究竟会有合理的答案吗？

语言学家梅林格和精神病学家迈尔于1895年尝试过解答舌误的问题。他们收集了大量的事例，用叙述的手法将之罗列。他们的做法当然不是在解释，不过可以引导解释。

什么是暗示

暗示是人们为了某种目的，在无对抗的条件下，通过交往中的语言、手势、表情、行动或某种符号，用含蓄的、间接的方式发出一定的信息，使他人接受所示意的观点、意见，或按所示意的方式进行活动。

暗示者有意识地、一般采取直陈式的说明，把某种信息直接提供给受暗示者，使他迅速而无意识地加以接受。所谓"望梅止渴"即属此类。

直接暗示

由暗示者凭借其他事物或行动为中介，把要传达给受暗示者的关于某一事物或行动的信息间接地提供给受暗示者，使他迅速而无意识地加以接受。

间接暗示

暗示的种类

暗示信息来自自身内部，自己对自己发出刺激信息，影响自己对某事物的认知、情绪、意志和行为。

自我暗示

暗示者发出的刺激引起了受暗示者的性质相反的反应。反暗示有两种：一种是有意的反暗示；另一种是无意的反暗示。

反暗示

特点

主动的　　被动的

暗示者　　受暗示者

两人将舌误分为"倒置"、"预见"、"语音持续"、"混合"、"替代"五种。让我们举一些例子来说明。譬如说，一个人本要说"黄狗的主人"，结果说成了"主人的黄狗"，这种舌误就属于倒置了。再譬如，一个旅馆的服务生给大主教送茶，他便敲大主教的门，大主教问谁在敲门，那服务生一慌张，就说："我的奴仆，大人来了。"这也可以看作是倒置的一个典例。

语句中的单词出现的"混合"的情况，就如神父们常说的："How often do we feel a half-warmed fish within us."还有的情况是，有人想要说自己"这次是被迫的单相思"，然而却经常说错，因为"这次是被迫的"，它就是一个凝缩的例子。至于语音持续这种情况，通常是因为已经说出的语音影响了将要说出的语音的正常发生，譬如说在敬酒时应说"各位，让我们大家干杯（anstossen）来祝福我们领袖的健康"，却说错成"各位，请大家打嗝（aufstossen）来祝福我们领袖的健康"。

有这样一个例子，议会中有一位议员称另一位议员为"honourable member for Central

Hell（意思是中央地狱里的荣誉会员）"，他实际上是把hull（机构）说错成了hell（地狱）；还有一个例子，一名士兵对朋友说："我希望我们有1000名士兵战败在山上"，他是把fortified（守卫）说成了mortified（战败）。这两个都属于"语音持续"的例子。如何来解释上述两例出现的舌误呢？对于第一个例子，他说"ell"这一音节时，应该是

圣格雷戈里 马斯特·西奥多里克 捷克 蛋彩颜料绘于木板上 1360年 布拉格国家美术馆

　　教皇圣格雷戈里是教会四位伟大的神学家之一，最伟大的学者型圣人。图中他一只手拿着角制墨水瓶正在写作；在他的上方有一个桌子，下方是他常用的圣典。他的表情充满了睿智，双手强大而有力。我们仿佛从图中能聆听到他那令人惊叹的圣音。

从前面的"member for Central"这一短语持续下来的，而第二个例子，则是"men（士兵）"一词中的"m"音节持续下来而形成了"mortified"。不过这些例子都不常见，现实中"混合"的情况最常见。譬如说，一名男士对一名女士说，能否一路上"送辱（begleit-digen）"她，显然是说错话了，"送辱"这个词是由"护送（begleiten）"和"侮辱（beleidigen）"这两个词混合而成的，但是由于男士的鲁莽，以致说错了话。以他这样的性子，是很难讨得女孩子的欢心的。再举个例子，一位柔弱的女子声称自己得了一种无法治愈的怪病（incurable infernal disease），infernal可能是internal的舌误，internal disease 意思是内病；还有某位夫人说，男性根本就不了解女性所有的"无用的"特质（ineffectual qualities），ineffectual可能是affectional（感情的）的舌误，这些都可以看作是"替代"。

贝蒂·弗利丹

贝蒂·弗利丹是女权运动的领袖。1963年由她所著《女性的秘密》一经出版，便成为妇女们"提高了意识"的畅销书。她于1966年与其他女权主义者一起创建了全国妇女组织，大大提升了妇女法在社会上的地位。图中的弗利丹正在发表激情演说。

迈尔和梅林格对这些事例的解释很难说完美，他们认为一个单词的音和音节的音值有高低之分的，较高音值的音能够影响较低音值的音。这种观点明显是以"少有的预见"和"语音持续"为依据的。对于他们说的这两种舌误情况而言，即便是音值的高低真的存在，也不会产生什么问题。实际上，最常见的一种舌误是"替代"，也就是用一个单词代替另一个相似的单词，有很多人认为，只要单词相似就足以作解释了。譬如说一位教授在讲课时，说了一句话："我不愿（geneigt）评价上任教授的优点。""不愿"实则是"不配（geeignet）"的替代。

不过最普遍最容易引起注意的舌误就是将应说的话语说反了。这种说反话的情况不是由于音节类似导致思维混乱而造成的，而是大部分人都认为相反的两个单词之间必然存在着某种牢固的联系，所以在内心里总是对这些词有密切的联想，心中有了一个词，便会立即想起它的反义词。譬如说，国会议长在一次会议中准备宣布会议开始，但是他却说："各位，由于今天到会者达不到法定人数，所以，我只好宣布散会了。"

所有对其他事物的联想，都有可能因为像是在捣鬼而引起人们的不快。举个例子，有一次，工业界领袖、大发明家西门子的孩子与赫尔姆霍茨的孩子结婚，他们请来了著名的生理学家杜布瓦·莱蒙在宴会上作演说。生理学家的演说词当然是非常动人的，但是在最后大家举杯祝福新人时，他却说："愿Siemens and Halske 百年好合。"这导致了主人家的不满。因为Siemens and Halsk 本是一家旧报刊的名字，在柏林家喻户晓，就像伦敦人熟悉Crosse and Blackwell那样。

所以说，对于语句的类似和音值应当十分在意，对于单词的联系也要予以重视。不过这还不够，就某一种事例来说，如果我们想圆满地解答这些错误，那就需要将前面所提及的和所想过的内容重新研究一遍。根据梅林格的观点，任何舌误的例子都属于"语音持续"，只是有些舌误的起源比较远而已，并非刚说过的语句。如果真是他所说的那样，那我只能承认我的研究成果没有任何价值，看来舌误真的很难被理解。

不过，再仔细研究一些上面列举的事例，我们会发现一种很有趣的现象。我们一直都在讨论，引起舌误的原因到底有哪些，却从来没想过去研究舌误的结果。如果我们花些时间来研究舌误的结果，可能会得到这样一个结论：有些舌误是一种有意义的现象。也就是说，舌误的结果其实可以看作是一种有目的的心理过程，它是一种有内容和有意义的表示。过去我们只会谈论过失或者错误，如今看来，过失或者错误有时候也是一种合理的行为，它只不过是突然出现，替代了那些人们期望的行为而已。

对于某些事例来说，过失的意义有着明显的效用。譬如说，国会议长在会议开始时却宣布散会，我们了解了引起过失的原因，就不难揣测议长说话的用意了。他肯定认为人数没到齐，这次会议绝不会有什么好结果，还不如痛痛快快地散会。像这样的过失，它的含义是很容易猜想出来的。再譬如说，一位女士赞美另一位女士说："我敢说你头上的这顶漂亮的帽子肯定是你裁成的（cufgepatzt）。"她将"绣成（aufgeputzt）"说成了"裁成"，其实

巴黎妇人 皮埃尔·奥古斯特·雷诺阿 法国 布面油画 1874年 威尔士国家博物馆

雷诺阿是法国印象派画家，图中的女性有着娇艳的面容，茂盛而又俏皮的卷发，画家很好地抓住了巴黎年轻女性的本质，她带着时髦、款式新颖的帽子，穿着柔软的蓝色裙子。但依旧能从她的脸上看到忙乱之中的一丝尴尬。

言外之意是你这顶帽子是别人做的。还有一个例子，一位妇人素来刚愎自用，一次她跟人说："我丈夫请医生为他制订食谱，医生说他不需要吃其他食物，只要吃我为他选好的东西就行了。"这种过失，其含义不言而喻。

我们现在假定大多数的过失和舌误是有意义的，在过去我们没有关注到过失的意义，但是如今我们必须给予他更多的关注了，至于其他方面只好先退居其次了。先不谈生理的或心理的条件，我们应该将注意力转向关于过失意义以及意向的纯粹心理学的研究。那么，我们现在就要运用这一方法，对于上面提及的过失的事例做更深入的讨论。

不过在讨论之前，你们要注意另一条线索，剧作家经常利用舌误或者其他过失来作为艺术表现的手法。这一点说明了剧作家也认为舌误或者过失是一种有意义的现象，所以他有意地制造过失。剧作家很少会有笔误，因为这种笔误会成为剧中角色的舌误。如果有笔误，一定是剧作家想运用这种过失来表达一种深层次的意义，我们也可以研究

威廉·莎士比亚 马丁 雕刻

《威尼斯商人》 是莎士比亚早期的重要作品，是一部具有极大讽刺性的喜剧。剧本中主要反映资产阶级和高利贷者之间的矛盾。莎士比亚被公认为英国文学史和戏剧史上最杰出的诗人和剧作家，他也是西方文艺史上最杰出的作家之一。他被誉为英国的民族诗人，他流传下来的作品包括38部剧本、154首十四行诗、两首长叙事诗和其他诗作。

出这意义是什么，也许是剧作家是想表示剧中人物正在分心、或者兴奋过度、或者太疲劳了。当然，如果剧作家只是表达这层意义，那我们就不需要过于关注了。在现实中过失可能并没有什么深意，它只是心理过程中的一次偶然事件，可能仅有偶然的意义，但在艺术上，剧作家却可以运用文学手法赋予过失一种深意，已达到期望中的艺术效果。所以说，我们要研究舌误，向语言学家或者精神病学家求助是没用的，应求助于剧作家。

席勒的著作《华伦斯坦》中第一幕第五场就有一个过失的事例。在上一幕中，少年比科洛米尼护送华伦斯坦那美丽的女儿回到了营地，在营地里，他向华伦斯坦公爵表示真心拥护并极力主张和平。在少年退下去后，他的父亲奥克塔维奥和大臣奎斯登贝格显得十分吃惊。于是就有了第五场的一段对话：

奎斯登贝格：啊！难道就这样吗？朋友，我们就看着他受骗吗？我们真要他离开我们吗？为什么不叫他回来，现在就打开他的眼睛让他看清楚？

奥克塔维奥：（从沉思中慢慢振奋起来）他已经打开了我的眼睛，我都看清楚了。

奎斯登贝格：你看见什么了？

奥克塔维奥：这该死的旅行！

奎斯登贝格：为什么这样说？你到底指的是什么？

奥克塔维奥：朋友，来吧！我要顺着这个不幸的预兆，用我自己的眼睛来看个究竟。跟我来吧！

奎斯登贝格：什么？我们要到哪里去？

奥克塔维奥：（匆忙地说）到她那里去，到她本人那里去。

奎斯登贝格：到谁那里去？

奥克塔维奥：（更正了自己的话）到公爵那里去。来，跟我去吧！

奥克塔维奥本意是说"到公爵那里去"，然而他却说成了"到她那里去"，由此可见他对于公爵的女儿有一种暗恋的情愫。

兰克在莎士比亚的戏剧中找到了一个更为深刻的事例。这个事例见于《威尼斯商人》中那位幸运的求婚者巴萨尼奥选择那三个宝器箱的那一场。我给你们读一段兰克的评语：

莎士比亚在他的剧作《威尼斯商人》第三幕第二场中所创造的舌误对于剧作所表达的情感以及叙述手法的灵活性来说，是一种最好的手段。这个舌误与我的著作《日常生活的心理病理学》中引用《华伦斯坦》一剧中的舌误很相似，由此可见剧作家对于这种过失的结构和意义有着深刻的理解，而且一般观众都能领会到。鲍西亚受迫于她父亲的希望，只能靠运气来为自己选择丈夫，而她最终也避开了那些她不喜欢的求婚者，而与巴萨尼奥走在了一起。巴萨尼奥是她喜欢的人，在那天他也来求婚了，鲍西亚怕她选错了箱子，就想告诉他，即便他选错了，仍然会得到她的爱，可是由于对父亲立过誓言，她不能明说。于是，莎士比亚在鲍西亚内心激烈冲突的情况下，对波斯纳说了下面的话：

我请你稍等一下！等过了一天或两天，再来冒险吧！如果你选错了，我就失去一位朋友，所以我请你忍耐一下吧！我觉得我不能失去你，这可不是关于爱情的……也许我应该告诉你该如何来选择，可是我被誓言约束住了，我不能那样做，但这样子你很可能选不到我。不过，我一想到你会选错，我就想违背我的誓言。不要看着我，你的眼睛征服了我，将我分为两半：一半属于你，另一半也属于你……不过我应该说是属于我自己的，既是我的，当然也是你的，所以一切都属于你了。

鲍西亚其实是在暗示他，在他选择箱子之前，她就属于他了，对他十分爱慕。不过这些话本来是不应该说出来的，所以剧作家就利用了舌误这种方式来表达鲍西亚的情感，这样既可以使巴萨尼奥安心选箱子，也可以使观众悬着的心松弛下来，耐心地等待着选箱子的结果。

大家要仔细研究一下鲍西亚在说的那段话结束时是如何巧妙地将自己说错的话和更正的话调和，使它们并不抵触，又如何掩饰其过失的。她最后那句话是："既是我的，当然也是你的，所以一切都属于你了。"

　　有一些非医学领域的名师学者，他们曾经因为某种独特的观察而发现了过失的意义，所以这些人可算是我们这一学说的先驱了。众所周知，利希滕贝格是一位滑稽的讽刺家，歌德评价他说："如果他讲了一个笑话，那么这个笑话的背后肯定隐藏着某个问题，或者解决问题的方法。有一次他讽刺一个人说他常将angenommen（意思相当于'假定'）读成Agamemnon（阿伽门农），因为他最熟悉的就是《荷马史诗》了。"利希滕贝格说的这句话可算作对读误的解释。

　　在下一次的演说中，我们将研究剧作家对于心理错误的观点是否合乎情理？

拉奥孔 埃尔·格列柯 希腊 布面油画 1610年 华盛顿国家美术馆

　　《荷马史诗》是相传由古希腊盲诗人荷马创作的两部长篇史诗《伊利亚特》和《奥德赛》的统称。两部史诗都分成24卷，以古代传说的口头文学为创作背景，依靠乐师的背诵而流传，反映了公元前11世纪到公元前9世纪的社会情况。拉奥孔是《荷马史诗》中的一个悲剧人物，画面中最右边是两位身份神秘的人，她们或许是命运三天使，亦或是对希腊国度情有独钟的女神，她们带来了毁灭特洛伊城的不祥之云。《荷马史诗》被誉为"希腊的圣经"。

第三章

过失心理学(续)

在上次的演说中我们只是讨论了过失的原因和结果，但没有提及过失与影响它的有意行为的关系。我们已经讨论过了，对于某些例子来说，过失存在着意义。但如果过失有意义这一观点能在一个更广的范围内成立，那么对于过失意义的研究将会比对引起过失的条件的研究有趣得多。

究竟如何来解释心理过程的意义，我们应该有相同的立场。在我看来，所谓的意义就是指心理过程所表示的意向或者意向在心理程序中所占的地位。根据我们所研究的众多事例，其实"意义"的含义也可以用"意向"或者"倾向"来表述。那么，到底是由于"意义"的真实存在，还是由于我们夸大了过失的诗意，才使我们认为过失是有意向的存在呢？

我们仍以舌误作为例子，考察它的多方面的表现，就可以了解到，我们所收集的那些事例都有着十分明显的意义或意向的，尤其是那些将话说反了的事例。譬如说国会议长在致辞时，首句便说"宣布散会"，他这句话不难听懂，其意义或意向就是他要散会。你可能会说："他自己要这样说的，我们只是抓住了他的错误。"不过你们不要急于表示反对。你们可能以为散会是不可能的，以为自己知道他要说开会，而不是散会，以为他很清楚他自己的意向，就是要说开会的。如果你们这样想，那就是忘了我们的目的只是讨论过失，至于过失与扰乱过失的意向的关系，留待我们以后再讲。你们现在犯了逻辑思维上的"偷换观念（begging the question）"的错误，在讨论时随意处理问题了。

1885年的弗洛伊德

1885年春天，弗洛伊德被任命为维也纳大学医学院神经病理学讲师。同年八月份，他在布吕克教授推荐下获得一笔为数可观的留学奖学金，之后他便只身前往巴黎拜在沙可门下学习催眠，并在沙尔彼得里哀尔医院实习。

基督使盲者复明　乔其诺·阿塞雷托 意大利 布面油画 1640年 卡耐基艺术博物馆

画面中基督将自己的身体俯向农夫粗糙的面部，将自己有力的手指伸向农夫的盲眼。我们从周围人的神情上就可以看出，基督使农夫的眼睛复明了！从基督的面部表情我们可以看出，尽管让农夫复明的方法很简单，但却不是一件轻松的事情，他聚精会神的样子很像一位高明的外科医生。画面明暗的处理，对于基督是恰如其分的。

在其他的例子中，舌误所表示的意义或意向虽然不是所要说的话的反面，不过它的意思仍会呈现出一种矛盾的思想。譬如说上面讲过的那位教授，他说了："我不愿（geneigt）评价上任教授的优点。""不愿"是"不配（geaignet）"的舌误，虽然"不愿"与"不配"并非完全相反的单词，但是这句话所表示的意义已经与教授的初衷大相径庭了。

还有一些例子则说明了舌误在其所要表示的意义之外又增加了第二个意义，因此那句错语便像是几句话的浓缩。譬如说，那个刚恢复自用的太太谈及丈夫的饮食时说："他只要吃喝我选择的食物即可。"这句话的言外意好像在说："他当然可以选择自己的饮食，不过他需要吃些什么，那些食物对他是否有用，最好还是由我来替他选择。"舌误经常给人一种浓缩的印象，譬如说，一位解剖学教授在演讲完鼻腔的构造后，他问听众是否能了解，听众们给出了肯定的答复，于是那位教授便感慨地说："这可真是难以置信。通常真正了解鼻腔构造的人，即便是在上百万人的大都市里，也只有一指之数……不，不，我的意思是说屈指可数。"他这段话说了那么多，实际上会被听众浓缩成一种意义：真正懂得鼻腔构造这一学术的只有他一个人。

在大多数舌误事例中，它的意义是显而易见的，但是在某些例子中，它的意义却很难理解，与我们期望的意义往往不同。譬如说读错了一个名词，或者念出的语音毫无意义，这些事例都很常见。若只以它们所谓依据的，应该可以解答"过失到底有没有意义"这一问题。不过，如果将这些事例做进一步的研究，可能就会发现这样一个事实，就是这种过失很容易被理解的。说实话，这些看似很难理解的事例与前面列举的比较容易理解的事例之间的差别并不是很大。

迈尔和梅林格讲述了一个事例，有人问马的主人马怎么了，马的主人说："它可是'惨过（stad）'，可能再过一个月（It may take another month）。"那人不明所以，问他什么意思，马的主人说，他想起了一件悲惨的事情（a sad business）。原来他是把sad（惨）和take（过）拼凑在一起，就成了"stad（惨过）"。

还有个人例子，一个人在谈起一件有争议的事情时，他说了句："于是一些事实又开始'发肮（refilled）'了。"其实他的意思是说"发现"这些事实是"肮脏"的，但是他将"发现（revealed）"与"肮脏（filthy）"合并成了"发肮"。

你们是否还记得有一位男士要"送辱"一位素不相识的女士？前面我们通过分析将"送辱"一词拆解为"护送"和"侮辱"，而现在我们已经不需要去证明我们的分析是否正确了。从这些例子来看，即便是它们表示的意义仍是模糊不清，但基本上是可以将之解释为两种不同话语意向的糅合或冲突。不同的是，在第一组的舌误中，一个意向与其他意向完全排斥，演说者将自己要说的话说反了，而在第二组的舌误中，一个意向只是歪曲或更改了其他意向，所以就造成了一种混合性字形，它可能有意义，也可能没有。

现在我们已经理解了多数舌误的隐义了。如果

方托马斯 胡安·格里斯 西班牙 布面油画 1915年 华盛顿国家美术馆

胡安·格里斯是一个唯一可以和毕加索相提并论的立体主义画家。这幅画的名字来源于一部恐怖小说的名字，画中的报纸随意地变换着颜色，中间还有一个黑黄相间，看起来好像是交通信号灯一样神秘几何体，它同时似乎也在强调这又是一本充满了恐怖氛围的悬疑小说一样，令人毛骨悚然。

我们明白了一组舌误的意义，那么过去不能理解的另一组舌误现在也可以很轻松地领悟了。譬如说以前所讲的名词形式的改变，虽然不见得都是由两个类似名词的联系而造成的，但是它的第二种意义很容易就能看出来。有些名词变式并非舌误所致，也很常见。这些名词变式经常用于讽刺一个人的名字，这是一种普遍的骂人方式。知识分子和上层人士虽然鄙薄这种方式，但也不愿彻底抛弃它，一般是将它伪装成笑话，当然，这种笑话相当低级。随便举一个例子，在过去，法国总统Poincare（庞加勒），他的名字曾被写成是"Schweinskarre（蠢猪一样）"。更进一步说，这种讽刺方式还可以用于因舌误而造成的人名变式，如果这种情况属实的话，那么我们就可以解释那些因舌误而造成的滑稽可笑的变名了。譬如说，一名议员称另一名议员为"中央地狱里的名誉会员（honourable memberfor Central Hell）"，这一变名十分形象，虽然滑稽可笑，但常常令人不快，结果就是会场内安静的气氛一下子就被扰乱了。因为这些

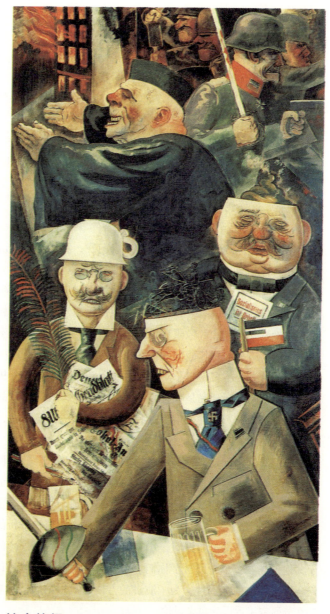

社会栋梁　乔治·格罗斯　德国　布面油画　1926年　柏林国家博物馆

格罗斯曾被一次世界大战的恐慌搞得精神分裂，从他的绘画作品中，我们可以看到他对整个世界的控诉和整个人类的蔑视。《社会栋梁》是一幅令人感到恐怖的作品，画面最前端即是社会栋梁的组成，他们脑中充斥着对愚蠢的想法，甚至只是一坨粪便！画家对他们的厌恶贯穿着整个画面，作品的名字含有极其强烈的讽刺意味。

人名便是明显带有讽刺的意义，通过仔细分析我们可以断定它所蕴含的另一层意思是："你千万不要相信，我只是开个玩笑，没有别的意思，谁要是撒谎骗人，他一定会下地狱。"其他的将一些中性词拼凑成粗俗的话语的舌误也适用于上面的解释。

有些人开玩笑，喜欢将一些中性词变成粗话，这种现象大家应该都熟悉。有的人可能只是觉得好笑，但是如果你真遇到这样的事情，你最好去问问那人，这是无意的舌误还是有意的笑话。

我们好像并没有费多大的工夫就解答了过失之谜。过失是在一定条件下引起的事件，它是一次重要的心理活动，往往是有两种不同的意向同时引起或彼此竞争的结果，而且它是有意义的。在解决了这些问题后，你们一定有许多疑惑，那么我就先来解答你们的疑惑，这样我们讨论的成果才能成为大家共同的信仰。当然，我不想以草率的回答来敷衍你们，让我们一起来慢慢讨论每一件事情。

你们会有什么疑问呢？可能你们会问我，我们对于舌误事例的解释是否可用来说明所有舌误的事例，还是只能说明少数的舌误事例？还有，关于舌误的理论是否运用到其他过失的种类上，如读误、笔误、遗忘、做错事等等。再次，兴奋、疲倦、注意力不集中等因素在过失心理学中有着怎样的地位？至于舌误中互相竞争的两种意向，有一种是明显的，另一种则常常隐藏着，那么我们如何来推断那种不明显意向的意义？除了这些问题，你们还有没有其他问题？如果没有的话，我就开始回答了。首先我要提醒你们，我们讨论过失，不只是想了解过失，更是为了探索精神分析的内在规律。所以，我要向你们提一个问题：到底是哪种目的或倾向在干涉心理活动的意向？干涉的倾向和被干涉的倾向之间存在着哪种关系？在我们揭开了过失的秘密后，我们就要开始朝着一个新的研究方向努力了。

你们第一个问题，这些解释适用于所有舌误的。我的回答是肯定的。为什么呢？我们观察一个舌误事例，从而发现一种规律，但是我们不能证明所有的舌误都受这一规律的支配。为了我们的研究目的，前面的那句理论其实并不重要。即使我们所解释的舌误事例只是一小部分，但是将得出的结论用来说明精神分析的确是相当有效的，况且，谁能证明我们所解释的舌误只是小范围内的事例呢？第二个问题，对于舌误的解释能否用于其他过失？我也可以给予你们肯定的答复，因为在以后讨论笔误、读误等事例时，你们会慢慢信服的。不过，为了演讲的方便，我想咱们还是先将这个问题暂且放下，等我们充分研究了舌误后再来讨论。

一些专家认为虚幻系统的扰乱、疲倦、兴奋、分心以及注意力不集中等情况是心理机制的重要内容，但是这种观点对于我们来说，会有什么意义呢？如果过失的心理机制真是上面所说的情况，那么这一问题便有明确的答复了。我过去对你们说过，我并不否认上述因素的存在。说实话，精神分析对于其他学科的观点一般是不会有异议的。精神分析只是对以前的心理生理学知识添加一些新的内容。以前被忽视而现在由精神分析所补充的内容，很可能就是引起事件的最重要因素。那些由于兴奋、疲倦、循环系统紊

两个弗丽达 弗丽达·卡洛 墨西哥 布面油画 1939年 墨西哥现代艺术博物馆

　　这是作者本人的自画像。弗丽达认为自己有两种个性：右边的她代表的是墨西哥人，弗丽达穿着传统服装，手拿一幅她深爱的里维拉的画像；左边的是她世故的一面，她穿得像一个欧洲妇女，带着荆棘项链与蜂鸟的自画像。她的心由一根细的动脉线连接。世故的她已通过离婚切断了她的动脉，血正不断地从裙子中渗出，而墨西哥的她仍然把动脉缚到前夫的肖像上，这是对里维拉将她视为单纯的，对待她如同普通农妇一样，完全听他命令驱使的一种抗议。

　　乱以及注意力不集中而产生的生理倾向，自然能够导致舌误，这是日常工作和生活的常见现象，你们一定都很熟悉。然而，即便是我们承认了这些因素又能说明什么呢？它们并不是引起舌误的必需条件，一个完全健康乃至正常的人，他也可能会产生舌误。所以说，生理方面的因素只是次要方面，只能为引起舌误的精神因素提供一些方便。我举一个过去使用过的比喻。譬如说，我正在黑夜中一块僻静的场地上散步，突然强盗出现在我面前，他抢走了我的钱、我的手表。当时我没有看清楚强盗的容貌，所以我在向警察局控诉时说："黑夜和僻静抢走了我的财物。"警察局局长就告诉我："先生，从事实来讲，你好像很迷信机械唯物主义的观点。你控诉的应该是一个没有被看清容貌、趁黑夜和僻静将你身上的财物劫走、胆大妄为的匪徒。所以我觉得，现在最要紧的事是捉贼，逮捕了匪徒，你还可以领回你的财物呢。"

　　心理生理的因素包括兴奋、疲倦、注意力不集中等，不过它们并不算是引起舌误的真正原因。它们只是几个名词而已，换句话说，它们是一幕门帘，我们需要掀开门帘看清楚里面才对。所以，我们的问题是，到底兴奋或疲倦是由什么引起的？还有，音值、单词的类似、某些单词共有的联想，都会影响舌误的发生，他们给予了我们研究过失的一条道路。但是，就算是有这么一条路，我们就必须一直走下去吗？最起码，我们需要一个动机，逼迫着我们沿着这条路走下去。可惜这个动机并不存在。所以说，这些音值和单词的联想就和生理因素差不多，只能算是引起舌误的原因，但却不能用来真正解释

拦路强盗 萨洛蒙·范·雷斯达尔 荷兰 布面油画 1656年 柏林国家博物馆

田野上寂静而凝重，农民在麦田旁悠闲地聊天，还有一队骑着马的人赶着牲畜行走在田野的小路上。远处高耸的教堂提醒我们那里正在发生一场紧张而激烈的事件。而近处这些悠闲的人们似乎并没有发觉有什么不对，在一群强盗的攻击下，绝望的人们向这边奔逃，摇曳的大树似乎也在助兴。

舌误现象。我演说的内容中，有许多字词都与其他字词在读音类似，或者与其意义相反或相同的单词之间有着密切的联想，不过我很少会用错词。大哲人冯特认为，一个人因为身体疲劳而进入了联想状态，那么心理活动的意向很容易受这一联想状态的影响而产生舌误。这个观点看起来很有道理，不过未免与人的固有经验相抵触了。分析大多数例子就会发现，真正引起舌误的，并非身体或者联想方面的原因。

最令我感兴趣的是你们的另一个问题：如何来判断两种互相干涉的倾向？可能你们不知道，这个问题具有重要的意义。两种倾向中容易被人认知的，是被干涉的倾向，做错事的人在事后都会发现它，并承认它。另一种倾向，即干涉的倾向则常受到怀疑。我以前曾说过，这一倾向某些时候也是十分明显的，只要我们敢于认错，我们就会在错误的结果中发现它的面目。譬如说国会议长把应该说的话说反了，表面上他是准备开会的，然而在他的内心却想要闭会。如果你能明白这一事例，我就不需要再多加解释了。对于其他事例来说，干涉的倾向不过使本来的倾向换了个样子，并没有将本质的自我表现出来。那么我们该用什么方法在一个变式中发现那干涉的倾向呢？

前面我们对事例中的被干涉倾向进行分析时，运用了许多简单而有效的方法，为什么不换个思维这样想，我们在测定被干涉的倾向时运用的方法，其实也可以用来测定干涉的倾向。譬如说，一个人说错了话，我们便立刻质问他，那么他就会说出本来要说的话。马的主人说："啊，它可惨过（stad）。不！它可能再过一个月。"我们可以问他为何要说"惨过"，他会说："我本来想说这是一件悲惨的事情。"在明白错误后，他会对说过的话予以修正，这就是干涉的倾向。还有那个说"发肮"二字的人，问他为什么这样说，他说他原意是说这是一件肮脏的事情，但是他不想出口成章，就换了另一个词表示。这种情况，其干涉的倾向和被干涉的倾向一样明显。上述的事例以及我对他们的解释，都不是我或者为我提供材料的朋友捏造出来的，这些都是我精心挑选的。我们应该问那些说话者为什么会出错，请他们给予解释。如果我们不这样问，他们也许就会忽视这一错误而不愿去解释。然而，只要我们询问了，他们就会将心中最初的想法说出来。你们必须明白，这样一个简单的提问以及它产生的后果，就是我们所讨论的精神分析的雏形了。

威廉·冯特

威廉·冯特，是德国著名心理学家、生理学家，心理学发展史上的开创性人物。他被普遍公认为是实验心理学和认知心理学的创建人。还有少数人认为，他也创立了社会心理学，因为他在晚年已经不满足于仅仅研究最基本的直接体验，而是致力于探索一些更高级的心理活动。

人头 + 光线 + 环境 波丘尼·翁贝托 布面油画 1912年

画中的人头、光线和环境相互影响，相互干涉，旋转的、片断的体块滑过画面。蓝色与红色的构图形式里，冒出一个头，这是一个只有透过万花筒才能看到的世界。这幅作品主要表现波丘尼想要与印象相连的复合感觉。

为什么现在才和你们讨论精神分析，因为我担心若是一开始就给你们灌输精神分析的概念，你们不免对它产生抵抗性。你们之前不是想反驳我，说那些出错者所说的话根本就不可靠吗？可能你们觉得他们应该满足你们请他解释的要求，将他最初的想法告诉你们，不过这错误是否是因这最初的想法而起，我们现在还无法证明。也许是这种原因，也许不是，更甚者，他们也许会有另外一种想法，只是没告诉我们而已。

看起来你们有些轻视心理事实了。你们可以这样想，如果有个人对某一物质作化学分析，他测定出某一成分的重量为多少毫克，然后根据这个重量，他得出了一个结论。那么，你们是否会认为，一个化学家因为觉得物质中的那一成分会有其他重量，而对他的结论产生怀疑？其实所有人都知道，那一物质成分不会有其他重量，所以，就应该在这一成果的基础上立刻开始研究出更深入的结论。至于心理事实，大致也是如此。如果某人在被质问时说的是这一想法而不是那一想法，你们就不相信他所说的话，认为他一定有其他想法，那就是你们的错了。这其实是你们不愿意放弃内心的幻想。所以，在心理事实这个问题上，我只能说，咱们的观点是截然相反的。

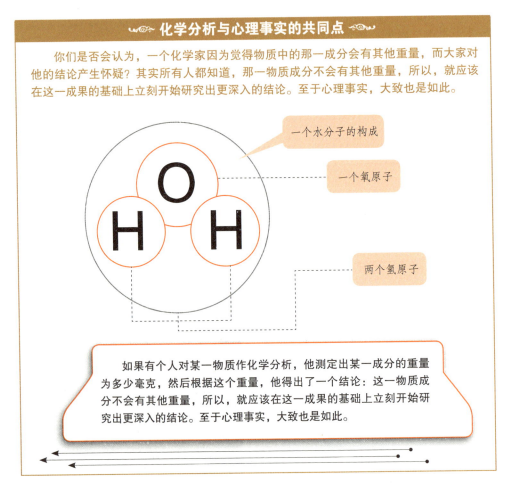

化学分析与心理事实的共同点

你们是否会认为，一个化学家因为觉得物质中的那一成分会有其他重量，而大家对他的结论产生怀疑？其实所有人都知道，那一物质成分不会有其他重量，所以，就应该在这一成果的基础上立刻开始研究出更深入的结论。至于心理事实，大致也是如此。

一个水分子的构成

一个氧原子

两个氢原子

如果有个人对某一物质作化学分析，他测定出某一成分的重量为多少毫克，然后根据这个重量，他得出了一个结论：这一物质成分不会有其他重量，所以，就应该在这一成果的基础上立刻开始研究出更深入的结论。至于心理事实，大致也是如此。

可能你们马上有了新的反驳，你们会说："我们明白精神分析法是一种独特的手段，能为被分析者解决精神分析的问题。譬如说宴会上的那位客人说'请大家起来打嗝来祝福主人的健康'，你说这过失中干涉的倾向是讥讽，与宾客的意向相矛盾，可这只是你的一面之词，只不过是根据那个与舌误无关的观察得来。如果你去询问那位演说家为什么说错话，他一定不会承认他在侮辱主人公，而且会极力与你争辩。如果你对于他人的观点被当事者否认了，难道你还不会放弃你这个无法证明的解释？"

很好，你们的这次反驳非常有力。我能够想象，那位我不认识的演说者是个什么样子，可能他是首席宾客的助理，可能他是一位年轻的老师，也有可能他是一个有为的青年才俊。而且我也知道，如果我问他适才的错话是否不太尊敬主人的情感，我们肯定会发生一番争吵。他不仅会不耐烦，甚至暴跳如雷地对我说："你问得太多了，你要是再问一句，就别怪我不客气。你知不知道，你的怀疑足以毁掉我一生的事业，我只是说了两次'auf'，以至于将anstossen说成了aufstossen，这属于梅林格所称的'语音持续'情况，本质上没有什么恶意。你只要知道这些就够了。"他的反应令人吃惊，这的确是一个强有力的反驳啊。我也明白我不应该再怀疑他了，不过如果他的错误真的没有恶意的话，那也用不着反应如此激烈吧。我只是在做一次生理学研究，他根本就不需要那么愤怒。可能你们不会认同我这一想法，不过你们要仔细想一想，像他这样的人，应该知道该说什么不该说什么吧。

那么他到底知不知道呢？这恐怕只能是一个疑问了。

你们觉得已经将我驳倒了吗？你们可能会说："那是你的能力问题了。如果出错者的解释与你的看法相符合，你就会说你所怀疑的问题一点儿也没错，这可是你自己说的；但如果出错者说的与你的看法不相符，你就会说他的解释根本不可靠，请大家不要相信。"

你们说的这种情况非常好，不过我可以举出一个相似的事例。譬如说在法庭上，被告认罪，法官就相信他；被告不认罪，法官就不相信他。如果不这样，法律就不能贯彻实施了。当然，这样做也会有失误，不过你们应该明白，在大部分情况下这种法律制度是有效的。

又有人在说："难道你是法官吗？犯错者在你面前就成了被告吗？舌误在你眼里就成了罪过吗？"

你们先不要急于反驳我这个比喻。现在的问题是，关于过失的解释，我们之间是存在着分歧的，这些分歧我现在还没有办法来调解，所以，我提出法官与被告的例子只希望能缓和一些我们的分析。有一点你们必须承认，如果我们对过失的解释被犯错者承认，那么毫无疑问我们的观点是正确的；但如果犯错者不愿意承认，甚至不愿与我们见面，不给我们一个质问的机会，那么我们就无法获取直接的证据了。所以，我们只能像法官那样，利用其他证据来推出我们的结论。法官在审案时，为了还原事实真相，通常都会用间接的证据来证明。虽然精神分析不需要间接的证据来作分析，但在某些情况下

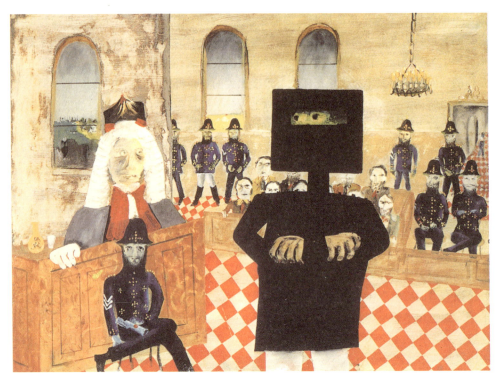

审判 西德尼·诺兰爵士 澳大利亚 釉彩绘于画板上 1947年 堪培拉国家美术馆

　　在这场审判中，画家将描绘的人物克利完全隐藏了起来，避开他的敌人们，在法律和规则的力量的包围下，克利被他的假面所隐藏。巴瑞法官的表情更为丰富，在画家眼中，他惧怕这个奇特的罪犯身上近乎神秘的力量。克利独自站在满是敌意的法庭上，而陪审团却在怒视着他，然而，就是这些赋予了他英雄的气概。在画家眼中，其震撼的力量完全来自于那个假面。

　　也可以考虑一下。如果你认为科学涵盖的只是已经被证明的命题，那你就理解错了。如果你对于科学有这样的要求，就太不公平了。实际上，只有那些充满了权威欲甚至于要以科学教条代替宗教教条的人才会有这样的要求。如果将科学作为教条来开，那么真正明白无意的理论只是极少数。科学涵盖的内容主要是对不同程度的几率的描述。科学家最大的特征就是，他们在不断创造能够接近真理的东西，虽然缺少彻底的证明，但也能将之运用到创造性的工作中。

　　如果犯错者不想去解释过失的缘由，那么我们该从哪里去搜集用于解释的证据呢？我们有两个资料来源：首先，可以根据那些非过失导致的相似现象，譬如说一个人因舌误而产生的变式和因故意而产生的变式，虽然都会有取笑之意，但前者属于过失导致的现象，后者属于非过失导致的现象。其次，可以根据引起过失的心理情境和过失者的性格以及未犯过失前的思想情感，很有可能过失就是过失者思想情感的反应。通常来说，我们根据一般原则分析得来的过失意义，只能算是一种推测，一种暂时的结论，我们必须在以后对过失者的心理情境进行研究，求得证据，有时候还有研究了过失意义的进一步表现后，方能证明我们的推测是否准确。

我们现在只是分析舌误这种过失，虽然我可以举出很多例子，但是我恐怕很难给予你们足够的证据。像那位要"送辱"女士的青年，他其实是很害羞的；而那位声称丈夫应该吃喝自己为他选择的食物的夫人，也许是一位治家严谨的主妇。要向你们说明白这些例子真不太容易，我还是再举另一个例子吧。在一次俱乐部会议上，一位年轻人在发表演讲说猛烈地抨击委员会，他称委员会的委员为"Lenders of the Committee（委员会中的放贷者）"，用"Lenders（放贷者）"替代了"member（委员）"。根据我的推测，当时肯定有一些与放贷有关的干涉倾向在他抨击委员会时活跃着。后来有人告诉我，原来这位演讲者有金钱上的困难，他正准备借贷哩。依据这一事实，那么这种干涉倾向就可以被理解为这样一种想法："大家在抗议的时候可要谨慎一些，那些委员们可都是借钱给你们的人呐。"

如果让我讲其他过失类别，我同样可以给予你们一些有间接证据的事例。

如果一个人忘记了某一个熟人的名字，就算他极力回忆也未能想起来，那么我们可以推测，他一定是对这个熟人没有好感，所以内心深处不想去记住他。如果我们能了解这一层面的意义，就可以讨论以下几种过失的心理情境了。

譬如说，Y先生爱恋上了一位女士，然而那位女士并不喜欢Y先生，而且不久后，她就和X先生结婚了。Y先生与X

心脏或记忆 弗丽达·卡洛 墨西哥 1937年 私人收藏

图片中最为震撼人心的是画家本人被切断动脉的巨大心脏，涌出鲜红的血，象征她极度痛苦。卡洛的这幅作品完成于里维拉和她的妹妹克里斯蒂娜发生性爱关系之后的两年左右。图中卡洛被画成短发的模样，这也预示她与里维拉离婚之后，内心的愤怒和不平，木棒刺穿身体，心脏被挖空，悬浮在空中的一幅，都清楚地显示出她所承受的苦难和无助感。

先生很早就认识了，并且一直有业务上的往来，然而现在Y先生总是忘记X先生的名字，在需要联系他的时候，就要先向别人询问X先生的名字。很显然，Y先生的心里是想将这位幸运的情敌彻底忘掉，永远也不愿想起他了。

再譬如说，一位女士向医生打听一个他们都认识的朋友，但是她只记得这位朋友结婚前的姓氏，却忘记了她结婚后的姓氏。她也承认了，她对朋友的婚事是持反对态度的，并且非常讨厌朋友的丈夫。

关于名称的遗忘，在后面我们会有详细的论述，但现在我们要来关注一下引起遗忘的心理情境。

最常见的遗忘是"决心"遗忘，"决心"的遗忘者通常都有一种与"决心"相反的情感，阻止了"决心"的发生。这不仅仅是精神分析教授的观点，普通民众在日常生活中也会察觉出这种情感，只不过他们不愿承认罢了。如果一个施惠者忘记了求惠者的请求，那么即使施惠者道歉了，求惠者的心中也很难会心无芥蒂。求惠者肯定会认

看见死灵 保罗·高更 法国

这是一幅现实与幻想相结合作品，图中的裸体女子是画家年轻时候的情人玛娜奥·杜巴巴乌，她一个人躺在黑暗之中，她心理总是疑神疑鬼，画面中那个诡异、黑色的幽灵就是她幻想的产物，她最讨厌的事就是画家又去妓女那里，那个幽灵就是她的幻象。

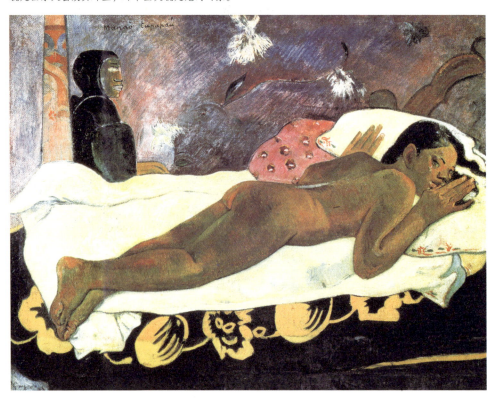

为，施惠者太忽视他了，他答应了自己的请求，却一直没有兑现。所以说，被遗忘在工作和生活中，时常会引起怨恨，对于这种过失的意义，精神分析教授和普通民众之间到没有什么太大的分歧。你们可以想象一下，有一天女主人看到有客人来，却对他说："你今天来了，可是我却忘记了今天的约会，什么也没有准备。"或者另一种情形，一位青年要对他的女朋友说，他将他们以前所定的约会全部忘记了，当然，他不会坦然承认的，而是在瞬间编造出种种无法践约赴会的理由，以至于他现在都没有给女友任何消息，而实际上这些事实荒谬不可信。众所周知，在军队中，遗忘是不能作为任何借口求得宽恕而免于惩罚，军队的这一规定是被公众所认可的。如此一来，所有人都会承认遗忘的意义，并且知道那意义是什么。如果他们能将这种认识运用在其他过失上面，公开承认过失，那么过失的问题自然就会有一个明确的答案。

一个像克里奥佩特拉七世（埃及女王）的女人的石灰石头像 公元前50~30年 工艺品

克里奥佩特拉，埃及历史上一位极富传奇色彩的女政治家，她在十七岁便登上王位，她是埃及的最后一个法老，也是最后一个女王。之后不久，她与自己的弟弟——托勒密十三世争夺王位，后与罗马大帝凯撒结盟。凯撒被敌人暗杀后，克里奥佩特拉又成了安东尼的情人。

在普通民众的心中，"决心"遗忘的意义是毋庸置疑的，以至于不少剧作家也运用这种过失来表现相似的意义。如果你们看过萧伯纳的著作《凯撒与克里奥佩特拉》，应该会记得，在本剧的最后一幕凯撒离场时，忽然觉得自己忘记了一件重要的事情，并为此而感到不安。后来他想起来了，他没有和克里奥佩特拉告别。萧伯纳运用这个艺术手法来表现凯撒的自大性格。实际上，凯撒从没有过这样的性格，也从没有这种渴望。追溯历史事实你们就会发现，凯撒曾带着克里奥佩特拉共赴罗马，况且，凯撒遇刺时，克里奥佩特拉和她的孩子还在罗马，后来才离城逃走。

这些"决心"遗忘的事例所具有的意义都太过于明显了，所以对于我们的研究目的实际上并没有很多帮助。我们的目的是要从心理情境中找寻出过失意义的线索，所以我们应该讨论一些不易理解的过失，如遗失物件。你们认为遗失物件会引起烦恼，却绝对不会认为遗失物件也是有目的的。不过我可以举例说明，譬如说，一名青年遗失了一支他非常喜爱的铅笔，这支铅笔是他的姐夫送给他的。几天前，他收到了姐夫寄来的一封信，信的末尾写道："我现在没有时间和心情鼓励你去游手好闲。"随同书信寄来的就是这支铅笔。如果不知道这件事，我们很难解释说他遗失铅笔是有意还是无意的，不过现在这名青年就不免被怀疑有遗弃赠品之嫌了。这样的例子俯拾皆是，一个人遗失物件，可能是因为和赠物者吵架不愿记起他，也可能是喜新厌旧，想换一个更新更好的物件。还有损毁或失落物件，也可以是前面的几种目的。譬如说，一个小孩在他的生日前

儿童和玩具 凯特·格林纳威 插画

凯特·格林纳威是英国维多利亚时代最有影响力的童书插画家。图中的两个小孩，各自拿着自己喜欢的玩具，拉着小车的小孩似乎更喜欢她旁边小孩手里的玩具，不知道她愿不愿意给她玩？

弄坏了所有的玩具和衣服，你们会认为这是一件偶然发生的事情？

如果一个人因为遗失物件而甚觉不安，他肯定不会相信他的遗失行为是有意的，不过我们可以从他遗失的心理情境中发现一种暂时的或永远的遗弃意向。下面的事例会是一个很好的证明。

曾经有一个人给我讲述了这样一个故事：几年前，我和妻子经常发生误会。虽然我知道她是一个贤惠的妻子，但是她有些冷淡了，我总觉得我们之间缺少感情。有一次她散步归来，送给我一本书，她觉得这本书可以使我快乐。我知道她在关心我，我答应读这本书，不过我对它并不感兴趣，一转身就将它扔到杂物堆中。过了几个月，我突然想起了这本书，想找出来读一读，然而我翻箱倒柜却再也找不到。又过了几个月，我的母亲生病了，母亲的住处与我家距离较远，妻子就先到母亲那边看护着她。由于妻子的悉心照料，母亲的病情慢慢好转，最终康复了。我知道这是妻子的功劳，所以对妻子充满了感激之情。在一天晚上，我回到家中，走到书桌前，将抽屉打开，当时我并不清楚我有没有寻书的意图，但是我很清楚地看到，那本我多次找寻而不可得的书竟然出现在我的面前。

没有了遗失的动机，失物便很快就找寻到了。

这样的例子，我还可以列举很多，不过我觉得没有必要。在我的《日常生活心理病理学》这本书中，你们就可以发现很多有关过失的事例，这些事例都可以证明同一个事实：任何错误都是有目的。不过我希望你们还能从这些事例中了解该如何从伴随错误产生的心理情境推测或者证明错误的意义。在这我不想再旁征博引，因为我们对这些过失现象的研究只是作为精神分析的入门。现在，我对于过失，还有一点要说，就是重复的和混合的过失。我们对于这一点的解释可通过后面的事例来证明。

重复的和混合的过失是过失中意义最为明显的。如果我们要证明过失是有意义的，只分析这一过失就足够了。因为他们的意义便是最愚蠢的人也能了解，便是最挑剔的人也会深信无疑。任何导致重复的错误，都是有某种用意的，而绝非毫无根据。至于一种过失转化为另一种过失，更容易发现引起过失的因素，这种因素不是过失的变式，也不是引起过失的手段，而是利用过失而达到目的一种倾向。可以给你们举一个简单的重复遗忘事例，琼斯不知道为什么将一封已经写好的信搁在书桌上数天而没有邮寄。后来她决定去投递了，然后却发现自己忘记在信封上填写收信人的姓名和地址，故而投递的时候又被退回来了，等她补填完，再去邮局投递时，却又发现自己忘记了贴邮票，以至于

夫妻间的交流

这是一幅18世纪法国后期的一幅油画，图中描绘了一对恩爱的夫妻在他们的私人图书馆里，交流读书的心得。抛却城市的喧嚣，夫妻间的这种交流无疑是一种让人羡慕的亲密享受。

1906年的弗洛伊德

这张照片是弗洛伊德的儿子为其拍摄的，他在1904年出版的《日常生活中的心理病理学》是他流传最广的一本著作。书中主要探讨了关于缺陷的心理作用，比如遗忘、失言、笔误、错放东西等等。书中揭示了许多看似偶然、毫无意义的行为，以及许多简单地归结为"自由意志"的举动，实际上是人们没有意识到的隐秘而矛盾的愿望所驱使的。

又未投递成功。后来，她终于承认了，自己隐约有不想投递此信的意向。

还有一个例子，讲的是误拿了他人的物件然后又把物件遗失。有一位女士和她的画家姐夫到罗马旅游，他们在罗马的德国朋友盛情接待了他们，还送给了画家姐夫一枚古色典雅的金章。这位女士因为姐夫并未表示出对这一精致礼物的喜欢而感到十分不悦。等她姐姐来后，她立即就回国了。她回到了家，打开行李一看，竟发现自己将这枚金章带了回来，至于如何带回来的，她一点儿印象也没有。于是她立刻写信告诉姐夫说，第二天就会归还误拿的礼物，谁知到了第二天，却发现金章突然不见了，怎么找也找不到，以至于她没能如约寄还。后来女士明白自己遗失金章是有用意的，她其实是想将这件礼物据为己有。

你们应该还记得，我之前给你们讲过一个遗忘过失的例子。有一个人忘记了一次重要约会，于是第二天，他决定不再忘记，然而他到达约会地点才发现那天根本就不是约会的时间。我有一个朋友，他爱好文学又喜欢科学，他根据自己的经历告诉了我一个类似的事例。他对我说："几年前，我被选为一个文学会的评论员，但当时我以为我可以利用职务之便使我的剧本在戏院公演，由于沉溺于此事，我多次忘记了出席会议。后来，我读了你对于这一问题研究的著作，我很自责。我认为文学会的人对我已经没有帮助了，所以我也不再去开会，这样做太卑鄙了。于是，我决定在下周五的会议上无论如何也要出席，我时刻提醒着自己，而且我最后也去赴会了。可是让我惊奇的是，我到达会场后，却发现大门是关着的，而且已经散会了。我才发现，我记错了开会日期，当时已经是星期六了。"

罗马金章 晚期古董 公元4世纪

这个特别的金章中放置着最伟大的罗马皇帝——康斯坦丁一世，其精湛的镂空工艺让人叹为观止。其中的人物或是希腊的神和哲学家。

　　我原本想多搜集些事例，不过现在我需要你们往下讨论，你们要看一看那些虽然已有解释但仍需要最终证实的事例。

　　这些事例的关键和我们猜想的一样，我们不知道甚至无法推测角色的心理情境，所以，我们的解释只是一种假设，说不上正确和权威。不过后来又发生了另外的事件，而这一事件正好可以用来证实我们的解释。举一个例子，有一次我在一对新婚夫妻家里做客，年轻的女主人为我讲述了她最近的一件小事，她说她和丈夫度完蜜月回来后的第一天，她的丈夫便去上班了，她便邀请她的姐姐一起上街购物，在街上她忽然看到了一位男士，便用肘子了碰姐姐说："你看，那是K先生。"天啊，她竟然忘记了K先生就是与她结婚不久的丈夫。当我听了这个故事，深感不安，但也不敢乱加猜想。过了几年，那对夫妻离异了，他们婚姻的不幸使我再次想起了那个小小的故事。

　　梅特讲过一个故事：一位女士在结婚的前一天，竟然忘记了试穿新婚礼服，以致为她做礼服的裁缝焦急万分，等女士想起来此事时已经是深夜了，没机会再试衣了。而女士结婚不久，丈夫就和她离异了。以梅特的观点来讲，她被丈夫离弃和忘记试衣不无关

巴黎街景　居斯塔夫·开依波特 法国 布面油画 1877年 芝加哥艺术博物馆

　　开依波特是一位被社会历史学家所创造出来的奇怪的艺术家。他的这幅画作表现的是1877年的一个下午，一男一女在一个特殊的时刻，手里撑着伞，行走在一条特殊的街道。光线冷峻、街道冷清、细雨纷飞。

阿尔诺芬尼的婚礼

杨·凡·爱克 布面油画

1434年 现存伦敦国家美术馆

这幅画向我们揭示了婚姻的真正含义。年轻的新郎用手轻轻地伸向新娘的手,这是一个庄严的时刻。水果,忠实的小狗,念珠,没有穿鞋的双脚,还有就是挂在墙上一切都在其中的镜子。所有的一切都是如此地和谐美好,同时也显示出凡·爱克作品所特有的可爱的责任感。

系。我也知道一个事例,一位刚与丈夫离异的女士,她在花销上,经常使用娘家的姓氏签字,就这样没过多久,她本人又被尊称为"小姐"了。我还知道一些其他女士,他们在新婚蜜月期间遗失了结婚戒指,他们的结婚过程,就是造成戒指遗失的原因。再举另一个奇怪的事例,德国有一位著名的化学家,在他结婚的那天,他没有到教堂去,反而去了实验室,以至于婚也没有结成,后来,他再也不结婚了。

可能你们会认为这些事例中的过失属于古人所说的预兆。实际上,预兆就是过失,譬如说失足跌倒,这种预兆属于客观的事件,不属于主观的行动。不过,你们可能不会相信,要判断某一事例到底是属于客观的事件还是主观的行为,其实并不容易,因为主动的行为通常会伪装为一种被动发生的行为。

仔细回顾我们过去的生活经验,你们也许会发现,如果我们有决心和勇气将一些过失看成预兆,并在它的意义还不明显的时候就将它看作是某一种倾向的暗示,我们绝对可以避免不少烦恼和失望。然而实际上,我们通常没有这个决定和勇气,害怕被讥讽为迷信,况且预兆也未必都会变成现实。接下来,我会告诉你们,为何预兆不一定会变成现实。

第四章

过失心理学(续完)

我们已经证实了，过失是有意义的，并且以此为基础来进行下一步的研究。不过我还要声明一点：虽然我相信有这种可能，但我从不主张所有的过失都是有意义的，实际上根据我们的研究目的，也不需要有此主张。我们只需要证明过失具有普遍意义就足够了。各种过失的形式有明显的差异，有些舌误、笔误只是生理变化的结果，那遗忘名称或决心的过失则不是，不过有些遗失物件的事例被认为是无意的行为。不管怎么说，前面我们分析出的理论只适用于日常生活中的一部分过失，而不是全部。在你们认定某种过失是由于两种"倾向"互相竞争、互相冲突而引起的心理行为时，你们也必须谨记前面的这条限制。

以上所述，就是我们研究精神分析的第一个成果。过去的心理学没有意识到这种彼此牵制的情况，更不会了解是这种牵制引起了各种过失。现在，我们已经扩充了心理现象的范围，使心理学出现了以前从未认可的心理现象。

我们先来讨论一下"过失是心理行为"这句话。"过失是心理行为"是否比"过失有意义"的内涵更为丰富呢？我不这样认为，前一句话比后一句话的涵义更加模糊，或者说更容易引起误解。凡是在心理活动中观察到的一切，都可以认为是心理现象，但是如何判断它是否为一种特殊的心理现象？由于有机体的变化而产生的心理现象，不属于

魏玛国际精神分析会议

1911年

站在中间的人便是弗洛伊德，离他不远，在前排就坐穿着皮草的女性是弗洛伊德的学生、知识界著名的女性——安德列亚斯·莎乐美。他们这群人将向全世界的人们宣布弗洛伊德的各种新发现。

心理学研究的范围，它是一般的心理现象；在心理过程中产生的，并使有机体的某一部分发生一系列变化的心理现象，就是特殊的心理现象。所以，我们说过失有意义，更容易理解一些，过失的意义指的就是它的重要性、意向、或倾向。

有一组现象和过失非常相似，但不能称之为"过失"，我们通常称他们为"偶然的或症候性动作"。这些动作没有动机，也无任何意义，更没有什么用处，看起来就像是多余的。一方面他们不像过失一样，有第二个用以冲突或牵制的倾向，另一方面，他们又像极了我们平日里表示情绪的姿势和动作。这些偶然发生的又没有明显目的的动作，包括拽弄衣服、抓挠身体、伸手触及其他物品或者哼哼哈哈自娱自乐等，基本上属于可有可无。不过我认为这些动作是有意义的，和过失一样有同样的解释，都应该被视作正常的心理动作，他们都属于心理过程中的重要表现。不过对于

特殊的心理现象（细部） 瑞内·马格里特
比利时 布面油画 1937年 博伊斯·范·伯宁恩博物馆

这幅图给了观众无以比拟的心灵震撼。我们在平日里，一般都很难相信自身的现实性，我们到底是谁？在别人眼里我们到底是什么样子的？我们如何才能知道别人眼中的自己到底是什么样子？这幅作品中的男子在镜中却异常地看到了自己的背影，这些正是超现实主义的作用，这是我们无法用逻辑思维去理解的。

这些动作，我不想作深入的讨论，我们还是回过头来讨论过失吧。因为对于过失的讨论可以使许多关于精神分析的重要问题变得很清楚。

我们讨论过失，有几个很有趣却从未被解答的问题。我们之前说过，过失是由两种不同倾向互相干涉的结果，第一个是被干涉的倾向，第二个是干涉的倾向。被干涉的倾向不会引起其他问题，而关于干涉的倾向，则有两个问题尚未清楚。第一就是，那些主动干涉其他倾向的究竟是些什么倾向？第二个问题，干涉的倾向和被干涉的倾向之间到底存在什么关系？

我们再以舌误为切入点来解释，先回答第二个问题，再回答第一个问题。

舌误中的干涉倾向，从意义上说，是与被干涉的倾向有关联。在一些事例中，干涉的倾向往往是对被干涉的倾向的更正、补充或者反击，不过在某些意义模糊的事例中，干涉的倾向和被干涉的倾向看起来毫无联系。

第一种关系可以在已经研究过的事例中寻找到证据。通常来说，凡是将应说的话说

反了的舌误，其干涉的倾向都是与被干涉的倾向相反的，由此得出的结论是，这一措施是由两种截然对立的意向互相竞争导致的结果。譬如说，那位议长宣布闭会，他这一舌误的意义其实是说："我宣布开会，但是我宁愿闭会。"还有，一家时政类报纸被人诟病腐败，于是它便撰文申辩，在辩文的结尾用了一句话："读者应该深知本报素来秉着大公无私的态度为社会服务。"然而受托写此辩文的编辑却疏忽大意，将"大公无私的态度"写成了"最自私的态度（in the most interested manner）"。他这一错误的意义，很可能是这样的："我不得不写这篇文章，但是报纸内幕如何，我知道得很清楚。"又如，一位民众代表要向国王直言进谏，然而他后来见到国王时却感到惶恐，于是便产生了舌误，将直言进谏改为了婉言劝告。

上面列举的事例，第二倾向和第一倾向的关系十分密切，其干涉的作用有更正、补充和引申等。譬如说，一个人要想表述"事情发生了"，然而觉得直说"事情是肮脏的"更好，于是便产生了"事情是发肮的"错误；犹如那位生理学教授说："明白这一问题的人屈指可数，可能更少，真正只有一个人明白，这也很好，算是一指可数了"；还有那位太太说："我的丈夫可以吃喝自己喜欢的事物，不过你们知道我不会允许他吃

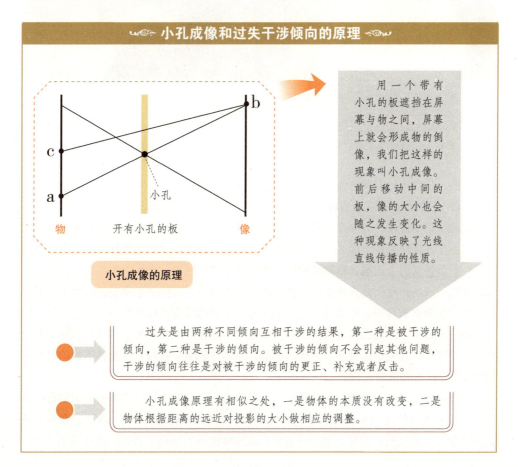

小孔成像和过失干涉倾向的原理

小孔成像的原理

用一个带有小孔的板遮挡在屏幕与物之间，屏幕上就会形成物的倒像，我们把这样的现象叫小孔成像。前后移动中间的板，像的大小也会随之发生变化。这种现象反映了光线直线传播的性质。

过失是由两种不同倾向互相干涉的结果，第一种是被干涉的倾向，第二种是干涉的倾向。被干涉的倾向不会引起其他问题，干涉的倾向往往是对被干涉的倾向的更正、补充或者反击。

小孔成像原理有相似之处，一是物体的本质没有改变，二是物体根据距离的远近对投影的大小做相应的调整。

散步 奥古斯特·马克 德国 布面油画 1914年 斯图加特国家美术馆

公园里，人们在悠闲地散步，他们穿戴整齐，却没有面孔。只有一位身穿白衣的年轻妇人，她身体微倾似乎在看着什么，画家马克本能中对温顺的本性情有独钟，这种温顺的本性可爱并且光芒四射。

这喝那的，他应该吃喝我为他选择的食物"。就这些事例而言，其中过失皆因为被干涉的倾向和干涉的倾向存在着直接而密切的关系。

彼此干涉的倾向，如果没有关系，那就令人奇怪了。如果干涉的倾向和被干涉的倾向之间不存在任何关系，那么干涉的倾向到底从何而来呢？它又是在什么情况下表现出来呢？要解答这两个问题，就需要我们仔细观察了。通过对一个人过失的观察，就可以知道干涉的倾向来源于此人刚才的一种思维，它表现出来时便是思维将要结束了。至于这种思维是否会表现为一种语言，这并不重要。这种思维也可以被视作是"语音持续"的一种，不过不一定是话语的持续罢了。如果是"语音持续"情况下的过失，那么其干涉倾向和被干涉倾向也会有一种联想的关系，只是这种关系在过程中是找不到的，所以这至多算是一种勉强的关系吧。

还有一个生活中的事例，这是我自己观察得来的。我在美丽的多罗密特山游玩时，邂逅了两名来自维也纳的女士。她们出来散步，我便与她们同行了一段路，在路上我们讨论旅途中的快乐和劳顿。忽然一名女士说这种游历生活很不舒服，她还说了一句：

"天天都要在太阳底下走，热得外衣……和别的东西都湿透了，这可不是一件快乐的事情。"她在说那句话时，在某一点上略有迟疑。后来，她接着说："如果有nach hose 换一换……"hose的意思是内裤，这名女士的本意是说nach hause（到我家里）。我们不用对这一舌误作分析，因为你们是很容易明白的。其实那名女士是想列举一些衣服的名称，如外衣、衬衫、内裤等，然而因为要注重礼仪，所以"内裤"没有说出来。不过在她说的第二句话中（这是一句内容独立的话），那个没有没说出来的字却因为音节相似而变成了hause的近似音了。

我们现在可以讨论刚才一直没有回答的第一个问题了，那就是：运用独特的方式来干涉其他倾向的到底是什么倾向？宏观来说，它们的种类很多，而我们的目的则是研究出它们的共同元素。我们以这个目的对众多事例加以研究，就会发现，它们大致可以分为三种。第一种是犯错者知道他的干涉的倾向，而且在出错时也感觉到这种倾向。譬

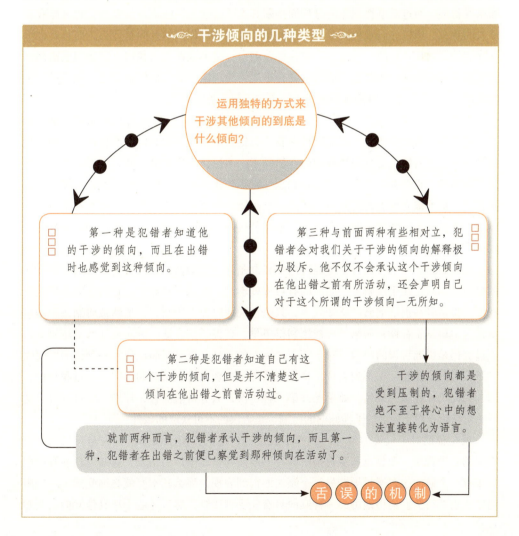

干涉倾向的几种类型

运用独特的方式来干涉其他倾向的到底是什么倾向？

第一种是犯错者知道他的干涉的倾向，而且在出错时也感觉到这种倾向。

第三种与前面两种有些相对立，犯错者会对我们关于干涉的倾向的解释极力驳斥。他不仅不会承认这个干涉倾向在他出错之前有所活动，还会声明自己对于这个所谓的干涉倾向一无所知。

第二种是犯错者知道自己有这个干涉的倾向，但是并不清楚这一倾向在他出错之前曾活动过。

干涉的倾向都是受到压制的，犯错者绝不至于将心中的想法直接转化为语言。

就前两种而言，犯错者承认干涉的倾向，而且第一种，犯错者在出错之前便已察觉到那种倾向在活动了。

舌 误 的 机 制

如说"发肮"这一舌误，犯错者不仅会承认他所批评的事情是肮脏的，而且也会承认自己有意这样说，只是后来又阻止了话说出来。第二种是犯错者知道自己有这个干涉的倾向，但是并不清楚这一倾向在他出错之前曾活动过。所以，他可能会接受我们的观点，但不免会觉得诧异。相比舌误，这种态度在其他过失中更容易找到。第三种与前面两种有些相对立，犯错者会对我们关于干涉的倾向的解释极力驳斥。他不仅不会承认这个干涉倾向在他出错之前有所活动，还会声明自己对于这个所谓的干涉倾向一无所知。譬如说"打嗝"那个事例，咱们在这件事例上的观点是有分歧的。我向犯错者说明了干涉的倾向，他便反驳我。我当然不相信犯错者没有这种倾向，仍坚持我的观点，但是你们被他的激情所感动，觉得我应该放弃那一固执的观点，最好采用过去的心理生理学理论，将他这种过失视作单纯的生理行为。你们为什么会有如此见解，我大概能猜想得到，不过我的观点有这样一个假设：如果犯错者没有意识到的倾向能通过他的错误表示出来，那么我就可以通过对事物现象的分析而推断其本质。这个说法不仅仅新奇，它可能有着重大的意义，所以你们难免又要产生疑问了。我能猜想你们的疑问是什么，而且我也承认你们的疑问是合理的。不过有一点你们要明白：过失说在之前我们已经运用了诸多事例证实了，如果你们非要让它成为一种合乎逻辑的理论，那么你们就要去大胆假设、小心求证了，否则，你们刚刚求得的过失说恐怕不得不被放弃了。

现在，我们先将放下争议，先来分析这三种舌误的三种机制的共同元素。幸运的是，这共同元素十分明显。就前两种而言，犯错者承认干涉的倾向，而且在第一种，犯错者在出错之前便已察觉到那种倾向在活动了。不过，不论是哪一种，干涉的倾向都是受到压制的，犯错者绝不至于将心中的想法直接转化为语言，所以他只能是说错了话；换言之，那不被允许表现的倾向，或者反抗犯错者的意志，或者改变犯错者本来意向的倾向，或者与被干涉的倾向联合起来，或者替代被干涉的倾向，而是自己得到表现的，就是舌误的机制。

在我看来，第三种的舌误与描述它的机制是完全协调的，我的假想是，这三种舌误的根本区别只是在于压制某一倾向的有效程度不同。就第一种而言，它的倾向是明显存在的，犯错者在说话前已经感知到了，只是在说话时极力压制它，虽然被研制，但是它从错误中得到了补偿；而第二种被压制得更早，在说话前，这一倾向就开始被压制着，不过它仍是引起舌误的原因。对于第三种舌误的解释，更可以简单化，一种倾向即便收到了长时间的压制，得不到表现，虽然说话者坚决否认这一倾向的存在，不过我相信，这一倾向仍然能被感知到。如果撇开第三种舌误，只分析前两种，你们一定可以得出这样一个结论：对于说话的干涉倾向的压制，是舌误的不可获取的条件。

现在我们对于过失的解释已经有了长足的进展。我们不仅知道过失是有目的和有意义的心理现象，而且也知道它是由两种不同倾向彼此干涉的结果，更知道这些倾向中如果有一个倾向想要通过干涉另一个倾向而得到表现，那么其本身就必须受到了一些阻遏禁止它的行为。通俗地讲，一种倾向只有先受到压制，然后才能干涉其他倾向。当然

圣安东尼的诱惑 萨尔瓦多·达利 西班牙 油画 1946年 布鲁塞尔皇家美术馆藏

　　手中高举十字架的圣安东尼是本画的主人公，他是公元前4世纪时开始修道的圣人，他在禁欲修行的过程中，信仰上曾经受到多方面妄想的考验。作品中，大象背上手托双乳的女性从圣杯中蹿了出来，圣安东尼为了驱除恶念而高举十字架，达利为我们构建了一个奇妙的象征世界。

　　了，这并不算是对于过失现象的最完美的解释。不过我们可以引出一个更深入的问题，大致就是，我们知道的越多，出现新问题的几率也就愈大。我们心中时常都会有这样一个疑问：事情的处理为什么不能更简单一点呢？如果一个人的内心有一种意向去阻击另一种倾向不表现出来，一旦阻击成功，这一倾向就完全没有了表现的可能，然而阻击失败了，那么这一倾向就会得到充分的表现。过失是一种调解的产物，过失中的两种冲突的倾向，都会取得部分的成功和部分的失败。除了少数的事例，被压制的倾向通常都不会被完全阻击，不过它也不能按照最初的目的表现出来。根据我们的猜测，这种牵制或者说是调解的发生，先前必有某种特殊的条件，只是这些条件到底是什么，我们却无法推测出来。我也不认为只要我们对过失作深入的研究，就能发现这些未知的条件。首先，我们必须对心理活动的这种模糊境界做彻底的研究，只有通过研究而得出的类比，才能使我们敢于对关于过失的进一步解释，作出必要的假设。不过有一点你们需要注意，我们在研究过失时，经常依据对某一微小现象的分析，这是非常危险的。有一种心

维也纳大学医学院教授群 版画 1882年

这是维也纳大学医学院的成员，这里边有化学、解剖、外科、病理学、精神病医学等领域的代表人物。弗洛伊德的精神分析研究也是从这里开始的。

理错乱叫作综合妄想症，就是喜欢根据某一微小的现象来解释一切。我当然不会认为用这种方法得到的结论是对的。如果我们要避免这种危险，那就必须扩大观察的范围，从多方面、各样式的心理活动入手，努力积累许多相似的现象。

所以，我们现在要先放下对过失的研究了。在你们去观察现象之前，你们要注意一件事：你们必须牢牢记住我们以前用来研究过失事例的方法，时刻将它们当作一种参考。你们从那些事例中了解了，我们研究心理学的目的到底是什么。我们不仅是描写心理现象并加以分类，也是要将心理现象视作是心与力平衡的结果，它是有着特定目标的某种倾向的表现，这些倾向有的是互相联合，有的则是彼此对抗。我们应该对心理现象作一种动的解释，有了这个解释，那些我们推论过的想象便比我们观察到的现象有着更为重要的意义了。

我们虽然不再研究过失了，不过仍要对整个问题做一次俯瞰式的观察。在观察时，有些我们看到的事实是熟悉的，有些则是陌生的，不过已经不需要再去分析了。对于过失的分类，前面已经列举了，共有三种，第一种是舌误、笔误、读误、听误等；第二种是遗忘，包括遗忘名称、遗忘姓名、遗忘决心等；第三种是误放、误拿和遗失物件等。总的来说，我们所研究的过失，一般属于遗忘，一般属于动作的错误。

前面我们已经讨论了舌误，不过还要再添加一些内容。有些带感情的小错误也属于舌误，这相当有趣。人们的普遍心理是，自己说错了话往往没有注意，如果有人提醒，他也不愿意承认说错了话，然而听到别人说错了话，他却毫不客气地指出来。实际上，舌误是有传染性的，当别人发生舌误时，自己也经常会跟着说错。对于这些琐碎的小错误，我们很容易就发现其背后的动机，但是却很难知道隐藏在其心理过程中的性质。譬如说，一个人由于受到某一个音节的干扰，将长音发成了短音，在他意识到错误后，不论其有何动机，通常都会将后面的一个短音发成长音，通过制造一个新错误来弥补上一次错误，或者是另一种情况，将双元音"oy"或"ew"发成了单元音"i"，然后说话者便将后面的单元音"i"发成"oy"或"ew"。这种行为似乎都有这样一种含义：不愿意听的人认为说话者疏忽了本国的语言习惯，而作为补偿的那个错误则是要引起听的人对于前面错误的注意，并表示自己认识到这一错误。一般来说，最常见最简单而最不重要的舌误，都是由于语音的浓缩或提前发出。譬如说，长句说错，一定是由于后面那个要说的字影响了前一个字的发音的结果。这种舌误会让人觉得说话者对这句话不耐烦，甚至不愿意说它。我们似乎到达了一条分界线，一条精神分析的过失论和一般生理学的过失论的分界线，而这条分界线十分模糊。根据我的假设，在这些事例中，干涉的倾向要反抗那些要说的话，不过我们只知道干涉倾向的存在，却不知它有什么目的。它所引起的扰乱，由于语音的影响，或者联想的关系，都可以看作是注意力不集中时所说的话的结果。不过这种舌误的目的并不在于分散注意力，也不在于引起一种联想的倾向，而在于干涉原来倾向的存在。由于上面讲的事例与其他的舌误有很大不同，我们无法从它的结果推测出它的性质。

接下来我们开始讨论笔误。笔误的机制和舌误一样，所以对于笔误，我们提不出什么新的见解，至多是给过失的理论稍微添加一些知识。笔误中那些普遍存在的小错，譬如将后面一个字甚至最后一个字提前写出来，通常表现出书写者不喜欢写字或者缺少耐心。至于那些明显的笔误，则往往表明了干涉的性质和倾向。通常来讲，我们在读信时发现了笔误，就会想到作者在写信时内心不够平静，不过我们当然猜不出其中的缘由了。因为笔误和舌误一样，经常当事者自己都很难发现。下面这一事实非常值得我们来分析，有些人习惯在发信前将书信重读一遍，而有些人则不这样做，不过这些不重读的人偶然重读一遍他们写的信，通常都会发现信中有很明显的笔误并加以更正。这该如何解释呢？从表面上看，他们似乎知道了自己写信时写错了字，但是我们能相信是这么一回事吗？

四色画框一号　罗伯特·门勾德　美国　丙烯和石墨绘于画布上　1983年　私人收藏

万事万物都具有统一性和连贯性。画家在作品中乍一看似乎不知道他想要表达什么，但他却是真诚的。他希望我们不要看事物的表象，而是要注重事物的本质。这是一种纯粹的艺术创造。这幅作品看似不像一个整体，却没有发现这四块分离的板块被一条连续的、椭圆的细线组织在一起，这条线强有力地将不协调的四块图形组成了一个整体。

实际上关于笔误的意义还有一个有趣的事例。你们应该还记得杀人犯H的事。他冒充细菌专家，从科研院盗取了一种极度危险的病菌，用来杀害那些他憎恨的人。有一次，他给科研院的医生写信，控诉他们的培养菌没有什么效力，却把字写错了，他本意是说："在我试验老鼠和豚鼠（Mausen

und Meerschweinchen）时"，却误写成了"在我试验人类（Menschen）时"。这一笔误曾引起了院内医生的关注，可惜他们并没有从中推测出什么结论。你们对此事有什么看法呢？如果那些医生们将这一笔误认作是口供而仔细侦察，可能就会发现杀人犯的犯罪意图并及时破获，那不是一件天大的好事？这个事例已经说明了，如果不了解我们所研究的过失论，那就会导致严重的后果。不过，虽然我们对杀人犯的这一笔误有所怀疑，可是如果真将他当作犯罪口供也的确有些反应过度了。实际上，任何事情都是相当复杂的，笔误当然算是一种可循的迹象，但是仅以笔误作为侦察的理由是不够的。我们可以由笔误判断出写信者有害人的意图，却不能确定这种意图究竟来自于一种害人的明确计划，还是只属于一种不切实际的幻想。而且，即便我们有这样的怀疑，当事者可以用充足的主观

神父的圣坛 圣·安布罗斯 米夏埃尔·帕赫 奥地利 约1480年布面油画 慕尼黑圣坛画陈列馆

　　四位神父之中，圣·安布罗斯可能是最具吸引力的神父。画面中他摆出一副正在写字的姿势，两只手上各拿了一支笔，面带微笑聆听圣音。他两只手可以同时书写，这也是中世纪可以成为大学问家的有力证明。

理由来否认这种意图的存在，然后斥责我们的想法是无稽之谈。等到后来我们讨论心理现实与物质现实的区别时，你们就可以了解这各种的可能。虽然我们对于笔误还不能有彻底的判断，不过前面的事例再一次证明了过失是有意义的。

读误的心理情境是有别于舌误和笔误的。在读误中，其两个彼此干涉的倾向有一个被感觉性的刺激所替代，可能会缺乏坚持性。一个人所读的内容不是他心理活动的产物，也不同于他要写的东西，所以在大部分的事例中，读误都是以一个字完全替代另一个字的，而这两个字除了字形相同外，通常没有任何联系。思想家利希滕贝格以"Agamemnon"替代"Angenommen"的例子可算是读误中的典型例子。如果想去探索引起读误的干涉倾向，你们可以撇开全文而将以下两个问题作为分析研究的切入点：第一个是，对于读误的结果（即替代进去的字）进行联想时，内心所产生的第一个想法是什么？第二个，读误在什么情况下才会发生？一般地来说，解答了第二个问题就足够对读

读书的女孩

让·奥诺雷·弗拉戈纳尔 法国 布面油画 1776年 华盛顿国家美术馆

画中的女孩长着小巧的鼻子，即便是她的侧面也是一副很可人的模样。头上系着一条暖色的丝带，身上亮色的丝衣，将她衬托得更加动人。她手里拿着一本《圣经》，但她的表情所传达给我们的信息，好像她在读诗歌或小说一样。

一个倦怠的读者在阅读 法国 油画

　　阅读是一件令人愉快的事情，画中描绘一个慵懒的读者在读书。她的屋子充满了东方的异国情调：最为显眼的就是那一排日本特色的面具，还有武士用的武器和女士的雨伞。19世纪90年代，日本与世界各国开始贸易交流，其中最主要的是家具、服装和外国式的假发。

误作出解释了。譬如说，一个人在陌生的城市中旅游，一次逛街时觉得尿急，于是他在一栋楼房的二楼上看见了一间屋子的门上挂着写有"Closethaus（便所）"的牌子。不过他开始怀疑为何这个牌子会挂在这样一个楼房上，后来他才看清楚了，原来牌子上的字是"Corsethaus"。对于其他过失的事例来说，如果本意和错误在含义上没有什么联系，那就必须详加分析，不过这种精神分析，要有训练精熟的技术和坚定不移的信念才有可能会成功。至于对读误的解释，通常用不着这么麻烦。就"Agamemnon"这个读误来说，根据它所替代的字不难推测出引起读误的心理过程。还有，在这次欧战中，我们经常会听到城镇或将军的名称以及军事术语，以致我们在看到类似的字样时，往往就会误读成某城镇或某将军的名字或者军事名词。当我们接触到那些不感兴趣的事物，往往以心中所想的事物替代，思想的影子遮住了我们的新知觉，因此便很容易发生读误了。

有时候所读的材料也会引起一种干涉的倾向，从而产生误读，将原文中的某些字改为相反的字样。如果你强迫某人读他不喜欢的文章，那么分析研究将会证明他的每一个读误都起因于他对这篇文章的厌恶。

对于前面所讲的那些读误事例来说，他们由于比较常见，容易理解，以致组成过失机制的两个要素并不明显。这两个要素是什么呢？第一就是两种彼此干涉倾向的冲突，第二是一种倾向被压制后便以发生过失作为补偿。当然，不是所有的这类矛盾会发展成为读误，但是与读误有关的意向的冲突可要比读误之前所承受的压制要明显得很。由于遗忘而产生过失的种种情况，则可以很容易观察到其中的两大要素。

"决心"的遗忘，通常只有一种意义。对于这种意义的解释，一般人也会承认，前面咱们已经讨论过了。干涉"决心"实行的倾

一个祈祷的人　莫雷托·达·布雷夏　意大利　布面油画　1545年　伦敦国家美术馆

这幅画可能是画家当时为一个家族墓地的教堂所创作，画中的男子正在祈祷，也许他想对这个神圣而私密的时刻留一个纪念。从他的眼神中，可以看出，他决心接受神的指引，指引他走向天国。

摒弃物欲的决心 弗朗西斯科·德·苏巴兰 西班牙

1635年 布面油画 伦敦国家美术馆

　　圣徒怀着虔诚之心跪在上帝的面前，金色的光芒照亮了他的长袍，我们能清晰地看到他衣服上的补丁还有破烂的衣袖，和粗糙的腰带。所有的这些都是在暗示，他这一生要与贫穷为伴，摒弃一切物欲的决心。

向往往是一种反抗的倾向，是一种不情愿的感情。这种反抗的干涉倾向是毋庸置疑了，我们只需要来分析它为什么不用一种明确的方式表示出来。对于这种倾向不得不保密的动机，根据我们的推测，通常是这种意思：当事者很清楚，如果他明确将这种反抗倾向表示出来，那么必将受到谴责，但如果运用过失这种方式，不仅可以免受指责，而且一般都能达到目的。不过，假如一个人在决心实行之前，心理情境发生了很大的变化，以致他觉得没有必要实行决心了，那么，虽然他忘记了决心，但却不属于过失的范畴。很简单的原因，既然用不着记忆，忘记也就理所当然了。而这种记忆就会被暂时地甚至永久地消除了。只有决心在应该实行时没有被取消，忘记决心，才算是一种过失。

　　通常来讲，忘记决心的事例千篇一律，很容易使人看明白，以致很难引起人们研究的兴趣。不过，研究这种过失，还是有两点可以增长我们的知识的。之前已经说过，决心遗忘的发生，必然有一种反抗的倾向，这种观点是对的，不过通过更进一步的研究，我发现这种“反抗意向（counter-will）”分为两种：直接的和间接的。直接的倾向就是我们前面讨论过的，那么什么是间接的呢？可以用几个事例来加以说明。譬如说施惠者没有将求惠者推荐给第三者，可能是他对于这位求惠者没有什么好感，所以不想为他引荐，这也可以解释为施惠者不想帮助求惠者。不过，真实的情况可能复杂得多。施惠者不想引荐，可能另有隐情，也许与求惠者无关，而是他与所要求的第三者关系不太好。所以说，在现实生活中，你们可不要随便使用你们对于遗忘的解释。虽然施惠者已经详细解释了他的过失，不过求惠者极有可能因为多疑而冤枉施惠者。又如，一个人忘记了某个约会，最常见的原因就是，他不想和约会的人见面，不过如果对事例详加分析，可能会得出另一种解释，就是干涉的倾向于约会的人无关而是与约会的地点有关，约会的地点给予了他痛苦的回忆，所以他不愿意去那里。再譬如说，一个人忘记了投递书信，也许忘记的反抗倾向与信的内容毫无关联，或者信的本身并

献给无名画家　安塞尔姆·基弗 德国 1983年 匹兹堡卡耐基艺术博物馆

　　画家创作这幅作品的初衷是为了纪念那些在二战中被人遗忘的画家或是其被毁坏的作品。画面的前景充斥着一片乌黑和焦黄，还有那血红的土地。这幅作品中，画家加了一种会自然腐烂的稻草，以表现时间的流逝；还有那个大坟墓，是拼贴而成的，也是对痛苦的一种讽刺。画家用这种方式就是希望人类能遗忘这种曾经的痛苦和邪恶。

没有什么危害，之所以被放置不理，是由于写信人联想到了过去的一封信，而这封信使他感到憎恶。所以，我们可以这样说，过去那封令人憎恨的信使得他对如今这封没有任何危害的信也产生了厌恶之感。总之，我们在对某事件运用我们的解释时，必须要慎重考虑。要知道，心理学可以解释的事件，在实际生活中通常还有许多其他的意义。

对圣教的反抗 恩斯特 德裔法国画家 油画 1926年 科隆路德维美术馆藏

　　这是恩斯特最具有冲击力的作品之一。他曾参与达达主义和超现实主义社团活动，他的这一作品一经展出，即被印上了亵渎神明的烙印，使得他最后被逐出教会。画中他对传统宗教提出了反抗，他在作品中用维纳斯责打丘比特的情景，构成了这幅暴力且不安定的画面。

　　如果真是如此，你们可能就会变得疑惑了。也许你们会认为间接的"反抗意向"可以用来证明当事者的过失是病态的，不过我要告诉你们，实际上在健康的和常态的范围内也可以遇见这种过失。还有一点，你们不要以为我刚才所讲的，是在承认我们的解释是不靠谱的。过去我讲过，忘记实行决心，这其中就有多种意义，不过这只是针对那些没经过分析只是根据一般理论加以解释的事例而说的。如果对事例中的人作细致的分析，那么那种反抗的倾向究竟是直接的还是间接的，就可以很明确推测出来。

　　现在我们讲第二点：假设我们已经通过对大多数事例的分析研究而证明了"决心"遗忘是由"反抗意向"的干涉而产生的，那么即便是被分析者坚决否认我们关于有"反抗倾向"存在的解释，我们也必须坚持自己的观点，而不再怀疑。举几个常见的遗忘事例，如忘记还书、忘记还钱。我们可以肯

定地说，忘记还书或者忘记还钱的人，他一定有不想还书或还钱的意图。虽然他一定会否认，但是他却不能对自己的行为作出合理的解释。所以，我们可以告诉他有这种意向，只是他自己没有察觉到，不过忘记这一过失已经将这种意向暴露了。也许他还会极力为自己辩解，说自己仅仅是遗忘而已，这种情况我们过去经常遇见，所以你们也不必再与他争论了。对于过失的解释我们已经用了很多事例来证明，如果我们现在要将种种解释引申为逻辑理论，那么就得假定人们根本不知道自己有多种能导致重大后果的倾向。不过我们这样的做法免不了和一般心理学以及普通民众的观点发生冲突了。

至于遗忘名称、外国人名或外国文字等，同样也是由于和这些名词直接的或间接的互不融合的倾向。前面我列举了多个实例

理查德·耶茨夫人 吉尔伯特·斯图尔特 美国

吉尔伯特·斯图尔特被认为是美国最著名的肖像画家之一。对我们来说，我们更多的是欣赏画家精湛的绘画手法，还有他独特的风格。但是理查德·耶茨却是一位商人的妻子，对这位商人来说她的名字很重要，因为其他人是替代不了的。

来说明直接的反抗意向，实际上针对这种情况，间接的反抗意向更常见一些。不过要解释这种间接的倾向，就需要细心的分析了。譬如说这次欧战，我们被迫放弃了许多娱乐活动，所以我们对于名称的记忆，都因受到一些与我们风马牛不相及的名称的影响而妨害了记忆力。像我曾经记不住毕森茨镇（Bisenz）的名字，实际上，我对这个城镇没有直接的厌恶，只是因为我曾在奥维多的毕森支大厦（the palazzo bisenzi）度过一段愉快的时光，而毕森茨和毕森支在发音上相似，我就慢慢淡忘了这个名字，在想起这个小镇时常会记起毕森支大厦。对于遗忘名词的动机，最初我们应有这样一个原则（这个原则在神经病症候的发生上有极为重要的作用）简单来说就是，与痛苦情感有关的事物，回忆起它便会引起痛苦，所以一个人的记忆便会极力反抗对此事物的回忆。这种避免痛苦的倾向，其实就是遗忘名词以及其他过失的最终目的。

实际上，用心理生理学的观点来解释人们对名词的遗忘是最合适的，因为遗忘的发生，未必都存在一种避免痛苦的倾向。根据我的研究，一个人若有遗忘名词的意向，不

达尔文 工艺品 1881年

查尔斯·罗伯特·达尔文，英国生物学家、博物学家，达尔文早期因地质学研究而著名，而后又提出科学证据，证明所有生物物种是由少数共同祖先，经过长时间的自然选择过程后演化而成。到了1930年，达尔文的理论成为对演化机制的主要诠释，并成为现代演化思想的基础，在科学上可对生物多样性进行一致且合理的解释，是现今生物学的基石。

仅是出于此名词的厌恶，也不仅因为此名词令他想起了不愉快的过去，还因为此名词会使他联想到一些熟悉的事物。此名词被固定在某一具体位置上，客观上从未与其他事物产生联系，然后由于人们有记住某一名词的意向，就在主观上将它们联系在一起，由此而造成的联想反而使人更快地遗忘此名词。如果你们了解了记忆系统的结构，就不会对这种情况感到疑惑了。对于这一解释，最好的事例就是人的名字了。一个人的名字，对于不同的人来说有不同的意义，譬如说提奥多这个名字，对大多数人来说并无任何意义，但是对于他的父母、子女、兄弟、朋友来说，其中的意义却非常特殊。根据我的分析，你们当中有一部分人肯定不忘遗忘这个名字叫提奥多的人，不过另一部分人可能就会觉得这一名字应当用来称呼自己的亲友，所以对这个叫提奥多人便有些忽视了，以致很快就忘记了他。如果这个由联想引起的牵制和痛苦作用下的牵制以及间接的反抗意向相符合，那么对于名词遗忘的原因，你们就知道其实也是十分复杂的。不过，若是我们对这些事例作深入的研究，也是可以解开这些复杂的原因的。

相比名词的遗忘，经验和印象的遗忘更能表现出一种明显的避免痛苦的意向。不是所有这类遗忘都可被称为过失，一般来说，如忘记了刚发生过的事情或者忘记了某一件重要事情中的一个细节这些非常规、不合理的遗忘，才可被称为过失。到底我们如何会对过去失去印象，特别是那些对我们很重要的往事，譬如说儿童时期的游戏。如何来解释遗忘，虽然避免痛苦或引起联想的倾向都会产生遗忘，但他们只是众多原因中的两个。避免痛苦的回忆也能产生遗忘，这在前面已经被证实过了。这个原因被许多心理学家所注重，甚至生物学家达尔文。达尔文明白这一点，所以他谨慎地搜集了与他学说相对的观点，以免以后需要参考时忘记了这些东西。

有些人听到避免痛苦的倾向会引起遗忘这一见解时，便忍不住会反驳。根据他们的说法，痛苦的回忆才是最难遗忘的，因为痛苦的回忆，如曾经遭受的打击和耻辱，通常不会受主观意志的支配，他们讲述的事实是对的，但他们的观点却站不住脚。人的内心其实就是两种对立动机互相扰乱、互相竞争的地方，换一种说法就是，心灵是由两种相反的意向组成的。如果出现了一种新的倾向，则会立刻出现另一种与之相反的倾向，而且两者是完全并存的。关于这两种倾向，最大的问题就是：他们到底是什么关系？

遗失和误拿物件不仅有多种意义，而且还会表现出来多种动机，我们可以饶有兴趣地讨论这种遗忘。遗失是所有这类遗忘事例中的共同目的，不过它们的理由和动机却不尽相同。一个人遗失了物件，可能是此物件已毁坏，可能是他想换一个新的，可能是他已经厌倦了此物件，也可能他厌恶此物件的赠送者，更可能是他不想记起获取此物件的情形。一般来说，不仅是遗失物件，损毁物件也可以表示相同的目的。根据有关研究表明，在我们的社会中，私生子通常都比正常家庭的孩子要虚弱，这与幼儿园对老师们对孩子的教育方法无关，而是他们对于独生子不够关心才造成了这种结果。同样的解释也适用于对物品的保管。

遗失一个物件，与它是否失去价值无关，即便此物件仍具有原来的价值，然而主人可能会有一种想法，丢弃了它就可以避免更大的损失了。根据我的观察发现，现在还是很流行这种弃物消灾的方法，而且我们对于物件的损失也是出于自愿。还有，泄愤或者自罚，也是遗失物件常见的动机。总的来说，物件的遗失，其动机是数不胜数的，不能单一而论。

不论是误拿物件，还是行为出错，实际上都是为了达到一种不合理的目的，而且都是采用偶然发生错误这种方式，这和其他的过失是一样的。举个例子，我的一位朋友由于某种原因被迫乘火车去农村探望朋友，实际上他很不情愿，所以在一个站口换车时，他竟然鬼使神差地坐上了返程的火车。还有，一位旅人想在某处休息一会，可是他已经和人约好了见面，必须马上赶路，于是他便拨慢了手表，并最终耽误了约会。又譬如说过去我的一位患者，基于他的病情，我建议他在住院期间不要和妻子通电话。有一次，他本想给我打电话，谁知却拨错了号码，打到了他妻子那里。上述例子都十分明显地表明了行为出错的意义。现在我给大家讲述一个工程师的告白，通过他这一事例你们会深切明白损毁物件的意义了。

"我在一所中学工作时，曾和几名同事主动参与了关于弹力的实验，基本上每天都待在实验室里。然而想不到的是，等到我们过了计划的时间，这一实验远远没有完成。有一次，我和同事F来到实验室准备工作时，他突然说自己家中有许多事情要处理，他不

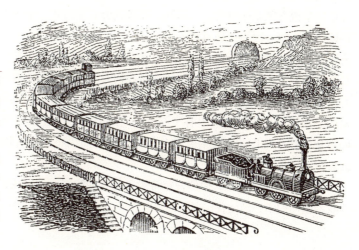

返程的火车 插画

一个人如果不愿意违背他人的意愿，最终还是会强行执行自己的意愿。即便是踏上了去看望他人的火车，最终还是会顺从自己的意愿，踏上返程的列车。实际上都是为了达到一种不合理的目的，而且都是采用偶然发生错误这种方式。

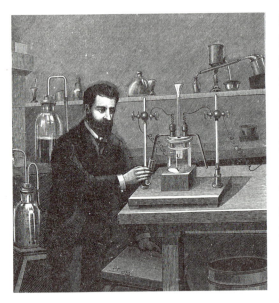

随时停止的机器

人们总是想"事遂人愿"，有意想让事情发生，但又不敢主动去做，没想到却在无意间发生了，这是过失心理的表现。过失大都是必然的，其实都是由潜意识的欲望造成的。就像文中的机器一样。

能继续在实验室待下去。我理解他这话的意思，并对他感到同情，于是我开玩笑地说，最好这机器像上星期一样，再坏一次，那么我们就可以停工休息了。事情是这样的，在我们几名同事中，F是负责管理压力机的阀门，他需要做的工作就是打开阀门，使储藏器中的压力慢慢进入水压机的气缸内。领导站在水压计旁边，在压力适中的时候，就大喊一声：'停止！'这时F就将阀门向右旋转，将储藏器关闭。由于储藏器内的压力全部灌入了压力机内，连接管承受不住，就有一个突然破裂了。当时这件事并没有造成什么危害，而我们则幸运地提前回家。后来我们有一次聊天提起这件事，不过F已经想不起那天我对他开的玩笑了，而我却记忆犹新。这让我觉得那次事故中他的操作行为绝对是有意的。"

当你们明白了这一点，也许你们就开始思考家里的佣人打破东西到底是有意的还是无意的，一个人使自己受了伤到底是有意的还是无意的。你们可以对一切产生怀疑，而且你们的怀疑都可以通过分析研究来证实的。

以上我所讲的，都可以归为过失心理学，实际上我对它的解释并不够完美，它还有很多问题尚待研究和解决。不过，如果你们能够听明白我的演讲，并且决定为了接受这种新的学说而稍微改变自己的信仰，那么我会非常高兴，至于那些没有解决的问题，留待以后再说吧。因为仅凭对过失的研究，不能解释一切，在后面我们会结合其他的理论来进行研究。过失是普遍存在的有意义有价值的现象，它不是一种病态的现象，人们从日常工作和生活就能观察得到。这就是我们对于过失的基本解释。还有一个问题一直没有为你们解答，在演讲结束前我给你们指出来，你们问过我："如果根据对这众多事例的分析研究，人们对过失有了充分的了解，他们已经意识到了过失一种有意义有目的现象，那么他们还要反对精神分析的解释，而仍将过失看作是一种无意义的、偶然的现象？"

对于你们这个问题，你们肯定希望得到我的解答，不过我并不打算作任何解释。因为我希望你们不必借助我，自己去领会理解，那么你们最后会得到正确答案的。

第二卷

梦

在这一部分，弗洛伊德梦论的杰出贡献在于，他首次提出了梦的心理分析的假说，分析了梦的象征性及活动方式，指出了梦对了解精神病因的意义。这一点，可以与巴甫洛夫对梦的生理机制的分析相媲美。梦的部分是精神分析理论体系形成的一个重要标志。

第 五 章

初步的研究及其困难

　　我和我的同事布洛伊尔已经发现，神经病患者所表现出来的种种幻想都是深埋于下意识之中，如果能使其将幻想说出来，那么患者就有痊愈的可能。所以，基于这种发现，我们创造了精神分析法。我们通过这种治疗方法与患者沟通，让他们谈自己的幻想，而我们察觉，他们的很多幻想都来自于梦。这不由得让我们怀疑，是否梦有一种特

寻找道路　杰克·巴特勒·耶茨　爱尔兰　布面油画　1951年　柏林爱尔兰国家美术馆

　　这是一幅精神分析的图画，画家的一生都在画马，他喜欢它们身上的忠诚和它们奔跑的速度。画面中的这匹马是他的幻想，他想着自己也许就是这匹马，也许就是这匹马的主人。这种情境下的画家，是感觉不到自己力量的存在的，他正和这匹风驰电掣般的骏马一同向前奔去。

殊意义？

精神分析法的程序是先让患者说出他们的幻想，包括梦，然后再研究种种幻想的意义。不过，我这次的演讲却要反过来讲，先为你们阐述梦的意义。不仅是因为研究梦是研究神经病的基础，也不仅因为梦本是就是神经病的一种症状，还因为普通人也会做梦。梦是一种普遍存在的现象，所以我们研究起来有很多便利。基于梦的普遍性，我们基本上可以通过对普通人的梦进行分析研究就可以求得我们所需要的一切知识了。

和过失一样，梦也属于精神分析的研究范畴。不过梦和过失一样，虽然普遍地存在，但也普遍地被忽视，大多数人都认为他们毫无价值可言。而且，相对于过失，梦的研究更不被认同。对于过失的研究，它只是被忽视而已，不过一经发现，通常都会立即更正。有人和我说，我们应当去研究更为重要的事实，而不是研究无关紧要的过失，然而通过我们前面的讨论，对于过失的研究实际上是有很大的收获，而且我相信它也将慢慢

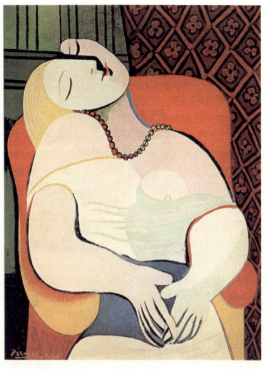

梦　巴勃罗·毕加索　西班牙　布面油画　1932年　纽约冈兹收藏馆

画中人物是毕加索始终钟情的一个人物——玛丽·瑟雷斯。她曾经深深地吸引着毕加索，并且随后将自己的一生都交给了毕加索。作品中，毕加索将玛丽的脸部切成两半，但依然不能阻挡她那如月般的美丽和柔弱的气质，整体就如梦一样。

地为世人所接受。对于梦的研究可就不同了，在大部分人看来，研究梦毫无意义，而且是一件可耻的事情，因为梦的意义根本不属于科学范畴，只有神秘主义者才会对它感兴趣。在精神病学和病理学中，如肠胃炎、慢性咽炎等许多重要的病症等着医生去解决，他们怎么还会有心思和时间去研究梦这种无聊的东西呢？梦是虚幻缥缈的，它不是一种社会事实，根本就不值得去研究。

还有一个问题会成为研究梦的阻碍，那就是梦的不确定性。人的幻想通常是很明确的，譬如一个人说："我是救世主耶稣。"其幻想的内容是明白无疑的。可是梦却不是这样。不论是哪个人，他都很难将自己的梦完整地叙述出来。即便他可以叙述一个大概，但是恐怕他自己都不能拍胸脯保证所说的一定是真实的梦境，绝对没有更改或者增删。实际上，一个人对于自己所做的梦，一般只能记住其中一些微小的片段，而这些微

女人和一条白狗 卢西恩·弗洛伊德 德国 布面油画 1951~1952年作 英国伦敦塔特陈列馆收藏

　　此画的作者是奥地利精神分析学派的心理学创始人弗洛伊德的孙子，画中的女人是画家的第一任妻子凯瑟琳和一条英国种的大狗斜靠在一沙发上。画家用柔和的白色笔调来画，使画面显得简单，也略显苍白。

小的片段，是不足以成为心理学家或精神分析教授用以研究或治疗的根据。

　　不合理的批评很难服众，那些讽刺科学家研究梦的人，实际上他们的观点处于一种极端。曾经有人认为过失微小、无关紧要而否认研究过失的意义，但是我们可以用"因小失大"的道理来解释。对于那些声称梦的内容根本无法明确的言论，我们的反驳是：任何事物都有它的特点，这种特点是我们无法掌控的，而梦的特点就是它的不确定性，而且，有些梦的内容还是可以明确的。在精神病学的研究对象中，有许多其他事物同样具有不确定的特点，譬如说强迫症和臆想症，但是同样有许多在社会上享有声誉的专家来对它们进行研究。举个例子，我以前治疗过一位臆想症患者，她是一位女士。她是这样向我诉说自己的病情的："我最近精神状况很不好，心中总是有一种幻想，我似乎以前杀害过一个生物，好像是一个小孩，哦，不，应该是一条狗，当时我似乎是将他从桥上推了下去，哦，也可能是用其他方法。我记不清楚了。"

　　虽然由于梦的不确定性，人们很难记清楚梦的内容，但是我们在对梦做分析研究时，大可不必纠结于此，只要我们将人们说出来的所有内容定为真实的梦境就行了。当然，可能他有忘记的，可能他对梦的内容做过更改或增删，不过我们用不着考虑这些。

任何一个人都不应该忽视所做的梦，认为它没有价值。根据我的研究，人们所做的梦，不论是幸福的，还是悲惨的，它经常会在醒后还持续影响着人们的情绪，有时会长达一天。而根据医学家的观察分析，神经病患者的精神错乱以及幻想等症状，很多都来自于梦境；还有，历史记载表明，古人的许多伟大功业都是因梦引起的。不过，在当今社会，包括科学家在内的大多数人都有轻视梦的心理，至于这其中的原因，我的看法是，由于古人十分重视梦的意义，而致使了崇尚科学的现代人去反对它。众所周知，还原历史事实是一件异常困难的事情，没有谁可以对某一历史事件作出明确的判断，不过有一件事我们可以很清楚地知道，那就是，古人和我们一样都会做梦。我们已经做过考

印第安的占卜仪式

古人认为梦具有重要的意义和重大的价值，他们将梦看作是未来的预兆，图中的男女正在表演一个美洲本土的祭祀舞蹈，这些舞蹈在许多部落文化中有着重要的地位。他们有求阳光的，有求雨的，也有向神祈祷的，也有占卜的，也于祈祷丰收的，图中在杆上的人头像应该是部落已经去世的成员，这个人能够给这个部落带来骄傲、和平和繁荣。

证，古人认为梦具有重要的意义和重大的价值，他们将梦看作是未来的预兆，所以，古希腊人和东方的中国人一样，每逢对外征战时，随军一定会有一个解梦者，这就和现在出征肯定会带侦察员以刺探敌情差不多。最著名的就是古希腊的帝王亚历山大，他每次出征，都要将全国最有名的解梦者带在身边。譬如说有一次他率军进攻泰儿城，当时地处海岛的泰儿城防御非常坚固，屡攻不下，以致亚历山大大帝有弃攻之意。不过一个梦改变了他的想法。在某天晚上，他梦到一个半兽人在他面前疯狂地跳着舞，醒来后他就召解梦者为他解释此梦，解梦者说这表明我们很快就会破城了。亚历山大大帝大受鼓舞，翌日便下令继续攻城，最终在经过了一个惨烈的战斗后攻陷了泰儿城。在古希腊罗马时期，伊特拉斯坎人和罗马人喜欢用各种方法占卜未来，而解梦术就是其中最著名最流行的，受到社会各阶层的推崇。据传生于阿德里安帝时代的阿尔特米多鲁斯写过一本关于解梦的书，可惜此书今天已经失传了。在我们这个时代，梦已经被人们完全忽视，而解梦术也已经退化，个中原因我也不清楚。不过，科学的进步绝不是解梦术退化的原因，因为在欧洲黑暗的中世纪，比解梦术更荒谬的事物都被保存了下来，而解梦术绝不至于被人们丢弃。有一个可以明确的事实就是：在过去的上千年里，人们对于梦的兴趣逐渐消退，以致对梦的研究被看作是迷信，所以这种活动只被保留在那些思想未开化的人群中，而解梦术则只能被用于解释那些在梦中抽的彩券号码。不过另一个事实是，现代的科学经常会涉及到对梦的研究，当然，它的动机仅在于对心理生理学观点的证实。根据医学家的见解，梦并不是一种心理过程，而是物理刺激在心理上的反映。譬如说宾兹在1876年对于梦的解释，他说："梦是一种毫无意义、不合常规的物理过程，它并不像灵魂不朽等学说一样，具有永久的生命力，它只是一种短暂的过程。"还有海洋学家莫里，他认为所谓的梦就是一个舞蹈家在疯狂地跳舞，而且这种舞蹈杂乱无章，与人们的协调性运动完全相反。古人对于梦也有一种解释，他们认为梦的内容就像是"一个不懂音乐的人在运用他那不灵活的十个指头在钢琴的键盘上胡乱弹奏所发出的声音"。

以上列举的"解释"，实际上是对梦的意义的阐述，不过前人解梦，通常不会谈及梦的意义。譬如说在冯特等近代哲学家的著作中，他们只是分析了梦境与现实思想的区别，通过这种比较来贬低梦的价值；他们认为梦境与现实没有联系，在梦境中人类的知识会慢慢消失，他们会失去批评能力，至于其他的能力也会减弱。又如现代科学对于梦的研究，也只是为我们提供了一点点知识，那就是人们所受的物理刺激会影响梦的内容；还有，挪威作家福尔德曾用两大卷书的内容讨论对梦的研究成果，然而其全部内容总结成一句话就是，睡眠时的姿势变换会对梦也会有影响。不过，前人的这些解释，已经可以为我们对梦的研究提供借鉴了。现在的问题是，如果我们真去研究梦的意义，那么正统的科学界会怎样评价我们？当然，批判是难免的，不过我们仍然会坚持实验，决不退缩。我们已经研究出过失是有意义的，那么梦为什么不能有意义呢？现代科学很少去研究过失的意义，实际上它是普遍存在的。所以我们研究梦的意义，最好以古人的观点，像古时的解梦者一样去做研究吧。

睡眠姿势对睡眠的影响

　　睡眠姿势是睡眠过程中特有的肢体语言，是受意识控制极少的下意识动作，所以它为我们传达出的信息一般不具有欺骗性，可以真实地反映人们的心理状态。

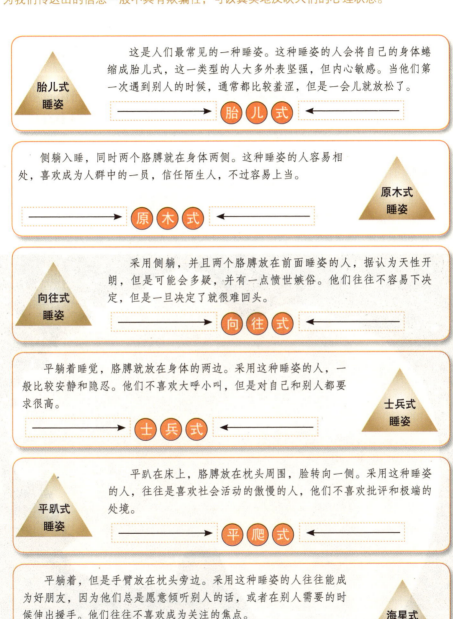

胎儿式睡姿

　　这是人们最常见的一种睡姿。这种睡姿的人会将自己的身体蜷缩成胎儿式，这一类型的人大多外表坚强，但内心敏感。当他们第一次遇到别人的时候，通常都比较羞涩，但是一会儿就放松了。

⟶ 胎 儿 式 ⟵

原木式睡姿

　　侧躺入睡，同时两个胳膊就在身体两侧。这种睡姿的人容易相处，喜欢成为人群中的一员，信任陌生人，不过容易上当。

⟶ 原 木 式 ⟵

向往式睡姿

　　采用侧躺，并且两个胳膊放在前面睡姿的人，据认为天性开朗，但是可能会多疑，并有一点愤世嫉俗。他们往往不容易下决定，但是一旦决定了就很难回头。

⟶ 向 往 式 ⟵

士兵式睡姿

　　平躺着睡觉，胳膊就放在身体的两边。采用这种睡姿的人，一般比较安静和隐忍。他们不喜欢大呼小叫，但是对自己和别人都要求很高。

⟶ 士 兵 式 ⟵

平趴式睡姿

　　平趴在床上，胳膊放在枕头周围，脸转向一侧。采用这种睡姿的人，往往是喜欢社会活动的傲慢的人，他们不喜欢批评和极端的处境。

⟶ 平 爬 式 ⟵

海星式睡姿

　　平躺着，但是手臂放在枕头旁边。采用这种睡姿的人往往能成为好朋友，因为他们总是愿意倾听别人的话，或者在别人需要的时候伸出援手。他们往往不喜欢成为关注的焦点。

⟶ 海 星 式 ⟵

首先我们要做的，就是确立我们的研究方向，确定梦的含义。什么是梦？真的是很难给它定义。不过大家都熟悉梦，心中应该有一个大致的概念，所以也不需要为它下定义。我们要做的，就是去发现梦的特点。梦境无所不包，每个梦境都是独一无二的世界，那么任意两个梦境之间有没有什么共同之处呢？如果我们能找出所有梦的共同之处，或许我们就能发现梦的特点了。

我们可以很容易地想到梦的第一个共同之处，那就是睡眠。梦属于睡眠中心理活动，这和我们清醒时的活动相似，不过也有区别。亚里士多德对梦的看法是，梦与睡眠的关系可能更为密切。这其中的关系需要我们以后详加研究。有时候我们在梦中会突然被惊醒，而当我们醒来时，脑海中仍有梦的痕迹。这似乎表明了，梦境不仅存在于睡眠

回归娘胎

人的一生有1/3的时间处于睡眠阶段，那么我们就是有1/3的时间仍处于娘胎之中。睡眠就像是一种脱离人世或者回归娘胎的生活，虽然它变得很模糊，但是却很温暖，而且不受外界的影响。有很多人睡觉的时候都喜欢蜷缩成一团，就像在娘胎中一样。不知你们每天早上醒来的时候都有重获新生的感觉吗？

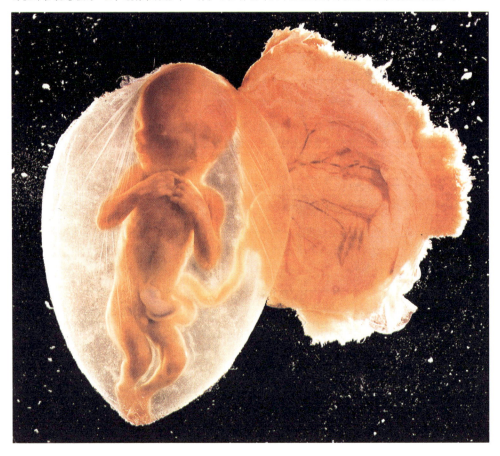

中，也存在于清醒的时候。不过，我们应该先来关注睡眠。这就产生了一个问题：我们该如何来理解睡眠呢？

心理学不研究睡眠，它属于生理学或生物学范畴。不过如何给睡眠下一个科学定义，至今科学家们还存在有诸多争议。睡眠有一个与心理有关的特性还是被广泛认可，那就是：人们之所以睡眠，是他对现实生活失去兴趣，不愿再参与现实生活了。换句话说，如果我对现实生活感到厌倦，我就去睡眠，睡之前，我也会对现实生活说："我要睡觉了，不要打扰我了。"不过那些不知疲倦的孩子们关于睡眠的话可能与我们恰恰相反，他们会说："我不累，我不想睡觉，让我再玩一会儿。"对于睡眠的目的，生物学的观点是蛰伏，而心理学的观点是对现实失去兴趣。可以这样说，人们处于现实生活中，有太多身不由己，但又不能完全与现实生活隔离，所以只好暂别一会儿，他们才能忍受。睡眠就像是一种脱离人世或者回归娘胎的生活，它虽然很模糊，但很温暖，而且独立于世，不受外界影响，而我们在日复一日地重复着这样的生活。很多人在睡眠的时候都习惯蜷曲成一个球状，这和他们在娘胎中的样子很相似。我们每日一般都有8小时的睡眠时间，以这个情况来说，我们的人生有1/3仍处于娘胎中。你们每个人每天早上醒来时是否觉得自己像是获得了新生？我们说梦醒时分，通常都有这样的含义："我们重新来到了这个世界。"基于这种观点，或许我们对于新生婴儿的看法是错误的，我们认为一个新生命来到了这个世界，但是婴儿可能就不觉得，可能他觉得自己只是度过了一个漫长的睡眠。所以，在我们对新生婴儿祝福的时候，应该说："欢迎你看见了世界。"

如果上述所说的特性就是睡眠的本质属性，那么梦就和睡眠毫无关系，倒让人觉得在睡眠中梦是多余的。我们通常都有这样一种观点：如果睡眠中没有梦，那么醒来时会觉得睡得很舒服、很充足。所以我们在睡眠中，都在努力克制内心不要胡思乱想，一旦存在心理活动，那么我们的睡眠就无法获得一个安静的情境，而是会有梦，这些梦就是对那些残余的心理活动的反应。这样看来，似乎梦就没有什么意义了。过失有意义，因为它是人们清醒时的活动的一种表现，而梦存在于睡眠中，实际上人们的心理活动已经停止了，它只是对一些乱突乱撞的残余的反应，这其中真的会有什么意义吗？即便是有意义的，人们已经入睡，它的意义对于人们又有什么用？由此我们可以得出这样一个结论，梦是一种被人们无法控制的心理活动存在于睡眠中的产物，或者之前所说的，是物理刺激所引起的心理现象。梦是对人们残余心理活动的反应，它影响了人们的睡眠，所以并不能归入精神分析的范畴。所以说，我们现在就应该放弃对梦的研究了。

然而我们可以这样做吗？虽然梦似乎没有意义，但它是一种存在无疑的现象，而且它也有许多尚未被解开的疑问，为什么我们不尝试对这些疑问加以解释呢？既然梦是对残余心理活动的反应，那么为什么心理活动不完全停止呢？这个问题就值得我们去做一番研究。也许是有些意念人们无法控制，也许是一些物理刺激对心灵影响太深，以至于心理不得不对他们持续反映着。所以说，梦就是睡眠中对于某种刺激的一种反应方式。从这一观点出发，我们大概就可以对梦作出解释了。首先我们要做的，就是研究在各种

无忧无虑的沉睡者 雷尼·马格利特 比利时

马格利特是20世纪比利时最杰出的超现实主义画家。这幅作品中的人好像睡在一个木箱子里边，他梦里所见到的东西都一目了然地呈现在观众面前。看着睡眠者安详的样子，感觉不到他梦境的存在，但这些残留的碎片一定是他心理活动的反映。

各样的梦中，都是由于什么刺激影响睡眠，以致产生了反应的梦。通过这种研究，梦的第一个普遍特性就可以被我们获得。

梦的普遍特性究竟有几个？这个目前没有确论。不过它还有一个特性我们可以感知到，但描述出来不是很容易。人在睡眠中的心理活动和清醒时的心理活动是完全不同的。在梦中，我们相信我们所看到的、所听到的、所做的一切事情，然而它们实际上只是对刺激的反应。而梦对刺激的反应，主要表现为图像，当然我们也会感觉到声音、情感等，不过很少。所以，我们常说叙述梦境难，就在于我们要把梦中虚幻的图像转化为现实中的语言，而这些图像往往是模糊的。我经常听到有人说："我说不清梦见了什么，但是我能把它的大概画出来。"这话很好地印证了梦的模糊性。我们在梦中的经历和在现实中的经历，最大的区别不在于情商的降低，虽然在梦中我们常常表现出低能。它们最大的区别是一种本质的区别，不过我们现在无法确定。心理学家费希纳在过去也说过梦中的生活和现实的生活是截然不同的。虽然我们无法赋予这句话以更深的意义，不过它是最先令人明白，梦是一种奇妙的幻象。前面我们将梦的内容比作是一个音乐外行在随性弹奏钢琴，实际上这并不完全准确，因为每一个音调都是琴键的反应，它有现实基础，只是最后没有奏成乐曲而已。关于梦的第二个普遍特性，梦境与现实不同，虽然我们无法了解更多，不过应当时刻谨记。

你们是否对梦的其他普遍特性感兴趣，不过要令你们失望了。我已经做过大量的观察分析，然而再也不能发现第三个了。不过通过分析，我却知道了梦的众多不同之处，比如说梦的长短，梦境的清晰程度，梦中情感的多少，对于梦的记忆深浅。这所有的不同我们在梦中是感觉不到的，需要我们在现实中细心去思考。先说梦的长短，有的梦时限很短，往往只有一个图像或者一种情感，甚至只有一句短话；有的梦历经的时间较长，而梦的内容也是丰富而复杂的，人们的经历可以贯穿一件事情的始终。梦的清晰程度也有很大不同，有些梦条理分明，就和现实中的经历一样，所以人们醒来时很容易想起梦的内容，并知道自己做了梦；而有的梦则非常模糊，内容也是杂乱无章，醒来时根本就记不起自己梦到了什么，甚至会怀疑自己是否做梦了。即便是同一梦，也会有部分内容清晰，而另一部分模糊混乱。一般来说，相对清晰的梦境，它的内容都是连贯顺畅，甚至含有神奇或滑稽的意象，而那些模糊混乱的梦，往往充满了荒谬、怪诞等内容。在梦中，人们常常会因为某一图像而触动情感，他们可能会悲伤，以致落泪，可能会恐惧，也可能会喜悦兴奋，总之，在现实生活中所具有的情感，在梦中都会有。不过在梦中所获得的情感通常醒来后就会立即消失得无影无踪，当然，也有少部分会留在人们的印象中，持续很长时间，人们往往会为了记住这种情感而忘记现实中的很多事情。梦的记忆时限跨度非常大，有的梦往往醒来后就忘了，有的梦则可能由于十分美好，而一直保留在人们的记忆中，比如小时候做的英雄梦，可能几十年后人们还会记得，就好像是昨天刚做的一样。最大的不同还是梦的内容，不论是不同人做的梦，还是同一人做的不同梦，很少有相

诗、琴演奏者 奥拉齐奥·金蒂莱斯基 意大利 约1610年 布面油画 华盛顿国家美术馆

　　梦是一种奇妙的幻想，这幅画也用梦幻的笔触渲染出这样一种氛围。演奏者将自己的脸转向音乐本身，她在仔细思考自己的指法是否正确。不管人们能否从这听到音乐之声，但也会静静地融入其中。

水的赐予 *弗丽达·卡洛 墨西哥 1938年*

　　卡洛的这幅画表现的是她躺在浴缸中所看到的景物，所有的一切都是清晰可见，却又模糊不清，超现实主义诗人布荷东十分喜爱这幅画，并将它作为自己书中的一幅插图。画面中高耸挺立于一切之上的是美国帝国大厦，这里有男性阳具的隐喻。画面中的男女，漂浮的衣服，半露的双脚……乍一看就像是孩子们放在浴缸中的玩具一样，那从脚趾跟流出的鲜血不禁让人心生恐怖，整个画面都与性和死亡有关。

同的，梦就像是路人甲，可能人们这辈子只会见到他一次，也有些梦是相同的，或者十分相似，只是稍微有所改变。总之，人在睡眠时的心理活动基本上是对前一天经历的反应，在这些心理活动中，有许多片段可以影响梦的内容，所以梦的内容绝对不是完全相同的。

对于梦的诸多不同的解释，除了与人们的心理活动有关外，我认为，还应该考虑人们由醒入睡的过渡状态和睡眠质量这两个因素。假设这两个解释是确凿无疑的，那么我们可以断定，当梦境处于将要觉醒状态时，梦的清晰程度以及人们在梦中的精神意识都会增强，人们会察觉到自己是在做梦，他会发现，梦中的经历似乎是合理的，然而又有太多的地方很不合理，并且图像转换很快，突然之间，他又有了许多其他的经历。不过，根据心理学家的观点，人的心理活动不会因为睡眠的深浅程度而产生如此极速的变化，所以梦境的改变很难与心理活动扯上关系。根据这种观点，我们所假设的两个因素都无法得到证实。这样一来，我们就没有更好的办法来解释梦境的差异了。

如果我们想要对梦的性质有深入的了解，恐怕必须先放弃对梦的意义的研究，首先

女神酒吧间 马奈 法国 1881年 伦敦考陶尔德美术馆藏

这是马奈生命中最后的杰作。当时马奈的病情相当严重，画中的吧台都是他模仿实物临时搭建的，这名酒吧女招待也是他临时雇用的一名女模特。马奈倾注全力捕捉这迷人的气氛，后来这幅作品与《春》在巴黎展出时，受到了极大的好评，并为巴黎市民所接受。

闹钟 工艺品 德国

做梦的人最后都是听到一种声音而结束梦境的，这种声音虽然在梦里都各不相同，但在现实中却都是由闹钟的声音所引起的。由此可见，外部环境的刺激对梦是有一定影响的。这也是梦形成的其中的一个原因。

从梦的普遍特性来作分析。前面我们讨论了梦和睡眠的关系，认为扰乱睡眠的刺激是形成梦的根本原因。心理学对于梦的研究也做过许多试验，最著名的当属我讲过的伏耳德，他通过实验证明了梦的内容是对外界刺激的反应。现在我们也可以通过一些实验来证明他这一结论，不过我还是先将前人所做的一些典型实验讲给你们听。物理学家莫里曾做的一个试验非常有趣，他在入睡前，将香水喷洒在身子周围，然而他就梦见了自己来到了开罗，在法琳娜时装店内经历了许多荒诞而又恐怖的冒险活动。后来，有个人在他的脖颈上轻轻一按，他就梦见了一位小时候给他诊过病的医生在给他脖子敷药，又有一个人在他的额头上低了一滴凉水，他立刻就梦见了自己身处意大利的酒吧，正在品尝那里的白酒，而且身上流了很多汗。

有一组刺激梦的试验或许可以解释上面的几种现象。有一位敏锐的观察者希尔布朗特曾经根据对闹钟声音的反应而产生的梦境做出了三次记录，以下是他所叙述的三个梦：

"这是春天的一个清晨，我在乡间的小道上漫步，我穿过了一块绿意浓郁的田野，来到了邻村。这时我看到许多村民穿着干净的衣服，捧着赞美诗走向教堂。今天是礼拜日，他们是去参加祈祷了。我也想去，和他们一起到了教堂，可是我突然觉得很热，就在教堂外找了一处地方休息。忽然我看到教堂的敲钟人走进那座很高的阁楼，原来阁楼内有一口铜钟，钟声响起时，村民就要开始祈祷了。我赶紧回到教堂内，然而钟声许久都没有想起。我正在纳闷，这时钟声突然想起来了，非常尖锐，我只觉得头脑一震，于是从睡梦中醒来了。我才发现，原来那尖锐的声音是闹钟发出的。"

第二个梦是这样的："这是个艳阳高照的日子，地面仍被厚厚的积雪所覆盖。我和友人约好了去滑雪，等了许久才找到了滑雪车。我和朋友先从行囊中取出暖脚袋套上，然后上了车。此时驾车的马儿正嘶鸣着等我发车的信号，于是我准备妥当后，就拉起了车上的铃铛，没想到将铃铛摇得太猛了，它发出了一种熟悉的铃声，但绝不是铃铛本来的声音。这声音十分响亮，以至于我被惊醒了。原来是闹钟的声音使我醒来。"

还有第三个梦："我在餐厅内看到一名服务生端着一高摞盘子向后厨走去。那一摞餐盘如一个金字塔般，危危欲坠，随时都有跌落的危险。我提醒那位服务员：'小心，你的盘子可能会摔在地上。'他回答说，'没事，我已经习惯这样端盘子了。'不过我还是忍不住跟在他后面，为他担心。我生怕他出事，然而偏偏就出事了，那服务生进门时，右脚被门槛绊了一下，结果他手中端的盘子全摔在了地上，成了碎片。但是那摔碎的声音非常奇怪，不仅有规律，而且十分震耳，像是钟声。我立刻醒来了，才知道那是闹钟的铃声。"

这些梦的内容十分连贯而合理，虽然与人们平常做的梦有所不同，不过条理巧妙，易于理解，所以对于这些梦我们也没有什么疑问。总结这三个梦，会发现它们的共同之处就是，每一个梦境都是以一种声音结束，做梦人在听到这种声音后醒来，然后知道这声音是闹钟发出的。前面我们讨论了梦的形成，不过关于梦还有很多我们不知道的。就如上述的案例，人们在做梦之前，其心理活动并没有闹钟这一概念，而且梦中也没有闹钟的存在，然而却有另一种声音替代闹铃响起，该如何解释闹铃响起时，人们会在梦中听到一种声音呢？在每一个事例中，对于扰乱睡眠的刺激，其解释都是不一样的。这到底是怎么回事？至今仍没有公认的观点。如果我们想要对梦有足够的了解，就需要解释清楚上面的梦例，为何做梦人在梦中，偏偏只听到一种代表闹钟的声音？我们不得不对他的实验结论持怀疑态度，虽然扰乱睡眠的刺激在梦中得以表现，但是为什么刚好会以那种方式出现？他并没有解释这一问题。还有莫里的实验，他所说的梦境，其中许多图像都是由刺激直接引起的，比如说那个科隆香水梦里那荒诞的冒险活动，这其中有许多现象我们现在都无法解释。

当有刺激侵扰睡眠的时候，梦中就会出现相似的刺激以唤醒梦中人，这一观点并不足以帮助我们了解外界刺激对于梦的影响。实际上，大部分梦的情境，都要比上述的三个梦例复杂得多，我们很难去理解。我们不是一受外界刺激就会醒来，比如说早上我们回忆昨晚的梦时，我们无法确认梦中的某一怪异情境是受哪一个侵扰睡眠的刺激的影响。曾经有一次我在梦醒之后推断出是受到了一种声音的刺激，不过这是来自于梦结束时的情境的暗示。事情是这样的：我曾经在蒂洛勒西山上居住过一段时间。有一天清晨，我醒来后意识到自己梦见了教皇逝世，我不知道这个梦的含义，后来妻子告诉我说："难道天快亮时你没

钟声

如果不是外部声音的干扰，做梦的人是不知道为什么自己的梦中会出现这些奇怪的东西和听到可怕的声音。图中敲钟的声音似乎响彻整个费城的街道上空，向人们预告着一个新时代的到来。

听见附近教堂中发出的可怕的钟声吗？"可能我当时睡得太沉，的确什么也没听见，若不是妻子对我说此事，我还真不明白我为什么会做那样一个奇怪的梦。做梦人会因为受到外界刺激的侵扰而产生梦，不过他醒来时却不知道究竟是什么刺激？这种情况或许很多，或许极少，当然，多少不是问题。问题是，如果没有人告诉他在睡眠中有某种刺激发生，他是决不会相信梦的内容与外界刺激有关。实际上，我们不需要再去了解外界刺激对于梦的影响了，原因很简单，那些侵扰睡眠的刺激只能解释新梦境的产生，至于解释梦的反应，却是不够的。

不过我们也不必急于承认这一学说没用，从另一个角度也可以对此加以分析。到底是什么刺激侵扰人们的睡眠，影响梦境，这并不重要。我认为，梦所反应的，不仅仅是外界的刺激，还有内在的刺激，也就是身体的刺激。这一观点与前人的看法差不多，前人对于梦的形成，普遍的观点是：梦源自胃。不过人们在醒来时，很难发现侵扰睡眠的身体刺激，所以我们也无法来证实这一观点。不过对于身体刺激，我们可以通过对某些经验进行分析来验证。总之，一个人的生理状况绝对可以对所做的梦产生影响。人们在梦境中，经常会经历膀胱的膨胀或者生殖器的兴奋等生理情况，这应该是每个人都不会否认的。除此之外，还可以通过梦境中的其他事情来推测它们的产生是与身体内的某种刺激有关，因为在人的梦境中，常常会有某种类似身体刺激的事情。生理学家施尔纳也主张梦源自身体刺激这一观点，他列举过一些很有代表性的事例来证明。譬如说，他梦见了站成两排的孩子，他描述这些孩子们：明眸清眉，乌发脂肤，两排孩子相视而对，本来，两排孩子互相拉着手，后来又放开了，过了一会儿又拉起了手。他形容这些孩子们像牙齿，而他醒来后果然从牙床上拔出了一颗松动的坏牙。还有，有一次他梦见了一条狭长的小径，他解释说是受小肠的刺激而产生的，这一说法似乎也说得过去。根据施尔纳的观点，梦境的内容都是类似于身体刺激的某种事物。

通过我们的分析，似乎可以得出这样的结论：外在刺激和内在刺激对于梦境的形成具有同样的作用。不过，对于内在刺激的观点，依然缺少足够的支持。人们所做的大部分梦，当醒来时都不会意识到身体刺激的影响，以至于无法去证明，只有少部分梦，才会使人联想到与身体的刺激有关。内在刺激和外在刺激一样，它们对于梦的影响只能说明梦对它们有所反应，却并不能真正说明梦源自它们。所以，对于大部分梦来说，它们的起源至今仍然无法解答。

你们在对这些刺激进行研究时，是否会注意到梦境的另一个特点？这些刺激不仅在梦中得以表现，并且它们还被化简为繁，被其他事物做替代，以适合于梦境。这就是梦的另一方面，具有改造刺激的特点，你们一定对此很感兴趣，若是我们能对此特点作出解释，那么也许我们就能发现梦的本质了。一个人所做梦的内容，不仅要考虑哪些最易影响梦境的因素，还有一些偶然性的元素也需要考虑。不列颠国王统一三岛，为表祝贺，莎士比亚写了著名的剧作《麦克白》，但是我们根据这一历史事实就能猜测出剧作的内容吗？就能明白剧作的主题思想和人物的象征意义了吗？答案当然是不能。同样的

科丹小路 尤特里罗 1911年 巴黎蓬皮杜国立现代美术馆藏

　　梦境多是由身体的刺激而来，如果梦到自己经过一条狭长的小路，那可能是受肠道的刺激而产生的。这幅作品是尤特里罗"白色时期"所描绘的。作品中描绘的是蒙马特山丘，以及山丘顶上矗立的圣心堂后方其中一条细窄石阶的通道。作品名称是根据当地地主的名字所取的。

道理，内在刺激和外在刺激仅仅是促成了梦的产生，却并不能真正说明梦的本质。

关于梦的第二个普遍特性，就是其入睡前的心理活动，我们很难作深入的了解，以至于无法运用它来做进一步的探索。人们在梦中的经历，可以完全用刺激学说来解释吗？如果梦中的经历真的就是那些刺激的反应，要知道，图像占据了梦境的大部分内容，开始影响视觉的刺激极为少见，这又该如何解释呢？还有，在梦中所听到的演说，难道在我们睡眠时，真有类似的话语传入我们的耳朵吗？这种疑问，我可以十分肯定地回答：不可能。

如果梦的共同属性不足以让我们以之为出发点来对梦作深入的了解，那么我们就来

怜悯 威廉·布莱克 伦敦 1795年 英国伦敦塔特陈列馆收藏

作品描绘了莎士比亚作品一个章节的情景，麦克白正考虑着谋害邓肯的后果："怜悯，像一个新生婴儿，跨过天国的小天使如一阵风……"画面中一位毫无生气的女人躺在地板上，在她的上面，有两个女人骑马而来，其中一个的手里还有一个小孩。画家是一位精神世界至上的人，有着非凡的洞察力。

坐在古钢琴前的女士 扬·维米尔 荷兰 布面油画 1674~1675年 英国伦敦国立美术馆收藏

　　图中一个年轻的女孩坐在一架古老的钢琴面前，她的左边还有一把低音的中提琴，身后的墙上还挂着一幅画。画面在空间的处理上给人一种超脱的气氛，像是画家虚构的一样，这种用色手法，我们只能慢慢体会了。

讨论梦的差异性吧。通常来说，一个人的梦境是模糊混乱，而又十分荒唐的，不过有些梦也相当清晰合理，容易被人铭记。我最近听到了一个年轻人所做的合理的梦，其梦境是这样的：我在康特纳斯劳斯散步时，遇到了一位朋友，于是我们便同行了一段时间。后来我走进一家餐厅，过了一会儿有两女一男也走了进来，他们坐在了我的桌旁。我对他们的失礼感到厌恶，就不去瞧他们，然后我偶然瞧了他们一眼，却发现那两位女子十分清秀动人。那年轻人说自己昨天晚上的确在康特纳斯劳斯散步，这是他经常走的路，而且后来也的确遇到了那位朋友，两人在一起散步，至于后面的事情，也和梦境的内容相类似。还有一位女士所做的梦，这个梦也不难理解。在梦中，她的丈夫对她说："我们的钢琴该调音了。"她便说："恐怕还要配新部件，不划算啊。"这段内容和当日她和丈夫关于修钢琴的对话一模一样。有这两个事例，我们可以看出什么？至少会有这样的结论：现实的生活，不论是什么事情，都能在梦中得到重现。如果所有的梦都属于这

梦境的重复和再现　勒内·马格利特 比利时 1953年

马格利特是一位写实派超现实主义的实践者，作品中神情古怪、头戴圆顶高帽的人镇静地从天而降，表现出一种古怪的生活氛围。同时也体现了画家对自相矛盾的视觉形象的酷爱，许多看似正常的东西却总是反复无常，作品虽然怪诞却不无其合理性。

种情况，那么这一结论就有了非常重要的价值了。不过仍是不可能，因为只有少部分的梦是对现实生活的重现。大部分的梦和当日的一切活动没有太多的关系，所以，我们不能运用这一结论来解释那些荒诞的或者无意义的梦。换而言之，一个新的问题摆在了我们的面前。我们除了要了解梦境的本质，还要去分析梦境中重现的现实生活，就如上面所举出的两个例子，其产生的缘由以及意义到底是什么。

梦是如此难以了解，以至于我们孜孜探索仍然没有明确的结论，你们可能有了厌倦之情，实际上我也有。我们对于梦的研究，至今没有任何有效的方法，虽然这一研究会使全世界的人产生兴趣，但那并不是我们的目的。我们需要一个研究方法，然而始终找不到。实验心理学提出了"刺激引起梦"的理论，虽然很有价值，但是仍不能完全解释梦的本质。哲学只会讥讽我们在一些与本学科宗旨无关的课题上浪费时间，至于玄学，它算不上一门科学，我们也用不着借鉴。古代人和普通民众认为梦是一种含有深意的预兆，但这根本就没有得到证实，所以一点儿也不可信。总的来说，我们对于梦的研究可以说是毫无进展。

不过，在我进行研究的时候，我又发现另一条重要的研究线索，那就是民间流传的俗语。俗语不是偶然产生，它是古人经验积累沉淀的产物，相比科学，它的确没有太高的可信度，然而我们绝不能因此而忽视。在民间的俗语中，有一个很奇怪的名词，那就是"白日梦"。白日梦是幻想的产物，也是一种普遍的现象。所有人都会做白日梦，而做梦人自己就可以对所做的梦进行分析研究。所谓白日梦，其实就是一些幻想，而这些幻想并不具有梦的普遍特性，但是为什么仍要称之为"梦"呢？要知道，从梦的第一个普遍特性来说，白日梦并没有与睡眠产生联系，从第二个特性来说，白日梦只是一些想象，不是幻觉，也不是对现实生活的心理反应。做梦人也承认这是幻想，存在于心中，只是看不见罢了。白日梦通常发生在人的青春期之前，或者儿童期之末，而到了成年之后，要么不再有白日梦，要么永远保留着这个梦。白日梦的发生，可以很明显地看出来，是受了某种动机的影响。白日梦中出现的情境和事件，可能是为了达到做梦人的野心，也可能是满足做梦人的情欲。年轻男女的野心并不相同，男子的野心多为建功立业，而女子的野心则表现在对完美爱情的追求上。至于对情欲的幻想，多集中在女性身上，当然男子的幻想中也会有情欲，就像他们追求事业和成功，通常都是为了讨女孩子的倾心。而在其他方面，人们的白日梦就很少相同了，其结果也各有差异。有的白日梦经过短暂的幻想期后，就变成了另一种新的白日梦，而另一种白日梦则往往会由简至繁，变得愈加复杂，就像是一部长篇小说，而且这部小说还会与时俱进，紧跟时代潮流。许多文学作品都是根据白日梦加工而成的，不少作家都喜欢将自己做的白日梦进行改编、增删以及二次创造，然后写成小说和剧作的形式。作品中的主人公常常为作者本人，也就是白日梦的主人公。

为什么称白日梦为"梦"呢？是因为它与梦也有许多相似之处，比如说同样与现实隔绝，内容也和梦一样超现实，其中最重要的相同点在于白日梦与梦具有一样的心理特点。这个心理特点，目前正处于研究中，虽然我们能感知到，但是并不能真正了解。还有一点，虽然白日梦也被称作"梦"，但是要认为它和梦是完全一样的，那就大错特错了。关于如何辨识白日梦和梦，以后我再为你们解答。

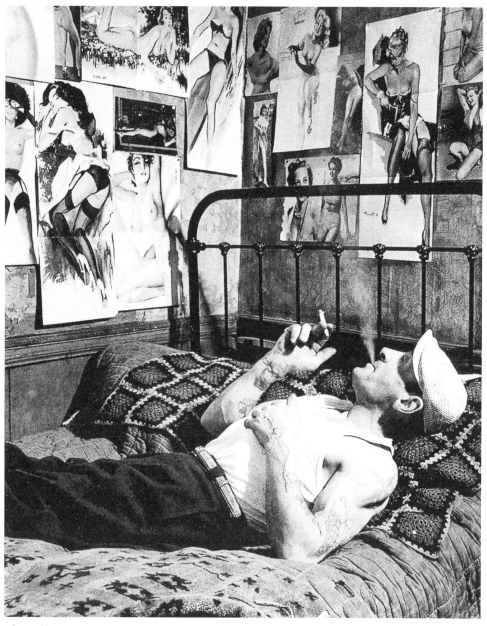

白日梦

码头工人惬意地躺在自己的床上，悠闲地吸着香烟，目光四处在墙上穿梭，迷离中像是邂逅了某位美丽的姑娘，但这一切只不过是一场白日梦而已。

第六章

初步的假说与释梦的技术

　　如果我们想要在对梦的研究上取得进展，那我们就必须努力寻找一种有效的方法。所以，为了使研究有据可依，我建议你们可以作这样的假设：梦是一种心理现象，而不是生理现象。你们可能会有这样的疑问：这一假设有什么意义呢？或者说这一假设有什么理由呢？我不得不告诉你们，没有理由。我们只是在做一次尝试，这种尝试是没有任何限制的。我们可以自由操作。以我的观点：如果梦是一种生理现象，那么我们就没有研究的必要了，因为它是生理学家的事情，所以，为了我们的研究，我们就假设它是一种心理现象。不管这一假设是否正确，我们只有在这一假设的基础上研究，才能获得我

阴谋　詹姆斯·恩索尔　比利时　布面油画　1890年　布鲁塞尔皇家美术馆

　　画家本人是一个对生命充满质疑的人，所以他描绘的众多人物都有着复杂的和夸张的面部表情。这幅作品正好描绘了画家本人对周围人合谋对付他的心理感受，同时也表现出人们的一种心理现象。画面中的人，仿佛都如木偶一般。站在中间、戴着高帽子的男人，看起来像一个弱智一般，他的两侧则是两个虚张声势的妇人。画面虽充满了丑陋，但画家生动的笔触和颜色的运用，使得这幅作品成为一部矛盾修饰法的杰作。

们需要的结果，一旦有了结果，我们自然也可以验证这一假设是否可以作为一种理论来遵循了。在有了研究基础后，我们就要明确我们的研究目的和研究方向了。实际上，我们的研究目的和其他学科的研究目的是一样的，那就是"透过现象看本质"，通过对诸多现象的观察分析，获得他们之间的内在联系，并对他们进行归纳总结。

现在，我们的研究基础就是"梦是一种心理现象"这一假设。梦是做梦人的梦，我们这样的外人并不能了解，所以我们需要做梦人向我们叙说他们的梦。我们听不懂他们的叙说，那该怎么办？需要他们进行解释吗？与其这样，为何我们不直接询问他们对于自己做的梦的看法呢？

这种方法我们在前面讨论过失的意义时也曾用到过。当时我在给你们讲一个舌误的事例。事例是这样的，一个人说："于是这件事又发肮了。"于是我就问他，不对，不是我问他，幸亏不是我们这些作精神分析的人在问他，而是一些毫不相关的旁人，不

对话 亨利·马蒂斯 法国 1909年

想要获得梦的本质，一般情况下有两种方法。第一种是通过其他许多事例来证实，第二种就是直接询问当事者了。画面中妻子和丈夫在对话，丈夫居高临下，妻子郁郁寡欢。他们四周仿佛只有敞开的窗户才是一条出路，但也有铁栏杆的阻拦。丈夫似乎在询问妻子一些问题，但我们却不得而知。

然他肯定要反感的。于是旁人问他，这句话可有些奇怪，是什么意思呢？那人立即醒悟自己说错了，便回答说，他本想说，那件事非常肮脏，但是在临出口时却又克制住了自己，想换成柔和一点的词汇，将语句变为，这件事又发生了，于是便产生了舌误。当时我们已经讨论过研究精神分析所必需的技术，就是在允许的范围内，让当事人自己解释关于他们的问题，这也是精神分析的技术要求。所以，做梦的人也应该亲自为我们解释他们自己所做的梦。

想要求得解梦的本质，那程序是相当麻烦的，这是你们也可以体会到的。前面我们求解过失，通常有两种方法，第一种是通过许多其他事例来证实，第二种就是直接询问当事者了。当然，有时候当事者不愿回答，如果我们替他解释了，他也会愤怒驳斥。而对于梦的求解，第一种方法完全无效，因为我们已经证明了，只研究梦的内容根本无法获得梦的本质，至于第二种，做梦人通常都会说对于所做的梦一无所知，而我们也不可能替他回答，虽然他没有表示反对。既然是这种情况，那我们是否还要坚持对梦的求解吗？当事者一无所知，我们也不清楚，其他人更不知道，所以根本就没有解决问题的办法。如果你们不能持之以恒，那就算了，如果你们仍有进取心，那你们就可以继续研究了。我要对你们说的是，做梦人是知道所做梦的意义，他之所以认为自己一无所知，只是因为他并没有意识到这一事实。

可能你们已经注意到了一点，以上我为你们所讲的关于对梦的求解，已经作出了两个假设，其一是假设梦是一种心理现象，其二是假设做梦人知道所做梦的意义。所以，你们肯定会忍不住怀疑，我所说的这两点是否值得相信？接下来我是否会再作其他的假设？你们的疑问当然是合理的，不过，我要你们相信一点，那就是，我所说的两种假设是可以共存的，只要你们仍然对于梦的求解感兴趣，那么你们就会得出有价值的结论。

我没有任何理由欺骗你们，我为你们讲解"精神分析引论"，可不是想宣传上帝的意志。我是希望能讲述一些生活常见的事例，用通俗易懂的语言将那些艰涩的科学理论浅白地表达出来，使你们能很方便地获取新的知识。也许我前面说得有些杂乱，那是因为你们刚入门，我迫切地想让你们对这门科学有一个全面的了解，包括它的难解之处和发展阶段，还有它对于我们研究所提出的要求和社会可能对它的批判。你们要知道，对于任何一门学科的初学者来说，他都要经历一个学习上的磨合期，所以，你们现在所有的困惑，都是很正常的。我一直在期望给你们讲解时尽量从一些浅显的知识入手，好使你们能保持对这门学科的兴趣。然而我不能一直这么讲，这是由精神分析的性质决定的。所以，我作了两个假设，而这两个假设可以同时成立。如果你们当中有人觉得这种假设不足信，或者认为应该根据确凿的事实或者精密的演算来求证，那么你们不需要再听我讲课了。不过我要给他们一个劝告，如果你们要再做研究，千万不要选择心理学领域，因为在这一领域，很难找到一条对于他们切实可行的道路。任何一门具有历史进步意义的科学，都会以"理"服人，而不是强迫人们接受。所以，对于我们研究的精神分

弗洛伊德在伍斯特克拉克大学 1909年

　　最左边的是弗洛伊德，最右边的是荣格，坐在中间的是克拉克大学的荷尔教授，后排的是费伦齐、琼斯和布里尔。他们在精神分析领域多年的努力，首次得到了公开承认。

析来说，要使大众相信这门学科的价值，我们就要做出成绩，而且我们要耐心。等我们的研究取得了有意义的成果，别人自然就会关注它的。

　　如果你们还愿意保持对于精神分析的兴趣，那么我就继续讲解了。有一点我必须说明，前面我所作的两个假设，它的性质是完全不同。"梦是一种心理现象"这一假设通过我们的讨论已经得以证实，而第二个假设"做梦人知道所做梦的意义"，我们在过失的事例求得了相同的结论，我将这一结论移到对梦的研究中，不过我们现在还没有去证实。

　　到底我们为什么要假定做梦人实际上知道他并没有意识到的梦的意义呢？可以这样说，这一假设，或者这一事实，是十分奇特的。我们对于精神生活的观念将会因了解到这一事实而改变，而且似乎对于他人我们无法以"一无所知"而隐瞒了。不仅如此，一旦这一事实被公诸天下，即便它是确凿真实的，也会引起人们的普遍质疑，不会赢得大众的信任。人们会说，做梦人根本就没有必要隐瞒他所做的梦，他所说的即他所梦到的。我们不必由此而认为公众无知或者漠视科学了，也不能由此而怀疑我们的研究成果了，因为心理学的问题都需要长期的观察和分析方能求证，而人们往往忽视了这一点。

　　那么我们如何来验证第二个假说呢？可以从催眠实验中求证。1889年，我在南锡见过伯恩海和李厄宝做过这样一个实验：他们先使一个人进入睡眠状态中，并使他在睡眠中产生种种幻觉。当那人醒来时，伯恩海便请他说出催眠过程中他所见到的经历，那人似乎对于他的经历一无所知，称什么也不记得了。然而伯恩海多次请求，不断提醒他，总该知道一些，总应记得一些。那人犹豫了片刻，就开始回想睡眠中的经历。他先说起了伯恩海暗示给他的事情，然后又记起了另一件事情，就这样，他的记忆逐渐打开了，以致后来他竟然将整个经历完完全全叙述出来了。他所说的经历全是他自己记起来的，当时没有任何人再给予他提示。由此可见，那些事情一直留在他的记忆中，只是他没有努力去回忆而已。因为他没有意识到自己会知道这些，所以便认为自己一无所知。这个人的情形和我们所猜测的做梦人的情形是一样的。

我们这第二个假设如果成为事实，那么可能你们就会对我提出这样一个疑问："前面你讲述过失时说，一个人舌误的背后必有其用意，因为他并没有意识到，所以全然否认，当时你为什么不举出这样的事例来为我们证实呢？如果某一事情存在于一个人的记忆中，但是他自己并不知道这一事实，那么他这种不知道的心理会一直持续着，很难再改变。如果你早些提出这一论据，我们也能早点信服，并对过失也能有一个更彻底的了解啊。"你们若有这样的疑问，那么我的回答是，我也曾想过早些提出，然而我却将要这一论据留到将来更需要用的时候。对于过失的论证，大部分过失是很容易理解其背后蕴含的意义的，而其他的过失，我们则要先假设当事者存在一种他没有意识到的某种心理，才能解释它们的意义。

而对于梦的论证，我们几乎不可能从梦的事例中求得解释，只能借助于其他的论据了，譬如说刚才讲的催眠实验，这个事例不仅易懂，你们也会接受的。发生过失的状态和发生催眠的状态时不同的，前者存在于日常生活中，而后者在只能在特定条件下。梦的一个普遍特性就是睡眠，而睡眠和催眠之间明显存在着紧密的联系。催眠通常被称为非自然状态下的睡眠，我们催眠一个人，对他说："睡吧。"所达到的效果和处于自然状态下的梦很相似。两者的心理情境也十分相似，处于自然状态下的睡眠，人们已经停止了与外界的交往，被催眠者除了需要与催眠师有某种互相感应外，就和睡眠一样。而睡眠也可以看作是催眠，譬如说保姆的睡眠，就是一种

教堂幻觉　弗兰提斯克·库普卡 捷克 布面油画 1913年 私人收藏

　　作品细看有种近乎催眠的性质，这幅画画面沉暗，以斑点的纯粹的颜色画成几何系列来构图，作垂直和对角配置，破碎的颜色则持续地显露出彼此交融或分开的现象。我们看到画家不仅想要画出教堂的外观，还想从画中传达出教堂的光亮以及教堂的印象。

自然状态的催眠，她虽然入睡，却在和孩子互相感应着，一旦孩子有了动静，她立刻就会被唤醒。所以，我们将催眠与睡眠相提并论，似乎也说得过去。至于我们的第二种假设"做梦人知道所做梦的意义，只是他没有意识到，所以就认为自己不知道"，现在看来，也并不是凭空的捏造了。对于梦的研究，我们尝试过从侵扰睡眠的刺激和白日梦两方向求证，如今在催眠中由暗示而引起的梦，可以成为我们研究的第三个方向了。

我们已经寻找到三个研究方向，那么现在让我们再重新来解梦，可能就比较有信心了。我们已经相信做梦人内心是记得所做的梦，那么我们该如何使他们说出梦的内容与我们分享呢？如果他愿意说的话，我希望他按照这样的顺序说：先说梦的起源，再说在梦中引起的思想情感，最后讲梦的意义。对于过失的解释很简单，我们发现一个人说了"发航"，就为他怎么会出现这一错误，他就会告诉他们想到的第一个缘由，而这个缘由足以对他的舌误作出解释。其实对于梦的解释也很简单，过失的事例就可以作为借鉴，我们询问做梦人为何会有这样一个梦，他的第一个想法就可以被视作对梦的解释。也许做梦人并不确定自己是否知道更多，不过关系不大，我们都应该同等地对待他们。

实际上，解梦并是不件难事，只是我担心最初说它很容易，你免不了会有异议。你们可能会说："为什么还要再作假设？光靠假设来证实，根本就不靠谱。我们询问做梦人对所做梦的看法，难道他的第一个想法就是我们需要的解释吗？或许他根本没有去思考，即便他思考了，或许只有上帝才知道他在想些什么。你的这一结论到底有什么依据呢？我们并不知道，但是，这一结论绝对不是值得可信的，它有很多问题可以让我们批判。还有，梦的构成很复杂，和单单由一种元素构成的舌误是不同的。对于梦的联想和对于过失的联想是决然不同的性质，我们到底该相信哪一个呢？

我承认，你们的质疑有很多都是合理的。譬如你们说梦和过失不同，它是有众多元素组成的，这一说法是对的，我们运用解梦的技术时，也当然会考虑到这一点。通常来讲，我们都会将梦的各个元素拆解开来，逐个分析，那么我们就可以求

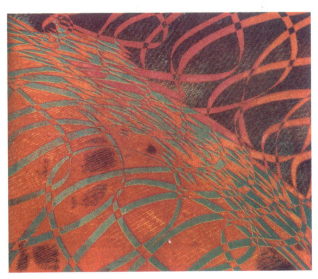

冥思 威廉·斯坦利·海特 1972年 私人收藏

作品给人的感觉如同身陷漩涡之中，这些弯曲的带子连续不断，主导了这件催眠性质极强的版画的诞生。充满活力的色彩和天鹅绒质感的特点，是画家独特的设计。画家是超现实主义运动中最早的一位成员，却是在版画制作和雕版革新方面成就斐然的大师。

得梦和过失的相似之处了。还有，你们说如果我们询问做梦人在梦中的所有经历，他可能会说自己没有任何联想，这也是对的。对于有些事例，做梦人的回答是可以接受的，至于是哪些事例，以后我会告诉你们。有一点你们要注意，就是对于某些事例，我们都会有自己的看法，而通常，如果做梦人说自己没有引起联想，我们就会反驳他，并再三请他回答，提醒他应该有一些联想的，客观来讲我们的做法是没错的。于是做梦人便会引起一个联想，不过这个联想所讲的是什么事情，与我们则毫无关系。经历过的事情很容易被想起，做梦人可能会说："那是昨日的事情。"或者说："那是最近刚发生的事情。"所以说，梦的内容经常与昨天的事情产生联系，这与我们最初的看法是不一样的。做梦人如果以梦境为出发点，可能会记得早些时候的事情，甚至更遥远的记忆。

梦魇 傅斯利 水彩画

画中的女子在梦中挣扎，一定是做了噩梦，在她的身上压着一个魔鬼，看着她痛苦的样子，似乎是它最大的享受。人在睡眠的时候，大脑处于休眠状态，中途会做梦。一般人只有在大脑处于浅睡眠的状态下，才会做梦；深度睡眠，是没有意识的，就像是在深海中一样。发生梦魇通常是在深度睡眠醒来之后。

不过，在一些重要方面，你们的质疑不能算对。做梦人引起的第一个联想可以看作是对梦的解释，或者是解释梦的线索，你们认为我这一假设是荒唐的。你们觉得人的联想很随意，跟我们求解的事情有什么联系，如果我们想要求得其他事情的解释，或许会有获得正确答复的可能，若是我们盲目地相信做梦人对于梦的解释，那就大错特错了。不过，前面我已经对你们说过，你们有一种坚定的信仰，这种信仰使你们相信自己对于精神生活的选择和判断，而我也指出你们这种信仰是不科学的，应该用支配心理活动的决定论来代替它。你们应当尊重做梦人在被询问时所引发的第一个联想，为什么是这个联想，而不是那个联想，这其中是有特殊意义的。当然，你们不要误会我是在打击你们的信仰。所求得的第一个联想，并非做梦人刻意挑选的，也不是凭空而来的，所以它并非与我们期望的解释毫不相干，这些观点我们都可以证明。在实验心理学中，我们可以找到相似的论据来证明。

下面我讲的非常重要，你们要特别注意。如果我询问做梦人他对于所做梦的某一元

诗人的易变 乔治·德·基里柯 意大利

1913年

画面主体是一尊没有四肢、扭曲的无头女性雕像，它的旁边散乱地扔着几串含义暧昧的香蕉，不安的气氛充斥着整个画面。画家本人是一位超现实主义的践行者，我们从他的作品中看到了神秘的梦幻世界和潜意识的重要性。画家也希望自己的想法能在自己的作品中得到升华，而不受现实的任何限制。

素有什么联想，他就会在心中去思考这一元素，并任意联想，这种联想叫作自由联想。自由联想与反省是完全不同的，它需要一种特殊的注意。可能有人会觉得这种联想很难实行，其实它并不难，大多数人都可以做自由联想。只要我我所提示的不是一些偏僻词汇或者将做梦人的联想限制在我想要的某类元素内，如要做梦人回忆某个人名或者某一数字，那么做梦人的自由联想将会上升到一个广阔的时空。所以，相比精神分析法，自由联想的选择性更大一些。不论在哪一个事例中，做梦人的联想都会受到其心情的影响，而且我们并不知道其心情会在什么时候发生作用。那些引发过失和"偶然"行为的干涉倾向和这一特点类似。

在过去我和我的一些学生曾对许多没有任何特征的姓名和数字做过不少研究，并取得了一些成果，这些成果已经发表了。我们是这样研究的：选择一个专有名词，根据它来做一系列联想，这些联想紧密连接在一起，没有一个是自由存在的。这个名词的联

斜倚的人体 亨利·摩尔

英国 雕塑 1938年 英国伦敦塔特陈列馆收藏

这需要人类怎样的联想能力，才能创造出如此自然完美的作品来？这更像是一座大自然的杰作，而并非人工所为。流畅的线条、半抽象的形式，是这件作品的主要构成要素，同时你还会联想到这是一个柔软而又流畅的女性身躯的轮廓。艺术家的灵感大多来自原始雕刻的启示，只有自然的才是最具生命力的。

想其实和梦中各元素的联想是相同的。各元素的联想是前后一致，并连贯持续的，做梦人在这个联想中就会慢慢地由某一元素而引起梦中的所有元素，直至最终没有任何遗漏。所以现在，我们就可以明白对专有名词自由联想的意义了。每一个自由联想的实验所求得的内容都是相当丰富的，所以我们还要对每一个细节注意分析研究。至于根据数字而引起的联想，更容易说明某一结论了。这些联想衔接得快速而紧密，我们会觉得很有把握发现其背后所隐藏的意义，这真的是一个令人惊讶的事实。现在，我为你举一个关于人名分析的事例，这一事例比较简单，不需要对大量的材料作分析。

以前我在为一个年轻人做心理治疗时，与他聊起过专名联想的问题。我说看起来我们在专名选择上有充分的自由，然而实际上我们能联想到的专名，无一不是受外界的环境以及被实验者的性格和身份所影响。当时在聊天时他对这种观点产生了兴趣，于是我们便做了一个实验。他有很多女朋友，但对每个人的喜欢程度却有所不同，于是我跟他说了他其中一个女朋友的名字，要他从这个名字出发，再列举出更多的女性名字。他按照我的要求去做，然而令人惊奇的是，他并没有脱口而出许多女性的名字，而是先沉思了片刻，许久才说自己只想到了"albine（意为'白'）"这个名字。我问他："这是谁的名字？你们有什么关系呢？叫albine的女孩子你知道的有几个呢？"他回答说，他认识的人当中没有叫albine，这个名字也无法使他联想到更多。可能你们

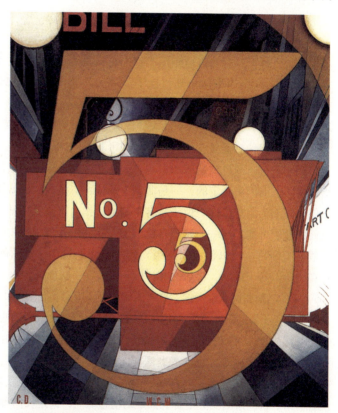

我看到了金色的数字5 查尔斯·代姆斯 美国 木板油画 纽约都市美术馆

画家的这幅作品是献给与他深交25年的老友的礼物。它的创作灵感来自于威廉姆斯的诗句："在雨和光中，我看到了金色的数字5，在一辆火红的卡车上，神秘而紧张地向前移动，随着汽笛的鸣响，车轮发出了隆隆声，它已驶入黑暗之城。"从这句诗里我们可以看到画家对朋友的情感。他用暖色调来提升画面的温度，有一种内心情感得到释放的感觉，使得画面就像是一支流动的乐曲。

蛋糕展览 维奈·塞鲍德 美国 布面油画 1963年 旧金山现代美术馆

不知道读者看到这幅作品是不是食欲大增呢？从视觉的角度上讲，你会选择那一块蛋糕呢？蛋糕是美观的，同时可以唤起我们的感官欲望，画家用厚重且多汁的颜料表现这种甜品，使得蛋糕看上去更加真实，我们似乎触手可及，但白色的背景，枯燥无味，使得我们又不得不远离这些诱人的美食。

这次实验失败了，其实恰恰相反，这次实验的结果是非常完美的，它根本就不需要引起其他的联想。这个年轻人之所以说了"albine"这个名字，那是因为他的皮肤十分白净，而我在给他做治疗时，喜欢开玩笑地称他为albino（白化动物）。我为那名年轻人所做的心理治疗是关于他性格中的女性成分，由此看来，他心中最关心的女性其实是他自己。

人的思想情感通常会使人蓦地唱起了某句曲调，可能当事者很诧异，因为他并没有意识到是被自己的思想情感所影响。为什么引起这样一种曲调，而不是那样一种曲调，则是由两方面因素决定的，一是曲调中的词，二是曲调的来源，这两个因素都可以通过事例来证实。当然，这一说法是有限制的，作曲家突然在脑海中呈现出某一种曲调，最重要的原因可能是这一曲调是有价值的。我对于音乐领域中的曲调没有做过深入研究，不敢妄下断言，所以作曲家所想到的曲调并不包含在上面的说法中。第一个元素普遍存在，所以易于理解。譬如说有一位年轻人在一段时间内对"特洛伊的海伦"（helen of troy）中的巴黎曲调非常痴迷，这一曲调的确很吸引人。后来我为他作了精神分析，他才意识到他恋上了伊达（Ida）和海伦（Helen）这两位少女，所以他才对那首曲调如此痴爱。

如果这些本可以自由发挥的联想，都要受到某种明确的因素所限制，那么那些由某种意念而引起的联想，也会受到同样的限制。根据我的研究，影响这些联想发生的，不仅有我们所给予的意念，还有我们内心潜意识的活动，也就是我们的思想和兴趣，或者说是情结。这些情结实际上含有强烈的情感取向，只是我们没有注意到罢了。

我们所做的联想实验是一种非常有效的方法，它对于研究精神分析具有重要的作用。联想实验是冯特学派首创的，它的一般程序是：被实验者根据提供的一个"刺激词"，尽量去思考更多与之有关的"反应词"。在实验中通常需要注意一下几点：刺激词和首个反应词、反应词之间的间隔时差，反应词的性质，重复实验可能产生的错误等。苏黎世学派的领导人布洛伊勒和荣格在做联想实验时，通常都会在实验结束后询问被实验者引起某种联想的原因，或者通过重复的实验，希冀来解释被实验者所表现出的反应。通过这两种方法，他们慢慢发现，人们这些非自然状态的反应都是由他们的情结所决定的。无疑，这两位科学家的发现具有重要意义，它起到了沟通实验心理学和精神分析的桥梁作用。

如果你们接受了这一观点，可能就会说："我们承认自由联想是受限制的，没办法随意选择，这和我们最初猜想的一样，我们也承认对于梦中元素的自由联想也是如此。不过，这并不是我们最大的争论点。你认为对于梦中每一个元素的联想都受到这一元素的心理情境的约束，那么，你并没有告诉我们所谓的心理情境是什么？我们对此一无所知，也没有任何证据证明此种

荣格

卡尔·古斯塔夫·荣格，瑞士心理学家、精神科医生，分析心理学的创始者。他出生于瑞士一个凯斯威尔的村庄。父亲是一个牧师。荣格从小受家庭宗教气氛的影响，对宗教产生了一定的兴趣。但是由于他认为其父身为牧师却丧失真心的信仰且无力面对现实，只能讲述空洞的神学教条，再加上他本人在少年时期领圣餐时心中毫无感觉，不符他的期望，以至于他对基督教非常失望。

看法。如果说做梦人的情结是对于梦中元素的联想的决定因素，那么它对我们的研究又有什么帮助呢？我们根本不能据此了解更多。至多如联想实验一样，明白一些那所谓的情结的概念罢了。还有，人的情结和所做的梦之间真的存有联系吗？"

面包和玉米　萨尔瓦多·达利　西班牙

我们实在不能想到面包还有这样奇妙的艺术用途，但是在达利的眼中，却处处都是艺术。这个半身的裸体模型其实就是他的妻子加拉的裸体。她头顶的面包上插着米勒油画《晚祷》的小型雕像，脸上还爬满了蚂蚁，脖子上还挂着玉米。达利曾说："我要用面包创造超现实主义物体。"但是对普通人来说，这个最多只是存在于梦里。

你们的质疑的确有理有据，不过，你们忘记了一个重要的因素，正是这一因素使我决定在我们的研究中不再运用联想实验这一方法。在联想实验中，我们选择刺激词是非常随意的，而被实验者所说出的反应词是由刺激词和他的情结共同决定的。而在对梦的解释中，刺激词是做梦人的某一心理元素，不过做梦人通常不知道这一元素的起源。一般来说，这一心理元素就可以被看作是人的情结的衍生物。如果我们假设人的某种特殊情结决定了他们对梦中各元素的联想，那么我们就有可能通过这些梦中的元素来发现人所具有的情结。

我现在从另一方面为你们解释。遗忘名词和对梦的遗忘差不多，只不过前者是一个人的事，而后者是两个人的事。如果我忘记了一个人的名字，我仍然认为我是知道的，而伯恩海姆的催眠实验，则证明了做梦人对于所做梦也具有他们未曾意识到的记忆。我忘记了一个确实知道的名词，虽百般思索仍记不起来，我明白了努力

似曾相识 泰奥多尔·卢梭 法国 布面油画 1855年 巴黎卢浮宫

　　这幅作品给人的感觉好像以前在哪里见过似的，但仔细看却发现这些树的形状都是画家仔细斟酌之后才画的，它们的每一个特点都被非常精确地观察过。卢梭是带着赞赏的心态，真实、准确地描绘这些橡树，它们也是法国被森林所覆盖的伟大遗物。这也是卢梭怀旧情结的一种具体表现。

　　记忆没有用，于是我便设法找到几个似乎与那个名词相关的其他专名，根据对这些专名的联想，很自然地便想到了那个遗忘的名词。这种方法同样适用于对梦的解释。我们对梦的解释并非是要发现梦中的元素，而是要通过对这种元素的分析以求得我们所不知道的某件事情。不同的是，我忘记了一个名词，但我知道它并不是所描述的事物的真实名称，对于梦的元素来说，必须经过努力的研究，才能求得这种发现。如果我忘记了某一事物的专有名称，我会通过它的代名来求得这记忆之外的事物，包括它的专名。如果我对事物的代名多加注意，使它们在我的心中产生一系列的联想，那么我最终会记起那事物的原有名称。所以，那些事物的代名，不仅与原名的名称关系密切，而且还受原名的约束。

　　以下这一事例可以很好地说明上面我的见解：有一天，我突然遗忘了位于里维埃拉河上的以蒙特卡洛为首都的一个小国家的名字。我对这个国家的事情还算了解，我期望通过一些回忆来记起国家的名字。我想起鲁锡南王室的艾伯特王子，想起了他的婚礼，想起了他对探险事业的热爱，总之，对于这个国家的一切，我都想过了，然而仍无济于事。后来，我决定不再回忆了，这时种种关于这个国家的代名迅速地浮现在我脑海中。先是蒙特卡洛，然后是Piedmont、Albania、Montevideo、Colico。我先认为是阿尔巴尼亚

（Albania），然后又认为是蒙特尼哥罗（Montenegro），可能是黑白对比的缘故（Albania意为白，Montenegro意为黑），不过最后都被我否认了。后来我注意到这四个代名都有一个"mon"音节，于是立刻想起了这个忘记的国名叫摩纳哥（Monaco）。由此可见，代名来源于已经遗忘的原名这四个代名都还有原名的第一个音节，而最后一个代名包含了原名末尾的音节，所以从代名中就可以发现原名的全部音节。至于我为什么会遗忘这个国名，也很好明白，在意大利，摩纳哥是德国慕尼黑的代称，出于对慕尼黑有关思想的排斥，我也很自然就忘记了摩纳哥的名字了。

这一事例虽然比较典型，不过也很简单。如果你们期望求得更深入的解释，那就要分析哪些复杂的事例了，你们需要对事例中的代名作广阔而细致的联想，才能收获经验，以用来对梦的分析了。我可以告诉你们一个我的经验。有一次一位朋友请我喝意大利酒，他对于某种酒有着愉快的记忆，所以在酒店中点了这种酒，然而他竟然忘记了酒的名字。于是他便引起了许多代名，由此我便推测他的遗忘可能与一名叫赫德维的女子有关。果不其然，他承认在初次喝这酒时遇见了一位女子，就叫赫德维，他也很快就想起了酒的名字。他之所以遗忘了酒名，是因为他不愿想起赫德维这个名字，因为他已经结婚了，而且生活得很幸福。

以上所讲述的几种情况就可以解释对专名的遗忘了，而对于梦的解释也可以运用上述的方法。以替代物为出发点，从而引出一连串联想，大致就能求得原来的对象了。如果对于名称遗忘的解释可以运用到对梦的解释中，那么做梦人对于梦中元素的联想，其决定因素除了原有因素外，还包括独立于意识外的某种情结。这种观点若能得以证实，我们对于梦的解释便有了强力的技术支持了。

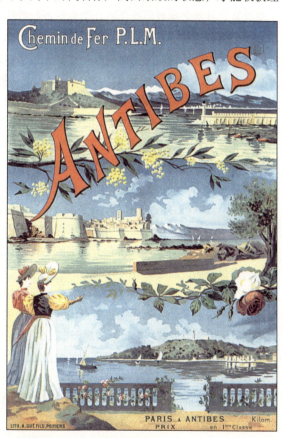

摩纳哥

摩纳哥是位于欧洲的一个城邦国家，地处法国南部，是世界第二小的国家，但却是世界上人口最为密集的国家之一。摩纳哥除了靠地中海的南部海岸线之外，全境北、西、东三面皆由法国包围，主要是由摩纳哥旧城和随后建立起来的周遭地区组成。

第七章

显意和隐意

前面我们对于过失的研究成果，其效用是非常明显的。我们顺着研究过失的路子来研究梦，并对之前我们所作的几个假设进行推论，就可以求得两方面的成果，一是对于梦的元素的理解，二是解梦技术。梦的元素实际上是做梦人所不知道的某种事物的替代，就和过失背后的隐藏意向一样。做梦人虽然知道是某种事物，但他总是记不起来。梦是由种种元素所构成，如果其中一个元素是某种事物的替代，那么其他元素也应该是。所以，我们的解梦技术，就是要根据对这些元素的自由联想而使做梦人产生一种被替代的意义，然后从这种替代意识出发，推测出隐藏着的原有思想。

为了使我们的分析研究更科学一些，我有必要将一些概念的名词做一下修订。比如说"隐藏的"、"原来的"、或者"不可及的"，都可以改为"非做梦人所能意识到的"或者"潜意识的"，这样一改，在叙述上会更准确一些。潜意识的意义和遗忘及过失等背后所蕴含的意向是一样的，也就是说，当时是处于未被察觉的潜意识中的。由此可以这样说，梦的元素以及其引发的联想所求得的替代意念，因为它们是可以被感知到的，所以是意识。对于一些概念所制定的名词，在理论上绝不会含有什么歧义或成见，比如潜意识一词，谁能证明这不是一个易于理解又具有价值的名词呢？

好了，我们可以将对于梦的一个元素的见解推至整个梦，那么所谓的梦也就是某些潜意识事物的替代物，而我们对于梦的解释就是要发现这些潜意识的事物。所以，在我们解梦时，必须要遵守三个重要的原则。

一、不论梦到表面意义是否合理，是否明确，这不是我们寻求的潜意识事物，所以不需要再理会。

二、我们的研究范围应仅限于那些替代的意念，不用思考它们是否合理，即便它们与梦的元素差距极大也没有关系。

三、和前面所讲述的那个关于遗忘摩纳哥的事例一样，我们必须有充足的耐心来等待所寻求的潜意识事物的出现。

所以，对于梦的回忆以及它是否准确，根本无关紧要。我们的梦境是一个虚幻的世界，它只是一些被改造过的元素的组合，这种组合是某种事物的替代物，可以使我们据此发现那些它替代的意念，从而求得原有的思想，这些思想就是隐藏在背后的潜意识思想。我们对梦的记忆并不完全正确，所产生的错误实际上是将那些替代物再次改造而

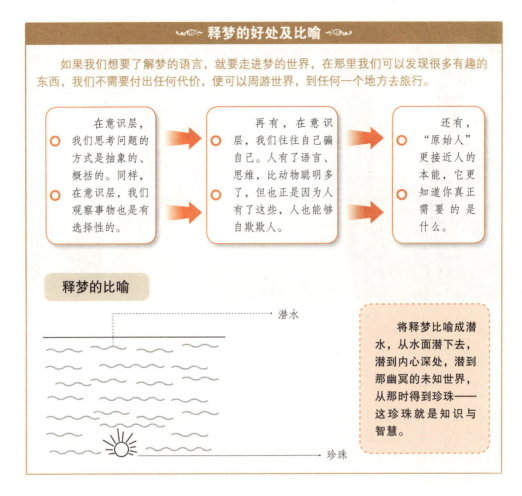

释梦的好处及比喻

如果我们想要了解梦的语言，就要走进梦的世界，在那里我们可以发现很多有趣的东西，我们不需要付出任何代价，便可以周游世界，到任何一个地方去旅行。

- 在意识层，我们思考问题的方式是抽象的、概括的。同样，
- 在意识层，我们观察事物也是有选择性的。

- 再有，在意识层，我们往往自己骗自己。人有了语言、思维，比动物聪明多了，但也正是因为人有了这些，人也能够自欺欺人。

- 还有，"原始人"更接近人的本能，它更知道你真正需要的是什么。

释梦的比喻

潜水

珍珠

将释梦比喻成潜水，从水面潜下去，潜到内心深处，潜到那幽冥的未知世界，从那时得到珍珠——这珍珠就是知识与智慧。

已，而且他们绝不是无意的，而是存在某种动机。

我们既能解释他人的梦，当然也能解释自己的梦了，而且对于自己梦的解释通常比较多，更易使自己相信。使得自己不受某种情感意向的影响，如果是别人为我们解梦，那就要制订必要的规定，这样即便我们以荒诞无稽、或者无关紧要、或者令人不快、或则琐碎凌乱等理由拒绝说出所得的联想，他们也可以根据规定要求我们必须相告。不过，即便在他人解梦时，彼此都严格遵守规定，可是到后来仍然会出现令我们困扰的问题。我们将所得的联想告诉了解梦人，然而他却并不相信自由联想这种方法，或者他不认为我们的联想是真实的，虽然我们再三肯定。我们送本书给他读，或者请他去听演说，可能他就会相信我们的话。不过上述的问题都没有必要去解决它，即便是忠实相信这一理论的我们，恐怕也会对某一联想产生排斥，而这种排斥要很久才能消除。

有时做梦人不愿吐露对梦的联想，我们也不必烦恼，倒是可以根据他这种隐晦的性格而推测出一些其他的事实。这些事实越是出人意表，越是重要。前面讨论过了，我们在解梦时，经常会遇到一种强大的阻力，这种阻力来自于做梦人对联想的反对，不过做

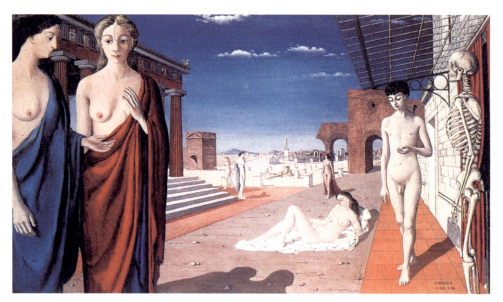

红色城市 保罗·德尔沃 比利时 布面油画 1941年 私人收藏

　　我们想象德尔沃的这幅作品所起的名字是不是来自画面中那暗红色的土壤？德尔沃的作品中总是有一种庄严和轻浮并存的吸引力，在一个超现实的环境中，一群奇怪的人在这个环境中穿梭，德尔沃一定是在这幅画中探索他的潜意识，正是由于这种荒谬、纯粹的想法才能折射出作品内在的一种不可抗拒的魅力。

梦人的反对与他的信仰没有关心。根据我们的分析研究，做梦人的这种批判并没有什么明确的依据。事实上，做梦人所要压制的联想恰恰是我们解梦最重要的线索，我们可以据此求得那些隐藏的潜意识思想。如果做梦人对某一种联想有了批判式的反对，那我们就必须警惕了。

　　我们新发现的这种阻力，实际上是根据我们的假设所推测出来的。这种阻力极有可能使我们的研究举步维艰，所以我们会对这一阻力相当不痛快甚至愤怒。若是早些发现这一阻力，那就不做这研究反倒是好事。你们现在肯定会有这种想法：对于梦的研究根本不算什么宏大的科学主题，我们怎么会遇到这么多难题以致无法顺利地进行研究呢？不过，你们若从反方向考虑就会发现，这些难题也有可取之处的，或许我们可以通过对他们的求解而产生新的研究成果。如果我们从梦的元素这些替代物出发来寻求那些隐藏的潜意识思想，当然免不了会遇到阻力了。为什么我们不这样做呢？先假设这些替代物的背后有一种强大的意念在支配着他们，不然为何我们求根溯源会有那么多困难呢？一个小孩不愿将自己手中的东西展示给别人，那么我们可以推测他手中的东西一定不是他自己的。

　　如果对这种阻力作动态的描述，我们便可想象它是强有力的和富于变化的。阻力的强弱我们研究时可以发现，有的阻力强一些，有的阻力弱一些。有一种解梦技术也是非常有效的。通常来讲，我们只需要通过对几个联想甚至一个联想的分析，就能发现梦到元素背后所隐藏的潜意识思想了，也有些联想需要冗长的观察分析，且要克服自身的批判意向。你们可能会认为阻力的强弱决定了联想的数量，这种猜测原也不错，但不够尽善尽美。如果阻力很微弱的话，那么其替代物背后的潜意识思想必不会太远，反之，如果阻力十分强大，那么潜意识思想可能会发生极大变化，以致我们要从替代物中发现潜意识思想，就必须多转几个弯了。

　　我们可以选择一个案例，然后运用我们总结的技术，检验一下我们的期望是否准确。那么我们需要选什么样的梦例呢？选择梦里存在诸多困难，不过我很难给你们讲清楚这些困难究竟是什么。有些案例从整体上来说，基本没有被改造过，你们可能就会认为这些案例是最好的依据了。不过，你们是否明白我所说的最少被改造的梦到底指什么？是不是就是前面我所列举的那两个事例中的意义明确、条理清晰的梦？如果这是你们的观点，那就大错特错了。根据有关专家的研究，这些梦实际上有很多地方都被改造过了。你们可能会有些失望，不过我若是牵强附会以这些梦为例，那就无法寻求科学的研究成果了。如果我们将梦的内容和对梦引起的联想分别写出来，然后做一个对比，就会发现联想所占用的篇幅远比梦的内容多，所以对于梦的元素的联想，大多数是相当繁杂的，我们对它们作分析研究以求得明确的见解，这恐怕不是很容易。我所想到的最实际的办法是，选择几个简短的梦来作分析，这些梦最少要有一种意义或者证实我们的一种假设。如果你们认为选择最少被改造的梦更有助于我们的研究，那不免落入经验之谈，就目前来说，对于简短的梦的研究，才是我们最有效的办法。

　　我们也可以将梦化繁为简，这很容易。我们先不去解释整个梦，而是选择梦的某个元素来作分析。我举几个梦

抱着猫和拿着鳗鱼的男孩和女孩　朱迪特·莱伊斯特尔 荷兰 布面油画 1635年 伦敦国家美术馆

小男孩眼珠上扬，左手握着一条鳗鱼，右手抱着一只家猫，他旁边的小女孩紧紧地揪住猫的尾巴。从他们的表情上，我们可以得知，这只猫可能不是他们的，而是被强迫抱在他们的怀里，作为观众，我们只能欢快地欣赏这滑稽的一幕了。

例，然后我们尝试来对他们作出解释。

（一）一位女士说自己小时候经常在梦中见到上帝戴着一顶尖尖的纸帽。如果那位女士没有说明更多，我们能否解释这个梦境呢？很显然，我们看不出这个梦对于她的童年有什么意义。不过女士说她小时候喜欢戴着这样一顶帽子用餐，因为她想偷看兄弟姐妹盘子内的事物有没有比她多，这样一来，梦的意义便有迹可循了。因为帽子可以用来遮挡脸部，所以女士不难联想起有关的往事。由于女士的联想，使得对这个梦的解释变得很容易。女士后来说："小时候听说上帝无所不知，世上没有任何事情能瞒得过他的眼睛，那么这个梦的意义就是，他们虽然想对我隐瞒，但是我和上帝一样，无所不知，绝对不会被他们欺瞒。"这一梦例实在太简单了，很轻松地作出了解释。

（二）一个性格猜疑的人曾经历过一个较长的梦境，在梦中有人送给了他一本我论《诙谐》的书，并对此书赞美有加，然后那人便对他讲了水道的事情，然而这与书的内容无关，似乎被记载于另一本书上，他不知道。总之，他对于此梦的记忆相当模糊。

被改造的肖像 萨尔瓦多·达利 西班牙

图中右边的这位达丝夫人，是达利夫人加拉的一个翻版。左边的山石、数目、道路与右边的人物交相辉映，自然成为人的影子。这就如同被改造过的梦一样，我们所看到的大多是左边的这样的影像，保留了真实的轮廓，内在却是不一样的。

可能你们会认为无法对这个梦作出解释，因为它里面提及的水道是模糊不清的。的确，这对于你们来说是一个困难，不过导致困难的根本原因并不在于水道这一元素的模糊，而是其他原因，这也是造成水道模糊的原因。做梦人没有对水道这一元素作出联想，所以我也不能确定水道是谁的替代物。不过很快，也就是第二天，他告诉了我一个关于水道的联想。他说他想起了一个笑话：在一条往来加来和多佛尔的轮渡上，一个英国人在谈论某一话题时，说了一句："高贵和滑稽之间只隔着一道沟。"于是便有一个法国作家回应他说："没错，那道沟就是英吉利海峡。"意思就是说法国是高贵的，而英国是滑稽的。可能你们会问我，这个笑话和梦有关吗？当然有关了。这个笑话中蕴含了梦中那个令人不解的元素。如果这个笑话的记忆存在于做梦前，的确成为水道元素背后的潜意识思想，但你们肯定不会认为这是事实。也许你们会认为这个笑话是做梦人后来编造的。从他引起的联想来判断，他有些专注于梦中的赞美了，以致忽视了对其他元素的怀疑，所以导致了联想的缓慢和梦的元素的模糊。梦的所有元素与其背后的潜意识思想的关系需要你们格外注意，每一个元素都是思想的一部分，用它来比喻某一潜意识思想，如果梦的元素和潜意识思想相隔很远，那么我们就很难对其作出解释了。

（三）有一个人做过一个梦，梦境中有一个奇怪的片段：他的家人一起围坐在一张奇形怪状的大桌周围。他回忆这张桌子时，立刻联想到一位朋友的家中也有一张相同的桌子。他继续联想，又想到了他那位朋友和父亲的关系很奇怪，于是他便说自己与父亲的关系也很奇怪。由此可见，梦中的桌子替代的就是他们的相似之处。

此人必是掌握了一些解梦的技术，不然他就不会去研究桌子的形状这样的琐碎事情。梦中的所有元素都可以说"事出必有因"，如果我们期望出成果，就必须研究这些琐碎的、又似乎毫无根据的细节。或许你们会有疑问，为什么他会选择桌子这一元素来证明了"两个家庭的父子关系是一样的"这一结论？如果你们知道他那位朋友的姓氏为"Tischler"的话，那就不难理解了（Tisch意即桌子）。他梦见了家人围坐在桌子周围，其含义就是他的家人都是"Tischler"。还有一点我们应该坚决避免，那就是我们对于梦的解释，往往过于草率。选取梦例非常困难，解梦草率是一个重要原因，我可以再举一个事例来证明。不过，草率的弊病虽然可以避免，但往往会立刻出现另一种新的缺陷。

实际上我应该在前面就运用两个新概念来为你们阐释解梦中的困难，不过我现在介绍也不算晚。这两个概念分别是梦的显意（the manifest dream-content）和梦的隐意。顾名思义，梦的显意便是说出来的梦境，梦的隐意就是其背后隐含的意义，只能由联想得知。前面我们所讲述的梦例中，均阐述了它们的显意和隐意，这两者之间的关系，则是我们讨论的重点。它们的关系分很多种，如案例一和案例二中，梦的显意只是其隐意的一部分而已。一般来说梦的潜意识思想，只有一部分会进入梦境，成为暗示性的替代元素。而我们解梦，就需要从这些元素中探求其原有思想。在案例二中，这种关系得以完美体现，梦的改造作用之一就是用某种元素替代他物。在案例三中，显意和隐意就有了

向布莱里奥致敬 罗贝尔· 德劳内 法国 纸面水彩
画 1914年 法国巴黎市立现代艺术博物馆收藏

这是一幅明显的抽象作品，色彩多变，如果仔细观察的
话，我们还是可以清晰地看到画面右边的是埃菲尔铁塔，左边
是一架飞机的机翼和螺旋桨，这些物体与天空中不知名的漂浮
体结合在一起，便是庆祝布莱里奥于1909年第一次飞越英吉利
海峡的壮举。

另一种关系，我们可以在下面的事例中了解这种关系。

（四）做梦人在梦中见到了一位认识的女子，他根据所引起的第一个联想明白了这个梦境的意义，那就是：他选择了她，他爱上了她。

（五）一个人梦见了自己的哥哥拿着一根竹节，他引起的第一个联想是中秋节快到了，第二个联想才是梦的隐意，那就是，他的兄长正在节省花销。

（六）登高望远的梦比较特殊。不要觉得它听起来很合理，就认为只需询问做梦人对梦的联想，以及引起这个梦的缘由就够了，而不需要多加解释。这种想法是错误的。这种梦和那些模糊混乱的梦一样需要解释。那个做此梦的人根本想不起自己有过登山这回事，反而他记得某一报刊上刊登了一篇评论，这篇文章讨论了人类和地球第三极的关系，所以在梦中，做梦人便以评论者自居，这才是梦的隐意。

上面为你们展示了梦的显意和隐意的另一种关系。与其说显意是改造后的隐意，倒不如说它是一种由某一字词所引起的可塑性的具体意象。至于这种具体意向由哪个字词引起的，我们就不得而知了。当某一意象替代了原有字词后，我们的认知可就面临着重重挑战了。前面说过，梦的显意通常表现为图像，只有极少数的思想和情感，由此可知，在梦的构造上，其显意和隐意的关系有着极为重要的地位。所以，一系列的抽象思想便可在梦中被改造为替代的具体意象，从而隐藏其后，不被发现。这种技术就像是在绘制谜画。梦的显意和滑稽心理学也存在着密切的关系，不过这是另一个课题，我们以后会讨论的。

实际上他们还存在有第四种关系，不过还没到说的时候，以后会有机会为你们讲解的。即便到时候我讲了，也可能不会讲得很详细，只需要能解答你们的疑问就行了。

如果我现在要你们对梦作一个彻底的解释，那么你们做好准备了吗？你们是否有勇气来作解释呢？如果你们准备好了，我就选择一个梦例。当然，我不会选一个难以解释的梦，而且我选的梦也具有梦的普遍特点。

一名已婚女士曾经做过这样一个梦：某天她和自己的丈夫在剧院内欣赏戏剧，在正厅前排还有一片座位无人坐。她的丈夫对她说，爱丽丝和她的未婚夫也要来，可是只买到三个不好的座位，虽然只花费了一个半弗洛林，但是他们最后决定不来了。于是她说，没关系，反正他们也没有多大的损失。

这名女士所讲的第一件事已经被梦中的经历在其显意中暗示出来：她的丈夫告诉她，他们的朋友爱丽丝将要结婚。所以这个梦就是对于这一事实的反应。因为这件事发生在前一天，所以在梦中得以重现，而做梦人也很容易追根溯源。仅针对这个梦，梦中的其他元素也被做梦人解释明白了，譬如说有一片空座位，这个梦境意味着什么呢？实际上指的是上周的事，她想去戏院看演出，生怕没有座位，便提前订票，为此买了高价票，结果到了演出的时候，她到戏院一看，有一片空座位。如果她能等到当天买票，也是可以买到票的。因为这件事她被丈夫指责说太急躁了。还有，那一个半弗洛林指的是什么？这个元素和看戏没有什么关系，而是指前天听到的一件事。她的大嫂接到丈夫寄给她的150个弗洛林，便立刻去了珠宝店，像个蠢货一样将所有的钱买了一件珠宝。为什么是三个座位呢？这个她却无法解释。她联想到自己已经结婚十年了，而她的朋友爱丽丝只比她小三个月，直到最近才订婚。然而这种联想仍无法解释爱丽丝和她的未婚夫为什么会买三张票？她想不出来，便也不再去联想了。

不过她的这几个联想已经足够我们用来寻求梦的隐意了。有一点值得注意，她在作联想时，多次提到了时间的概念，如她说戏票买得太早了，自己太着急了，以致买了高价票；又如她的大嫂立刻拿着钱去买首饰，似乎晚一点就买不到了。如果将我们所注意到的这些点，如"太早了"、"太着急了"等，她对大嫂买首饰的批评和梦中所发生的

桌上的玻璃杯、茶杯、瓶、烟斗 1914年

　　这幅作品是以剪贴的方式创造出来的一幅拼贴范本。这种立体主义的拼贴技法早在毕加索和布拉克时代就已开始流行。作品中放有茶杯、烟斗等物品的桌子不是用笔画的，而是用近似木板质感的壁纸贴在画布上的，构成的这个整体并没有给人突兀的感觉，而是很好地融合成一个整体。

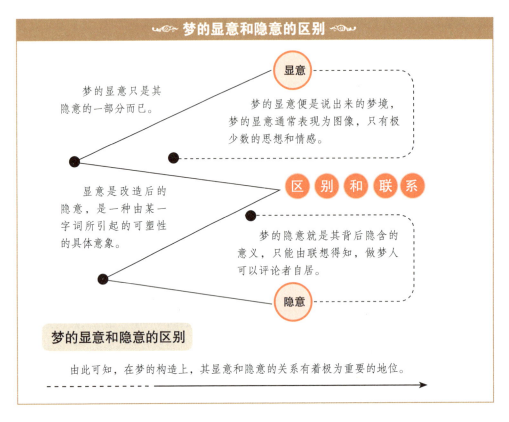

梦的显意和隐意的区别

显意

梦的显意只是其隐意的一部分而已。

梦的显意便是说出来的梦境，梦的显意通常表现为图像，只有极少数的思想和情感。

区 别 和 联 系

显意是改造后的隐意，是一种由某一字词所引起的可塑性的具体意象。

梦的隐意就是其背后隐含的意义，只能由联想得知，做梦人可以评论者自居。

隐意

梦的显意和隐意的区别

由此可知，在梦的构造上，其显意和隐意的关系有着极为重要的地位。

事情联系起来看，就会发现梦的隐意是这样的——根据其隐意可以看出，显示出来的梦境就是一个被巧妙改造过的替代物。

入场券 工艺品 1790年 大英博物馆

入场券一般是指人们去看比赛、表演、展览会等公共活动场所的入门凭证。一般都会印有或注明时间、座次、票价和持票者入场后应该注意哪些具体事项。

我太着急结婚了，实在是很傻，爱丽丝的经历使我明白，即便我晚几年也会有人和我订婚。这就是梦的隐意。她着急买戏票，她的大嫂着急买珠宝，均表示同样的意义。看戏或买珠宝均代表结婚。我们也可以对这个梦作进一步的分析，不过未必能再有如此明确的结论了。因为后面分析的结论很有可能与那女士的话相矛盾。譬如说，现实中的150个弗洛林变成了梦中的一个半弗洛林，是否就意味着这位女士是这样想的，你一次买珠宝的钱，我可以用来买100次的戏票？如果用嫁妆替代这些钱，那是否意味着可以用嫁妆换来一个丈夫，而那些珠宝和坏座位就是丈夫的

托马斯·考莱特曼夫妇 约瑟夫·赖特 英国 布面油画 1770年 伦敦国家美术馆

　　人们在没有结婚之前总是觉得婚姻是一件神秘的事情，但是当自己真的结婚之后，就又会向往曾经单身的日子。对于已婚的人来说，这幅作品总显得太过于美好，妻子玛丽在马上用一种既温和又严肃的态度看着马下的丈夫托马斯，他做了一个相应的姿势回应她。

便士 英国 工艺品 1796年

便士，是英国发行的一种货币。分为半便士（half penny，于1985年停止流通），1便士，2便士，5便士，10便士，20便士，所有硬币正面皆为英国君主像，背面除铸有币值外，在不同行政区所铸的硬币铸有不同的图案。但不论硬币于哪个行政区铸造，皆全国通用。

替代物了？如果将三张戏票和丈夫联系在一起，当然更容易解释了。不过我们课题的研究范围并不涉及这一点，我们只需要知道，这位女士所做的梦，其表示的意义就是她厌恶丈夫，后悔自己结婚太早了。

由此我们便会发现，之前我们所求得的对于梦的解释，并不完全合理，倒使我们产生了困惑。也许是我们的想法太多了，所以没能够全面了解。我们也明白，对于此梦的解释并不彻底。所以，我现在将一些我们已经掌握的要点列举出来：

第一点，我们了解此梦的隐意主要体现在"着急"上，但在显意中并没有表现出这一点。不经过分析，我们就不会发现这一隐意，由此得出的结论是：潜意识思想的中心并不蕴含在梦的显意中。这一结论会从根本上改变我们对于梦的观点。第二点，梦中的意象通常会无意义地结合，譬如说一个半弗洛林买了三个座位。从梦中的意象我们发现了这样的隐意：过早结婚实在很傻。而"实在很傻"这一隐意不就是通过梦中那些无意义的组合表示出来的吗？第三点，通过我们前面的多次比较，显意和隐意显然有着一种特殊的关系，一种显意并不总是蕴含有一种隐意。这两者的关系属于彼此交叉的关系，通常的情况是，一种显意可以蕴含多种隐意，而一种隐意也可被多种显意所替代。

我们可以从梦的意义以及做梦人对于意义的态度中发现，有许多事实是令人惊讶的。譬如说一位老太太虽然承认了我们对他所做梦的解释，然而仍会觉得惊奇，还有那位已婚女士，她可能并没有意识到自己是如此厌恶丈夫，更想不到其中的缘由。总的来说，对于梦的解释，仍有许多问题需要我们去解决，如果我们想对解梦做充足的准备，那就需要做更进一步的研究了。

第八章

儿童的梦

我们的讨论进程走得有些急了，还是让我们退后几步讨论吧。在应用分析法能够解释梦的改造之前，我认为我们最好将研究的范围缩小，仅讨论那些没有被改造或者被改造很少的梦，这样我们可以不用理会那些因改造太多而产生的诸多困难。不过如果我们运用这种方法，似乎就与精神分析的课题相去甚远了。科学地讲，我们只有运用我们所掌握的解梦技术，对那些被改造过的梦作全面的分析，才能辨识出哪些是没被改造过的梦。

未被改造的梦最常见于儿童的梦中。儿童的梦普遍具有简短、明确、易懂等特点，而且其意义简单而清晰，可算是最纯粹的梦了。不过也不是所有儿童对梦都没有被改造过。儿童初期的梦便有改造的迹象，在五岁至八岁这个年龄段，通常都具有了成人的梦的普遍特点。如果我们来研究那些初具精神意识或者三至五岁这一年龄段的儿童，我们会发现他们所做的梦都十分幼稚，到了儿童后期他们还会做这种幼稚的梦，甚至成年人的梦，在特定条件下，也会做和儿童一样的梦。

我们对这些儿童的梦作分析，便可很轻松地了解梦的主要属性。

（一）了解儿童的梦，不需要做深入的研究，也不需要运用解梦技术，更不需要过多询问说梦的儿童。不过，我们应该多少了解一些他们当生活。他们的每一个梦，都可以用前一日的经历来解释，因为梦就是心灵在睡眠中当天经历的反应。

我可以列举几个事例来推出这一结论。

（1）一个两岁的孩子要将一篮子樱桃送给小朋友作为他的生日礼物，不过他并不情愿，即便自己也会分得一些樱桃。到了第二天，他便说梦见赫尔曼吃光了所有的樱桃。

（2）一个三岁的女孩乘舟泛湖，后来船靠岸时她却不愿上岸，于是就哭了起来，她觉得游玩的时间过得实在是太快了。到了第二天，她便说梦见自己又去游湖了。我们大约可以推测她在梦中游湖的时间比白天要长。

（3）一个五岁的男孩和别人一起到哈尔斯塔特附近的厄斯彻恩塔尔游玩。他过去听说哈尔斯塔特紧靠着德克斯坦山，他对这座山产生了兴趣。他居住在奥西地方的房屋内，从这里就可看见德克斯坦上，通过望远镜还能看到山顶上的小屋。男孩经常用望远镜去观察这个山顶上的小屋，不过没人知道他是否看清楚了。由于这次游玩的开始便有了这样一个期待，所以后来每当他看到了新的高山，他就会问那是否就是德克斯坦山

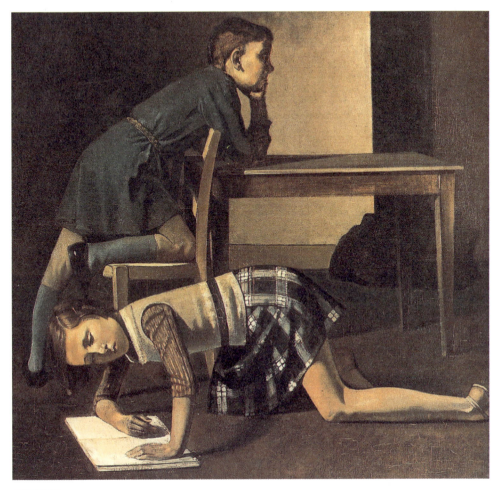

孩子们

　　儿童初期的梦，通常都具有成人的梦的特点。儿童的梦普遍具有简短、明确、易懂等特点，而且其意义简单而清晰，可算是最纯粹的梦了。图中的妹妹和哥哥很亲密，妹妹喜欢把哥哥作为自己的模仿对象，但随着年龄的增长他们就会越来越疏远。

　　了。不过每次他得到的都是否定的回答，他也觉得很泄气，便不再出声了，也不愿和其他人去别的地方游玩了，以致他被认为是太劳累了。然而到了第二天，他高兴地对众人说："我又梦见了自己到了山顶的那间小屋了。"由此可见，在这次旅行中，他一直有这样一种期待。而在行程中，他不断重复着以前听到的那句关于德克斯坦山的话："你若想达到山顶，你必须在山上走六个小时。"

　　由这三个案例，我们对于前面所得的结论，便可有明确可靠的认识了。

　　（二）儿童期所做的梦并非没有意义，它们也是一种明显的、易于了解的心理现象。前面我为你们讲了医学对于梦的研究和观点，还有对梦的比喻，将梦比作是不懂音乐的人用自己的十根手指在钢琴上乱弹，而前面我们所引用的关于儿童的梦例实际上与这种说法相冲突了。令人奇怪的是，儿童在睡眠时会有一个完整的心理活动，但在相同的情境下，成人的心理活动往往时断时续，不能恒久。事实上，早已有论断证明儿童的睡眠比成人的睡眠更深一些。

（三）那些未被改造的梦已经不需要解释了，因为梦的显意便是其隐意。所以，我们可以认为梦的最主要特点并不是改造。如果就前面所讲述的梦例而言，你们肯定会认为这一观点是正确的。不过，根据我的仔细研究，我不得不说这些儿童的梦的确被改造过，只是有些梦的改造程度比较浅而已。所以，我们也不得不承认，梦的显意和隐意的确存在差异，绝不可能完全一致。

（四）如果儿童对当日的经历感到遗憾、没有满足或者抱有期待，便会在他的梦中反映出来。儿童从不掩饰借助梦来满足自己的要求。现在我们也可以讨论一下外在和内在的刺激对于侵扰睡眠和引起幻象能产生多大的影响了。就这个问题来说，我们虽然已经明确了一些事实，不过这些事实只能用来解释极少数的梦。而在儿童的梦中，很难看出这些刺激对于梦境的影响。我们很容易了解儿童的梦，所以我们也不应丢弃这种刺激引起梦境的看法。我们需要了解的是，为什么人们只知道侵扰睡眠的只有生理的刺激，却忘记了还有心理上的刺激。前面我们已经得出结论：侵扰成

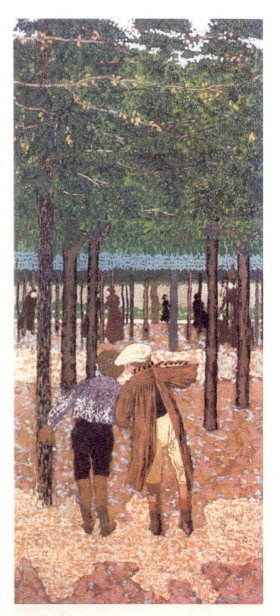

两个学童 爱德华·维亚尔 法国 1894年 比利时皇家美术博物馆收藏

画家描绘了一个奇幻的公园，公园内有两个男孩在一起玩耍，这幅作品融合了画家对巴黎公园的印象，他曾经在这里速写儿童嬉耍并记录光影移动的形态。他的画风曾受到莫奈的影响，并极力模仿印象派画风，由他的作品中能隐约可以看到莫奈的吉弗尼花园画作。

人睡眠的多半是心理刺激，也就是一种与外界没有任何关系的心理情境。因为他们不想打断生活，因为他们希望继续工作，所以他们无法入眠。而侵扰儿童睡眠的心理刺激，便是他们没有满足的要求了，所以他们便在梦中反应了出来。

（五）我们对儿童的梦作分析，很轻松地求得了梦的功能。如果梦是对心理刺激的反应，那么梦的价值就在于使某种兴奋得以发泄，以消除刺激从而使睡眠能够持续。至于这种发泄如何在梦中被实现，目前我们一无所知，不过我们已经知道了梦不是扰乱睡眠的因素了，反而成为睡眠的守护者，以使睡眠不被扰乱所影响。所以，我们最初认为没有梦睡眠质量更高的观点是错误的，实际上，没有梦的帮助，睡眠的质量根本得不到保证。我们睡得香，就是因为我们做了梦。当然，有时梦也会干扰我们的睡眠，正如警察在追捕罪犯时免不了要鸣枪示警一样。

（六）梦其中一个特征就是，梦由某种愿望引起，梦的内容既是对这种愿望的反应。而且，梦不仅使这种愿望得以表现，并借助幻象的方式，使他能得到满足。譬如说那个小女孩所做的游湖梦。引起梦的愿望是"我想游湖"，而在梦中的表现形式则是"我正在游湖"。因此针对这些儿童期的简单的梦来说，梦的隐意和显意之间多少也有差别的，一般都会将愿望略加改造然后改造成梦。我们在解梦时，只需要还原梦的改造作用就可以了。如果说"愿望引起梦"是所有梦的普遍特点，那么我们便掌握了解释上

密苏里河的父子 乔治·宾厄姆 美国 油画 1845年 现藏纽约大都会美术陈列馆

作品中描绘了一对父子在平静的密苏里河顺流而下的迷人场景。船上有一个小男孩，一个成年人，还有一只猫。成年人嘴里悠闲地叼着烟袋，小男孩则懒散地斜靠在货物上，他们一路顺流而上，这是一幅多么和谐的画面啊！

公鸡、母鸡和小鸡 默尔希奥尔·德·洪德库特尔 荷兰 布面油画1668年 伦敦国家美术馆

　　动物也会做梦吗？不过，我们现实中却有这样的俗语，如"猪梦橡实，鹅梦玉米，小鸡梦谷粒"等。画家是以描绘鸟类而著称的，他的特点就是善于捕捉农家庭院中动物们的生活场景。这幅作品中没有人能如此自然娴熟地描绘出公鸡那趾高气扬的气质，还有母鸡那如皇后般的美丽和迷人的魅力，他让我们清晰地看到了动物世界的行为模式。

述梦例的技术了，譬如说，那人梦见"兄长手持竹节"，其真实意义并非"兄长正在节省开支"，而是"我希望兄长节省开支"。梦的两个普遍特点，相比第一个特点，第二个更容易被广泛认可。我们在经过了诸多研究后，终于发现了这一点：愿望是引起梦境的最常有的因素，而不是人的偏见、批判或动机。不过其他特点的作用也不能被忽视。通常梦会不断重复对于刺激的反应，并将它转化为一种幻象，随着幻象的消逝，刺激的影响也会慢慢褪去，那么睡眠就会进入一个安静的状态了。

　　（七）我们还可以将梦的这些特点与过失相比较。在对过失的研究中，我们分析出一个干涉的倾向和一个被干涉的倾向，而过失就是对互相冲突的两种倾向的调和。实际上梦也有截然相反的倾向，其被干涉的倾向自然是睡眠的倾向了，而干涉的倾向则是一种心理刺激，也可称为（希望被满足的）愿望，因为这是我们目前发现的唯一能干涉睡眠的心理刺激。梦也是对两种倾向调和而产生的。我们入睡了，会在梦中经历愿望的满足，我们的愿望得以满足，仍会继续睡眠。所以说，和过失一样，梦的两种倾向各有成败。

（八）前面我们讨论过可以借白日梦来对梦作出解释。我们已经证实了，这些白日梦的动机就是满足某种愿望、情欲或野心，不过采用的形式多为想象，虽然比梦境更完美，却没有梦境的那种存在感。虽然我们不能完全证实梦的两个特点，却可以相信它们也为白日梦所拥有，当然，在睡眠中才能呈现的特点对于白日梦则没有了。我们在平日的聊天中，也会发现对于愿望的满足是梦的主要特点。如果梦中的经历是对想象的一次重现——这种重现只有在梦境中才有，我们可以称这种梦为"睡眠中的白日梦"——那么我们就会明白在梦中是怎样满足愿望以消除刺激的。白日梦也是对于愿望的满足所产生的一种心理活动，满足愿望是导致白日梦的唯一因素。

我们代代相传的俗语中有一些也可以表示梦的意义，如"猪梦橡实，鹅梦玉米。""小鸡梦见什么？梦见谷粒。"这些俗语所说的是动物的梦，不过也认为动物所做的梦也是用于满足愿望。有许多成语也同样具有这样的意义，如"美妙如梦"、"荒唐胜梦"等。由此可见，许多约定俗成的语言对我们分析研究得出的观点是一致的。不过，梦并不都是美好的满足愿望的梦，人们也会做焦躁的梦、痛心的梦、平淡乏味的梦，甚至噩梦，然而对于这些梦却少有对其总结的俗语。然而，根据我们的研究结论，梦通常具有满足愿望的意义，任何俗语都不会说猪鹅梦见被屠宰的。

有一点让人很困惑，一般人们谈论梦的时候，都会惯性忽视梦的这个满足愿望的特点。事实上，他们绝对是了解这一点的，然而几乎没有人愿意承认他，只是在谈论梦的时候将它作为引线使用。到底人们为什么普遍这样做呢？若是做一次猜想和推测，便可知道个中原因了。这些咱们以后再讨论。

如今看来，我们十分轻松地就从对儿童的梦的研究中获取了大量的知识。我们已经了解到的有：（1）梦可以保护睡眠，而非扰乱睡眠；（2）梦是对两种互相冲突的倾向的调和，在睡眠中，必须要接受某种刺激；（3）梦是一种有意义的心理活动；（4）梦有两个主要特点，即愿望的满足和幻象的经历。不过，我们不要忘了，我们的根本研究课题是精神分析。除了我们已经研究了过失和梦以外，在精神分析领域内我们还没有发现其他标志。实际上，即便是没有对精神分析做过专门研究的心理学家，他们对于儿童的梦的解释也可能会得出与我们一样的结论。不过，为何至今还没有这样的人呢？

如果所有的梦都和儿童的梦一样简单幼稚，那么我们对于梦的研究就能很快得到明确而完美的解释，我们不需要再去询问做梦人，不需要再作假设，也不需要商讨什么潜意识或自由联想的方法了。这当然是我们应该不懈追求的目标了。然而，已经被多次证明了，我们所认为的那些具有普遍性的梦的特点，实际上仅限于对少数梦作出解释。那么，我们现在需要解决另一个问题：根据儿童的梦总结出的特点是否稳定？而那些模糊混乱，不宜发现其愿望或意义的梦是否也具有这样的特点？就目前我们的研究现状来说，这些梦由于被多次改造过，我们现在还无法予以解释。我们现在要做的，就是将这些改造过的梦进行分解，这就要借助精神分析法了。不过对于儿童的梦的研究则没有这

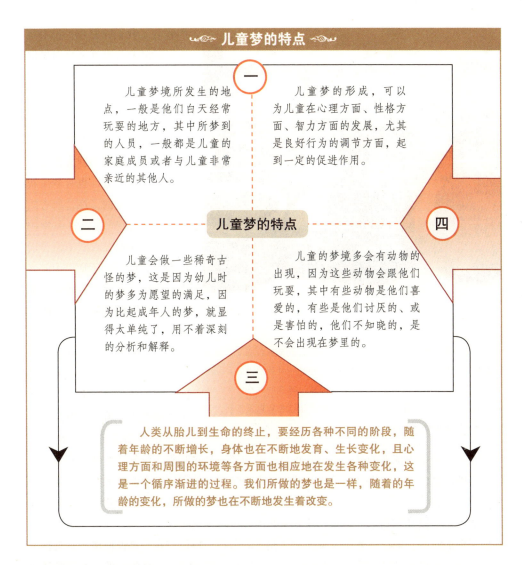

个必要。

事实上，还有一类梦与儿童的梦有着相同的特点，这些梦都未被改造过，可以很容易判断他们是满足愿望引起的。引起这些梦的愿望一般都是强烈的生理需要，如饥饿、干渴和性冲动等，而对于愿望的满足便是对这些生理刺激的反应。举个例子，有一个两岁的小女孩，她在梦中见到了一张菜单，上面写着草莓、蛋糕、牛奶等美食，原来她昨天因吃了水果，消化不良，以致一整天都没吃东西，所以这个梦境便是对她挨饿的反应。还有，她的奶奶，一位年近七旬的老人，因为肾脏系统出现紊乱，只要绝食一天以作调整，于是当晚她就梦见了有人请她赴宴，宴席上尽是美味佳肴。诸如饥饿的罪犯以及水尽粮绝的旅行者的梦，经常都会梦见食物充饥。在诺顿斯柯尔德出版的讨论南极的书中，他在回忆他的探险队在寒冷的南极过冬的生活时是这样说的：我们每天做的梦，

花色蛋糕 韦恩·蒂包德 布面油画 1981年 私人收藏

　　画面鲜亮，颜色诱人，这是这幅作品给人最直观的感受，美味的蛋糕一个个摆放在哪里，让人禁不住有想吃一口的冲动。蒂包德的早期作品，多以美国的食物为主，以冷淡、写实的风格为主，作品好像是陈列于自主餐馆，他注重作品的质地、色彩以及形状，使其画作成为美国波普艺术的重要范例。

都表现了我们的愿望。过去我所做的梦都没有在南极时做的梦那样鲜明。即便是平常很少做梦的伙伴，他们也会经常做梦。每当早晨醒来时我们便互相交换梦境，将这些梦作为我们的谈资。我们的梦大都与那遥远的家乡有关，也有梦见我们当时的处境的，在这所有的梦中，饮食都是梦的主要内容。有一位朋友在梦中遍尝山珍海味，醒来时还觉得十分兴奋。有的人在梦中看到满山都是烟叶，有的人梦见了远航归来的渡轮。还有一种梦也比较有意义，邮递员送信件晚了，于是他不停地向客户解释原因，说因为送错了地点，又费了许多工夫才将信件取回。在梦中虽然会遇到许多新奇的

事情，不过最令人惊奇的是，不论是我自己做的梦还是我听别人所叙述的梦，基本上是没有足够的想象力。如果我记下这些梦送给心理学家，他们一定会产生浓厚的兴趣。在梦境中可以获得对愿望的满足，所以你们就应该明白为什么人们喜欢做梦了。还有，我为你们引用一段杜普利尔的话："派克在非洲旅行时，由于缺少饮水，他快要渴死了，在他干渴的时候，他经常梦见家乡那水源充足的山谷；特伦克在马格德伯格城忍饥挨饿时，也时常梦见自己身边堆满了美食；乔治·巴克在参加富兰克林组织的一次探险活动时，每当水尽粮绝时，也会梦见自己在饱餐珍馐佳肴。"

　　一个人如果在晚餐时吃得太多了，那么在晚上睡眠时就会觉得口渴，便有可能梦见自己在找水喝。人在睡眠中的饥渴不会因为在梦中得到满足而停止，当他们醒来时，就免不了要喝水吃饭。所以梦的确没有什么实际的效用，它的作用只体现在保护睡眠上，以使睡眠者在遭饥渴或其他刺激时不会突然醒来。一般来说，希望满足的愿望比较弱的话，那么在梦境中这一愿望往往会得到满足。

　　和对饥渴的满足一样，性冲动的刺激也会在梦中得到满足。不过我们需要注意，这种满足有异于其他特点。一个人的性冲动不像饥渴那样需要接触水和食物这些外物，梦遗就可以使做梦人得到真实的满足。当然，这种满足也需要与外物存在联系，只是被改

造得不明显罢了。对于成人来说，他们那些反应了愿望的梦除了用于满足之外，还有一些内心产生的事物。我们要对这种情况作出解释，仍需要进一步研究。

成人也会做一些简单的只用于对愿望的满足的梦，而且这种梦不仅仅是对于某种迫切需要的反应。我们已经了解了，这种简短明确的梦通常是由一些强有力的情境引起的，这种情景就是心理刺激的聚合。譬如说，有人做了焦急的梦，大概是正准备旅游，或者准备看电影，或者准备走亲访友，而他对于这些事情的期望先在梦中得以反应，他或者梦见了到达景点，或者梦见了自己身处电影院，或者梦见了与亲友相聚。而那些做了懒散梦的人，他为了能继续睡眠，于是就梦见了自己已经起床、洗刷，然后去工作或学习，实际上他仍处于睡眠中。这个梦的意义表明了做梦人虽然梦见了自己起床，但他并不愿意起床。前面我们已经了解了，对于愿望的满足在梦的引起上所具有的重要作用，针对这个懒散梦，它的愿望已经表现出来了，可以很轻松判断这一梦的起因。总的来说，梦和其他心理和生理需要一样，对于每一个人都不可或缺。

在这里，我想请你们回忆一下慕尼黑的沙克画廊中施温德的绘画，你们要注意这一点，画家很清楚一种强有力的情境可以引起梦境。那幅《囚犯的梦》，梦的主题当然是囚犯的越狱了。囚犯想从窗口逃出，因为阳光从窗口照入，唤醒了他，而密集林立的狱神代表着他攀上窗口后应站立的位置。如果我没有理解错的话，立于顶端且紧靠窗口的狱神，它的面貌比和囚犯的面貌相同，因为它所站立的位置就是囚犯想争取的位置啊。

前面我说过，除了儿童的梦和一些简单幼稚的梦外，其他梦都被多次改造过，很难去理解。虽然我们认为这些梦也会由满足愿望的要求而引起，不过我们不敢妄下定论，而且，我们也没有掌握足够的技术来根据梦的显意而推测出引起梦的是什么样的心理刺激，或者证明这些梦和其他所有的梦一样，目的是要减轻或消除刺激的影响。这些梦需要更有效的解释，对于梦的改造过程，也需要作追根溯源的研究，我们也要根据梦的显意寻求其隐意，最后，等我们做好了这些准备，我们就可以断定那些从对儿童的梦的研究中求得的结论是否适用于对所用的梦的解释。

儿童的姿态

梦境是不分年龄的，它和其他心理、生理一样，对每一个人都不可或缺。傍晚的森林神秘、幽静，正是孩子们出来嬉戏玩耍的时刻，西瓦尔年纪虽小，清纯的面容稚气未脱，优美的姿态却已有些风情万种了。这种姿态是每个孩子与生俱来的表达。

囚犯之梦 莫里茨·冯·施温德

　　这幅作品是弗洛伊德"梦的满足"和"欲望的实现"中的典型代表。囚犯想要逃离监狱，监狱窗口射进的光亮，将他从梦中唤醒。重叠而立在窗前的狱神，恰到好处地表明了囚犯想要逃脱时应该站立的位置。站在顶端而靠近窗口的狱神的面貌，似乎也跟梦者的面貌有神似之处。

第九章

梦的检查作用

从对儿童的梦的研究中，我们已经获得了梦的起因，主要特点以及作用。对于梦可以有这样一种解释：梦是一种运用幻想来满足某种需要以消除扰乱睡眠的刺激的方法。这一解释从对儿童的梦的研究中获得，而对于成人的梦，我们能够解释的只有一类，那就是简单幼稚的梦。至于成人所做的其他类别的梦，由于我们没有讨论过，因而也无法作出解释了。不过，你们不要因为我们得到的结论有局限性而忽视它。如果我们能完全了解一个梦，不论它属于什么性质、什么类别，我们总能发现其中有对愿望的满足，这种满足绝不是偶然发生的，它在这一梦境中必然占有重要的作用。

对于其他类别的梦，我的看法是，他们是一种未知事物经过改造后的替代物，所以我们需要来研究这种未知事物是什么。我之所以作假设，除了一些特殊的理由外，还有一点很重要，那就是梦在很多方面和过失相似，根据对过失的解释来研究梦，的确是一种有效的办法。而现在，我们就要来设法了解前面多次提到的梦的改造作用了。

正是由于梦的改造作用，所以我们觉得梦境是如此奇异以致难以了解。对于梦的改造，我们需要知道以下几点：（1）改造的动机。（2）改造的效用。（3）改造的手段。我们还可以说梦的工作导致

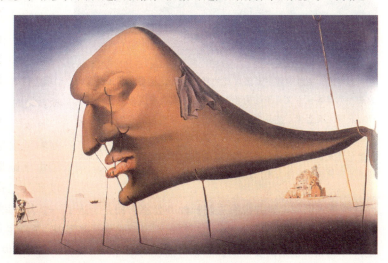

睡眠　萨尔瓦多·达利 西班牙 布面油画 1937年 私人收藏

达利的这幅作品中，很好地为我们诠释了睡眠中做梦的人，我们只看到了梦中人的头，还有这梦幻的背景，只要其中的一根支架倒了，那做梦的人就会苏醒过来。夸张的色彩效果和巨大的视觉冲击力，使得达利的荒谬理念和无意识在超现实主义里占有极其重要的位置。

镜前的妓女 乔治·鲁奥 1906年

鲁奥的作品被称作"戴黑眼镜的野兽派",他将野兽派的装饰效果和德国表现主义象征性的色彩结合在一起,使得他成为一位先行的表现主义画家。作品中的女性,让所有怀有同情心的人难忘,而画家本人却对画作中的人物并不作批判。她虽然贫穷,但她坐在镜子前还是满怀希望地想要出去"工作"。这幅作品所传达出来的却并不是消极的生活态度,而是展现出救赎的希望。

了改造。下面让我们来讲述梦的工作。

先为你们讲解一个梦例,这个梦例来自于精神分析领域内一位知名教授的记载。在这个案例中,做梦人是一位受过高等教育并很有名望的女士。她做的梦只是记录了下来,而未被分析,因为记录人认为这个梦的意义很明显,不需要精神分析家再作解释。至于那位女士,她也没有作任何分析,便对此梦大加批判,似乎她已了解此梦的意义。她是这样说的:"我已经50多岁了,却每天都在照看孩子,怎么会做这种荒诞的梦!"

我现在可以给你们讲梦的内容了,是与这次欧战有关。有一次,这位女士去第一军医院,在院门口她对门卫说有些事情需要和院长商谈。她向门卫请求特别强调了"服务"这个词,于是那门卫便察觉出她是"爱役"。不过由于她是一名老年人,所以那门卫犹豫不决,后来才

允许她进入医院。她并没有去院长的办公室,而是走进了一个大房间内,那里坐着或站着很多军官、军医。她向其中的一位军医说明来意,那军医立刻明白了。当时她说的话是:"我和维也纳的女性们都愿意为前线的军官、士兵和其他人员提供……"只是后半句变成呢喃之声,没有人听清楚。不过当她看到房间内所有的人都带着一半困惑一半怀疑的目光时,便知他们已经明白了她要说的话。于是她继续说:"或许你们觉得我们的决定很古怪,然而我们都是十分真诚并热情的。试问在前线的士兵们,他们有谁不愿战死沙场?"接着,所有人无言以对,都陷入了沉默。过了一分钟后,一位军医伸开双臂抱住她的腰说:"夫人,如果真是这样,那……"(又成了呢喃之语了)。她从拥抱中

挣脱出来，心中在想："他们肯定都是一样的想法。"于是便说："上帝啊，我都这么老了，不至于也要加入吧。如果你们同意的话，就必须遵守这一个条件，那就是要注意年龄，老人和孩子，哦，不……（又是呢喃之声），这简直是太可怕了。"适才那位军官说："我明白了。"不过有几个军官，其中一个在年轻时还向她表示过爱慕的，都大声笑起来了。她请求去见院长，将这件事情说清楚，她和院长是朋友。不过令她吃惊的是，她竟然忘记了院长的名字。那位军医对她表示深深的敬意，就请她到三楼去，房间内有一个呈螺旋状的狭长楼梯，直通楼上。在她上楼梯时，她听到一位军官说："不管她年纪多大，这一决定真的很吸引人，让我们向她致敬吧。"她大概明白那军官的话，不过她觉得自己在做应该的事情，于是便义无反顾地走上了那个楼梯。

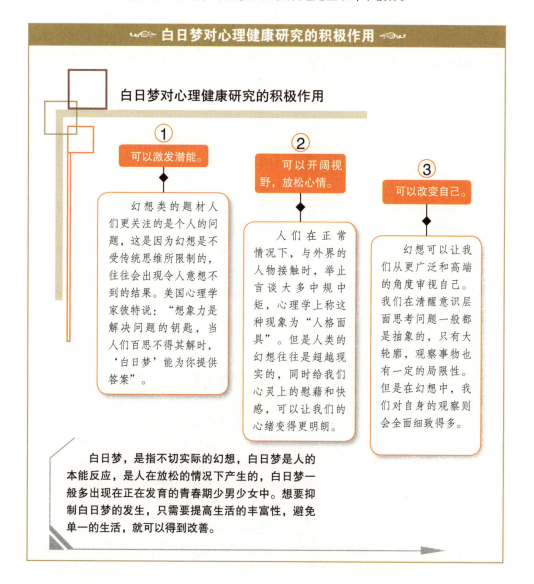

白日梦对心理健康研究的积极作用

白日梦对心理健康研究的积极作用

① 可以激发潜能。

幻想类的题材人们更关注的是个人的问题，这是因为幻想是不受传统思维所限制的，往往会出现令人意想不到的结果。美国心理学家彼特说："想象力是解决问题的钥匙，当人们百思不得其解时，'白日梦'能为你提供答案"。

② 可以开阔视野，放松心情。

人们在正常情况下，与外界的人物接触时，举止言谈大多中规中矩，心理学上称这种现象为"人格面具"。但是人类的幻想往往是超越现实的，同时给我们心灵上的慰藉和快感，可以让我们的心绪变得更明朗。

③ 可以改变自己。

幻想可以让我们从更广泛和高端的角度审视自己。我们在清醒意识层面思考问题一般都是抽象的，只有大轮廓，观察事物也有一定的局限性。但是在幻想中，我们对自身的观察则会全面细致得多。

白日梦，是指不切实际的幻想，白日梦是人的本能反应，是人在放松的情况下产生的，白日梦一般多出现在正在发育的青春期少男少女中。想要抑制白日梦的发生，只需要提高生活的丰富性，避免单一的生活，就可以得到改善。

这位女士说，她这个梦在一个月内做了两次，虽然有些变化，但都是些无意义的或不很重要的地方。

这个梦和白日梦在经历过程上很相似，整件事情非常连贯，没有突兀或断层之处，只需要询问一些紧要之处就能了解，不过即便我们知道如此也不会这样分析。这个梦中，最能引起研究兴趣的就是那几处语气停滞的话语，句子的后半部分变得模糊不清，说话的语气一断，便以呢喃之声替代。我们没有对此梦进行分析，因为严格来说，我们没有权利去推测此梦的意义。不过，我们也可以根据一些蛛丝马迹来判断，比如说"爱役"一词，便可作为下结论的根据，而呢喃之声所替代的那些话，也可以根据整句话的意思而补充出来。补充完后，我们就可以得到一种想象出来的结果，那就是，这位女士准备为军队献身，以满足军中各类人员的性需求。这可真是一种可怖的性幻想啊，然而这位女士在梦中却没有完全说明此事，每当所说的话需要将这种意思表露出来时，她就会出现模糊不清的呢喃之声，而那真正的含义却被隐藏了起来。

其实那些呢喃之声属于重要的细节，但为什么会受到压制呢，那是因为它们的性质实在是有些惊世骇俗了。你们对于这一点应该不难理解。这些年来还有许多类似的事情发生，你可以随便选择一种有政治取向的报纸，就会发现它所刊登的新闻，到处都有删减的地方，于是在许多关键的问题上都出现了空白，这些空白本应填充的，肯定是报纸的新闻主编反对的事情，所以被完全删除了。任谁都会觉得可惜，因为被删除的内容，一定是最有趣最有价值的新闻。

如果要对报道的新闻做检查，那就不能只检查新闻中的某句话。记者在写新闻稿时肯定会想到读者会批评新闻的内容，所以他们将某些措辞尖锐的句子软化，或略加修改，或由明示改为影射，那么新闻中便不会再有空白，不过却多了许多拐弯抹角的内容。所以，只去对新闻的语句做批判是不够的，因为那些记者在执笔时就已经检查了一遍。

运用新闻的事例来分析梦的内容，那么我

宾夕法尼亚公报

这是在殖民地成立后不久出来的报纸。当时在殖民地的美国人非常渴望拥有自己的报纸，这样一来他们就了解整个欧洲的时局和当地的新闻了。但这种报纸在当时的殖民地还是很少见的，一般只发行月报或是周报。图为《宾夕法尼亚公报》1729年9月25日到10月2日的周报，头版头条的标题是"包含国内外最新动态"。

们可以断定，梦中隐藏的或以呢喃之声替换的话，也是一种检查作用的牺牲品。所以，我们认为梦的确具有检查作用，而这种检查作用也是导致梦对其内容进行改造的主要原因。每当梦境中出现断断续续的情况，那必是检查作用在作怪了。往深了说，在那些比较明确的元素中，出现了一种模糊不清、混乱、可疑的元素，我们便可认定是由于检查作用的牵制。不过，除了在"爱役"梦中检查作用会对梦境作删减外，一般情况下它很少发生。检查作用最常见的表现方式就是前面提到的新闻检查条例所运用的方法，也就是伪饰、暗讽、影射等。

梦的检查作用还有第三种表现方式，这是新闻检查条例没法比的。我还举前面讲过的一个梦例作为根据来说明这一特殊的表现形式，就是那个"一个半弗洛林买了三个坏座位"的梦。这个梦的隐意主要是说"太着急了，以致早了"，说得明白一些就是"结婚早太傻了，买戏票早也太傻了，大嫂

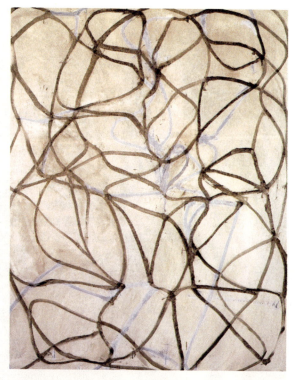

躯体　布赖斯·马登 美国 油画颜料绘于亚麻布上
1991年 纽约马塞马克画廊

画家看似随意的笔触，但他却向世人展示他惊人的准确笔触，以及他的手的移动能力。他用一只特别长的画笔，这需要极大的控制力。当画笔在画面上游走时，我们可以看到他的思想也在这个框架内移动，身体不是血肉，而是神经的路径。

急着买珠宝更是傻得可笑。"这一思想情感并没有在梦的显意中表露出来，只是在梦境中不断重复着没买票。实际上，梦的元素有这样一个中心的移动和重组，所以梦的显意与隐意有着十分远的差距，也就难怪有人会怀疑梦的隐意是否真的存在了。这个中心的移动就是改造作用所使用的一种方法，梦之所以奇异，做梦人之所以不承认梦境是心理活动的产物，便是这一原因造成的。

对于梦的内容的删减、改动和重组，这些都是梦的检查作用和改造作用所运用的方法。我们先来分析梦的改造作用，因为检查作用是导致改造作用的因素，这样可以顺带了解。中心的"移动"，通常都包含排序的变动和更换。

上述的表现形式，就是梦的检查作用的全部内容了，我们现在可以将研究方向转向梦的动力学上了。希望你们不要将梦的检查作用拟人化，认为它像是一个吝啬鬼，在自

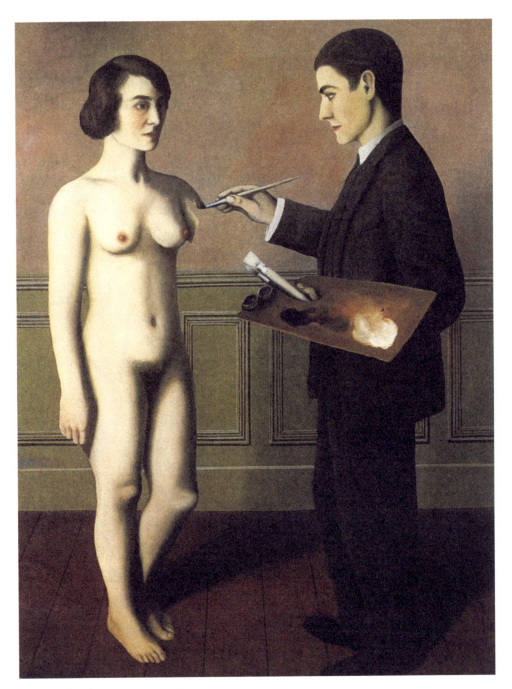

残缺的裸体 *雷尼·马格利特 比利时*

　　亦真亦假，让人难以判断，但正是因为画家绘画那残缺的胳膊，我们才可以辨别。所以想要求的梦背后的潜意识思想，是有一定的困难的，关键在于我们的联想能力和辨别真伪的眼光。马格利特的画中向我们展现的是弗洛伊德的理智。

己的职权范围内苛刻地行使自己的职能，当然，也不要将它划定在一个具体的位置，认为有一个中枢系统在产生检查的作用，而那个中枢系统一旦出了问题，这种作用便会立刻消逝。现在我们只能认为它是一种有价值的概念，它表示的是一种动态的关系。所以我们最好还是分析一些这种作用的实施者和接受者分别为什么倾向。如果我们忽视了实际上已经发现的检查作用，这也很正常，不必大惊小怪。

我们在运用自由联想方法时，遇到过一种奇特的现象：我们希望通过对梦的元素的分析以求得其背后隐藏的潜意识思想，然而总会遇到一种阻力。这种阻力有时很强，有时很弱。当它的力量微弱时，我们对于梦的解释只要几个联想便可完成，当它的力量很强大时，就只好对梦的元素有一个冗长的联想了，以使我们摆脱原有的看法，作深入的研究，不过在这过程中我们还要抵抗诸多对于联想的批判。我们在解梦时所遇到的这种阻力，实际上就是梦的工作的检查作用，而阻力只是检查作用的客观化。所以我们可以了解，梦的检查作用不会因为改造作用的完成而消退，它会一直保留在梦境中，作为一种维持改造过的梦境的机关。而且，由梦的检查作用引起的改造程度也会因梦中各个元素的不同而有差别，这和我们在解梦时遭遇的阻力会因元素的不同而有大有小一样。根据我们对梦的显意和隐意的比较，一些隐藏的元素在改造过程中被完全消灭了，而其他元素或有所更改、或以本面貌呈现在梦境中。

我们的研究目标是寻求到底是什么倾向在产生检查作用，而被检查的又是什么倾向。这个问题对于我们了解梦和人们当生活都相当重要，如果我们将讨论过的梦例做一个总览，那么这个问题也很容易解答。一般来说，产生检查作用的倾向，就是做梦人清醒时所肯定并允许的倾向。如果你否认了对于自己所做梦的正确解释，那么你否认的意向便是产生检查作用导致梦境的改造的意向，所以才有必要对梦作出解释。你们可以想想那个年老女士所做的梦：虽然我们没有对她的梦作出解释，不过她确实相当吃惊的。如果她的诊断医生冯·胡格先生将这个梦的意义如实相告，她必定会异常愤怒的。梦中污秽的话语之所以成了呢喃之语，便是由于这种抗拒的倾向在产生作用。

还有，我们也可以运用心灵批判的观点来解释梦的产生检查作用的反抗倾向所具有不太光明的性质。这些性质通常违法社会道德规范、法律秩序以及人生趣味，而这些是我们平日根本不敢想象的，即便是想了，也会深恶痛绝。至于那些在梦中被检查被改造的愿望，也都是一种超现实的自我主义的反应，因为在任何一个梦中，做梦人的个人表现都是梦境中最核心的内容，即便这种自我主义懂得如何隐藏。在梦境中所呈现的自我主义与睡眠时的心理状态，也就是不与外界交流的状态，有着相当密切的关系。

支配这种企图打破所有束缚的自我主义的，是人体内被教育所排斥，被道德所谴责、被法律所制裁的人的性欲。我们通常称这种对于快乐的追求为力比多。所谓力比多，更详细的解释就是，无所顾忌地选取普遍被禁止的事物作为满足自己某种需求的对象，不管这一对象是什么，即便是他人的妻子，正是他人认为神圣不可侵犯的事物，如父母、兄弟姐妹、朋友。曾经有一个女士做了一个乱伦的梦，而她乱伦的对象，也就是

海滨 布莱克·沃兹沃思 英国 1937年 英国伦敦塔特陈列馆收藏

　　画家在一战期间曾经加入了皇家海军，他的工作主要是负责设计船只的伪装工作。所以不难看出，为什么他的作品中有那么多对大海和船只的描绘了。图中这些怪异的几何体，不仅仅是让欣赏单纯的静物，而是画家非凡的想象力，形状很符合超现实主义的风格。同梦境一样，个人表现是梦境中最核心的内容。

她的"力比多"，正是她那刚刚成年的儿子。而其他的我们认为人性泯灭的欲望也可以引起梦境，譬如说极度膨胀的怨恨，某种迫切的复仇心理，以至于杀人的欲望等，而他们所针对的对象甚至包括他们的父母兄弟、亲戚朋友在内的亲人。这些世俗不容的欲望就像是被一个魔鬼驱使着，如果我们在清醒的时候能察觉到它的存在，那么不论我们对这种欲望采取怎样的压制都不为过。不过梦境对于这些邪恶的欲望并不排斥，因为梦的作用在于消除扰乱的刺激以保护睡眠，这一点你们应该记得。事实上，梦的本质并非邪恶，我们前面讨论过了，梦境的产生有时只为满足某种正常的愿望或者迫切的身体需要，而且这些梦既没有被改造过，也没有被改造的必要，原因就是梦境中对于愿望的满足并没有违反做梦人的伦理和道德倾向。还有，改造的程度与两个因素有关，一是被检查的倾向越大，那么改造的程度也就愈大，二是检查的要求越苛刻，改造的次数也就越频繁，这在前面也提到了。所以，一个从小家教严格而自我约束也很强的女孩，她在梦中所呈现的检查作用也就会很严格，以使梦中得到的兴奋会被稍作改造。这种兴奋已经被医学家做了研究，被证明是一种无害的可以允许的"力比多"欲望，而做梦人在十年后也会有一样的论断。

我们现在还不可能对自己研究梦的结论作出批判。因为我们对于梦的研究尚未有一个充分的了解，所以我们在面对反对观点时会首先采取抵抗的态度，这就是我们研究梦的最大弱点。我们对于梦的解释是根据所采用的几种假设，如梦是有意义的，催眠得出的潜意识思想与梦境中的潜意识意向是一样的性质，任何自由联想都受约束等。假定我们以这些假设为前提做研究，对于梦的解释获得了比较可信的结论，反过来我们也可以用这些结论来验证所作假设是否正确。不过，如果通过假设所求得的结果只证实了我们其中一个观点，那该怎么办呢？可能你们会有人说："那这个结果绝对是不真实的，荒唐的，最起码不值得相信。这些假设一定有其错误之处。也许梦根本就不是一种心理现象，或者在正常的心理状态下根本就没有潜意识思想，更或者，我们的解梦技术不够完善，无法证明更多。现在作这样的假定可比我们根据假设而推论出来的那些不可靠的结论显得简单而靠谱多了。"

的确，这一假定的确简单，似乎也很靠谱，然而它真的就是完全准确的吗？我们的研究还没有最终完成，所以你们不要轻易下定论。我们对梦的解释经常会遭受到外界一种强有力的抗议，因为世人说我们的研究成果令他们感到不快和憎恶，不过，他们的反

什么是力比多

力比多，即性力。这里的性不是指生殖意义上的性，而是泛指一切身体器官的快感，包括性倒错者和儿童的性生活。精神分析学认为，力比多是一种本能，是一种力量，是人的心理现象发生的驱动力。

弗洛伊德　力比多首先由心理学家弗洛伊德提出。他所提出的性不是指生殖意义上的性。弗洛伊德提出性的动力是"力比多"，泛指一切身体器官的快感，包括性倒错者和儿童的性生活。

弗洛伊德将力比多定义为包含于所谓的本我，即精神内部主要的无意识结构中的本能能量或动力。

荣格所说的力比多是一种普遍的生命力，表现于生长和生殖，也表现于其他活动，在身体一切活动中需要寻找出路。可以说他的力比多包括性的和营养的两大类。

荣格　荣格认为力比多等同于心灵的能量。二元性（对立）创造了心灵能量（力比多），且只有通过象征才能表达自身，他说："力比多在生命过程当中表现自身，并被主观地认知为斗争与欲望。"

咬着蜘蛛的红色太阳 胡安·米罗 西班牙 布面油画 1948年 私人收藏

这是米罗典型的超现实主义风格的绘画。以我们直观的感受唯一能推测出的就是位于画面右下角的那个红黑相间、有六条腿的生物，感觉很像蜘蛛，但却不知道是什么东西咬着它？画面左端像是一只企鹅，画面的中间像是数学符号"π"，右上端像是一个异国文字，有好多只红黑相间的眼睛在周围。也许画家只是想让我们着迷而已，没什么特殊的意义。

对真能影响我们的研究吗？实际上，我们认为有一些满足愿望的倾向隐藏在梦的背后，而做梦人却坚决否认，这才是一种真正有力的抗议。比如说一个做梦人说："你在说什么？难道你要根据我所的梦证明我不愿给妹妹办嫁妆，也不愿为弟弟付学费吗？这太荒谬了，绝不可能的。我整天辛苦工作，都是为了我的妹妹和弟弟，身为兄长，这是我义不容辞的责任，而且我还对逝世的母亲发过誓！"还有一位女士说："你说我希望自己的丈夫死掉？你这简直是无理取闹。不管你相信不相信，自从结婚后，我感到很幸福，丈夫对我很体贴。如果他死掉了，我会觉得失去了一切。"又有一个人说："什么？你说我对自己的妹妹产生性冲动？胡说八道！我们是亲兄妹，而且我们兄妹素来不睦，谁也不关心谁，已经三四年不相往来了！"如果做梦人不愿承认他们所具有的某种倾向，但也没有否认，我们就不必着急使他信服，因为他只是没有意识到这种倾向而已。不过，如果一个人发现了内心中有一种愿望的倾向，而这种倾向于我们的解释截然相反，并且他以自己的身体力行来证明这是一种占据支配地位的倾向，那么我们就没有研究的必要了，只能放弃。如果我们认为对于梦的研究只是一种滑稽而荒谬的工作，那么我们就可以将之抛弃了，现在就是时候。

但是，如果你们还存在疑虑的话，那就听我一句劝，千万不要放弃。我们可以对上述的抗辩做一次深入的思考，你就会发现它实际上是站不住脚的。如果精神生活的确存

家庭　保拉·瑞戈　1988年　英国伦敦萨奇收藏所收藏

图中本是一个简单的家庭场景，但是却被冲动的暗流破坏了这种温馨。这股冲动的暗流发生在母亲、儿子和女儿三人之间。妹妹主动帮母亲脱掉正在狂怒中的哥哥的衣服，这种反抗和支配的主题暗含了一种情欲的基调，使得整个画面交错纠缠、暧昧不清。画家以单纯而邪恶的极端性和心理上的戏剧化为主要绘画手法，来表现出男女及儿童潜意识中所隐含的情欲。

在着潜意识倾向，那么是否有一种占据优势地位的相反倾向，根本无关紧要。也许人的内心可以允许两种相反的倾向同时存在，也许一种倾向的优越地位使得另一种相反倾向转移到了潜意识中。由此看来，前面的那种抗议，只能证明对梦的解释不够简洁且令人反感。对于这种抗议，我们的回答是，不论你们是否喜欢简洁的结果，你们不会解答随便一个关于梦的问题，而且你们必须承认，梦中存在着一种错综复杂的关系。还有，如果你们批判一种科学成果仅凭自己的好恶，那你们就太荒谬了。对梦的解释即便令你们反感，甚至于恼羞成怒，那又如何？这并不影响科学的发展，这是在我学医的时候，我的老师夏尔科对我说的一句使我终生受益的哲言。如果我们想要了解宇宙的奥秘，那就需要我们静心躬耕，不去理会外界的批评。一个物理学家说地球上的生物最终会灭绝，你会勇敢地站出来对他说这绝不可能，这只是你的一家之言？虽然我不太想做这种假设，然而我觉得，如果没有第二个有影响力的物理学家来指证第一个物理学家的见解是错的，你们大概也会一言不发。如果你只凭他人的好恶来选择你的观点，那么你就只能在幻想中去研究梦了，而不能真正了解梦的本质。

夏尔科

弗洛伊德曾给玛莎的信中这样评价他的老师夏尔科："夏尔科是一位伟大的医生，明智近乎天才，他一步一步地摧毁自己原有的想法和理论。他给我们上完课之后就像是从圣母院祈祷出来一样，心中充满对自己学说完美的新看法……但我对此却毫无悔意。我敢确定，他对我的影响是无人能及的。"

或许你不再介怀那些对梦中欲望的龌龊部分了，不过你可能会提出另一番抗议，你会说人性本善，不可能有那么多恶。那么，你拿什么来证明你的说法呢？且不说你对自己有什么样的认识，你会认为那些比你优秀的人心存善念，或者你憎恨的人侠肝义胆，再或者你的朋友都是宅心仁厚之辈吗？如果你没有亲眼所见，那么你为何要反驳性恶的说法呢？难道你不知道大部分人都很难控制自己的性冲动吗？难道你不知道人们在梦中所有的过激的和疯狂的经历实际上都是他们在清醒时内心所存在的罪恶之念吗？我们研究精神分析，只不过是证明了柏拉图的一句哲言：坏人之恶止于罪，好人之恶至于梦。

我们暂不讨论这一观点，先来思考这次欧战。如今整个欧洲大陆都弥漫着战争的硝烟，你想一想，这次欧战的规模空前壮大，几乎波及所有的国家。如果那些

雅典学院 拉斐尔 意大利 湿壁画 1508～1511年 梵蒂冈宫收藏

柏拉图是古希腊伟大的哲学家，他也是整个西方文化中最伟大的哲学家和思想家之一。处于画面中心，正向我们走来的两位人物，他们两人侃侃而谈，泰若自然、充满自信，他们就是古代最伟大的两位哲学家——柏拉图和亚里士多德。右下角的五个人在讨论几何学，旁边手持地球仪的人在研究天体学……表彰了人类对智慧和真理的追求。

发动战争的野心家没有千百万同样野心膨胀的追随者，他们的邪恶本性能得以彻底暴露吗？对于这一事实，你们谁可以辩解人性本非恶？

也许你们会认为我对这次欧战怀有偏见，也许你们还会告诉我：这次欧战中涌现了许多大勇无畏的英雄，还有自我牺牲以及报效国家的崇高品质，难道你没看到吗？的确，我看到了，而且我也承认。你们是不是就要攻击我说前面我已经否定了人性？研究精神分析经常会遇到这种情况。我可以很明确地告诉你们，我没有否认人性有高尚之处，也会将人性的价值刻意贬低，反之，我只是为你们说明了人性中被检查出的恶念，并且这种检查作用会压制这些恶念，不使他们表现出来。我为什么要着重强调人性至恶，因为人们经常否认它，然而这种否认会使他们无法了解并改善他们的精神生活。如果我们都放弃了这些片面的观点，从整体出发，那么我们对于人性善恶的关系便会有一个宏观的把握了。

对于人性善恶，我们有上述认识即可，不需要再讨论了。对梦的解释虽然时常令人

新奥尔良防御战

　　图中骑着白马手里拿着望远镜的，在棉花包和土垛筑成的坚固阵地前督战的就是杰克逊将军。这是在1815年1月，由安德鲁·杰克逊在新奥尔良组织的城市防御战，欧洲战场上的8000名英国士兵由拿破仑的老将爱德华·贝克汉姆统帅。由于贝克汉姆在攻城之前等待的时间太长，导致了最终的惨败，只好撤退。

　　惊奇，不过我们不应就此而放弃这一研究。也许将来会有另一种论断用于对梦的解释，不过现在我们最好坚持我们的研究成果，那就是：梦的改造实质上是一种自我认可的倾向，对睡眠中产生的罪恶之感实施检查作用的结果。如果你们问我为何会有这么多罪念出现在睡眠中，它们是如何产生的，这其中牵涉了许多尚未解决的问题，现在无法一次性解释清楚。

　　如果我们忽略了这些问题，那么我们就太不明智了。我们最初不知道那些扰乱睡眠从而引起梦境的愿望，只是因为我们希望能够对梦作出解释，了解到它们的存在，所以我们说这些愿望是"那时属于潜意识的"，意识很难被发现。不过，现在我们必须承认它们不仅仅是潜意识的了，前面我们多次讲过，虽然做梦人被告知这些愿望的存在，但是他们仍是极力否认。这种情况和我们解释"打嗝"舌误的事例一样，那名演说家声称自己当时以及任何时候都没有侮辱领袖的意向。我们已经断定他所说的并非是真实的想法，因为他根本不知道自己内心确有这种意向存在。我们在解释那些被改造得很复杂的梦境时，经常会发现一种相同的情境，这种相同的情境会使我们的研究进入到一个更深的层面。人们极少能明白精神生活的潜意识经历和倾向，所以，对于内心的这种潜意识的理解，我们就有了一个新的意义，它不仅仅是"当时隐藏的潜意识了"，甚至是"永远隐藏的潜意识了"。对于这一说法的解释，我们会在后面提到。

牧场教堂 乔治亚·奥克弗 美国 布面油画 1929年 华盛顿菲利普家族收藏

作品为我们传达了一种捉摸不透的东西，画中的教堂就像是一大块熔化了的岩石，但并不是没有棱角，我们依稀还是可以看到建筑的形体的。这个教堂没有入口、没有门、也没有窗，只有一条小路，画家没有任何的目的性，也许只是她潜意识中的教堂。

第十章

梦的象征作用

　　前面我们已经得出结论，梦之所以难以理解，是由于梦的改造作用，而梦的改造作用则是对于罪恶的潜意识欲望实施检查作用的结果。当然，检查作用不是导致梦的改造发生的唯一原因，在我们对梦做更深入的研究后便发现，引起梦的改造还有其他的原因。换而言之，即便没有发生检查作用，我们也不能对梦做彻底地了解，并且梦的显意和隐意也不会一致。

　　我们根据察觉到的一个精神分析技术上的缺陷，从而发现了引起改造作用的另一个原因。我们认为做梦人有时的确无法对梦中的某一单独元素产生联想，当然，这种情况并不多见。不过对大部分案例来说，只要我们坚持请求，做梦人总会引起联想的，而其余的小部分案例中，则完全无法产生联想，即便是有了联想，也都是天马行空，并非我们需要的。如果我们在研究精神分析时遇到这种情况，是可以运用一些技巧来寻求其意义的，在这里我们先不讨论。实际上，这种没有联想的情况，在对一般人或者自己作分析时，也是有可能发生的。当我们遇到这种情况时，不论我们如何努力，都无济于事。后来我们才发现，原来梦中有特殊的元素，它制造障碍以阻止联想的发生。所以，本来我们以为是解梦技术的失

菜农的梦境 阿奇姆博多 意大利 布面油画 1573年
法国巴黎卢浮宫博物馆收藏

　　仔细端详恍惚以为这是哪一位菜农的梦境，但从远处看，却发现这是一个人头的形状。画面全部都是用水果、蔬菜等组成的，这是画家的一种艺术手法，由此可以看出画家强大的联想能力。除了画像以为，他还在宫廷里做一些庆典装饰、为皇族搜集艺术品等事。

恶魔的夜宴 保罗·德

尔沃 比利时

图中有一群女子和一个戴眼镜站在镜子前的男子，他们集中在一个阴暗的充满香水味的房间内。图中的每个人都是做梦人，而且梦中还有梦。梦与现实之间的相互转换和象征，让人看过之后隐隐地感到有一种幻想的欲望。

败，实际上是一种新原则发生作用所导致的。

我们可以尝试着寻找一些方法来解释这些不能引起联想的元素。结果是令人惊讶的，只要我们敢于对这种元素作出解释，通常都会获得完美的答案，反过来，如果我们不去尝试，那么梦境就会因为这一元素而失去条理性从而变得没有任何意义。可能我们在最开始进行这种尝试的实验，内心会不自信，不过等我们慢慢坚持下来，取得种种成效时，我们的信心自然也会倍增的。

为了我们这个研究方向，请允许我先做一番概述，虽然概述很简略，不过不会使你们产生误解。

对于梦中的元素，我们通常采用一种惯用的解释，就如一些古老的解梦典籍中，对于梦中各种事物使用同一种解释一样。然而，你们是否还记得，我们在运用自由联想法时发现，梦中的元素从没有代表什么具体的事物。

可能你们会认为这种解梦方法相比自由联想法更不靠谱，那我就要告诉你们，我已经根据我的经历搜集了许多适用于这种一成不变的梦例，在对它们研究后发现，其实我们解梦不一定非要借助于做梦人的联想，只要运用我们自己的知识也是可以解梦的。至于这是一种什么知识，待到下一章我再为你们讲述。

对于梦的元素和我们对梦的解释之间的关系，我们可以称之为"象征的关系"，实际上梦的元素本身就是梦的隐意的象征。前面我们在讨论梦的元素和梦的隐意的关系时，我曾列举了三种，第一是部分替代整体，第二是暗喻，第三是意象。当时我说了还有第四种可能的关系，不过没有明确指出，现在我可以对你们说，这第四种关系就是象征的关系。对于这一点，在我们还没有发现一些特殊的梦例前，我们最好还是先将注意力集中在那些可以讨论且较有趣味的点上。也许象征作用正是关于梦的理论中最重要的一部分。

首先，象征和被象征的意念，它们的关系是固定的，后者是对前者的解释。虽然我们解梦的技术和前人及普通人不一样，不过就象征作用而言，不论古人还是今人，都

港口 胡安·米罗 西班牙 布面油画 1945年 私人收藏

米罗的一生都在超现实主义的世界里畅游。画面抽象，其中那片广阔的绿色、金色相间的区域象征辽阔的海洋，它中间那模糊不清深色的色斑象征着性的洞穴，这所有的一切都只是画面中的一小部分。画面上部有一对奇形怪状象征性的乳房和睾丸，它们精妙的暗示告诉我们身体便是我们的避风港。

在解梦工作中发现过。我们了解了象征，便可以在无法从做梦人那里求得联想的情况下也能对梦作出可靠的解释。如果我们知道了梦中经常会出现什么象征，以及做梦人的秉性、生活状况及其睡梦前的心理活动，就能立刻解梦了，就如翻译一听到对方说话就能将其翻译成本国语言一样。这种有效的解梦技术，不仅使分析家满足，也会使做梦人心悦诚服，相比我们前面运用询问的方法，更是远远胜出。不过，希望你们不要就此进入一个误区，这种基于象征意义的解梦技术绝不是在投机取巧，而它也决不能与取代自由联想法，甚至不能与之相提并论。所谓的象征法实则是自由联想法的补充，由它所求得的结果只有和联想法求得的结果相结合才会产生成效。还有一个问题，我们关于做梦人的心理情境这方面需要具备哪些知识呢？我们可不能仅仅只会解释熟人做的梦。通常来讲，我们对于那些在梦境中得以反应的当天事实一无所知，所以说，我们所需要的关于做梦人心理情境的知识应该来自于他所作的联想。

有一点需要提及，那就是关于梦的潜意识之间存在的象征作用引起了科学家广泛的争议，特别是接下来我们要讲述的几点。即便是那些客观理智且富有智慧的科学家，他们对于精神分析的其他方面会表示认可，然而在这一点上也会持有批判的态度。其中有两个最强烈的观点，这两个观点非常令人诧异。第一，象征作用并非梦所独有，也不是梦的独特性质；第二，精神分析虽然有不少独到的创见，不过梦的象征作用却并非由精神分析所创。如果要我举出创立此说的前辈教授，我认为是施尔纳。他的学说影响深远，实际上精神分析只是证实了他的学说，不过是在一些重要的方面做了修补。

也许你们希望列举几个事例来阐释梦的象征作用所具有的性质，我尽量选取一些典型的例子来为你们讲述。不过，我认为我所拥有的知识并没有你们想象的那样丰富，可能在某些解释上未能尽善尽美。

象征意念和被象征意念之间的关系实际上是一种比拟，然而又不是任何形式的比拟。我们觉得这种比拟一定是受到某些特殊条件的限制，不过目前我们还不能查清是哪些条件。一般来说，不是所有比拟的事物都会在梦中得以反应从而成为象征，反之，梦中的象征也不会代表任何事物，它所象征的仅仅是梦的潜意识思想。所以说，两者之间有明确的界限，我们需要区分清楚。当然，有一个事实我们也要承认，那就是对于象征的定义至今还没有一个权威的概念，因为象征容易与其他替代词混淆，如比喻、替换等，甚至也会被认为是暗喻。有的象征所比拟的事物可以看出来，有的象征则需要分析其中的普遍因素，有的象征则需要仔细考虑才能明白其隐藏的意义，当然，也有的象征，即便在多方面求索，也无法探知其意义。象征虽然是一种比拟，然而这种比拟不会在自由联想中表露出来。如果做梦人没有意识到这种比拟的存在，那么他们在梦中使用象征，也是一种无意识的状态，如果我们请他注意这种比拟，恐怕他也不会承认。所以说，象征的关系实则是一种非常特殊的比拟，为一般人难以发现和理解的，而且目前我们还没有充分了解它的性质。或许在我们以后的研究中会对这一难题有所发现。

其实在梦中象征所代表的事物并不多，一般有人体、父母、子女、兄弟姐妹、生死、裸体，还有一个事物，不过先不说。通常代表人体的象征是房屋，施尔纳对此做过研究，不过他对于这一象征的意义有些夸大了。一个人如果梦见自己从房檐上攀援而下，墙壁十分平滑，他时而觉得愉快，时而觉得害怕，那么可以推测房屋代表是某个

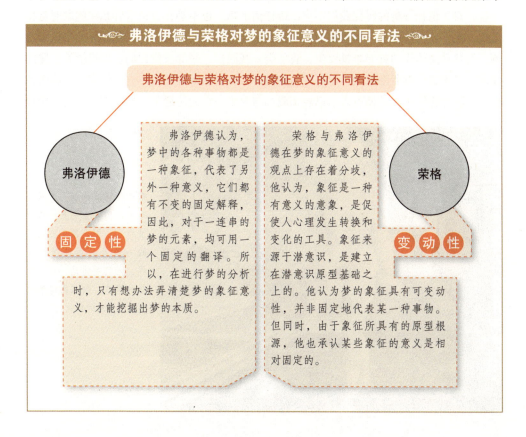

弗洛伊德与荣格对梦的象征意义的不同看法

弗洛伊德与荣格对梦的象征意义的不同看法

弗洛伊德

固定性

弗洛伊德认为，梦中的各种事物都是一种象征，代表了另外一种意义，它们都有不变的固定解释，因此，对于一连串的梦的元素，均可用一个固定的翻译。所以，在进行梦的分析时，只有想办法弄清楚梦的象征意义，才能挖掘出梦的本质。

荣格

变动性

荣格与弗洛伊德在梦的象征意义的观点上存在着分歧，他认为，象征是一种有意义的意象，是促使人心理发生转换和变化的工具。象征来源于潜意识，是建立在潜意识原型基础之上的。他认为梦的象征具有可变动性，并非固定地代表某一种事物。但同时，由于象征所具有的原型根源，他也承认某些象征的意义是相对固定的。

人，而屋内如有壁架或阳台，则代表的是女人。如果梦见父母成了皇帝皇后或者其他高贵的人物，那么此梦境所象征的是做梦人对父母的恭敬态度。至于兄弟姐妹或者子女，可能就不会有如此的待遇了，他们在梦中通常被象征为某种小生物如兔子或瓢虫。诞生的象征很奇怪，总是离不开水，如果梦见了落水、从水中出现、将别人从水中救出来或者被别人从水中救出来，一般象征着生命的诞生或者母子亲密的关系。乘车旅行往往是临死的象征，而代表死亡的象征很多，不过都属于隐晦的暗示，很难了解。还有那些裸体的象征，通常表现为衣服。总的来说，象征和暗喻看起来似乎没有特别严谨的区分。

代表上述食物的象征一般都很单一，不过，与性生活有关的事物如生殖器、性交等的象征就不同了，它们所象征的丰富性绝对会让你们大吃一惊的。性的象征占据了梦的大多数，现实中与性有关的事物很少，然而在梦中其象征的数量却数不胜数，两者的比例相比其他象征显得很不协调，因为其他事物都没有那么多意义一样的象征。不过，这种解释必定会引起人们的攻击，因为以他们的经验，梦的象征形式各种各样，然而对其的解释却很单调。虽然这种解释会引起大家的不满，然而它的确是事实，谁又能改变得了呢？

可能你们没有想到我会在这里提及性，所以我有必要对这个问题作一些解释。客观上说，对于精神分析的研究我们不应回避任何事物，也不必在讨论这种私密问题时觉得羞愧，更不要在研究某一事物之前先为它安上合乎情理的名义，以避免外界的争议和批判。虽然在座的你们有一半是女生，我也会一视同仁，平等看待你们。以科学为主题的演讲，是不应该有所隐藏的，也不能为使演讲适合女生听而对内容有所修改。在座的各位女生既然愿意来听，那就表示已经接受和与男生一样的待遇了，即便这种待遇不符合

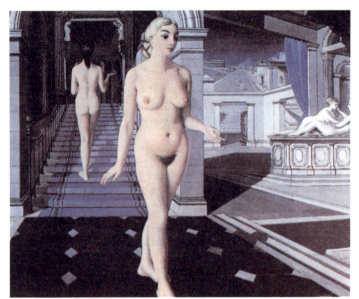

裸体的自由 保罗·德尔沃 比利时

德尔沃作品中的人物都是他理想状态下的真实写照，同时他也是一位抒情诗人。图中就是他设想的一个奇异而纯净的世界，人们裸体是一件很自然的事情，细腻的笔触也突出德尔沃的细致。

你们的期望。

　　关于性的事物中，在梦中的象征最多的就是男性的生殖器了。一般来说，我们可以很容易了解这些象征所根据的共同意念。第一就是数字三，三是男性生殖器的象征，也是一个神圣的数字。不论男性还是女性，他们对于性最关注的就是阳具了，在梦中，它的象征可以是长且直的物体如拐杖、竹竿、雨伞、枝干等，也可以是有穿透力和侵害性的物体，如匕首、长剑、军刀等利器或者步枪、手枪、炮筒等火器。这些东西都与阳具十分相似，所以是很贴切的象征。少女们经常会在一种焦虑的梦中见到有持佩刀或火枪的人在追杀自己，这种象征，其实那些少女们都了解其意义的。有时候一些流水之物也会成为男性生殖器的象征，如水龙头、水壶或者溪流，还有的象征则是一

阳具崇拜

　　画中的女子神情紧张，肌肉僵硬，右手中紧握着一把雪亮的匕首，悬在她自己的生殖器之上。匕首是男性生殖器的象征，意指这位女性想要拥有男性的性别特征。

些可拉伸的物体，如自动伸缩的铅笔、弹簧等。那些锉刀、铁锤等坚硬器具，很明显也属于男性的象征，而且这些象征的意义也是不难理解的。

　　也有用飞机、热气球或者飞船等飞行物体为阳具的象征，这是因为男性生殖器有违背地心引力挺拔直立的一种特性。不过梦见高飞还有可能是一种关于勃起的象征，勃起是阳具成为人们睡眠时主要的活动部分，所以做梦人便会梦见自己飞起来了。人们经常会梦见自己高飞，它美丽而壮观，不过我要将这种高飞解释为性冲动或性兴奋的梦，你们可不要觉得惊奇。曾经有一位叫菲德恩的精神分析学家证实了这种解释是可信的，而另一位精神分析教授沃尔德曾做过臂和腿的不自然姿势的试验，虽然他的研究方向并不是精神分析，但他却得出了精神分析同样的结论。也许你们会以女性梦中高飞的例子来

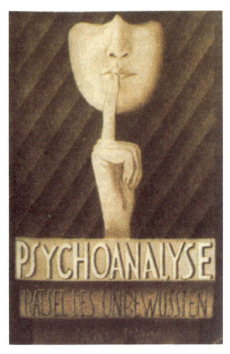

萨克斯影片《精神分析》的海报

美国人一直想拍一部关于"精神分析"的影片，但却遭到了弗洛伊德的拒绝："我认为精神分析理论是一个抽象的概念，它是无法具体表现在电影上的。"

反驳我的观点，然而你们应该知道，梦的意义在于对欲望的满足，而任何女性，她都有在潜意识中有成为男性的欲望。如果你们精于解剖学的话，就不会认为女性体内不可能有男性因素以致想满足成为男性的欲望了。女子生殖器有一个小部分叫阴核，它和男性的阳具一样，在儿童期以及性交前在人体内占有相同的地位。

毛毛虫、鱼或者蛇等小动物也属于男性的象征，不过这些就不太容易理解了。还有更难理解的象征，比如外套和帽子，不过其象征的意义确很合理的。还有手脚是否也可以作为男性生殖器的象征也值得怀疑，不过将它们与手套、鞋袜联系起来，似乎也说得过去。

至于女性生殖器的象征，通常是那些有空间性或包容性的事物，如穴、坑、瓶、罐、各种盒子、衣柜、保险箱、口袋等，规模巨大的轮渡也属于这类事物。有的女性象征非指生殖器官，而是代表了女性的子宫，如火炉、碗柜等，特别是房间。这里房间的象征和前面讲的房屋的关联有相似之处，房屋内的厨具代表了女性，而房间的门户则代表了女性的阴部，房内的各种资料或者各种用具如书桌和台灯，也都是女性的象征。就梦中出现的动物而言，蚌或者蜗牛属于女性的象征；就身体的各部分而言，那么嘴就代表了阴部；就建筑物来而言，礼堂或者教堂都是女性的象征。对于这些象征理解的难易程度，你们每个人都是不相同的。

女性的乳房和臀部也属于性特征，在梦中常以苹果、蜜桃等水果作为象征。两性的阴毛在梦中表现为茂密的丛林。女性器官中的一些复杂部分通常被表现为山清水秀、花木葱茏的风景，而男性器官的复杂部分则常常表现为各种结构复杂无法认清的器械。

在梦中也时常会梦见珠宝盒，这也是女性生殖器的一种重要的象征，其中盒内的珍珠、翡翠可以象征心爱的人，而糖果通常代表爱欲的快感。当生殖器在性冲动中得以满足，则会被比喻为各种游戏或运动，如弹钢琴。自慰常被比喻为滑动、滑冰或者擦洗物品等。需要特别注意的是，掉牙或者拔牙也是自慰的重要象征，其意义表示对自慰施以宫刑的惩处。至于性交的象征，就没有我们想象的多了，大致有跳舞、跑马、登山等富于节奏的活动，又或者是暴力虐待、被马蹄践踏、为武器扫射等。

虽然对于这些象征我讲述得很简略，但是他们所表示的意义却并不简单，因为我们在梦中所见到的这类象征往往出人意料。有这样一种奇怪的现象，男性与女性的象征经常在梦中发生互换，有时男性的象征可以指代女性生殖器，而女性的象征在有时也会指代男性生殖器。还有许多象征既可以代表男性，也可以代表女性，如婴儿、小男孩、小女孩等。这些现象，除非我们对于人类关于性的想法有一个全面的了解，否则对此我们是很难理解的。不过，这些现象似乎模糊不清，其实并非如此，比如武器、口袋、厨具等，这都不是两性可以共用的象征，只适合代表单性。

我们若想探求性的象征的起源，就需要从这些象征本身入手，而非被象征的表象所迷惑，我们还需要对那些不够明确的象征作一些说明。分析这些象征，以绒帽或者任何帽子为例，帽子经常有男性的意义，有时候它也会代表女性。外套也是这种意义，也经常代表男性，虽然有时象征生殖器。你们肯定会对此感到疑惑，并询问我个中原因。女性很少戴领带，所以下垂的领带通常是男性的象征，而男性对于内衣不怎么关注，所以

苹果和橘子 保罗·塞尚 法国 布面油画 1895年 巴黎奥塞博物馆

塞尚对于静物的控制似乎有一种天生的才能，他对物体体积感的追求和表现，为"立体派"开启了不少思路。弗洛伊德认为梦中出现的水果，如苹果、蜜桃等水果等都是象征女性的乳房和臀部。

拿着地图的男子 保罗·德尔沃 比利时

　　画面中最左端的男子，手里拿着一张复杂的宫形地图，他的旁边站着几个裸体的女子，她们的身后有方形的像门一样的石柱，其实这就是女性生殖器的象征。德尔沃描绘一个超现实的陌生世界，男人们迷惑，女人们也走进了一个陌生的城市。

　　内裤、胸罩等都是女性的象征。而衣服或者制服，前面已经讲过，往往是裸体的象征。拖鞋或其他凉鞋代表女性的生殖器。木材和书桌也是女性的象征，这也是值得相信的。至于登楼、登山等节奏性运动，明显是性交的象征，其节奏的快慢，如登山者呼吸的疾缓，与身体的兴奋度强弱是一致的，这一点仔细想一想就会明白了。

　　前面我们将女性器官的复杂部分比喻为风景，以高山卵石代表男性生殖器，以庭院房间代表女性生殖器，而将水果定为乳房的象征，而非惩处。将梦中出现的野兽认为是情欲勃发的人们的象征，梦中出现的花卉是女性生殖器的象征，尤其是处女的生殖器。对于这一点，你们只要明白花本就源自植物的生殖器就会理解了。

　　我们已经了解了房间代表了女性的子宫，而且还可以对这一象征意义进行延伸，如房间的门窗代表的是女性的阴户，房门的开闭指的是阴户的张合，而开房门的钥匙，其象征意义也就不言而喻了。

对于梦的象征意义的研究，目前我们只有材料，这些当然是不够的，我们还需要继续扩充，并做更深一层的研究。不过我觉得对于你们的了解却是足够了。可能你们会不满，质问我说："难道我做的梦全是性的象征吗？在梦中我所穿的衣服鞋袜和我所见到的一切事物都只是性的象征吗？"你们的质问确有道理。如果做梦人拒绝提及梦中所经历的事物，那么我们怎么可能知晓这些事物所具有的象征意义呢？

对于你们的质问，我想你们了解一点，我们从小到大所汲取的知识，它的构成是广阔而复杂的，有神魔故事、民间传说，有诗词歌赋、俗语民谣、有戏曲歌舞，也有乡间小调，所有这些，不论是哪一方面，我们都可以认为是知识的象征，至于这种象征所蕴含的意义，大家肯定是深切了解的。如果我们将这些内容分开考察，那么便会发现他们实际上有许多方面与梦的象征作用是相同的，而我们也会由此而确信我们的观点是正确的。

前面我们提到过，这样一个观点，梦中出现的房屋往往是人体的象征，如果也这一象征意义延伸，那么房屋内的门窗或者其他进入口都可被视为人的体腔的象征，而房屋的前面或者是平滑的墙壁或者是阳台，则是胸肌或者骨骼的象征。在解剖学中，凡是

男女的武器　索德克 捷克

性是现代艺术作品中最具表现力的题材之一。画面中的男人高举匕首，沉醉在自我想象的勇气之中，而女人则是习惯性地搔首弄姿。艺术家将两性之间存在的状态表现得淋漓尽致。

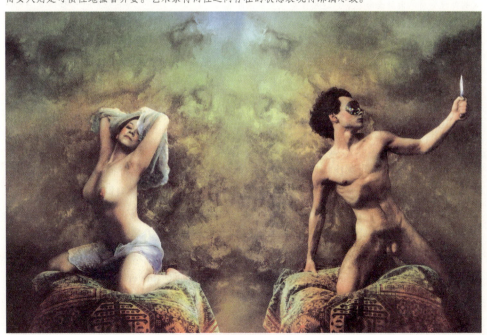

在艾斯塔克的房屋 乔治·布拉克 法国 布面
油画 瑞士波恩昆斯特博物馆

　　作品中将现实中的房屋、树木和群山都已经经过画家的处理变得"面目全非"了，这幅作品也更加清晰地展现了立体主义的深远意义。弗洛伊德认为：梦中出现的房屋，一般是人体的象征。

属于人的身体的出入口，都被称为是"户"或"门"，这类事物常常成为梦中的象征。

　　在梦中见到父母成了皇帝和皇后，如果你首次听说了，自然免不了诧异，不过，在那些神魔故事中，是可以找得到这相类似的事实。在神魔故事中，最常见的开篇便是："在很久很久以前，有一个王国，王国有一位国王和王后……"，我们在开篇读到"国王和王后"时，难道就没有意识到它指的是父亲和母亲吗？在我们的家庭中，儿子通常被称作王子，长子则是太子，而家庭不就是我们生活的王国吗？国王被称为"国父"，王后被称为"国母"。小孩子有时被称为小动物，如英国一个地区称小孩为小蛙，在德国人们为表示对孩子的爱怜常称呼其为"可怜的小虫子"。

　　再来说一些房屋的象征。我们晓得，房屋内任何凸出的部分都可以用以攀登，这使我想到了一句德国俗语，德国人在评价胸部硕大的女性常说："她的身体有一部分可以让我们攀登。"还有另一句俗话，和这一句意义相似，便是："在她的房屋前堆放了许多木材。"木材通常也被看作是母亲的象征，而这句话证明了这一事实。

　　木材的象征意义我们还可以了解更多。也许你们要问：为什么木材可以代表女性或者母亲？回答这一问题比较麻烦，你们也未必能理解。我们先将各个国家语言中关于"木材"的词汇做一个比较。德文Holz（即木材）和希腊文 υλη 源自同一语根，υλη 意思即原料。由原料的通名变成后来的某种材料的专名，这种词义转变的现象并不少见。在大西洋上有一个小岛叫马德拉（Madeira），是由一个葡萄牙人发现的，并取了此名，岛上有茂密的森林，而"Madeira"在西班牙文的意思就是木材。只根据"madeira"这个单词，你们大概能推测出它是拉丁文"materia"的变式，而"materia"的意思既是原料。

　　"material"是由mater（母亲）演变而来，而一种说法认为，任何被制造出来的物品，所使用的原料便是该物品的母亲了。通过对木材这个词的词义演变作了分析，你们总该理解了，为什么说木材是女性或者母亲的象征。

与水有关的事物也可以表示分娩，比如梦见出水或入水，其象征意义便是将要分娩了。实际上，这种水的象征代表的是双重进化，包括人类在内的所有陆生生物，都是从水生生物演化而来的，当然这种关系就要扯到比远古还远古的时代了，而现在的事实是，任何一个哺乳动物，任何一个人，都是在水中经历着生命中的成形时期，也就是说，在出生前作为胚胎时，都是生活在母亲子宫的羊水中，所以女性在分娩时都会流出水。我不希望做梦人知道这一事实，而且我认为他也没有必要知道。或许在他孩提时听说过这事，不过我认为这并不能成为象征的起因。幼儿园内的孩子们喜欢问自己的由来，而常被告知是被仙鹤送来的，然而仙鹤又是从哪里得到他们的呢？从水井中，还是湖池中，这是仙鹤的栖息处，那么他们便是从水中产生的。我曾经见过一个人，他是一位伯爵，他在儿童时期曾听说过这事，然后在某天下午他就不见了影踪，大人都找不到他。后来终于找到他了，是在一个湖边，他蹲在哪里，全神贯注看着湖面，期待着从水中冒出一个婴儿来。

兰克曾经从神魔故事中搜集了大量的关于英雄诞生的片段进行分析，在这众多的神话情节中，最常见的就是将婴儿丢弃水中而后有人将婴儿救起。兰克认为这种情节就是分娩的象征，因为它的方法和梦中所见是一样的。一个人在梦中见到有人将自己从水中救出，他就会潜意识地认为救他的人是他的母亲，或者是其他人的母亲。在神话故事中，将婴儿从水中救出来的人，也会潜意识地认为自己就是这婴儿的母亲。有这样一个笑话，有一个犹太孩子很聪明，善于回答问题，于是就有人问他："谁是摩西的生身母亲？"那孩子说："是公主。"那人又问："不对呀，公主只是将这孩子从

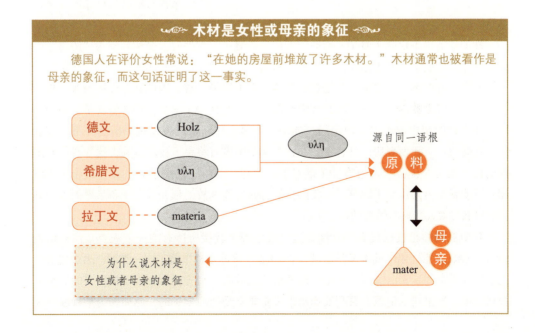

木材是女性或母亲的象征

德国人在评价女性常说："在她的房屋前堆放了许多木材。"木材通常也被看作是母亲的象征，而这句话证明了这一事实。

基督受洗 帕里斯·博尔多尼 意大利 布面油画 华盛顿国家美术馆

画面整体给人一种幽闭和恐惧感，约翰正在为耶稣做着洗礼的准备，耶稣双脚赤裸站在水中，双手合十做着祈祷，并将头向后转去接受洗礼，水是宗教的洁净之物，在精神分析中则被认为是分娩的象征。

水中救了出来。"那孩子就说："所以说公主就是摩西的生母啊。"由此可见这孩子对神话掌故了解得很清楚。

梦见出发远行，这便是临死的象征。如果幼儿园的孩子们问一个死去的人到哪里去了，就会被告知说那个人远行去了。诗人也经常运用这种象征，当他们说到死时，便说"旅行家到了一个再也不能回来的乌有之乡了"。在我们的日常聊天中，若提及死，也会将其比喻为"人生最后的旅途"。不论什么人，他若明白礼仪，就知道一个人的丧礼都是相当庄严隆重的，在古代的埃及，人们通常都会将一本亡灵书放在木乃伊身上，这是灵魂在旅行上的指南。通常人们的居所和坟墓之间有一段相当长的距离，那么死者的最后旅行也成为显而易见的事实了。

性的象征也不仅限于梦中。有时候人们在侮辱一位女性时，会称呼她为"铺盖"，这个铺盖就代表了一种生殖器。《圣经·新约》说："女性是脆弱的器皿。"在犹太人的圣书中，有许多性的象征，只是这些象征人们不容易了解，因此其旁边还附有注释，如"在所罗门之歌内"，这些注释经常引起误会。在犹太文学中，经常将女子比喻为房屋，而女性的阴户就是出入口房门。如果一个男人在新婚之夜发现妻子已经不是处女了，就会说："我发现房门开过了。"犹太文学中也有将桌子比喻女性，比如有位女子评论自己的丈夫说："替他将桌子摆好了，他却一脚将它踢翻了。"有些孩子从小跛脚，可能就是男人将桌子踢翻了。我给你们讲的这些掌故，都是来自于布吕恩列维的书《圣经和犹太人法典中的性的现象》。

梦中见到的轮渡也代表了女性，这也是语源学教授所持有的一个观点。他们认为Schiff（德文，意即船）的本义是器皿，与Schaff（意即木桶）属于同一类词。火炉代表的是女性或母亲的子宫，这可以从希腊柯林斯所记载的百利安德尔和妻子梅丽莎的故事中找到证据。根据他的记载，百利安德尔本来是非常爱他的妻子的，然而因为某种嫉妒因素而杀害了她，后来他看到了妻子的影子，他就让这影子告诉她关于妻子的事情，于是这影子，也就是他已死的妻子说，丈夫将她扔进了一个火炉中。这话有一种隐意，只有他们夫妻能明白其中的意思。还有，克劳斯编著过一本书叫《世界各民族的性生活》，此书可是研究各民族性生活的绝佳材料。这本书说到一群德国人在谈论女人接生时说："她的火炉已经粉碎了。"生火、烧火、或者与之相关的事物都被认为是性的象征，通常火焰代表男性的生殖器，而火炉和火灶则代表了女性的子宫。

　　也许梦中的风景为女性生殖器的象征会使你们觉得惊讶，不过若是你们了解了在古代宗教活动中"大地母亲"这一概念的重要地位便会了然于心，特别是在古代的农业活动中，这一概念支配着人们的农耕规律。梦中的房间作为女性的象征可以溯源至德国的俗语，在德文中，常以Frauenzimmer（女性的房间）替代Frau（女性），这种习俗意味着人们习惯以女性所居的房间代指女性自身。还有the Porte（土耳其宫廷），或许指的是

摩西 1945年 私人收藏

　　这件作品表现的是生与死的伟大循环，主题是摩西或者是英雄的诞生。婴儿的两侧是象征精子和卵子的男人和女人。画面中将诞生分为两个阶段，漂浮在空中的表现为淌着羊水的子宫，里边的婴儿即将出世；下方是摇篮中的婴儿，他的额头上有三只眼睛，这是智慧的象征，巨大的太阳则代表生命力的来源。

《圣经》照片 1665年

这本《圣经》是在1665年印刷的，《圣经》中关于两性有这样的描写："男人长在体表的动态性器官及其他动作代表火和激情，女人内部静态的性器官代表水和亲密。两者结合在一起，通过激情的强烈运动，使心中产生出更为强烈的感情，男人和女人因此在心灵上、精神上和肉体上都融成了不可分离的一体。"

苏丹中央政府，或许指的是古埃及的法老，他们通常被称作是"大宫廷"。不过这两个论断未免有些浅薄，以我的看法，房间能成为女性的象征，根本原因就是其"内中有人"这一特质，我们知道女性也具有这一特质的。我们对古代神魔故事和诗词歌谣作分析，便会发现其中的城镇、碉堡、炮台也可以作为女性的象征。如果我们对那些不懂德文也不会说德语的人进行研究，也会得出上面的结论。这些年我医治过的病人，外国人占了大部分，根据我在为他们治疗时的发现，在他们的梦中，房间通常也是女性的象征，不过他们国家的语言可没有与德语中Frauenzimmer意思相同的单词，这是否表明了另外一种意义呢？过去有一个研究梦的科学家叫舒伯特，他在1862年提出一种主张：梦中的象征可以超出语言的限制。可惜这一学说并不能解释我所治疗的外国病人，因为他们多少都懂得德语，所以对于这一学说的验证，只有将分析研究的对象限制在那些真正不会说德语只懂本国语言的外国病人们。

古代关于男性生殖器的象征有很多，常见于诗歌、俗语、笑话等艺术形式中，特别是古希腊用拉丁文写的诗。我们不仅可以在梦中见到这些象征，在现实中也可以从各种工具中发现，如锄犁。不过，由于那些男性生殖器的象征不仅众多、涵盖范围广，而且受到的争论特别多，我为了演说能按时进行，只好将这些搁置一边不提。然而对于其数目我觉得有必要说几句，可以说，其象征的意义决定了次数是否神圣，所以，许多由三部分构成的自然物如苜蓿叶，便是由于它的象征意义，而被用于盾形纹章和徽章上。还有，法国有一种三瓣百合花和西西里岛上的人们所用的一种徽章"trisceles"（图像为一个中心延伸出三只脚跪立着），都是根据生殖器的形状而改造的，其原因是在古时人们认为那些形似生殖器的东西可以消灾解难，故而如今的许多保护符都被认为是性的象征。这些保护符的制作材料多种多样，有四叶苜蓿草、猪、香菇、马蹄铁、扫烟突、梯子等。四叶苜蓿草和三叶相比，虽然后者更适合作为象征，不过四叶的组成数目比较多，其意义显得更隆重一些；猪代表了丰盛，有一种强壮的意义；香菇的象征意义明显即是男性生殖器了，有一种香菇形似男性生殖器，在生物学上有个专名叫"Phallus impudicus"；马蹄铁的外形和女性的阴部很相似；而扫烟突在使用时往往使人联想到了性交，以致他们常将扫烟突比喻为性交。前面我们已经知道了，梦中见到的梯子也是性的象征，从古人的成语"Steigen"（意即登升）来看，其确有"性"这一意义，比如Den

Frauen nachsteigen（意即放荡的女性）和einalter steiger（意即老年的浪子）。而法语中对于这两层意义的表达分别是la marche和un vleux marcheur。对于这两种意义的形成，以我的观点，也许是根据这样的事实：很多动物在将要性交时，雄性动物都会先攀爬倒雌性的背上。

至于折枝为何代表自慰，除了因为折枝的动作与自慰相似，还有就是在古代的神魔故事中，两者有许多方面是相通的。提到自慰的象征，就不能不提另外一个象征，那就是拔牙或掉牙，它代表了对自慰的惩戒也就是宫刑，在许多民俗故事中对于此象征都有反应，可惜做梦人很少去读这些故事。据我所知，在古时的很多国家中，他们常以切包皮来代替阉割，而在现代，我也知道在澳大利亚有这么几个部落都会在男子的成年仪式上为他切包皮，以示庆贺，至于其他部落则是以拔牙作为成人礼。

我已经将准备的事例全部讲述给你们了。虽然我们能够根据这些事例来分析梦中的象征，然而我们毕竟不是这方面的专家，若是由人类学、民族学、语言学和神话学领域的科学家来搜集这些事例，那么最终搜集到的事例肯定会丰富多样，而我们对梦的象征这一问题的了解，也肯定会更多了。现在我们可以下结论了，虽然鉴于目前的事实，我们的结论并不能保证没有弊端，不过也足够用作我们继续研究的材料了。

首先，虽然做梦人能在梦中见到一种象征，不过他可能并不了解这一象征，而在他醒来的时候，他也并不能明白这一象征的意义。你也许会对这一事实感到奇怪，就如你某一天得知你的女仆竟然通晓梵语，可是你明明知道她在捷克的一个小村庄长大，而且从来没有学习过梵语。所以，这一事实很难与我们研究的心理学有共通之处。那么，我们只能假设做梦人关于梦的象征的思想是潜意识的，是属于他的潜意识心理活动，不

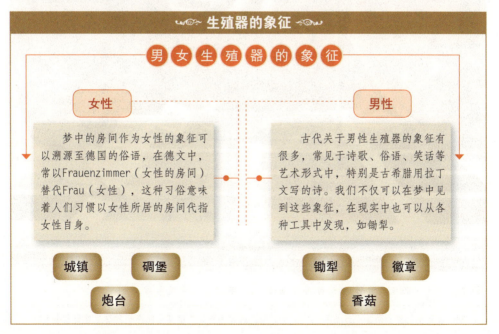

生殖器的象征

男 女 生 殖 器 的 象 征

女性

梦中的房间作为女性的象征可以溯源至德国的俗语，在德文中，常以Frauenzimmer（女性的房间）替代Frau（女性），这种习俗意味着人们习惯以女性所居的房间代指女性自身。

城镇　碉堡　炮台

男性

古代关于男性生殖器的象征有很多，常见于诗歌、俗语、笑话等艺术形式中，特别是古希腊用拉丁文写的诗。我们不仅可以在梦中见到这些象征，在现实中也可以从各种工具中发现，如锄犁。

锄犁　徽章　香菇

割礼 卢卡·西尼奥雷利 意大利 布面油画 1491年 伦敦国家美术馆

　　割礼就是割去男孩阴茎上过长的包皮，画面中，高大的神父正准备为刚出生的婴儿耶稣行割礼。

过，即使我们做了这样的假设，对我们也没有太大的帮助。前面我们假设了有一种暂时或者永远都察觉不到的潜意识倾向存在，然而由于现在这个问题相当麻烦，以致我们必须相信潜意识思想与不同事物之间做了比较，所以才使一种想法替代了另一种想法。这些比拟的事例随处可见，随处可用，不需要去挖掘新的事例。为什么这样说呢？因为，虽然每个民族的语言不相同，不过也是可以有一种相同的比较。

我们从哪里获得这些象征的知识呢？语言的习惯算是一方面，不过从它身上获得的知识只有一小部分，至于其他引起知识的方面，则很少为做梦人所知晓。所以，我们有必要对这些方面的材料作整理和分析。

其次，也不是只有梦才拥有这些象征。我们已经了解，在古代的神魔故事以及诗歌民谣、文章俗语中也有很多这样的象征。实际上，象征所涵盖的范围极为广泛，梦的象征仅是其中的一小方面，因此我们不一定非要根据梦的象征来分析整个象征问题。除了在梦中，我们还可以在其他方面见到象征，即便梦中见到的象征，也并不是很多。换句话说，许多梦中见到的象征，我们在其他方面也可以见得到，这一事实我们已经了解了。所以，我便有这样一种感觉，象征是一种为古人所用而为今人所弃的表达方式，至今存在的象征，也只能算一些片段，而且其形式也被改变了。这使我想起了以前的一位精神病人，他有一个很有趣的幻想，他认为世界在最初有一种原始语言，而我们所有的象征，都源自这种原始语言。

第三，也许你们认为其他方面的象征中，性的象征都不是最主要的，但却疑惑为什么梦的象征基本上代表了性的对象和性关系呢？这个疑问的确很难回答明白。我们是否可以这样假设，本属于性的象征后来却被用于代表其他事物，或者这方面的象征所表示的意义在慢慢消失？很明显，仅靠对于梦的象征的研究，是很难解答这两个假设的。因此，我们的主张只能是：真正的象征不得不与性发生某种密切的关系。

对于这一问题，语言学家乌普萨拉的斯栢伯是最有发言权了，他曾对这一问题做过独立的研究，与精神分析无关。根据他的观点，人类的性需求在语言的形成和发展历史上有着不可或缺的作用。人类在进化史上最早发生的声音，其意思便是呼唤异性交配，

黎明 保罗·德尔沃 比利时

像白玉一般的裸体躺在幽远的小路上，还有繁茂的树林，昏暗的灯光，这些都是关于性的暗示。画面充满幻想，安宁而幽静。对于做梦人来说，自己并不可能了解这一梦境有什么象征意义。我们可以认为这是做梦人的潜意识心理活动。

戴帽子的裸女 让·杜布菲 法国 1946年

杜布菲的作品大多受到儿童、精神病人以及非理性艺术的影响，使得他的作品看起来更像是超现实主义类型的，实质上他却不属于这类画家。他的这幅作品，着实让我们大吃一惊，看起来像是用十分原始的材料凿刻出来的，画中的裸女带着大而扁的帽子，她的这顶帽子有一种超自然的力量。

到了后来，这种语言就成了原始人在劳动时所发出的声音了，久而久之，这种声音便与劳动紧密联系在了一切，于是这种劳动便有了性的联想。原始人将劳动与性联系在一起，从而使劳动产生了趣味，所以在工作时所发出的声音便有了两种意义：一种是与性的行为有关，另一种是与劳动或者性行为的替代物有关。不过随着人类的进化发展，这种声音也慢慢失去了它最初的性意义的用法。于是，便有了另一个单词来表示性的意义，然而在经历几代后，这一单词也被运用的另一种劳动上去了，也逐渐失去了它的本意。人类的语言便是基于这样的发展历程，从而产生了众多的基础字词，这些字词最初都有性的意义，然而最终也都失去了这一意义。

如果这种观点是科学的话，那么我们似乎可以运用这种观点来解释梦的象征了。我们可以这样理解，因为梦保留了某些事物的原始意义，所以在梦中性的象征有很多，其中武器和工具代表了男性，而房屋和材料则代表了女性。所以，象征的关系可以被看作是远古文字所共同的意义，譬如说在古代和生殖器同名的事物，如今也可以在梦中出现成为梦的象征了。

如此一来，你们就可以根据与梦的象征相似的事实了解到为何精神分析会使大部分人产生兴趣，而精神病学和心理学则不是如此。精神分析的研究和其他许多学科如语言学、民俗学、神话学、宗教学以及民族心理学等关系十分密切，彼此的研究成果可以为其他学科提供有价值的知识。你们是否觉得惊讶？不过，如果你们读过精神分析教授所写的一本关于促进这些学科关系的书，那么你们就不是这个态度了。这本书就是1912出版的《初恋对象》，书的作者是兰克和萨克斯，他们在书中的观点是，精神分析与其他学科的关系，是贡献大于索取。精神分析的有些知识虽然看起来令人惊讶，不过已经被其他学科证明了，确实是有效的。换句话说就是，精神分析为其他学科提供了确有实效的知识。对于一个人的精神生活，运用精神分析法来研究，所求得的结果实际上可以为一个群体解决许多精神生活的疑问，至少为他们提供一个值得借鉴的方法。

我们如何来对那种假想中的原始语言或者表示出这种假象的精神病有一个更深入的

了解？如果你们不能彻底了解，那么你们就不能算是掌握了象征问题的真正涵义。我们可以从精神病患者的症候和其他行为来搜集精神病的材料，而我们要做的，就是来分析和解释这些材料。

最后，我们需要回到原点重申一些我们的问题。前面我们已经说过了，即便梦没有施行其检查作用，做梦人也很难对梦的象征作出解释，因为他需要将虚幻的象征用日常的语言描绘成现实的事物。所以，梦的象征作用成了梦的改造作用的第二个引起原因，与检查作用同时存在。检查作用与象征作用也是一种互利的关系，这一点是很明显的，因而使梦变得奇异而难懂，是两者共有的目的。

我们在对梦做了深入的分析研究后，又发现了引起改造作用的另一个因素，那就是梦的象征作用。然而，在我们结束了对梦的象征的研究之后，便又出现了另一个不可避免的事实，那就是：虽然宗教、神话、艺术、语言中都有许多象征，不过，梦的象征作用却受到了教育者的强烈批判。为什么呢？莫非是因为梦的象征与性有着非常密切的关系吗？

敌对势力　克林姆 1902年 维也纳国家纪念馆

这幅作品是《贝多芬雕像装饰壁画》的局部，画面中裸体是维也纳的市民，由于奥匈帝国的日趋败落，人与人之间也开始放浪形骸，借此安慰自己的灵魂。对于当时的这种政治环境，有远见的人更多的是投向自己的内心世界。弗洛伊德因此探索人的内心而创立了精神分析。画面中本应该隐秘的人体部位却更加凸显，以此表达人的欲望、激情、梦想和痛苦。

第十一章

梦的工作

我们已经了解了梦的检查作用和象征作用，虽然对于梦的改造作用还没有充分的认识，不过已经根据这两种作用来解释大多数的梦了。对于解梦，我们现在有两种方法，而且这两种方法还是互补的。第一就是引起做梦人的联想，从其隐藏的替代物中寻求其潜意识思想，第二就是运用我们的知识来对梦的象征所表示的意义进行补充和完善。在这过程中可能会遇到难题，我们以后会解决它的。

前面我们讨论了梦的显意和隐意的关系，不过并没有做深入的研究，所以在这里我

纳西瑟斯的变貌 萨尔瓦多·达利 西班牙 1937年 伦敦泰德画廊藏

这幅作品的创作背景是以罗马诗人奥维底斯的"变身故事"中，有关希腊神话中纳西瑟斯的故事为基础的。纳西瑟斯爱上了自己在水中的倒影，但这却是一份没有结果的感情，结果他日渐憔悴，结果变成了一株水仙花。达利说，如果观赏者凝视背景台座上的青年的话，他就会从你的潜意识消失，之后纳西瑟斯的形体就会神话般地幻化成一只手……

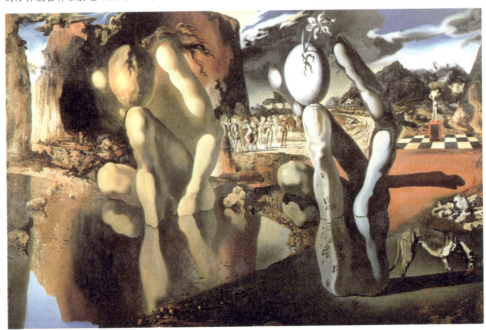

觉得咱们需要再讨论一番。对于它们的关系，我们已经举出了四种关系：一是部分替代整体，二是暗喻，三是象征，四是意象。然而现在我们可以扩大讨论的范围，从整个梦的显意和已经求得的隐意来作比较和研究。

梦的显意和隐意虽然都具有模糊性，但两者绝不是同一概念，如果你们对两者的辨识能得到一个清晰明白的程度，那么你们对于梦的了解，绝对要超出我写的《解梦》这本书所教给你们的。有一个概念很有必要做一次明确的重复，那就是：梦的隐意转化为显意的过程叫作梦的工作（dream-work）。这句话翻译过来说就是，由梦的显意探究其隐意的过程，就是我们的解梦工作了，所以说，解梦的目标就是推翻梦的工作。就儿童的梦来说，梦中对于愿望的满足是很明显的，不过梦的工作也并非无事可做，白天的愿望通常进入梦境后成了可见的事实，内心的思想变成了可感知到的意象，这就是梦的工作进行活动的结果。儿童的梦不需要多作解释，只需要我们对这种变化的过程略加观察就行了。至于其他内容复杂的梦，梦的工作也变得很复杂，故而我们将梦的工作称为梦的改造作用。对于被改造过的梦，我们就要进行多方面的解梦工作了，以探求梦中隐藏的意念。

我曾经比较了许多对于梦的解释，故而我可以为你们详细讲述梦的工作是如何改造梦中所隐藏的意念的。接下来我所讲的内容，希望你们能仔细倾听，当然，你们也不要有太高的期望。

梦的工作的第一次活动就是压缩。梦的压缩，就是对梦的隐意或者说隐念进行缩减，以使显梦比较简单明了。虽然也可能存在没有被压缩过的显梦，不过大部分显梦是被压缩过的，有的显梦被压缩的程度还很大。梦的工作没有与压缩相反的活动，换句话说，绝不会存在显梦的范围比隐念大，或者显梦的内容比隐念要丰富。压缩常用的办法有以下几种：一是某种隐念彻底消失，二是隐念中的许多元素中，只有一种元素被改造为显梦，第三就是一些性质相同的隐念被改造成同一个显梦。

你也可以认为，所谓的"压缩"，实际上指的是上述的第三种办法，而且这种情况非常普遍，每个人都可以感知到。在你们自己的梦中，就会发现"多人合二为一"的情况。这种混合的幻象，其样貌像A，衣服像B，身份像C，然而你很清楚他其实是D。所以，这四人所共有的特质非常明显。至于事情或物件，也会产生多合一的幻象，而这些混合在一起的事物所具有的共性则是由隐梦支配着。所以，一个全新的然而又模糊的事物便产生了，而这一事物的核心便是构成这一事物的所有成分的共同属性。压缩后的各种元素混合在一起，往往产生一种模糊的图像，就如几个影响同时投影在一个感光品上一样。

压缩而产生一种混合的影像，是梦的工作中一项非常重要的活动，由此我们可以证实，构成这种影像的所有成分的共同属性在影像形成之前并不存在，它是梦的工作有意制造的。譬如说，用一种特殊的语言来表示一种思想，在前面我们就已经了解过这种压缩的例子，它们就是造成舌误的主要原因。你们是否记得那位年轻男士要"送辱"一位女士的事例，所谓"送辱"（begleit-digen）实则是"侮辱"（beleidigen）和"相送"（begleiten）的混合。一些幽默的语言也是由于这种压缩造成的，这种事例生活中随处可见。不过，除了我们列举的这几种情况，压缩实际上并不常见。在很多幻想中，确实也会出现和梦中一样多人合一的影像，构成这种影像的成分大部分在现实中都不存在什么联系，故而在幻想中混合成为一种事物。譬如说古希腊神话中的半人马或者其他一些外形怪异的动物，或者"布克林"等。我们那些所谓的"创新"的幻想，实际上并不是创造了什么全新的事物，而是将各种各样的材料混合在一起，做了一次重组。梦的工作在其进行过程中常有这样一个特质：梦的工作所搜集到的材料中，有时会含有一种怪异、甚至极端的思想，然而在梦中，这种思想却以极为合理的方式表现了出来。梦的工作就是将这些非常规矩的思想改造成一种新的形式，令人称奇的是，在将之翻译成为另一种语言或文种的过程中，所采用的就是混合法。翻译家将原文相比译文的差别保留了下来，特别是大同小异的事物之间的差别，并做了标注，而梦的工作则常用幽默的方式，一语双关地表达两种思想，然而，将这两种不同的思想合二为一。对于梦的工作这一特质，我并不期望你们能立即领会，然而你们需要谨记，这一特质在我们接下来对梦的工作给予解释时，具有非常重要的作用。

虽然压缩会使梦境变得模糊，不过并不妨碍我们感知梦的检查作用的存在。也许压缩作用的发生是由于规律性的或者经济节约的原因，然而，不论是什么原因，我们可以肯定的是，梦的检查作用必是参与其中的。

压缩作用的效果经常是令人惊奇的。压缩将两种不同质地的隐念混合成为一个显梦，我们因此可以对梦有一个比较可靠的解释，但是我们很少注意到，它可能会存在第二种意义。

压缩作用对于梦的显意和隐意之间的关系还有另一层的影响，那就是：由于构成两者的元素之间的关系非常复杂，又因为两者彼此交织，故而便有一个较明显的元素同时代表了多个隐藏的元素，而一个隐藏的元素也可以转化为多个明显的元素。所以，我们在解梦时，做梦人对于某一明显的元素会引起多种联想，而且这种种联想又缺少条理性，如果我们想要彻底了解他们，也只有等到对梦作出全面的解释才行。

总而言之，梦的工作实则是借助一种特殊的形式来表现梦境的，之所以说特殊，是因为它在将隐念改造为显梦的过程中，不是一个单词对一个单词或者一种标志对一种标志的翻译，也不是实行一种有规律可循的选择作用，更表示用一种常见的元素替代隐藏的多个元素。它所采用的方法与上述的几种方法均不相同，而且比较复杂。

"转换"是梦的工作第二种活动。幸运的是，在这一概念上我们没有什么新问题，因为我们可以了解到，这是梦的检查作用所使用的一种方式。梦的转化作用有两种形式：第一是隐藏的元素并不以自己的某一部分为代表，而是以其他没有关系的事物作为自己的象征，这种形式有些像暗喻；第二种就是将一个重要元素的核心转换到另一个不重要的元素身上，核心被转移了，那么梦境便会变得十分怪异。

受伤的人头马 菲利皮诺·利皮 意大利 木板油画 牛津基督教堂绘画美术馆

在古希腊神话中半人马喀戎是最有名，也是最受尊敬的怪物，他也是射手星座的原型。画中喀戎虽然受伤了，但他好像不知道自己受伤了，这是一个充满哀婉甚至是悲剧性的人物形象。其实"半人马"只是人类想象出来的一种神怪，并不是创造了什么全新的事物，人们只是将各种各样的材料混合在一起，做了一次重组。

梦的压缩作用

梦的工作的第一次活动就是压缩。梦的压缩，就是对梦的隐意或者说隐念进行缩减，以使显梦比较简单明了。

压缩常用的办法有以下几种

1 一是某种隐念彻底消失。

2 二是隐念中的许多元素中，只有一种元素被改造为显梦。

3 三是一些性质相同的隐念被改造成同一个显梦。

虽然我们在清醒时所产生的思想经常以暗喻代表其原意，不过这和梦的暗喻确实有着本质的区别。清醒时的所运用的暗喻很容易理解，而且它与所喻示的事物也存在着某种联系。现实中的幽默滑稽经常运用暗喻来达到一种讽刺的效果，其内容所引起的联想通常被省略了，而以一种表面的联想代替，譬如说，对于某一个字词，常取其谐音理解，或者用其双关意。然而，这种联想最终需要是人们明白其真意，如果暗喻所指代的对象难以为人感知，那么任何一种幽默都会失去其应有的意义。而梦中所运用的暗喻，既不需要与其原意有什么关系，也不需要那些外在的限制，当然也不容易使人理解。即便为人们讲明白了，他们也不会觉得有什么好笑的，反而觉得我们的解释不免有些牵强附会。然而我们若想真正了解梦的检查作用，那就必须从这种暗喻中探求出其原意。

如果我们想要表达一种思想，那么思想核心的转化可不是一个好方法，虽然

裁缝师 乔瓦尼·巴蒂斯塔·莫罗尼 意大利
布面油画 1570年 伦敦国家美术馆

图中是一位裁缝，从画家细腻的笔触可以看出，一个职业对人的重要性，裁缝并没有从他的工作中得到财富和地位，但他却从他的工作中获得了自信，这份自信源于他对自己的肯定和工作的了解。

我们在清醒时运用暗喻这一方法可能会产生幽默的效果。要对这层意思作出说明，最好举出一个事例来证实，下面就有一个例子。某个村子里有一位铜匠犯了法，被法庭判处死刑，然而那个村子只有一个铜匠，铜匠是不能死的，村子里有三个裁缝，显然有多余的，于是便有其中一个裁缝替铜匠受了死刑。

　　根据心理学的观点，梦的工作的第三项活动是最有趣味的了。这第三个活动，就是将思想变为影像。当然，我们知道梦中的那些潜意识思想并不都会产生这种变化，有些思想隐藏得很深，不容易被改变，即使在显梦中表现出来，也是一种思想。况且，变成影像也并非思想改变的唯一方法。然而这种活动却是梦的重要特质，除了特定的情况外，在这项活动中，梦的工作很少会有什么大的改变。况且，我们都知道，影像是梦最主要的元素。

　　显然，这第三项活动可不太容易。如何来理解这其中的困难呢？你可以设想一下，现在要你将报纸上的一篇社论用图画的形式表现出来，也就是将社论中的文字改为图画，你该怎么做呢？社论中提及的人物和事件不难用图画描绘出来，甚至你会画得更好，然而那些抽象的概念和评论呢？让你将社论中的各种思想及其彼此的关系改变成图像，那么困难立刻就会呈现出来。针对那些抽象的概念，也许你会想尽办法，如将社评的标题先翻译成其他容易描绘的名称，这种名称或许不可常规，然而其表达的意思是明确而且可以用一种图画来替代它。也许你们想到了这样一个事实，就是那些抽象的概念本来是浅白易懂的，不过是后来失去了它的本意。鉴于此，可能你们便会去溯源这些概念的最初含义，比如"占有"（possess）这一概念，其本意是"坐在它的上面"（siting upon）。像这种追根求源，便是这第三项活动常运用的方法。在这种情况下，你们自然不会准确地描绘了，但也不能抱怨梦的工作不用图画的形式来替换那些隐藏的思想，如

雨　霍华德·霍德金爵士　英国　木板
油画　1985年　伦敦泰特画廊

　　画家作这幅画的初衷是想保留住当时的一种感觉，记忆的碎片永远都不会有清晰的轮廓和确定的情节，那只是一种情绪和感觉。这不是一幅抽象的作品，而是霍德金的一次心灵体验。霍德金说"只有绘画对象重现时"，他的作品才算完成。

将毁坏婚姻的思想转变为其他毁坏如断手断脚，以消除以图代字的难题了。

有些连接上下文的关联词，如"由于"、"故而"、"但是"等，你们就不是那么容易用图画来表示了。所以，对于这些关联系的描述，我们只能省略不顾了。至于梦的思想的内容，则会在梦的工作中转化为各种事件和物体。如果你们能运用精致的影响来描述那些图画难以描绘的关系，那么你们一定能做出成就的。运用这样的方法，便可以将大多数的隐梦通过显梦的形式特点，如其清晰或隐晦以及不同部分的划分等，有效地表现出来。一般来讲，梦中转化为显梦的隐念的数目和与梦的主题有关联的隐念的数目大致上是相同的。梦最开始十分简短，之后来则变得详细而复杂，此过程存在着一种因果关系。梦境的改变，通常是那些不重要的隐念先发生改变。所以，梦的表现形式也是很重要的，我们需要对它有了解。一个人可能会在睡眠中做过数个梦，而往往这些梦都表示了一种意义，这种意义就是做梦人在试图将对一个不断增强的刺激做有效并渐趋完美的控制。在一个单一的梦中，对于某一重要的元素，常常会有多个象征。

如果我们再对梦的显意和隐意作一比较，就会发现，不论是哪一方面的奇异甚至荒谬的事情，都是具有其特定意义的。就这一点而言，医学家和精神分析教授在解梦工作上的差异只会比以往更加明显。在医学家看来，任何梦都是荒谬的，因为人们入梦时其心理活动已经停止了，而在我们精神分析者来看，梦确有荒谬性，然而这是因为梦的隐念常有批判"某某事物是荒谬的"这种意向，比如前面提到过的"一个半弗洛林"的梦例，其所批判的荒谬便是"结婚太早了"这一事实。

在我们解梦时，经常会遇到一种情况：做梦人总是怀疑出现在梦境中的是否为某一元素以及为什么会是这一元素而不是他种元素。通常来讲，梦的隐念中并没有做梦人所怀疑的事物，这些怀疑是由梦的检查作用所引起的，是由于无法对某一元素进行成功压制所造成的。

我们还有一个惊人的发现，那就是关于梦的工作如何处理两种相反隐念的方法。我们已经知道，在隐梦中各元素彼此联系的交接点在显梦中被压缩为一点。不过与相同的隐念一样，相反的隐念也要受到同一种方法的处理，而且它们还要在显梦中被特别地表现出来。如果显梦的元素也有相反的两种，那么其所代表的意义则有三种：第一种仅指代自己，第二种代表相反的意义，第三种则正反两面的意义兼有。对于这种多层意义的显梦，我们该如何来解梦呢？那就需要联系到整个梦境了，并根据显梦中各元素的关系来作出判断了。由此我们可以得出这样的结论，梦中没有"非"，只有"是"，它可以表示某一种意义，也可以表示另一种与之相反的意义。总之，梦境中出现的事物都是有双关意义的。

幸运的是，对于梦的工作所出现的这种奇特的现象，在人类的语言发展史上可以找到类似的情况。语言学家认为人类最早的语言，所有带有相反意义的两个字词，如强弱、明暗、黑白等，都源自同一语根。譬如古埃及的语根，便可以用来表示"强"和"弱"两个意义。在使用这一语言时，需要注意说话时的音调和姿势，方才能使这种奇

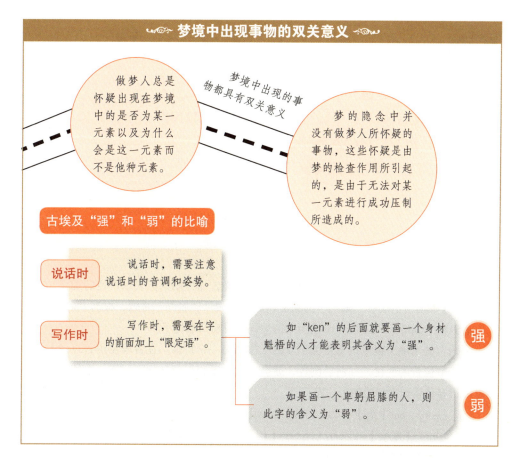

异的字不会引起人们的误会。在写作时，就需要在字的前面加上"限定语"，也就是附加一幅图画，如"ken"的后面就要画一个身材魁梧的人才能表明其含义为"强"，如果画一个卑躬屈膝的人，则此字的含义为"弱"。不过随着时间的推移，这种歧义的字因为语根发生了变化因而其两种意义的互斥性就越来越明显了。所以，原本兼有"强"和"弱"两种意义的字根"ken"最终衍生出"ken"（意即强）和"kan"（意即弱）两个字。不仅原始语言的发展是如此的，即便是近代甚至现代的语言，发展到今天这个阶段，也保留了大量远古的歧义字。我们从C.阿贝尔的著作中援引例子来做如下说明：

在拉丁文中有这样几个歧义字：

altus＝高或深；　sacer＝神圣或邪恶

语根变化的例子如下：

clamare＝高呼；　clam＝静静地、默默地、秘密地；　siccus＝干燥；　succus＝液体

在德文中：

stimme＝声音；　stumm＝哑

如果将近似的字词作一比较，就能得到更多的例子：

JMAGO
ZEITSCHRIFT FÜR ANWENDUNG
DER PSYCHOANALYSE AUF DIE
GEISTESWISSENSCHAFTEN

图像

这是创立于1912年精神分析运动正式期刊的标志。刊物中主要讨论的内容是关于"心智的科学"的，这也是弗洛伊德和荣格两位精神分析家，他们理论中一个重要的概念。

英文：lock = 锁；德文：loch = 洞孔，lucke = 裂缝

英文cleave，德文kleben = 粘附

英文中的"without"原有肯定和否定两种意义，而今则只能表示否定的意义。不过"with"这一词根不仅有"随同"的意义，而且还表示"剥夺"之意，根据"withdraw"（取消）和"withhold"（阻止）这两个衍生词便可窥知端倪了。

从语言的发展上也可以求得关于梦的工作的另一个特性。在古埃及语言以及其他语言中，音节位置的变化，如前后倒置，就会产生表示相似意义的不同字。在德语和英语中可以很容易找到这样的例子，如：

topf（pot）–pot【锅】；boat【船】–tub【桶】；hurry【匆忙】–ruhe（rest）休息；balken（beam）【横梁】–kloben（club）【棍】；wait–tauwen（to wait）【等待】。

拉丁语和德语平行的例子有：

capere–packen（to seize）【捉住】

ren–niere（kidney）【肾】

关于梦的工作改变字词音节的方法很多，这里不一一列举。其所产生的结果，我们已经了解，便是意义的颠倒以及反义之词互相代替。除上述两种外，还有梦中情境的颠倒和亲属关系的颠倒。这诸般颠倒，使人感觉似乎置身一个极为混乱的世界，这也是为什么人们会觉得梦境模糊不清的原因之一。在现实中都是猎人追兔子跑，而在梦中可能就成了兔子追猎人跑了，而其他事物的次序也是会颠倒的。因此，在梦中见到的事物常会先有结果再有原因，这种情况我们很容易就想起了第三剧院中所公演的那出戏剧，男主角倒地而死，接着才有那两声致使他死亡的枪声响起。梦中各元素有时会完全颠倒，此种情况我们在解梦时，就需要将后置的元素排在前面，而前置的元素放在后面，才能发现其意义。你们是否还记得梦的象征作用也存在这种情况，比如落水和出水均代表了分娩，而登梯和下梯也便是一种意义。

梦的工作的这些特征可称为原始的(archaic)。它们依附于语言文字的原始表示方式，其难于了解之处也不亚于原始的语言文字，这一问题且待后来评论。

再见 格奥尔格·巴塞利茨 德国 1982年

画面中的两个人处于一种倒置的状态，画家是想用一种近乎抽象的自由来处理这些形象，使得他的作品总是让人难以理解，却也令人难以遗忘。我们在观看这两个倒置人物的奇特时，也感到了画家的某种力量，还有他所表现出不同寻常结构的那种欣喜。

这些梦的工作的特性都具有原始性，因为它们与原始语言文字的表意紧密相连，故而其了解的难度即可与对原始语言文字的了解难度相提并论了。后面我们再来讨论这一问题。

我们先来讨论问题的另一方面。梦的工作的目的很明显，就是将隐念变成显梦，主要是可视的影像。我们的思想也常是通过知觉的形式获取的。梦的形成及发展初期所使用的材料是人的印象，准确地说，就是这些印象的"记忆画"（memory pictures）。发展到一定阶段了，才会在已经形成梦境的图画上附上语言文字，以造成一种思想的感觉。因而这回是我们觉得，梦的工作实际上是一种倒退，是在往回走曾经经历的路。而在这倒退过程中，"记忆画"在发展成为思想时所产生的所有新事物都随之消失了。

这便是梦的工作的意义了。我们在了解了梦的工作的整个活动过程后，对于显梦的解释，就不再是我们主要的研究方向了。不过在这里我还相对显梦做一点论述，毕竟我们在梦中所能感知到的只有显梦。

显梦逐渐丧失了对于它的研究的重要性，这是很正常的。不论显梦是对意念的重组，还是将隐念分裂成没有联系的影像，对于我们的研究已经影响不大了。虽然梦的表面看起来很有意义，不过我们已经了解这是由于梦的改造作用，实际上与显梦没有太大关联。这就如我们无法从意大利教堂的正门，就推测出其内部的构造和装潢设计。梦的表面有时也会有意义，它很明显地表现出某种隐念的特性，然而，我们需要知道，只有当我们明白了梦的改造作用并对梦作出了解释后，我们才能了解其意义。有时候显梦和隐念看起来关系十分密切，这就会给我们带来一个问题，是否从它们这种紧密的关系中，可以推测出隐念中的某些元素与显梦的元素很相似。不过，我们在

迷惑 维克多·布劳纳 布面油画 1939年 私人收藏

　　房间整体的色调柔和，散发着古朴的气息，一张又像桌子又像狼的桌子旁边，坐着一位面无表情的裸体女郎，她的头发向上卷起，就像鸟儿伸出了天鹅般的长颈，正与桌子对面的狼头怒目相视，而狼的尾巴和它的睾丸却在桌子的另一边。画家惯用的手法就是将这种不着边际、荒谬、怪诞的奇想组合在一起，这是属于超现实主义的，是不受理性和逻辑的制约的。

前面已经下了结论，隐念中的成分在改变成为显梦时，已经与其本质相去甚远了。

　　一般来说，我们不能用显梦的某一元素来解释它的另一元素，因为梦并不是条理分明、连贯如一的。大部分的梦，其结构就和粘石一样，就是用水泥浆各种碎石片粘合在一起，使石块表面的界线与其内部各石子的界线完全不同。这一原理，被称为梦的工作的"润饰"（secondary elaboration），其目的就是将梦的工作的产物合称为一个整体。在润饰中，梦的材料所排列的次序常常与隐念大相径庭，而为了获得这样的结果，梦的工作便将一切材料互相交错穿插，拼成混乱之态。

　　不过我们用不着将梦的工作所起的作用想得太大。实际上，梦的工作只有上述我们所讲的四种活动，即梦的压缩、转换、意象和润饰，除此之外再没有其他作用了。梦中所出现的批评、判断、惊诧、或者思索等现象，都不是梦的工作的表现，也不是后来

独眼巨人 雷东·奥迪伦 法国 板面油画 1898~1900年 荷兰奥特庐库拉-穆拉博物馆收藏

　　这幅作品取材于古希腊神话中波吕斐摩斯向女神伽拉忒亚求爱的故事。独眼巨人波吕斐摩斯向下偷看他暗恋的女神，他那巨大的眼睛，透露出渴求的目光，伽拉忒亚裸体躺在石头的背后。艺术家以一种梦幻的手法，将故事独有的梦境色彩和幻象表达了出来。

在对梦境回想时的观念，它们大部分都是隐念的片段经过梦的改造重组后，进入显梦后的表现形式。梦境中的对话也不是由梦的工作所活动的结果，除了一些特例外，所有的对话都是做梦人对自己白天所见所闻的阐述或者对说过的话的模仿，它们也属于梦的隐念。数目的计算也与梦的工作无关，如果显梦中存在计算，通常是数目的混合，或者并不真实的计算，再或者就是对于某种计算的重复。基于这种情况，我们难免会讲对于梦的工作的兴趣很快转移到了梦的隐念上了。梦的隐念是通过改造作用在显梦中表现出来，我们在对隐念作分析研究时，绝对要有一个理性的认识，隐念虽然是梦中材料的来源，但我们不能因此而以隐念来替代整个梦境，将从隐念中求得的结论用来解释整个梦境。人们经常将精神分析的理论误解为心理学，以致两者难以辨认，这种情况是很常见的。我们需要了解这一点，"梦境"这个词可以说是梦的工作进行活动的产物，也可以说成是梦的隐念在经过梦的工作的诸般处理后的表现形式。

梦的工作是一项很特别的活动，在人的精神生活中可以说是独一无二的。我所讲述的压缩、转换、已经隐藏的思想变化为可视的影响等，都是我对梦的工作所起的作用而制定的概念，这些也是我们在精神分析的研究上获得的成果。你们可以根据与梦的工作相似的现象推测精神分析与其他学科之间存在的关系，特别是语言学。如果以后你们了解了梦的工作机制是神经病症状的一种平行现象，那么你们就会从这一发现中领会更多。

不过目前我们还无法对梦的研究在心理学上的贡献有一个全面的了解。在此我只想总结出两点：一是我们这些发现可以证明潜意识思想或者说梦的隐念是存在的，第二就是我们可以从解梦的结果知道，原来潜意识思想所涵盖的范围极其广阔，远超出我们的想象。

现在，我觉得我应该列举几个事例来验证前面我们所讨论的几点了。

第章

梦的举例及其分析

如果我仍然只是为你们解释梦的片段，而不是针对整个梦来作分析，你们是否会觉得失望？也许你们会认为，我们在经过了这长期的讨论后，所求得的结论应该足够来解释一个梦了，或者说，我们在对梦做了大量的分析研究后，就应该用很多事例来证明我们对于梦的工作以及梦境的理解了。你们的想法固然不错，然而要达到这一目标，前面还有许多困难等着我们克服。

首先，我们应该承认，解梦并不是我们做研究的主要目的。到底在什么情况下我们才需要解梦呢？我们有时会研究朋友的梦，没有理由，也没有目的，有时会研究自己梦，并坚持很长的一段时期，也只是作为精神分析工作的训练。正常人的梦并不是我们的主要研究对象，我们的研究针对的是那些接受精神分析治疗的神经病患者。从这些患者的梦中提取的材料，有时会比常人的还要丰富。我们不是为了解梦而解梦，治疗才是对解释患者的梦的主要目的。一旦我们从他们的梦中获取了有助于治疗的材料，那么我们的解梦工作就算完成了。还有一点，对于患者的梦我们实际上很少能解释清楚，因为他们的梦起源于潜意识的思想，而这些思想我们是无法掌握的。所以，在精神分析治疗没有起到疗效前，我们并不能对患者的梦有一个明确的认识。如果必须要我们对这些梦做一个论述，那就是要我们将患者的隐秘全部说清楚，但是这点我们是绝难办到的。毕竟我们解梦，只是为治疗神经病做准备。

我并不主张你们现在就去研究精神病患者的梦，而应该先对正常人或者你们自己的梦作出解释。不过，这些梦都是禁止被了解的。如果我们要彻底解释一个梦，那就不能有什么顾忌，但这一点对于朋友或者你们自己都是难以接受的，因为解梦的过程往往会触及人性中最隐秘的地方。除了这个原因外，造成解梦困难的还有另一个，那就是述梦。我们知道，做梦人自己都会对所做梦的内容感到吃惊，而那些不了解做梦人秉性的分析家则就更觉得惊讶了。在已经出版的精神分析著作中，有不少关于梦的解析的十分详细又叙述巧妙的内容，在我所发表过的论文中也有说明精神病症状发生经过的内容。最好的解梦事例存在于兰克曾经发表的一篇文章，这片文章写的是对一名少女所做的两个梦的分析。对于梦的内容只写了两页，然而对于梦的分析则有长达七十六页的篇幅。如果要对他的这篇分析作详细讲述，恐怕至少需要一个学期的时间，因此我们只能放弃了。如果我们一个冗长且被改造程度很深的梦，我们就不得不对此梦作全方位、多角度

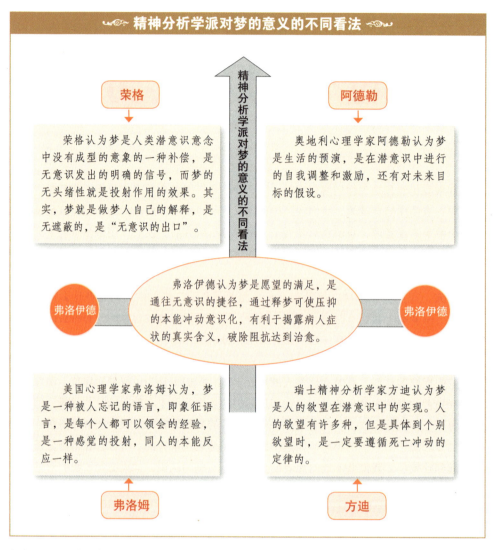

精神分析学派对梦的意义的不同看法

荣格

荣格认为梦是人类潜意识意念中没有成型的意象的一种补偿，是无意识发出的明确的信号，而梦的无头绪性就是投射作用的效果。其实，梦就是做梦人自己的解释，是无遮蔽的，是"无意识的出口"。

阿德勒

奥地利心理学家阿德勒认为梦是生活的预演，是在潜意识中进行的自我调整和激励，还有对未来目标的假设。

精神分析学派对梦的意义的不同看法

弗洛伊德

弗洛伊德认为梦是愿望的满足，是通往无意识的捷径，通过释梦可使压抑的本能冲动意识化，有利于揭露病人症状的真实含义，破除阻抗达到治愈。

弗洛伊德

弗洛姆

美国心理学家弗洛姆认为，梦是一种被人忘记的语言，即象征语言，是每个人都可以领会的经验，是一种感觉的投射，同人的本能反应一样。

方迪

瑞士精神分析学家方迪认为梦是人的欲望在潜意识中的实现。人的欲望有许多种，但是具体到个别欲望时，是一定要遵循死亡冲动的定律的。

的解释了，将搜集到的材料改变为联想或者回忆的形式，然后旁征博引，力求作出最准确的解释。然而这样一来，今天的演讲是绝对讲不明白的，你们也不能对梦有一个全面的认识。所以，我只有请你们不要着急，听我慢慢讲解。如果我找到了一个便于解释的方法，能从精神病患者的梦中知道几段翔实的内容，或许我就能判断出梦中这一个或那一个独立的特点。梦的象征作用是最容易探求的，然后就是梦的影像的倒退性。还有，有些梦境并不值得我们去作分析。

（一）有一个梦只有两幅图像，第一幅是做梦人的叔父在吸烟，当时是星期六，第二幅是一名妇女在怀抱着做梦人，仿佛他是一个小孩子。

做梦人是个犹太人，他对第一幅图像的解释是，他的叔父是一个虔诚的教徒，他从来不会在安息日吸烟的，而且将来也不会违反这一戒条。至于第二幅图像，这使做梦人

手足痉挛

蛊惑人心的女巫，在宗教的审判下，结局总是很悲惨的。患有歇斯底里的精神病人，则会被关进疯人院里，这种奇怪的病症令人心生恐惧。图中就是艺术家所表现的此种病人在病情发作时的病态过程。

想起了他的母亲。这两幅图像所表达的意义显然是具有某种关系的，但是这到底是什么关系呢？做梦人心中很清楚，他的叔父在现实中绝不会如梦中那样，在安息日吸烟的，梦中的图像至多是一种假设。做梦人想到了假设，便如此解释说："假设像我叔父这样虔诚的教徒会在安息日吸烟，那么我现在也愿意躺在母亲的怀抱中。"这句话的意思很明显，那就是对于虔诚信教的犹太人来说，在安息日吸烟和躺在母亲的怀抱中都是被严格禁止的。你们是否还记得，前面我讲述过梦境中的任何关系在梦的工作中都被消灭了，而梦中那些隐藏的思想被分解成为形成梦境的原始材料，而我们的解梦工作就是要对这些已经消失的关系重新认定。

（二）看来我对于梦的研究使得我成为社会上一个梦境顾问了。近些年来，经常有人给我写信诉说他们那些奇异的梦，并请我给予一些指示。他们为我提供了丰富的材料，这样我才有可能作出解释，有些人他也会对所做的梦有一种自己的见解，那么我自然是感激不尽了。我为大家列举一个慕尼黑的医学生所做的梦，这个梦发生在1910年后，距离现在不远。我引用这个案例，就是想让你们明白，如果做梦人没有将他们所知道的详尽告知，那我们就很难对他们的梦作出解释了。可能你们在心中会认为，梦的象征是结盟的最有效方法，所以可以放弃自由联想法。然而，如果你们真有这样的想法，那绝对是错的，我希望你们能排除这种观点。

独自抽烟

画面中充满了生活气息，最前边的人，独自享受自己自制的陶土罐，旁边有两个小孩儿在嬉戏玩耍，他的右侧是一群忙碌的人们。梦中出现的情景，一般都是我们现实生活的真实反映。

根据那位医学生的叙述，1910年7月13日，黎明时分，他进入了梦境，梦境是这样的：我正骑着自行车在杜平根的街道上漫游，这时突然有一只狗不知从哪里跑了出来，猛地扑向了我，最后咬住了我的鞋跟。我想继续骑车甩掉它，然而自行车行了几步便停下来了。于是我下了车，坐在道旁的石阶上。那只狗如疯了一般咬着我的鞋跟不松口，于是我使劲拍打着它，终于将它撵走了。就在我站起身时，却发现有两位老太太正瞪着我，她们似乎一脸愤怒的表情。我身子一颤，便醒了过来。和过去的梦一样，当我的意识逐渐清醒了，梦中的情景也逐渐回想起来了。

针对这一梦例，象征作用并不足以支撑起我们的解释。其实那名医学生后来又继续说道："最近我经常在那条街上遇见一名女士，她非常美丽，令我心醉不已，只是无缘相识。我唯一想到的办法，就是通过她饲养的那条狗为我们牵线，因为我非常喜欢宠物，她应该也是如此。"医学生又提到他有几次见到那条狗与其他动物争斗，而自己巧

科德角的夜晚 *爱德华·霍珀 美国 1939年*

爱德华·霍珀是一位具有鲜明美国传统特色的新一代画家，他的作品带有浓厚的现实主义风格，他笔下所描绘的一切，都体现了那个时代的社会心态。从某种意义上说，这幅作品属于田园风光的作品，夫妻两人在门口享受傍晚的夕阳，但从他们的神情可以看出，他们都是很孤立的，狗是这里唯一活跃着的生灵。

妙地调解了这些争斗，旁观的人都对他拍手称赞。而且他也知道所暗恋的女士经常带着她的狗在街上散步。然而不知道为什么，在他所做的梦中，只看到了她的狗，却没有见到女士本人。或许瞪着他的老太太便是你女士的化身，不过根据他的叙述，这一假设并不能被明确得以验证。还有梦中骑自行车的那个情景，实际上就是他现实生活的反应，因为他遇见那名女士和她的狗时他总是骑着自行车。

（三）我们在亲人去世后，常常会在一段时期内重复做一种特殊的梦，这种梦将亲人逝去的事实和自己对亲人复活的愿望做了中和。有时梦中会见到逝去的亲人，虽然他不在了，却如活着一般，因为做梦人在梦中并没有亲人已死的意识，似乎只有他意识到了这一点，亲人才算是死去了；有时梦中的亲人会非死非活，而做梦人所经历的每一种梦境都具有特殊的意义。这种梦不是没有任何意义的，毕竟复活的故事可见于神话传说和宗教故事中，特别是在神话故事中，这种情节数不胜数。根据我的研究，对于这种梦，我们可以有一个合理的解释，只不过关于亲人死而复生的愿望在梦中常会有各种奇特的表现形式，我们需要对此详加分析。对于这些表现不同的梦，我要选取其中一个来讲述。也许这种梦听起来荒诞无稽，然而若是我们对此进行分析研究，则所得出的结论极有可能解释前面我们所提及的观点。

现在我为你们讲述一个做梦人在数年前父亲逝世后所做的一个奇怪的梦：

"我的父亲去世后，不知怎么回事，他的坟墓竟然被掘开了。我看到父亲从墓中走了出来，他面容憔悴，双目失神。我发现了父亲还活着，非常害怕，就极力躲避他目光的搜索……"其后的梦境就变成了另外的经历了，与父亲复活的梦再无关系。

我们了解的事实是，他父亲已经死去。不过他并没有被掘出，这也是事实。做梦人又说自己在安葬完父亲回来后，牙齿隐隐作痛。犹太人有一句谚语："牙若痛，便拔去。"于是他便按照这句谚语的指示，前去拜访牙科医生。然而牙医却说，这不是治牙痛的方法。治牙痛，需忍耐；忍耐过了便不痛。然后牙医又说：他开些药可以消灭牙齿的疼痛神经，然后过三天再来，他为做梦人取出牙齿内残留的坏死神经。做梦人便告诉我，后来牙医的"取出"，便进入梦境变成了"掘出"了。

你们认为他的解释是否合理？实际上"取出"和"掘出"这两件事并非完全平行的，牙医取出的不是牙，而是牙齿内的坏死神经。所以在我看来，梦的工作可能有遗漏。我们应该假设做梦人因为梦的压缩作用而将死去的父亲和口内的牙齿结合在了一起，这一梦境才显得如此怪异，便是因为"牙齿被取出"这个事情与他的父亲不相调和。然而父亲和牙齿之间到是否存在着一种公比的成分呢？答案当然是肯定的了。做梦人曾说，他知道有一句俗话是如此说的：梦中被拔牙，则预示着家中会有人死去。

然而我们可以断定，这种俗语实际上是不科学的，可以说是歪理邪说。所以，我们应该从梦境的其他元素的背后去探求梦的真正意义，即便这会使人们感到诧异。

虽然我并没有追问与此梦境相关的事情，不过做梦人却开始为我讲述了他父亲的病情和失望以及他们父子的关系。父亲久病在床，他对于父亲的侍奉和治疗付出了巨大

复活 马蒂斯·格吕内瓦尔德 德国 板面油画 1510年
科尔马下林登艺术博物馆

在这里，复活的耶稣被赋予了人性化，他自身所散发的光芒也投射出了阴影，这个场景发生在伊森赫姆祭坛画侧面的嵌板上。耶稣的伤口发生了明显地改观，他那已经扭曲的身体也已经痊愈，并且散发着光芒，看着比先前更为强壮。这是为病人专门绘制的有关"复活"的绘画。

的花销，然而他始终接受着，没有挂在心上。他从来没有那种希望父亲早死的想法，他自认为没有违背犹太人的孝敬传统，而且一直坚持着犹太人的法律。然而，你们难道没有发现他的梦境中有什么矛盾之处吗？他曾经将牙齿与父亲混为一谈。一方面他按照犹太人的谚语来拔牙，他以为牙痛就需拔除，另一方面，他按照犹太人的传统和法律来侍奉重病的父亲，要他知道他的儿子并不计较金钱上和精力上的巨大耗费，一心一意孝敬他，而且对他没有什么怨言。如果做梦人对于重病的父亲和疼痛的牙齿的感情是相同的，或者说，如果他希望父亲的病情和自己的花销能因为父亲的死而早些结束，那么，这两者几乎相同的心理情境不久更容易使我们信服了吗？

我相信，这是做梦人对父亲内心最真实的想法，不过我也相信，他一直在以孝敬的行为克制这种想法的暴露。通常来讲，任何一个人在遇到他这种情况，心中难免会有希望父亲早死的想法，然而表面却装作尽心侍奉的样子。人们可能会认为父亲早死也是对他自己的一种解脱，不过我必须提醒你们，即便人们没有流露出这种想法，实际上隐藏这一观念的围墙已经坍塌了。我们可以认为他那种孝敬的观念只是暂时的潜意识，换而言之，只有当梦的工作在活动时，它才会产生作用，而他对于父亲产生的厌倦之情却是永远的潜意识，从他的儿童时期便有了。这个隐藏在内心深处的意念在他父亲病重时也许就已经被改造成另一项观念而嵌入了他的意识中。所以，对于他所做梦的形成，我们便可以有一种新的见解了。虽然他并没有在梦中表现出对于父亲的抱怨，然而我们若仔细研究了他在儿童时期与父亲的关系，便可发现他对于父亲一直是都心存畏惧的。因为在他儿童时期和青春期常常因为自慰行为而受到了父亲的严厉斥责。所以，他们的父子关系并不融洽，他对于父亲的感情永远是敬畏，而这种敬畏最早来源于年轻时父亲在性这方面对他的批评和教育。

　　现在，让我们根据自慰这一情节来解释梦中的内容。"他面容憔悴"，其实指的是牙医说的一句话"没有牙未免不好看"，同时又暗示他在青春期时纵欲过度，以致精力衰竭而流露出"憔悴"的面容。只是做梦人在梦中将他这种"憔悴"转移到了他父亲身上，其实这就是梦的工作最常见的改造手法了，如此一来，做梦人在精神上就不会觉得有负担了。至于"父亲还活着"这一情节，一方面指的是自己想要父亲复活的愿望，另一方面也与牙医承诺不拔牙相吻合。"我极力躲避他目光的搜索"非常容易使我们联想他接下来所意识到的"父亲已死"这一事实，而且在整句意思得到完整后，又暗指了年轻时的自慰行为。年轻人自然会千方百计掩盖自己的性行为，以不使父亲发现。最后，我希望你们了解，所谓"牙痛的梦"，其实指的是因为自慰行为而受到的惩罚。

　　所以，这个看似不易理解的梦，实际上是由下面的三种因素造成的：第一是引人入歧途的

格劳斯诊所　托马斯·埃肯斯　美国　布面油画　1875年
美国费城杰斐逊医学院收藏

　　埃肯斯在画肖像方面是一个绝对的天才，从他的这幅作品中我们就可以看出他这方面的特质。教授格劳斯在一边讲解，同时，他的助手帮他做一例腿部手术。病人蜷曲在手术台上，麻醉师在为他麻醉，助手则站在一边随时听候差遣。教授格劳斯那发光的前额才是这幅画的中心。

压缩作用，第二是将隐藏的思想的中心删去，第三就是造成双关意义的替代物，来作为起源最早的隐念的象征。

（四）有些简短的梦，其内容并没有荒诞滑稽之处，然而却常使人产生一个疑问：为什么我们会有这种无聊的梦？前面我们已经探讨过个中原因，而现在，我们再来为解释这种梦列举一个案例。这一梦例一共有三种梦境，且发生在同一次睡眠中，彼此也有联系。做梦人是一名少女。

（1）她从房子的客厅走过时，脑袋突然撞到了灯架上，于是鲜血便汩汩流出。这样的事在她的现实生活中从来就没有发生过。她对此梦的解释颇令人诧异："那时候我的头发脱落得很快，昨天妈妈和我说，如果头发一直脱落，那么很快我的头就会像屁股一样光秃秃的了。"由此可见，实际上她的头部代表了下体的某一部分，而灯架所象征的事物，你们应该也猜想得到：在梦中出现的长形物体，均被看作是男性生殖器的象征。所以，此梦的真正意义就是下体部位与男性生殖器相接触以致流血。根据这名少女的进一步联想，此梦还有另一层意义，那就和由于与男人性交而导致的月经来潮有关了。这些性的观念普遍存在于她那个年龄段的少女们的认识中。

自慰 艾瑞克·费谢尔 美国

男子在梦中站在一个偌大的、盛满水的像盘子一样的器皿里，紧握自己的生殖器，释放自己压抑许久的性欲。作品中渗透着画家强烈地对性的着迷，从他的作品中我们可以看出，性欲是一群患有神经官能症的人的内在心理。

（2）她在葡萄园内见到了一个巨大的深洞，她明白这是由于树根被拔出的结果。后来她说："那棵树消失了。"也就是说，她在梦中并没有见到那颗被拔出的树。不过她这句话我们却能看出另一层意义，而且我们是可以相信对此的解释的。实际上这一梦境涉及到了少女对于性的另一种观念，那就是她们以为女性本应该和男性拥有相同的生殖器，只是后来被阉割了，正如树根被拔出一样，所以便产生了另一种形态。

（3）她站在桌子的抽屉前，这个抽屉是她经常使用的，所以一旦有人动了抽屉，她就能察觉到。书桌的抽屉以及一切能容纳物体的箱盒，都代表了女性的生殖器。她心中知道若是发生了性交，她的生殖器便会留下痕迹，然而她一直都很害怕出现这样的事情。我认为这三个梦境的重点在于"感知"这样一个意念，梦境中的一切都源自她对性的感知。她仍然记得小时候对于性的好奇和探索，而对于那些探索中求得的性知识，她一向是很自豪的。

（五）再举一个关于梦的象征作用的事例。不过我有必要将梦发生前的现实情况为你们讲述明白。一个年轻人爱上了一名女士，而且他们还有了一夜情。年轻人说女士给他的感觉如母亲一般，每当他们缠绵时，他会有一种生育的欲望。然而，每次他们偷情的时候，他总是想方设法避免怀孕。有一日清晨醒来，那女士发现自己做了个梦，梦境是这样的：

她走在大街上，发现有一位戴红帽子的军官正在追她，她不免惶恐，于是奋力逃跑，想摆脱他。后来她跑上了楼梯，那名军官也紧随后面，她气喘吁吁地跑进了

带着抽屉的米罗维纳斯 萨尔瓦多·
达利 西班牙

达利绝对是超现实主义的天才，他没有像其他画家一样，经历过第一次世界大战和达达主义时期，所以他既是抽象的，也是古典的。他拥有无人能企及的想象力和创造力，所以他敢于在原本就完美的一件作品上，加上他新的创意，因为他知道，女人的心理是可以永远翻弄寻找的，就像抽屉一样。

自己的房内，将门关紧并且又加了把锁。她听到外面没有动静了，便透过锁孔向外瞧，却发现那名军官正坐在外面的板凳上流泪呢。

很明显，红帽军官的追赶和她的喘气上楼这两件事代表了性交。但为什么她会将军官拒之门外呢？这并非她的本意，而是梦的倒置作用在作怪，而且，在性交发生前即停止的才是真男人。倒置作用还表现在，女士将自己的悲伤转移到军官的身上，所以军官会在梦中哭泣，他所流的眼泪又代表了精液。

精神分析学中有这样一种观点，那就是一切梦的意义都与性有关。不过，现在你们应该能判断出这一观点是不准确的。我们已经了解，梦中对于愿望的满足，实际上是满足人们最迫切的需要，如饥渴、自由等，未必都是性；除了满足愿望的梦外，还有安逸的梦、焦躁的梦和贪婪的梦。然而，你们是否还记得，根据我们前面所作的分析，改造程度很深的梦，往往都有一种性的意义。当然，也有极少数的例外。

（六）前面我为你们列举了许多关于梦的象征的事例，其实还有一层深意。在我第一次关于梦的演说中，我告诉过你们，要你们理解精神分析的知识，确实存在着不小的困难，现在你们总该相信了吧。然而有一点，精神分析的各个理论之间都有密切的关系，如果你们相信了这一点，那么你们就能以某一理论为基点而了解精神分析的全部理论了。或者可以这样说，如果你们举一个小指头赞成精神分析，那么现在你们就可以举双手赞成了。如果你们相信我们对于过失的解释是合理的，那么至少在你们的逻辑思维上是不会对其他结论产生怀疑。而梦的象征作用就是这样一种有效的途径，能使你们产生对于精神分析理论的信任。现在，我要再为你们讲述一个案例。这个案例此前已经在报刊上公布了，做梦人是一个贫穷的妇女，而她丈夫的工作是打更。我们有理由相信，这位妇女是绝不会听说有关梦的象征作用或者精神分析的知识，所以，你们便可以据此来判断我们从性的象征中所求得的解释是否合理了。那位妇女的梦如下述：

……

突然有人破门而入，她惶恐之下呼叫着丈夫。然而此时丈夫已经去了教堂，与他同行的还有两个牧人。教堂正门前有几段石阶，其后则是一座高山，高山上有一片繁茂的森林。她的丈夫身披铠甲，下颏满是络腮胡子，棕黄色。而那两个牧人则与丈夫一起静静地走着，他们腰系围裙仿如布袋。在教堂和高山之间有一条羊肠小径，路径两旁满是杂草，越往高山上，越是茂密，到了山顶上就变成了无际的森林了。

此梦中的象征不难理解：其实她丈夫和那两个牧人都是女性生殖器的象征，而高山、茂林、教堂则代表了女性生殖器，至于什么代表了性交，那就是登阶和登山了。梦境中的高山在解剖学上常被称为阴阜。

（七）我还有在叙述一个案例，此案例也可以用象征作用予以解释。做梦人虽然没有用关于象征作用的理论知识，但他却能解释梦境中的象征事物。因此，这一梦例更值得我们来做分析研究了。这一梦境非常奇特，而我们对于梦境的引起缘由尚没有充分的认识。

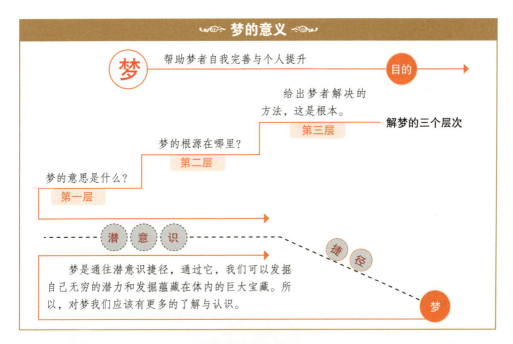

他与父亲在维也纳的公园散步时，偶然发现了一座圆形庭院，庭院内有一间小屋，屋内系着一个气球，然而这气球似乎随时都有可能挣脱束缚升天。他的父亲问他这个气球有什么用途？他对父亲的提问感到很奇怪，不过还是作了解释。后来，他们游逛到了天井处，天井内嵌着一块金属薄片。他的父亲环顾四周，趁没人注意，便伸手将金属薄片撕下一块。父亲告诉他说，只要和管理员说一声，便可将金属薄片取走。他们进入了天井，在走了数百台阶后，来到了一处洞穴。此洞穴两旁置有软铺，似乎是沙发一样。洞穴内有一个长形平台，在平台之后，又有一处洞穴。

做梦人对此梦的解释是：那个庭院就是我的性器官的象征，而小屋内的那个系着的气球，则代表了我的阴茎，它看起来轻飘飘的，是因为我曾认为阴茎无法充分勃起。根据他的理解，我们还可以对此梦做更详细的叙述：梦中的庭院是人的臀部的象征，院内的小屋则代表了阴囊。他父亲问他那个气球有什么用处，这种情景显然是梦的倒置作用造成的，实际上应该是他来询问父亲，而这个问题的真实含义是男性的生殖器到底有什么功能。在现实生活中他从来不敢问这些问题，所以我们可以从梦的隐念中获知他内心的这一愿望，就是"如果我要请父亲解释……"后面的半句话，你们都知道是什么内容了吧。

天井内嵌有金属薄片，这一情境应该指的是他父亲的做生意的场所，但这并不属于梦的象征作用。做梦人因为忌讳，所以在梦中以金属薄皮代替了父亲所做的生意。还有，梦中一些对白没有做过改动，做梦人曾经也加入了父亲的事业，所以他对于父亲利用非法手段牟利是很反感的。这一梦境似乎表明了他心中的一个疑问：父亲是否会像欺骗客人一样欺骗我。撕下金属片的情境，应该代表了父亲的商业欺诈行为，不过做梦人

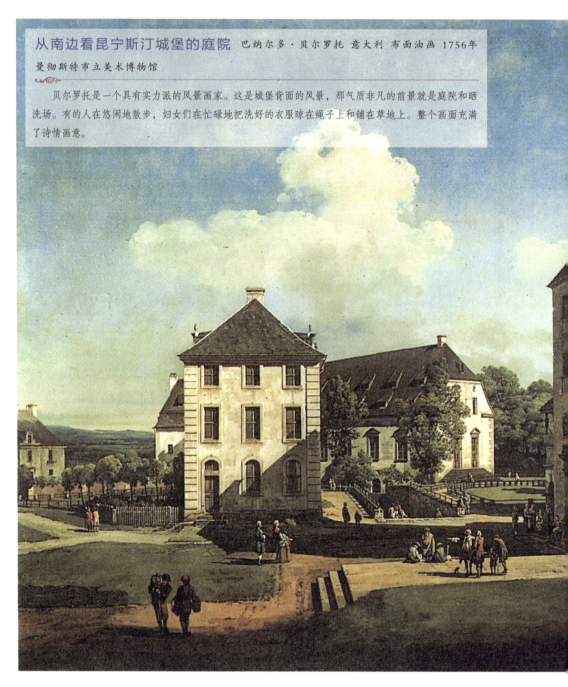

从南边看昆宁斯汀城堡的庭院 巴纳尔多·贝尔罗托 意大利 布面油画 1756年
曼彻斯特市立美术博物馆

贝尔罗托是一个具有实力派的风景画家。这是城堡背面的风景，那气质非凡的前景就是庭院和晒洗场。有的人在悠闲地散步，妇女们在忙碌地把洗好的衣服晾在绳子上和铺在草地上。整个画面充满了诗情画意。

却有另一番解释，他声称这一情境实际上代表了手淫。对于他这种解释我们倒不难明白，前面我们讨论过，手淫是一种私人的隐秘行为，不过在梦中常表现出相反的情境，似乎可以在公众面前进行，这一观点与他的解释倒是不谋而合。他所说的手淫行为显然指他自己，所以，我们可以将他父亲撕金属薄片和前面的提问归于同一性质，都是由于

梦的倒置作用。做梦人将梦中的洞穴解释为阴道，而洞穴四周的软铺则为阴蒂，那么我们可以认为，他们的出洞入洞就代表了性交。

至于洞穴内的长形平台以及平台后的又一洞穴，做梦人也根据亲身经历作出了解释，那就是他曾经和女子交合过，然而因为阴茎的疲软导致自己未能获得快感，所以他希望能借助治疗来恢复自己的性能力。

（八）下面还有两个梦。做梦人是一个有多妻想法的外国人，从他这两个梦我们可以证实一种观点，那就是即便做梦人贯穿于这两个梦境，即便梦境的内容被改造了很多，但是梦中所出现的皮箱绝对代表了女性。

（1）他准备做一次长途旅行，需要用马车将行李运送倒车站。他带了很多皮箱，这些皮箱互相挤压，很容易损坏。皮箱中有两个黑色的是一个商人旅行家的，他便安慰那人说："我们只需要将皮箱送到车站即可，时间不会太长的。"

在现实中，他确实在一次旅行中带了很多行李箱。在他接受治疗时，他讲述了他与许多女性的关系，那么我们就明白了，原来那两个黑色的皮箱是两个黑女人的象征。在他的人生中，这两个黑女性占据了重要的地位。其中有一个想要和他一起去维也纳，但是他受了别人的劝告，就给那个女性发电报劝住了她。

（2）在海关检查时发生了一幕情境：一个旅行家打开自己的行李箱，边抽烟便无所谓地说："我的箱子里可没有违禁品。"安检人员好像相信了他的话，不过在经过了一番细致的检查后，却发现行李箱内有一样严重的违禁物。旅行家无奈地说："这我也没想到。"

梦中的旅行家便是做梦人的化身，而海关的安检人员就是他的治疗医生。他对于治疗医生本来是知无不言、言无不尽的，只是最近他有交了一位女朋友，他生怕我认识这位女友，便藏在心中不告诉我。于是他便将这种羞愧的心理转移到了另一个人身上，便产生了梦中的这一情境了，而自己则好像置身梦外了。

（九）还有一个象征的梦例我没有指出，其梦境是这样的：

做梦人在梦中遇到了自己的妹妹，她正和两位朋友一起散步。她的两位朋友是一对姐妹花，于是做梦人便和这对姐妹握手问好，然而却忘记了和自己的妹妹握手了。

做梦人并不记得在现实生活中经历过类似的事情，后来他回想起了自己有一段时间对于女性乳房发育的快慢产生了兴趣，而梦中的那对姐妹花实际上代表了女

强奸

与超现实主义有关的绘画，从来就不缺少性与梦。画家用他的画很直白地为我们描绘了他对强奸的看法：双乳变成了眼睛，肚脐变成了鼻子，阴部变成了嘴巴，而整个人脸则变成了肉体，在等待被侮辱。弗洛伊德的精神分析中得出这样的结论：人类的一切行为都是性心理的延续。

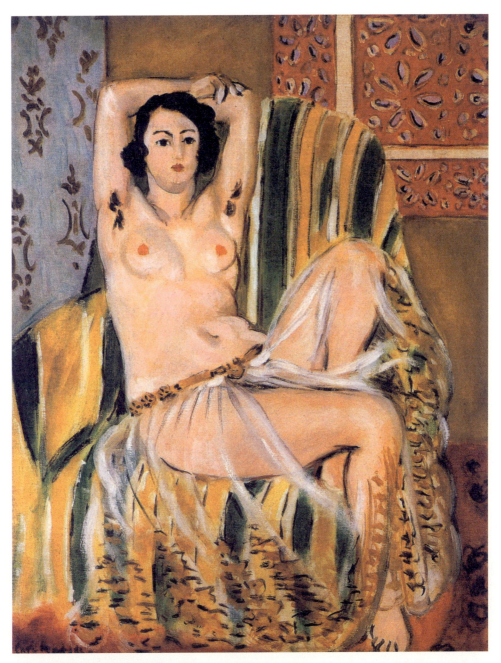

抬起双臂的土耳其宫女 亨利·马蒂斯 法国 1923年

　　女人惬意地享受着阳光的沐浴，对于画家的存在浑然不觉。她和她坐着的那张华丽的椅子，还有身上半透明的裙子还有两侧那令人难解的版画，有机地构成了一个没有瑕疵的整体。马蒂斯为我们展现了一个极富装饰性的世界，吸引他的是女人具体的实体：高举的胳膊，露出极富精巧的像逗号一般的腋毛，还有粉红色乳头的美丽乳房。

性的一对乳房，只要这不是他妹妹的乳房，他便忍不住要摸一摸了。

（十）这里有一个关于死亡象征的梦例，其梦境如下：

做梦人正走在一座高立而陡峭的铁桥上，他有两个同伴，本来在梦中他很清楚地知道两个同伴的身份，然而醒来时却忘记了。后来两名同伴突然消失了，却有一名身着圆帽套裤、相貌可怖的男子出现在他面前。于是他问那人是否是送信的，那人回答说不是，又问他是否是车夫，那人又回答说不是。做梦人便继续赶路，不过他感到异常恐惧。在他醒来时，想起来在梦中那铁桥突然断裂，而自己便坠入了深不见底的山谷中。

做梦人特意强调了他根本不知道梦中出现的人物的名字，甚至从来就不认识他们。但实际上，这几个人物都与做梦人有非常密切的关系。就此梦而言，做梦人是兄弟三人，如果他害怕另外两个兄弟的死亡，那么此梦的情境便是他这种担忧的表现了。还有那个突然出现的人，若他是个送信人，送信人会说信件经常带来坏消息，而且从他的制服来看，他似乎只是一个负责开关灯的职员，他若关了灯，便如死神熄灭了人的生命之火一般。若他是个马车夫，做梦人可能联想到了乌兰德咏卡尔王航行的诗，或者联想到了海上风浪的危险。至于他那两个同伴，也可能就是他幻想中的卡尔王。他又从铁桥联想到了一件事和一句谚语："人生如吊桥。"

死亡寓言 胡安·德·巴尔德斯·莱亚尔 西班牙 布面油画 1670年 塞维利亚圣卡里达医院

"生命的消失，就在转瞬之间"，这就是图中拉丁铭文的意思，画家在这里想向我传达一种敬畏生命的寓意。画面中有精美的服饰，以此也可以看出主人荣耀的生活：一个精美的十字架、珠宝、金冠、书本、剑，这些都是他曾经所拥有的，但现在却只是一具骷髅，留给后人的只是一堆虚荣。

（十一）下面这一梦例也可以看作是死亡之梦：一位不相识的男士送给做梦人一张黑色卡片。

（十二）还有一种梦还可以使你们产生极大地兴趣，只不过这种梦通常是由做

卡姆登城杀人案 1908年 耶
鲁英国美术中心藏

　　画家有意渲染出画面所表现出来的耸人听闻的气氛，画家移居到伦敦北部之前，卡姆登去世不久，这一地区因为这一残忍的罪行而人心惶惶。因此卡姆登也臭名昭著。1907年9月，一位名叫埃米利·迪莫克的妓女在卡姆登的公寓被杀，而后却因证据不足他被释放。英国媒体曾对此案件做了详细报道。画家就以此为背景作画，画中的女子也许已经死了，坐在旁边的男子一副不知所措的神情。

梦人的神经病状态引起的。

　　他坐在火车内，突然火车停在了荒野中，他以为发生了什么意外的事情，于是他便想逃脱出去。他在火车的各个车厢内穿梭，见人便杀。他杀了很多人，包括司机、警卫等。

　　做这个梦时做梦人回想起了以前朋友给他讲过的一个故事。在意大利的一辆行驶在铁路线上的火车内，一个精神病患者被隔离在一个单独的小房间内，可是不知由于什么原因，竟然有一名普通的乘客与他同一房间。后来那个患者发起狂来，将这名乘客杀死。受这个故事的影响，做梦人在梦中便认为自己就是那个精神病患者了，而他其实也患有一种迫害症，总想将那些知道自己秘密的人全部杀死。

　　不过，他又解释了另一个原因。早些日子，他在一家剧院中认识了一位女士，他本来想追求她，但后来却对这位女士有了妒忌之心，于是他便将她抛弃了。他知道自己的性格是很容易引起妒忌的，所以如果娶了那位女士的话，那他一定会发疯的。也就是说，追求那位女士的人很多，他的易妒性格可能会使他将所有与他竞争的人杀死。还有那个穿越多个车厢的情境，这是由于梦的倒置作用，实际上它代表了婚姻，只是运用相反的情境来表示对一夫一妻制的支持。

　　至于火车停在荒野上以及害怕出现意外这一情境，做梦人为我们讲述了另一个故事：

　　他有一次坐火车，火车突然在出站时停了下来。一名女乘客说可能要发生车祸，建议大家将双腿提起来。女乘客"双腿提起"的建议使他想起了那位在剧院认识的女士。在他们曾经相处的那段时间里，他们经常到这片火车经过的荒野游玩。于是他便有了一个新的证据来证实他的观点了，也就是娶了那位女士，自己肯定是发疯了。不过，根据我对他的了解，其实他心中仍有想要娶她的愿望。

第章

梦的原始的与幼稚的特点

前面我们已经得出一个结论，梦的隐念由于受到检查作用的影响而改变成另一种表现形式，那么本章我们就从这一结论出发。梦中的隐念和清醒时所意识到的思想有着相同的本质，然而两者所表现出的形式，却有各自的特点，而我们也不能充分了解。前面已经提及，梦的隐念的表现方式往往回到了原始时期的文化状态，那时没有象形文字、不存在象征关系，也没有形成语言思想。基于这一原因，我们将梦的工作所产生的表现形式成为原始的或退化的形式。

或许我们可以作一个假设，如果我们对于梦的工作做深入的探索，那么我们极有可能对于目前我们还不太了解的人类初期文化，会得到一些有价值的知识。我认为这是一个好方法，然而目前为止没有任何人在这方面作出过努力。梦的工作将隐念改造为原始的显梦，这种"原始"实际上有两层含义：一是指人的幼儿期，二是指人类的发展初期。一般来说，人在幼儿期就将人类的整个发展历程进行了一次简短的重现。我认为，如何去辨识那些属于幼儿期和人类初期的潜意识的思想，绝对是有迹可循的，譬如说象征的关系，就不是个人所能有的，而是人类发展的产物。

不过这并不是梦唯一的原始特点。你们若是回顾一下你们的过去，就会知道人在幼儿时期的记忆最易被遗忘。在我们的记忆中，一至五岁的经历、六至九岁的经历，相比起以后年长时的经历，很少会有相同的。可能有些人会自诩从小到大的经历他全部记得，没有一点遗漏，然而大部分人则对于幼年的经历没有多少印象，甚至是一种空白的记忆。我认为这是一个有价值的现象，可惜很少受到人们的关注。婴儿到了两岁便会说话，便会有了心理活动，不过他们说话往往是说完就忘。所以过了数年之后，即便有人提示，当事者也记不起来了。然而，幼年时基本上不会承受什么压力，所以记忆力相比以后长大时应该要强一些。因为实际上，并没有什么绝对的证明说记忆就是一种高难度的心理活动，往往一些智商不高的人，其记忆力反而卓绝非凡。

然而，还有第二个特点你们也要注意，它是以第一个特点为基础的。这一特点就是，我们在幼年时的经历虽然大部分都忘记了，但总有一些记忆会一直保存着，这些记忆基本上成了虚幻的意象。至于我们为什么会有这些记忆，现在还不能找到合适的理由予以解释。成年人在现实生活中的诸多经历，他们的记忆往往会对其筛选，选择重要的内容保存下来，那些不重要的则统统抛弃，但是幼年的记忆却不是这样。我们记忆中的

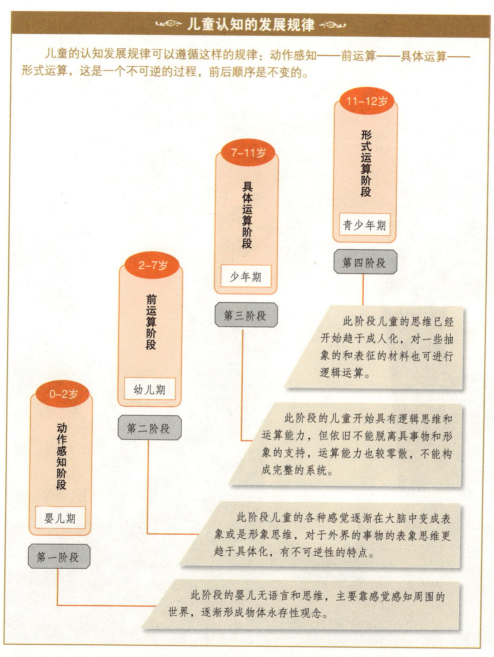

儿童认知的发展规律

儿童的认知发展规律可以遵循这样的规律：动作感知——前运算——具体运算——形式运算，这是一个不可逆的过程，前后顺序是不变的。

11-12岁
形式运算阶段
青少年期
第四阶段

7-11岁
具体运算阶段
少年期
第三阶段

2-7岁
前运算阶段
幼儿期
第二阶段

0-2岁
动作感知阶段
婴儿期
第一阶段

此阶段儿童的思维已经开始趋于成人化，对一些抽象的和表征的材料也可进行逻辑运算。

此阶段的儿童开始具有逻辑思维和运算能力，但依旧不能脱离具体事物和形象的支持，运算能力也较零散，不能构成完整的系统。

此阶段儿童的各种感觉逐渐在大脑中变成表象或是形象思维，对于外界的事物的表象思维更趋于具体化，有不可逆性的特点。

此阶段的婴儿无语言和思维，主要靠感觉感知周围的世界，逐渐形成物体永存性观念。

幼年部分，往往都不是那个时期最重要的经历，甚至我们在幼年时的意识中，也不认为它有什么重要性。有可能这些记忆是一些丑陋的、无意义的经历，只是因为其特殊性，所以偏偏使我们记住了。我曾经运用分析法来研究人幼年时的遗忘和片段记忆，所得出的结论却与我们传统的观念相反，原来儿童和成年人一样，只会在记忆中保存重要的经历。只不过他们认为的重要经历，在记忆中却被某种琐屑的事物所替代。由于这个原

儿时的记忆 康乃馨、百合与玫瑰花 *约翰·辛格·萨金特 美国 布面油画 1885年 伦敦泰德画廊藏*

约翰·辛格·萨金特是19~20世纪美国最杰出的画家，这幅作品是他精心制作的传世经典作品，作品中描绘了他儿时和同伴一起在花丛中点灯笼的情景。最有魅力的就是画面的颜色，丰富多彩、千变万化，但花的形状依然清晰可见，与周围的人与气息融为一体。

因，我们可以将幼年时的记忆称为屏蔽的记忆，我们就可以通过细致地分析来探求那些被遗忘的儿时经历了。

我们通过精神分析治疗，有可能将幼年的记忆空白填补完整。如果这种治疗确有效果，那么我们就能重温那些已经失去多年的儿时经历了，使它们停留在我们的记忆中。这些儿时的记忆实际上并没有真正失去，它们只是转化为潜意识隐藏了起来，使我们不容易发现。不过这些经历有时候会从潜意识中流露出来，进入了梦境。所以，梦境的内容可以使我们联想到那些隐藏的幼年时的经历。对于这种观点的论证，在许多精神分析著作中可以找得到。在此我为你们举一个我亲身经历的一个梦例。有一次我在梦中见到一个人，当时我有一种感觉，他是我的恩人。在梦中我看清楚了他的相貌，他有一只眼睛，身材矮胖，两肩凸出。我对这一情境所作的推测是，此人是一名医生。那时我的母亲尚在人世，于是我便询问她在我出生后到三岁离开故乡前，那位经常为我治病的医生是什么相貌，母亲说他有一只眼睛，身材矮胖，两肩凸出，正与我梦见那人一般无异！我也知道我询问这个医生的事情，就是因为我已经对他没什么印象了。在梦中找回了曾经遗忘的儿时经历，这就是梦的另一种原始特点。

梦的原始特点与其另一个特点也存在着关系，只不过这另一个特点我们至今还没有明确的解释。前面我们已经了解，梦实际上起源于某种罪恶之念，或者迫切的性冲动，所以梦才有必要实行其检查作用和改造作用将其变为另一种形式。当然，在最初提出这一观点时，你们都不免万分惊诧。如果我们对一个梦作出解释，虽然做梦人没有表示反对，但他必定会问某一愿望是怎么入侵他的心理世界，因为他对这一愿望根本就没有任何意识，而他真正活跃在他心灵的愿望与此则恰恰相反。对于这种疑问，我们可以不假思索地回答他，那个他所否认的愿望是如何产生的。这些罪恶的观念往往是源自他过去的经历，或者很久以前，或者最近不久。有一点他会承认，他曾经确实有过这些想法，只是现在已经忘记了。举个例子，曾经有一个母亲做了一个梦，其梦境的意义大致是希望自己刚满17岁的独生女早死。这是一个可怕的梦，通过我们对梦的分析，那位母亲才醒悟了自己的确有过抱着孩子一起死的念头。因为她的女儿是一个不幸的婚姻的产物，父母结婚不久便离异了，当时孩子尚未出生，一次母亲和丈夫争吵，气怒之下便使劲捶打自己的腹部，想要杀死胎儿。在现实中像她这样的母亲有很多，他们现在都很疼爱自己的孩子，然而在怀孕之初他们却经历过一次痛苦的挣扎，他们并没有想过怀孕，所以也不希望孩子能生下来，然而他们将这一想法付诸行动，幸运的是没有产生任何严重的后果。因此，你们听到那个母亲想要至亲的女儿死去的愿望，肯定不免会惊诧，但如果能了解他们在怀孕之初的心路历程，就会明白了。

有一位父亲曾在梦中表现出想要自己的独生子死去的愿望，而且他后来也承认确实有过这种想法。为什么呢？原因是他的婚姻是非常失败的，所以在他的孩子还是婴儿时，他就常常会有一种想法：如果孩子夭折了，那么他就可以重获自由了。还有许多与此相似的罪恶的冲动，它们的起源都是一样，都是对于过去经历的回忆，而且这一经历

亨利·福特医院 弗丽达·卡洛 墨西哥

　　在美术史上，唯一一位敢于将自己解剖的画家就是墨西哥画家卡洛。图中的卡洛，因为失去孩子而悲痛欲绝，她躺在一张沾满自己鲜血的床上，面颊上的泪珠，表现了她难以抑制的悲伤，她用三根血脉相连的动脉血管，展现了自己怀孕的不易以及失去孩子的痛楚。

　　在心灵上曾产生了极为重要的影响。也许你们可以就此得出这样一种结论，如果那位父亲与妻子仍然是甜蜜恩爱，那么他这种罪恶的愿望就根本不会发生了。我赞同你们这一结论，然而我必须提醒你们，你们不要仅通过表象来判断其意义，而应该做深入细致地分析研究，那么所得的结论才是有价值有意义的。也许那种希望至亲的人死去的梦只是一张可怕的面具，而其实际意义则藏在面具之下，很可能那至亲的人只是另一个人的替代。

　　不过这种情境肯定会使你们产生疑问，你们可能会问我："即便这个愿望确实存在过，并且通过回忆得以证实，那又能说明什么？我们对于这一愿望的解释未必就是科学的。做梦人早已将这一愿望在内心中克制住了，没有流露出来，仅仅是作为潜意识的一部分隐藏着。如此一来，它既没有任何情感上的价值，也不可能强烈地刺激着我们将之付诸行动。所以，你适才所作的假设并没有足够的证据。到底梦中为何表现出这种愿望呢？"你们的这个问题的确言之凿凿，然而我要回答它，不免要涉及到太多的内容，言之不尽。还有，回答这一问题，我们必须表明对于梦的这一重要特点的态度，但对于目前我们的研究进程来说，这一点是做不到的。所以，我们只能暂不讨论这一问题，将我们的研究重点放在我们可操作的范围内，希望你们能理解。如果我们证实了这个愿望是梦的起源，那就足够了。我们以后便可以运用同样的方法来研究其他潜藏在人内心深处的罪恶观念了。

　　罪恶的愿望有很多，我们的分析以"死亡的愿望"为界限，要知道这类愿望往往是由于人们的自私自利所造成的，它们是引起梦境的最主要原因。如果在我们的生活中出现了一个人妨碍了我们正常的工作和休息，那么我们在梦中会千方百计地除掉他。这世界的人际关系就是如此复杂，所以这种情况是免不了的。我们要除掉的这个人可能是我们的父母兄弟，可能是我们的妻子儿女，所以说这种观念实在是太可怕了，然而它却是人类与生俱来的。实际上，如果没有确凿的证据，没有人会愿意承认这种对于梦的解释是真实的。不过，如果人们明白了若要验证这种愿望是否存在，可以通过对于过去的回忆，那么他们很快就会知道，在过去的某一个时期内，他们曾因为内心自私自利的倾向而对身边的亲人有过某种罪恶的目标。如果一个人在幼年从不掩饰自己利己主义，且又缺少有效的约束，那么他长大之后，必然会先爱自己，然后才能去爱别人，而且，即便是他爱别人，也是为了满足自己的某种需求，其动机还是利己主义。不过到了后来，对于情感的追求脱离了利己主义的控制。所以从本质上说人是学会了自私，才慢慢学会爱人的。

　　我们应该将孩子对于兄弟姐妹的态度和对于父亲的态度作一个比较。小孩子不一定会喜欢他们的兄弟姐妹，而且他们也会承认。有时他们会把兄弟姐妹当作敌人加以仇视，这种态度常常在很多年后也不会有什么改变。一直持续到长大成人甚至成人后，才

戴红面具的女人 鲁菲诺·塔马约 墨西哥 布面油画 1940年 私人收藏

　　画面是一片强烈的红色，一个女人带着红色的面具，手里拿着一把曼陀林，笔直地坐在椅子上。画家用明亮而又炫目的色彩将人物周围神秘的气息刻画得更加深不可测，这是画家早期的作品，可能都没有拟草稿就直接画在画布上。塔马约深受毕加索及立体派的影响。这幅作品是他在1950年首次访欧之前的作品。

克罗诺斯吞噬其子

克罗诺斯怕自己的儿子将来同自己争权夺利，就先将他们一个个吃掉。这种场面看起来确实骇人听闻，但这却是人类与生俱来的，这个世界的人际关系就是如此复杂，所以有时会在梦中千方百计除掉这个人，除掉我们的这个人也许就是我们的父母兄弟。

会换成一种柔情的，或者我们常说的亲爱的态度，然而最早的情感却是仇视无疑了。一个两到四岁的孩子，在小弟弟或者小妹妹出生后，常会表现出不满或者不友好的态度，说自己不喜欢弟弟妹妹，宁愿他被老鹰叼走。再后来，他就会抓住各种机会诋毁弟弟妹妹，甚至想方设法对他进行伤害，这种情况曾被多次报道过。如果孩子与兄弟姐妹的年龄相差不大，那么当孩子慢慢地有了清醒的心理活动时，他就会把弟弟妹妹当作身边的敌人，而自己不得不适应这一危险的境地。反过来说，如果孩子与兄弟姐妹的年龄相差较大，那么新生的弟弟妹妹可能就会激发孩子的仁爱情感了，而将弟弟妹妹看作是呵护的对象，有趣的玩伴。如果他们相差的年龄有八岁甚至更大，而且那孩子又是个女孩，那么对于弟弟妹妹，这女孩子的母性就可能被激发出来了。不过说实话，如果我们在梦中有想要兄弟姐妹死去的愿望，千万不用感到惊慌，我们可以在幼年的经历中找到这一愿望的起源。如果你们与兄弟姐妹仍住在一起，那就需要推迟几年再来找寻愿望的起源了。

在孩子梦的房间内，他们常常会产生一些冲突，比如说争夺父母的关注，抢占物品，甚至争抢房间内的区域。他们敌对的目标，可能是兄妹，也可能是姐弟。萧伯纳说过一句名言："如果一个年轻美丽的英国女士对于一个人的憎恨胜过她的母亲，那么这个人必定是她的姐姐。"这句话可能会令我们十分吃惊，兄弟姐妹之间的恩怨真的是难以理解啊。那么，母女和父子之间的恩怨又是如何产生的呢？

在儿童看来，母女和父子的关系是非常密切的，这也是人们一直的期望。然而，如果我们认为母女或者父子之间缺乏真挚的爱，那么他们的关系可能就比兄弟姐妹之间的关系更要糟糕了。因为后者的关系是世俗的，而前者的关系则被认为是神圣的。根据我对现实生活中的观察，父母与成年子女之间的情感，实际上并不如社会上所推崇的那么理想化。他们对于彼此都带有敌意，如果不是子女受"孝"的挂念束缚，父母受制于"慈"的观念，那么这种敌意过不了多久就会爆发的。我们也可以明白这种相互仇视的动机。你们应该了解一点，那就是女儿对于母亲，或者儿子对于父亲，他们都有一种疏远的意向。女儿怨恨母亲对她自由的限制，因为母亲经常用世俗的观念来约束女儿的性行为；而儿子对于父亲则会闹得更凶。儿子总认为父亲是他所不愿承受的最大压力，就是因为父亲的阻碍，致使儿子不能随性而为，不能放纵自己青春期的性需求，也不能享受家庭财富带给他的满足。如果将父亲比喻成一个国王，那么儿子就是那个日夜盼望父王死去好让自己继承王位的太子。而父女或者母子的关系，则不太可能会产生这种悲惨的情况，因为他们的关系中只有爱，这种爱绝不会被任何利己主义所破坏。

可能你们会问我，为什么我要讲述这些人尽皆知然而没有一个人敢说的事实呢？原因就是人们总喜欢掩饰现实生活中的负面事实，而将自己伪装在一个理想化的社会关系中。不过，那些喜欢说人闲话的人所说的事实并不可靠，只有心理学家所讲述的事实才是值得相信的。人们不承认这种事实，也只限于现实生活中，在戏剧小说中，人们对于这种事实则做了赤裸裸的描写和批判。

如果大部分人的梦会表现出对于父母，特别是儿子对于父亲或者女儿对于母亲有一种反抗的愿望，这也没有什么奇怪的。我们也可以认为这种愿望在人们清醒时也会存在，而且能被意识到。有时候它也会隐藏在另一种相反的动机背后，譬如前面所讲述的那个事例，做梦人将自己的真实意图隐藏在侍奉父亲的亲情之后。一般来说，潜意识的仇视情感很难被表现出来，它往往被另一种温柔关爱的情感所克制着，以致不能有所作为，所以只能在梦中出现。在我看来，这种情感在和做梦人的其他精

弗洛伊德和女儿

这张照片是弗洛伊德和他的女儿苏菲亚，母女和父子的关系是非常密切的，但实际上父亲和女儿，母亲和儿子的关系甚至更亲密一些。苏菲亚的死，曾经让弗洛伊德痛不欲生。

农神吞食自己的子女 弗朗西斯科·戈雅 西班牙

画中是古罗马神话中的农神萨图尔努斯为了防止儿子们夺权斗争而将他们全部吃掉的画面。场面血腥、残暴，这也是弗洛伊德精神分析论中最怪异、最令人不安的神话梗概。农神克罗诺斯是第二代的天神，是宙斯的父亲。

神生活一直保持着一个适当的关系，只有当它出现在梦中时，才会无限地扩张已恢复它本来的地位。不过，这种想要亲人死去的愿望，在现实生活中是找不到任何理由来引爆它的，而且成年人也会坚决否认自己在清醒时也有这样的愿望。不过这种愿望是根深蒂固的，不可消除的，特别是儿子对于父亲或者女儿对于母亲的仇视情感，它从幼年时期就产生了。

前面我讲了兄弟姐妹争夺父母的爱，我不得不告诉你们，这种"爱"实际上也有包含了性爱。儿子往往对于自己的母亲有着一种特别的感情，他认为母亲是属于自己的，而他却要与父亲进行竞争；同样地，女儿也常会认为母亲占有了父亲对于她的爱，剥夺了她在父亲心目中应有的地位。我们可以从前人的研究中发现这一知识，那就是这些情感的起源在远古时期就有了，科学家称为"俄狄浦斯情结"（Edipus complex）。在俄狄浦斯讲述的神话故事中，身为儿子，常会有两种可怕的愿望，那就是弑父和娶母，而现在只是稍微改变了表现形式而已。我们自然不相信俄狄浦斯情结存在于所有的亲子关系中，因为这种关系是相当复杂的。还有，这种情结有时会发展，有时会隐退，甚至有时会发生颠倒错乱，然而不管怎么说，在儿童的心灵中，这种情结可是占有最为重要的地位。不过我们对于这种情结所产生的影响以及可能导致的后果，绝少重视，往往视而不见。相反的是，在现实生活中，父母的言行举止常会刺激儿女，以引起他们的俄狄浦斯情结，父母都是偏爱异性的子女，父亲偏爱女儿而母亲偏爱儿子；如果父母的婚姻已经失去感情而趋于平淡，那么他们就可能将孩子作为爱人的替代了。

弗洛伊德及其兄弟姐妹 油画 1868年

童年的记忆是每个人心中都挥之不去的，总是在人们潜意识的洪流中不停地翻滚。弗洛伊德出生时，父亲41岁，还有一个同父异母的兄长23岁，他自己有一个儿子，年龄比弗洛伊德大一岁。弗洛伊德还是很幸运的，他没有被父母遗弃，他有四个妹妹和一个弟弟。

我们运用俄狄浦斯情结来解释梦境中的亲子关系，人们未必就会表示认同。反之，那些成年人对于这种观点的反对是最为激烈的。有些人虽然并不排斥这种世人所忌讳的情结，然而实际上他也没有承认，因为他们对于这种情结的理解，根本就不符合事实，所以他们并未真正认识到俄狄浦斯情结所具有的价值。不过，我认为对于这种情结的观点，世人不论是否认还是文饰都无所谓，因为希腊神话已经列举了大量的事实来证明了人们这种无法回避的情结，而我们不得不承认它。虽然俄狄浦斯情结为正史所排斥而只能散见于稗官野史中，然而它最终被世俗推崇的希腊神话所吸收，这的确是一个值得深思的事情。兰克曾详细研究了这种现象，然而他解释了为何这种情结为成为诗歌和戏剧的灵感来源，然后经过繁复的改造、包装、修饰，最终成为艺术，这就是跟梦的检查作用所导致的改变是一样的。所以，虽然有些做梦人在长大成人后并不会和自己同性的父母产生冲突，不过他们仍会在某些时候表现出自己的俄狄浦斯情结。与这种情结相关联的，还有一种"阉割情结"（castration complex），也就是人们在幼年时在性行为上被父亲呵斥所导致的。

我们可以根据那些已经证明的事实来对儿童的精神生活做进一步研究了。同时，我们也有可能实现梦中的另一种禁忌的愿望，也就是迫切的性冲动，解释其产生的缘由了。所以，我们必须先从对儿童性行为的发展开始研究。通过我们多方面的观察分析，发现了以下事实：首先，那些认为儿童没有性行为的观点就如青年只有在生殖器发育成

熟才会有首次性冲动的观念一样荒谬。实际上，儿童期的孩子也有多种多样的性行为，只不过他们与成年人日常的性行为是大不相同的。成年人的性行为有许多变态的活动，这种"变态"表现在以下方面：（一）没有人兽的限制；（二）没有厌恶的限制；（三）没有近亲不婚的限制；（四）没有性别的限制；（五）身体任何器官都可参与性行为，没有单纯性交的限制。实际上，这些限制都不是一开始就有的，而是人们在成长和受教育的过程中逐渐产生的。儿童们不会受这些限制的约束，因为他们没有这样的观念。儿童不会知道人与兽之间存在本质的区别，只是等到他成熟之后，才会觉得自己比动物高出一等。他们在生活中也不会对粪便产生厌恶，只是在教育的影响下，才会有厌恶之感。他们对于性

俄狄浦斯与斯芬克斯

俄狄浦斯情结就是指"恋母情结"。这个故事源于古希腊神话一个预言：底比斯王的新生儿（也就是俄狄浦斯），有一天将会杀死他的父亲而与他的母亲结婚。底比斯王怕预言成真，就下令把婴儿丢弃在山上。后来一个牧羊人把他送给邻国的国王当儿子。但俄狄浦斯却不知道自己的亲生父母是谁。长大后他做了许多英雄事迹，赢得伊俄卡斯忒女王为妻。后来国家瘟疫流行，他才知道，多年前他杀掉的一个旅行者是他的父亲，而现在和自己同床共枕的是自己的亲生母亲。俄狄浦斯王羞怒不已，他弄瞎了双眼，独自流浪去了。

别的区分，实际上没有特别的认识，他们会认为男性与女性在身体构造上是一样的。他们对于性的好奇，锁定的对象往往是身边的亲人如父母、兄弟姐妹，或者是自己喜爱的人，或保姆、邻家哥哥姐姐。还有，我还可以从儿童的身上发现另一种特质，这种特质在他后来与异性发生了性行为才会彻底显露出来，那就是，他们会发现性交过程中不仅可以通过生殖器获得快感，而且身体的其他部分也同样可以产生相似的快感，与生殖器具有相同的性功能。所以，我们会认为孩子们其实是变化无常的。不过，即使我们发现了孩子们有性冲动的迹象，也不必觉得惊讶，因为相比他们以后的性行为，这种性冲动并不十分强烈，而且孩子们所接受的教育会坚决有效地制止他们的一切关于性的表现。教育的这种压制已经形成了一种通俗的说教，孩子们的这些性冲动，会因为大人们的故作忽视或者曲意歪解而失去性的意义，以致到了最后，连他们的性冲动也会被否认。大人们虽然常常会在房间内呵斥孩子们对于性的好奇心，但是当他们对外面的人却极力辩解孩子们在"性"这方面的纯洁。实际上，当儿童单独生活或者遭受诱惑时，他们常常会有一些极端性行为。大人们将他们这种行为称之为"孩子的阴谋"或者"耍花枪"而不予严厉的惩处。这种做法是对的，因为我们不会运用法律或者道德来评判他们，毕竟他们还没有长大成人要对自己的行为负责。不过，这种事实的确存在，而且非常重要，它既是作为孩子先天倾向的证据，又能够引起以后性行为的发展，我们可以由此来对儿童的性行为乃至人类的幼年私密有一个充分的了解。如果我们能透过梦的改造作用而探求隐藏在背后的那些禁忌的愿望，那么我们就可以证明，梦对于愿望的表现完全回到了人类的幼儿阶段了。

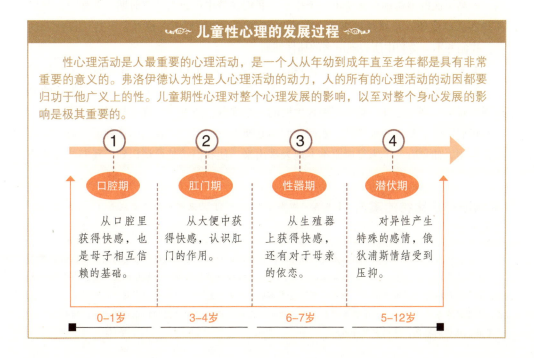

儿童性心理的发展过程

性心理活动是人最重要的心理活动，是一个人从年幼到成年直至老年都是具有非常重要的意义的。弗洛伊德认为性是人心理活动的动力，人的所有的心理活动的动因都要归功于他广义上的性。儿童期性心理对整个心理发展的影响，以至对整个身心发展的影响是极其重要的。

① 口腔期	② 肛门期	③ 性器期	④ 潜伏期
从口腔里获得快感，也是母子相互信赖的基础。	从大便中获得快感，认识肛门的作用。	从生殖器上获得快感，还有对于母亲的依恋。	对异性产生特殊的感情，俄狄浦斯情结受到压抑。
0-1岁	3-4岁	6-7岁	5-12岁

在这些禁忌的愿望中，乱伦的愿望是最为重要的。所谓乱伦，你们应该知道，就是父母与子女以及近亲之间发生了性行为。然而社会对于乱伦是深恶痛绝，几乎所有人都会表明对这种现象的憎恨，他们认为乱伦的愿望是一种原始的兽欲，是应该被坚决禁止的。对于乱伦禁忌，科学家们曾给出过荒唐的解释，他们认为乱伦禁忌是保存物种的有效制度，因为近亲婚配，他们的后代不健全，从而使整个种族退化；也有的人认为早在幼儿时期亲属关系就有效避免了"性"的发生，所以孩子在长大后便没有乱伦的观念了。如果这种见解的确是事实，那么人类当然不会发生乱伦行为了，然而为何社会还有对这一现象作如此苛刻的禁止？这一点我们就很难理解了。但是，既然社会上会有这种禁忌，就已经证明了的确会有乱伦的欲望存在。事实上，精神分析已经对这种事实做了深入研究，所得出的结论便是，儿童在有了性意识后，往往会以身边的亲人尤其是父母为性交对象，只不过在后来的成长和教育过程中才会逐渐明白这是愿望属于禁忌从而加以反对和排斥。如果我们要探讨这种愿望起源，恐怕需要求助于个体心理学了。

通过对于儿童心理学的研究，我们可以对禁忌愿望的起源总一个总结了。你们应该还记得，我们过去遗忘的幼年经历可以进入梦境，实际上儿童的精神生活以及特点，如利己主义、乱伦倾向等，也都会一直保留在人们的潜意识中。所以，我们每晚所做的梦，都是在回归到最初的儿童时期。不仅我们可以证明潜意识就是儿童时期的心理活动，而且我们对于"人性本恶"这一观念的强烈排斥也会大大降低。因为这种罪恶而可怕的观念只存在于我们最初的幼儿阶段，它只在我们的儿童时期才会发生作用。我们对这种观念不够重视，因为它实在是微乎其微，而且我也不必太过重视，因为我们是不会以一种高层次的道德标准来要求一个孩子。我们在梦中还原为儿童时期，并暴露出我们那些邪恶的愿望，虽然这种事实令人难以置信，而使我们万分惊异，不过可以放心的是，我们并不会像梦中所表现出来的那样邪恶。

如果在我们的梦境中所表现出的邪恶的愿望只是幼儿时期的，或者回到了原始时期，那么这些梦也仅仅使我们在情感上又重新变成了孩子，我们何必要对这些邪恶的梦感到羞耻呢？理性思维只是我们精神生活的一小部分，还有一大部分是属于非理性的，虽然我们明白了梦境的荒谬性，然而我们不必便因此而羞惭。我们的这种愿望通过梦的检查作用，如果有一个愿望原原本本地表现出来，使我们清楚地认识到，我们就会恼羞

维纳斯和丘比特的寓言 安戈洛·布隆齐诺 意大利 油画颜料绘于嵌板上 1545年 伦敦国家美术馆

右页中这幅作品让人看着心里总是有一种冰冷的感觉，一直被认为是乱伦和性变态的象征，但毋庸置疑的是画家布隆齐诺的杰作之一。画面中的人物，一个是和维纳斯拥抱在一起乱伦的丘比特，一个是小天使，最上边的一位老者似乎愤怒地想用幕布遮盖这不堪的一幕，还有一个奇怪的女孩，一半是人，一半是兽，手里还拿着蜂巢，另一只手握着毒刺。画家想将画面中人类心中的恐惧和渴望描述出来，但却用了一种凄美、痛苦的格调，让读者深感迷惑。

成怒，如果有的愿望虽然被改造过了，却仍能被我们了解，我们仍免不了觉得羞耻。你们可以回忆一下前面我讲的那个德高望重的老太太关于"爱役"的梦，此梦的意义尚未得以解释，她便对梦的内容大加怒斥。这个事实我们至今还没有作出解释。如果我们继

四舞者的退场 埃德加·德加 法国 1899年

德加在创作中不喜欢特意去构图，画面中四个舞者背对着我们，做出一副要退场的样子，我们能看到的就是她们离开的那一瞬间，画家的这种构图手法是从摄影术和日本版画中学到的，这幅作品色彩明艳、生动，这也是德加的主题的一部分，舞台上闪耀着人工的灯光，我们与舞台之间的距离也变得模糊不清。由此给人一种距离感和眩目感。

续对梦中的罪恶愿望来做研究，或许我们可以求得另一种观点或者另一种评断。

　　我们做了这么多的分析和研究，实际上只得到两个结论，而且这两个结论又使我们面临了新的问题和新的疑点。第一个结论是梦的倒退作用，这种倒退不仅是形式上的，也是本质上的。梦将我们的思想情感改造成为一种原始的表现形式，且具备了原始精神生活的特点，即自我的精神支配和原始的性冲动。如果象征能被认为是理智的产物，那么这种倒退就是要我们回归原始人的智慧和财富。第二个就是这种古老而幼稚的特质，虽然它在从前的人们的心理活动中占据着优势，但现在它却只能藏身于潜意识中，至多让我们对潜意识的概念多了一层认识。所谓的潜意识如今不仅仅指的是它的传统意义了，它已经成了人的心理活动中一个特别的区域，它会有自己的欲求和表现方式以及特别的活动机制。不过，从梦的解释中所求得的那些隐藏的意念，并不属于潜意识的区域，这些意念与我们清醒时的某种思想却非常相似。不过，它们仍属于潜意识的，你们是否会觉得矛盾呢？那么，我就需要对此作一个辨别。有些观念源自意识的生活并具有意识生活的特点，这些观念可称为昨日的"遗念"，和那些源自潜意识区域的观念结成而形成的梦，梦的工作就是在这两个区域内完成的。潜意识对于这种遗念的影响，极有可能引起倒退作用。在我们没有进一步对心理活动作出研究前，上述的观念可以说是我们对于梦的性质最充分的解释了。不过很快我们将会给予梦中隐藏的意念的性质以新的概念，使它与由幼年时期所引起的潜意识意念相区别。

　　当然，你们也许会有这样的疑问：在我们的睡眠中，到底是我们心理活动中的哪一种力量产生作用以致引起了梦境的这种倒退？难道没有了这种倒退，梦境就不能消除那些侵扰睡眠的刺激吗？如果是由于梦的检查作用而致使那些隐念不得不被改造成原始时期而如今难以理解的表现方式，那么为什么这些已经被克制的冲动或者欲望还会被表现出来呢？总的来说，到底这种在形式上和本质上的倒退到底有什么作用呢？如果我要明明白白回答你们这些疑问，你只能说它是形成梦的唯一方法。就动态的方面来说，除了这种倒退，对于消除侵扰梦的刺激，也别无他法了。所以你们这些疑问的答案，目前我还不能列举出更多的证据。

第十四章

欲望的满足

俯卧的儿童

文艺复兴时期还有之后很长的一段时间，成年女性的裸体一直是画家作品中的主体表现内容，图中一个小女孩懒散地趴在床上，画家夸张、露骨地将儿童的性器官描绘出来，这显然是很大胆的，也表现出文艺复兴之后，创作的多元性。

也许我们有必要对我们的研究过程做一番回顾。在我们最初运用分析法时，发现了梦的改造作用，不过我们将梦的改造问题搁置一边，先来对儿童的梦做分析研究，只是为了对梦的性质做一个初步的了解。等我们对于儿童梦的研究有了成效后，再来研究梦的改造作用。我以为我们能够了解梦的改造作用，然而现在我们只能说，由于在这两方面所求的结论并不融合，所以我们的了解并不算充分。现在，如果将这两种结论联系起来，那就是我们要做的研究了。

通过这两方面的研究，我们了解到梦的主要性质便是将意识的或潜意识的思想改造为梦境中的影像。至于这个改造的过程是怎样的，我们虽然感到惊奇，却并不理解。这一问题属于一般心理学范畴，不在我们的研究范围内。从对儿童的梦的研究，我们知道了梦的工作在于满足人们的欲望，以便消除侵扰睡眠的刺激。至于梦的改造作用，由于我们还不能作出明确的解释，所以现在还不能妄下定语。不过从一开始我们期望将这些关于梦的观点与关于儿童的梦的观点联系起来，使之融会贯通。如果我们知道所有的梦实际上都是儿童的梦，都是对幼年经历的重现，且都以儿童的心理活动为特征，如此我们就可以实现这一期望了。如果我们现在已经对梦的改造作用有所了解，那么我们就要来研究一个新的问题："梦是对欲望的满足"这一观点是否可以用来解释改造过的梦呢？

前面我们已经在很多方面对梦作出了解释，然而唯独没有讨论"欲望的满足"这一问题。也许在前面我们对梦做研究时，你们就有了这样的疑问：如果你认为梦的工作其目的便是对于欲望的满足，那么你用什么证明呢？这个问题非常重要，因为许多批评家常常据此发难。人类一直都有这样的惯性，对于新生的事物都要表示出憎恶的态度。人们的这种态度，往往是将各种新的创见缩至最小的范围，如果有需要，还会给它添加

熟睡的维纳斯 保罗·德尔沃 比利时 布面油画 1944年 英国伦敦塔特陈列馆收藏

画面的主体是维纳斯躺在卧榻上睡着了，天上有一轮如眉的弯月，皎洁的月光照在她的身上，她的对面有一具骨骸和一个穿女装的人体模型在注视着她。这是超现实主义画家德尔沃标志性的绘画场景：裸体的年轻女人，她是美丽与死亡的结合，微微张开的双腿是欲望和恐怖完美的结合，也许她梦到了死神在引诱她，画面诡异，让人心生不安。

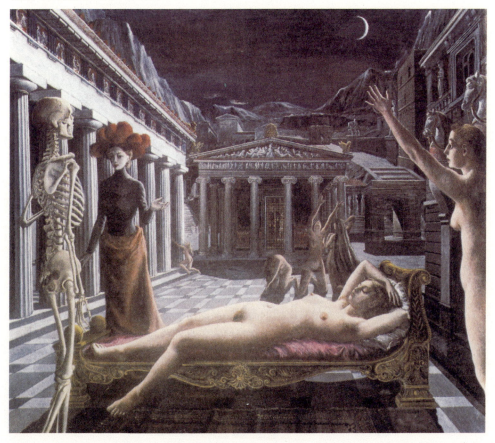

一个问号。"欲望的满足"就是一个问号,用这个问号来概括我们对于梦的新论断再合适不过了。人们在听说梦是对欲望的满足,便会问:"到底梦中的什么是对欲望的满足呢?"人们会不断提出这种问题以推翻新的观点。实际上,人们在回想起自己所做的梦时,通常都会感到不愉快,甚至于害怕,所以,他们会认为精神分析这一学说根本不可信。不过,对于他们的疑问,其实并不难回答。在被改造过的梦中,对于欲望的满足通常都不会表现得很明显,需要我们来认真地寻找。所以,如果我们要证明它的存在,那就只能等到我们对梦作出了完满的解释以后。前面我们也了解,被改造过的梦中,隐藏在背后的欲望是为检查作用所拒绝排斥的,正是由于这些愿望的存在,才产生了梦的检查作用和改造作用。然而,我们很难使批评者明白这样一个事实:在我们没有对梦作出解释前,没有人能够说清楚梦是对哪一种欲望的满足。然而他们总是忽视这一点。实际上他们不想接受"愿望的满足"这一观点,是由于梦的检查作用,因为有检查作用的存在,所以他们认为梦境的内容都是虚假的,并非源自真实的思想,从而不承认那些已经被证实的梦中的愿望。

就我们自己而言,肯定是想明白为什么我们会有那么多不愉快的梦,以及那些焦躁的梦是如何产生的了。在这里我们第一次研究梦的情感问题,这个问题也很重要。不过遗憾的是,目前我们还不能对它作深层次的讨论。如果梦是对欲望的满足,那么不愉快的情感当然没有入侵的可能了,批评家对于这种观点倒是没有异议。然而,这个问题并没那么简单,人们往往忽视了以下三点:

(一)梦的工作不总是能满足愿望。所以,隐念中的一部分不愉快情感便会在显梦中出现。根据我的研究,这些隐念的不愉快成分竟比显梦中的愿望要强烈得多,这在随便一个案例中都能得到证明。我们不得不承认梦的工作实际上不能达到满足愿望的目的,这就和梦中因渴而喝水然而却不能止渴一样。做梦人醒来后仍然会觉得口渴,仍然会喝水。不过,这算是一个典型的梦例,因为它具有梦的普遍特性。所以,我们可以说:"ut desint vires, tamen est laudanda voluntas"。(虽然缺少力量,但仍不失为追求欲望的实践。)不管怎么说,我们可以很容易地辨识出梦中的意向。梦的工作是对愿望的满足,但也经常会遭遇失败,为什么会失败呢?其中一个重要原因就是,梦的工作看起来比较容易,然而要在梦的工作中引起相应的情感,这是异常困难的,情感非常倔强,很难被支配。因此,在梦的工作过程中,隐念中一些不愉快的内容会转化为对愿望的满足,然而这种不愉快的情感却始终不会改变。当然,造成的结果辨识情感和内容极不协调,于是批评家便借机说梦不是对愿望的满足,梦的所有内容都会带有不愉快的情感。这种批判实际上并不很高明,我们可以这样反驳,正是在这些不愉快的梦中,梦对愿望的满足是最明显的,这种满足的倾向不过是在梦中分离表现出来而已。批评家之所以认为这种观点是错误的,在于他们根本就不了解神经病患者,他们认为梦的内容与情感的关系应该比现实生活更密切。所以,即便是梦的内容发生了改变,其所伴随的情感也始终保持不变。

城镇的上空 马尔克·夏加尔 布面油画 1915年 私人收藏

画面中飞起来的两个人，一定是想要自由地在一起，所以他们梦想着自己有一天能飞出环境的禁锢和空间的局限，两人一起飞跃天空。男人的手温柔地环绕在女人的胸前，他们看起来像要一起私奔的情人。夏加尔的绘画风格老练而不失童趣，将梦境和现实真实地融合在了一起。

（二）第二点也很重要，但人们也经常忽视它。一般来说，对于欲望的满足可以产生快感，然而有人便会发问：欲望的满足到底会对什么样的人产生快感呢？这个问题的答案很明显，谁会有欲望，谁就会产生快感。不过我们知道做梦人对于他的欲望其实有一种特殊的情感，他反对这些欲望，拒绝这些欲望，总而言之，他并不想有此欲望。所以，即便在梦中欲望得到了满足，他也并不因此而兴奋，反而会觉得不愉快。实践证明，虽然我们还不能解释这种不愉快，但它的确就是形成焦虑的主要原因。只说此欲望，做梦人仿佛变成了两个人，只是因为某种共同点才合二为一。对于这一问题，我不想再多作解释，不过我要为你讲述一个神话故事。通过这个神话故事，你们大概就会明白这其中的关系了。一个善良的神仙许诺一对贫贱夫妻，可以满足他们三个愿望。这对夫妻自然是欢喜异常，他们在确定愿望时非常谨慎。妻子希望要两条腊肠，因为她闻到了邻居家挂着的腊肠的香味。她这个愿望一在脑海中闪现，立即便有两条腊肠摆在她的面前，于是夫妻的第一个愿望便得到了满足。不过丈夫却对妻子的愿望很不满，就许愿两条腊肠挂在妻子的鼻子上，果然那腊肠立刻就在妻子的鼻子上挂着取不下来，他们的

白屋前的夫妇 格兰特·伍德 美国 1930年 美国芝加哥艺术中心收藏

　　夫妇背后的白色建筑是美国南方小镇上一幢普通的哥特式建筑，画家凭借他的记忆创作了这幅作品。画家用其稳健的画风和惟妙惟肖的手法为我们描绘了一幅清新的乡村风景。丈夫的手里拿着一个钢叉，好像准备去干农活，他们脸部神色各异，不知道他们有什么样的愿望。

　　第二个愿望也满足了。由于丈夫的这一愿望，妻子深受其苦，于是第三个愿望的内容，你们一定也猜想得到，他们毕竟是相濡以沫的夫妻，这第三个愿望就是让两条腊肠离开妻子的鼻子。这个神仙故事流传广泛，常被人们用来说明其中的道理，然而在这里我却要用它来表明一个事实，那就是：如果两个人并非同心同德，那么一个人的欲望得到满足，必使另一个人感到不快。

　　现在我们可以对焦虑的梦作一个完美的解释了。不过在我们采用前面已经得出的种种结论前，还需要提及一点，那就是：焦虑的梦的内容一般都没有被改造过，似乎是成功地躲开了梦的检查作用。焦虑的梦往往是公开的欲望的满足，虽然做梦人并不承认这种欲望，他们认为自己已经抛弃了此欲望。正是因为如此，所以在梦中这种欲望流露时，一种焦虑的情感便趁机引起，从而替代了梦的检查作用。人们通常都会承认儿童的梦是对欲望的公开满足，而成年人的被改造过的梦则是对备受压制的欲望的隐性满足，至于焦虑的梦的满足方式，则是对被压制的欲望的公开满足了。由此可见，焦虑情感的产生，实质是由于被压制的欲望太过于强大而梦的检查作用根本无法克制所致。所以，虽然这种欲望受到了梦的检查作用的制约，却仍能最大限度地得到满足。如果我们从梦的检查作用的角度来看，便会明白那种被压制的欲望由于被克制，所以才会引起我们的不快情感从而使我们产生反抗之情。因此可以说，梦中所出现的焦虑之情，正是被那种所不能克制的欲望的强大力量所引起的。为什么我们的反抗之情会变成焦虑呢？从对梦的研究中我们可以了解到，不过仍需要在多方面对此作细致的分析。

　　我们对那些没有被改造过的焦虑的梦所作的种种假设，实际上也可以用来解释那些被改造程度非常浅的梦以及那些被引起的情感类似焦虑的梦。一般来说，焦虑的梦常会使我们从梦中突然醒来，实际上，当梦中的一种强烈的被压制的欲望在没能冲破梦的检查作用以求完全满足之前，我们就已经醒了。诸如这些梦，虽然其目的没有完成，不过梦的根本性质却不会发生改变。前面我们将梦比喻为睡眠的守护者，它保护睡眠不受刺激的侵扰。如果这个守护者的力量不足以抵抗某种刺激或迫切的欲望，它就会将我们唤醒。我们醒来后会因为这个梦而深感不安，以致慌张，不过有时候我们变得清醒后便会继续酣睡。我们会在入睡的过程中安慰自己："这不过是个梦，没什么可担忧的。"于是便继续沉睡不醒。

可能你们会问我，到底梦中的欲望什么时候才能冲破梦的检查作用？要回答这个问题，就要从梦的欲望和梦的检查作用两方面考虑了。有时因为某种原因，梦中欲望的力量非常强大，这种力量足以抵抗住梦的检查作用。然而，根据我们的研究，这两方面的势力一般是处于平衡的状态，如果这种状态发生了倾斜，那就有可能是检查作用的原因。通过前面的讨论我们已经了解，梦的元素不同，会致使梦的检查作用的强度发生改变，从而使其对被检查内容的态度也会有差异。或者也可以这样说，梦的检查作用的普遍行为并不是固定的，即便是对同一种元素，也经常会有不同的态度。如果这种检查作用自认为无法克制住某种异常强烈的欲望，它便不会再引起梦的改造作用，而是采用最终的杀手锏，那就是引起做梦人的焦虑从而使其从睡眠中惊醒。

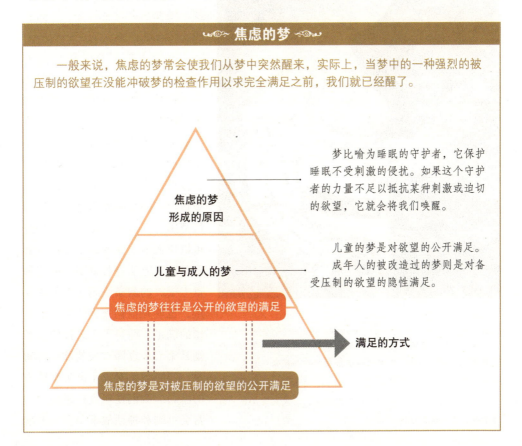

焦虑的梦

一般来说，焦虑的梦常会使我们从梦中突然醒来，实际上，当梦中的一种强烈的被压制的欲望在没能冲破梦的检查作用以求完全满足之前，我们就已经醒了。

焦虑的梦
形成的原因

儿童与成人的梦

焦虑的梦往往是公开的欲望的满足

满足的方式

焦虑的梦是对被压制的欲望的公开满足

梦比喻为睡眠的守护者，它保护睡眠不受刺激的侵扰。如果这个守护者的力量不足以抵抗某种刺激或迫切的欲望，它就会将我们唤醒。

儿童的梦是对欲望的公开满足。成年人的被改造过的梦则是对备受压制的欲望的隐性满足。

你们一定会觉得奇怪：为什么那些罪恶的、被我们所拒绝的欲望，偏偏在夜晚进入我们的梦境捣乱呢？这个问题目前我还不能给予你们明确的解释。如果你们想了解更多，那么我们再采取一种假设，这种假设以睡眠的性质为基础。通常在白天，检查作用会非常强大，它可以克制住那些邪恶的欲望，不使其进入我们的意识中。然而到了晚上，检查作用就会像我们其他心理活动一样，因为睡眠而变得懈怠，从而使其力量大为减弱。一旦检查作用出现了懈怠，那些邪恶的欲望便会趁机活跃起来。有些患失眠症的病人认为他们的失眠完全是自我克制的结果，因为他们害怕做梦所以不敢入睡。也就是，他们害怕因为检查作用的懈怠而引起某种可怕的后果。然而，你们可以宽心的是，检查作用产生懈怠从而致使力量减弱，实际上并没有太大的危害，因为睡眠本身就具有削减梦中活动的功能。即便在梦中那些邪恶的欲望蠢蠢欲动，它们至多也是入梦而成为梦的元素，而决不会有更大的危害。所以，了解了这个原因，做梦人就可以在自慰时说："这只是一个梦，随便它会发生什么。"然后便安然入睡。

（三）你们是否还记得前面我说的一点，做梦人在面对他自己那种邪恶的欲望时，通常会表现成两个人，只有因为某种亲密的关系才将两人合二为一。如果你们了解这一点，那么你们就会发现还有另一种方法可以使欲望在得到满足时能引起人们的不快情感，此方法就是惩罚。我们可以借助前面讲的那个神仙故事来对这个方法进行说明。面前餐盘上摆放的两条腊肠是妻子的欲望，也就是他们夫妻的第一个欲望的满足，而鼻子上悬挂的腊肠则是第二个也即丈夫的欲望的满足，同时也是对妻子那愚蠢欲望的惩罚。我们在研究神经病时，常会见到和神话故事中第三个欲

邪恶的欲念

人最害怕，最不容易做到的就是审视自己，如果梦的检查作用出现了懈怠的话，那些邪恶的欲念就会趁机活跃起来。画家在一张古画上做了新的处理——加了一面镜子，从镜子里出现了一个恶魔，其实这镜中只是变态的自己。人只有反思、审视自我，才能认知自我。

爱的寓言　保罗·韦罗内塞 意大利 布面油画 约16世纪 伦敦国家美术馆

　　画面中被小爱神用弓抽打的男人是这里的反面人物，他旁边的两位女士面露轻蔑和不悦，正从画面中离去，让男人留下来独自接受惩罚。画家想要告诉我们的是，这不过是一场求爱的游戏而已。人们的精神生活中经常会产生这种惩罚的欲望，它们强烈而迫切，所以往往会引起某种痛苦而焦虑的梦。

　　望相类似的欲望。人们的精神生活中经常会产生这种惩罚的欲望，它们强烈而迫切，所以往往会引起某种痛苦而焦虑的梦。可能你们会认为那些欲望的满足缺少根据，不过若是你们对于这种欲望做了细致的分析研究，便会改变你们这种见解。就目前来说，将欲望的满足、焦虑的满足、惩罚的满足等学说与引起梦境内容的种种可能相比较，它们所显示的意义都是片面的。通常我们认为，焦虑是欲望的反面，而反面与正面联系在一起极易引起联想，不过，根据我的分析，这两种内容在潜意识中实为同一物，就连惩罚也可以被看作是欲望的满足，只不过它满足的是检查的欲望。

　　所以，我可以概括地讲，即便你们对这种欲望满足的观点持反对态度，我也不会作出让步。然而对于我们的研究，我们还应该继续，而下一步的研究方向，就是要证明在每一个被改造过的梦中，都存在对欲望的满足。对于验证这一假设，我们再来对前面已经解释过的一个梦再作分析，就是那个"一个半弗洛林买了三张坏座位"的梦，我们曾经根据这个梦求得了许多结论，但愿你们还能记得此案例。做梦的那位女士在某一天被丈夫告知，他们的朋友，比她小三岁的爱丽丝与人订婚了，于是这位女士在当晚的睡眠中便梦见了与丈夫去剧院看戏，而剧院的座位有一大片空余着。后来丈夫对她说，爱丽丝和她的未婚夫本来也要来看戏的，不过最后没来，因为他们以一个半弗洛林买了三个坏座位却不愿意使用。女士便说，他们其实还占了便宜。我们已经了解，她在梦中并不满意自己的丈夫，后悔自己结婚太早了。你们可能会觉得奇怪，梦中的这种悔恨的情感怎么会变成欲望的满足，在显梦中，并没有这种满足的痕迹啊？你们应该知道，那位女士内心有对于婚姻的"太快了、太匆忙了"这种潜意识，而这种潜意识在梦中由于受到检查作用的阻止并没有充分表露出来，于是被改造成了剧院内有空余座位这一暗喻。至于"一个半弗洛林买了三张票"这句暗示，显然使人难以理解，不过现在我们可以运用象征的理论来对此作一个比较明确的解释了。"三"这个数字实际上代表了男性，所以这个显梦的意义可以理解为：用嫁妆买了一个丈夫。"到剧院去"这个元素自然指的是

隐藏的欲望　保罗·德尔沃 比利时

　　画中的少女隐藏在一条茶色小径上，两个女人相拥在一起，旁边戴眼镜的男士在一旁默默注视着她们。尽管灯光昏暗，但依旧不能掩饰她心中的欲望。德尔沃的绘画总是留给人一种神秘莫测的感觉。

结婚了。"戏票买早了"其意就是结婚太早了。所以，这种替代也可算是对欲望的满足了。做梦人虽然对于自己的婚姻一直感到不满，但从来没有像听到朋友订婚那天如此强烈。在过去她对自己的婚姻充满了憧憬，认为自己会比朋友们要幸福。我们经常听到一些单纯的女孩子，每当她们订了婚，便会认为自己将经历许多一直都期待的种种戏剧，于是便显得异常兴奋。

人们的好奇心以及偷窥欲望往往是源自早期性的偷窥冲动，尤其是对于父母的偷窥，这种偷窥的冲动就成为子女早婚的一个重要原因。所以，去剧院看戏自然就代表了结婚。那位女士因为太早结婚而感到后悔，于是她便想以相同的结婚方式满足自己的偷窥欲，由于受到这种传统的欲望所控制，于是在梦中便以去剧院的意念替代了结婚的意念。

也许你们认为上述所说的梦例并不足以说明梦皆是对欲望的满足，实际上不论是哪一种被改造过的梦，我们对其所作的解释也常常需要绕很大的弯子。所以现在，我们没法作详细的阐述，只要你们相信此种方法的确可以取得成效就足矣。不过，若从理论知识的角度讲，对于此点我们还可以有更多的分析了解。我们从以往的经验可以得知，这个论点是关于梦的理论中最容易引起人们误解的。如果你们觉得我已经摒弃了一部分结论，比如我说梦是对欲望的满足，然而又说梦也可以满足欲望的反面，如焦虑或者惩罚，那么你们肯定会抓着这一问题逼迫我作出更大的让步。还有，可能你们会有人认为我对于一些确凿的事实所作的解释太过于简略，根本就无法使你们信服。

虽然我们对于梦的研究已经达到了一个很深的程度，对所求得的众多结论都已经接受，然而我相信你们对于欲望的满足这一问题，仍然会存在诸多疑问，你们会问：就算我们相信了梦是有意义的，而且梦的意义可以运用精神分析法来寻求，然而为什么我们要否定其他反面论点，而认为梦的意义只在于对欲望的满足呢？为什么我们在梦中的思想没有清醒时的那么丰富多彩呢？为什么一个梦不可以既满足某种欲望，也满足此欲望的反面，如恐惧，同时也能满足一种决心或者警告，或者一种问题的两方面思考、或者一种谴责、或者是对于事业的准备，再或者是其他呢？为什么梦只能满足一种欲望，或者是欲望的反面呢？

是否我们可以这样说，如果梦的其他方面的理论都得到了认可，只有在这一论点仍有异议，那么实际上对于梦的解释无关紧要。既然我们已经发现梦的意义以及探求意义的方法，不就应该感到满足了吗？如果我们对于梦的意义做出了严格的限制，那么我们前面努力求得的结论不就毫无用处了吗？这些说法是绝对不正确的。我们之所以对欲望的满足这一问题会产生误解，便因为我们对于梦的理论有一种惯性的认识，这种惯性认识也会危害到梦的理论对神经病所作的解释。还有很重要的一点，"人至低则无敌"虽然是一种处世哲学，但它对于科学来说确实有害无益。

为什么梦的意义是单一的呢？对于这个问题的回答其实很简单。我们没想到它会这样，偏偏它就是这样，就某一方面来说，它的确是这样。不过对于一个内容复杂的梦来

叛逆的少女

　　图中的少女裸露着身体，表情有些放肆，头上系着白色的蝴蝶结，举手投足间彰显了少年时期的叛逆。人在成长的过程中，总是有很强的好奇心，这也同时引发了人们的偷窥欲望，尤其是对于父母的偷窥。这种偷窥冲动也是子女早婚的主要原因。

说，我们常常陷入一个误区，那就是我们认为它意义众多，而实际上所谓的意义并非它的真正意义。还有第二种回答，此答案我要重申一点，那就是，梦境对于思想和情感的表象有很多种方式，不过这并是什么新奇的观点。有一次我在对某种病理的发展做研究时，记载过一个患者的梦，他这个梦连续三夜都做了，而从此便不再做梦。那是我对此梦的解释，认为这个梦相当于一个决定，一旦这个决定付诸实施，以后就没有必要再做梦了。后来我有记载过另一个梦，而这个梦则是表示忏悔的。为什么我现在要摒弃以前的说法，而认为梦是对欲望的满足呢？

我只能说，我宁愿承认自我矛盾，也不会接受一个错误的说法。这个错误的说法，可能会使我们在梦的研究上所求得的一切结论化为乌有，并且混淆了梦境和梦的隐念的概念，使人们认为梦的隐念是什么样子，梦境便是什么样子。梦境的确可以将前面所讲的思想和情感，如决心、勇气、反省、计划等表现出来，甚至予以还原。不过，如果你

静物的语言　萨尔瓦多·达利　西班牙

　　梦境对于思想和情感的表现方式有很多种方式，达利将梦境之谜用静物的方式来表达。我们日常生活中用的瓶子、杯子、餐刀、餐盘，吃的苹果、梨，还有其他生活中常见的树叶、小鸟，甚至大海等，这都成了梦与性的替代品。所有僵硬的一切，在达利的笔下它们诉说着自己的语言，活了起来。

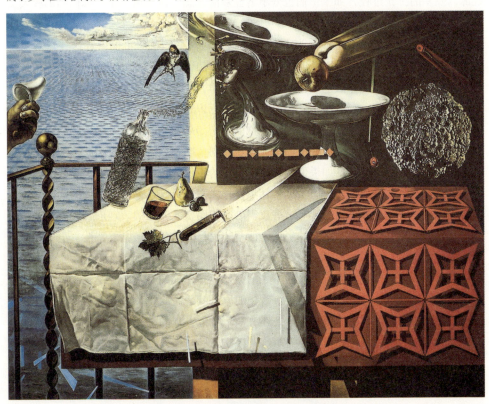

们能做细致的观察，就会发现这些元素只能算是进入梦境而被改造过的隐念。我们根据前面对梦的解释可以知道，人们的潜意识中常会有这种决心、勇气、计划等，而在梦中它们通过梦的工作而变成梦境形成的元素。实际上，不管我们的研究到了什么程度，你们的兴趣只集中于人们的潜意识思想，而很少对梦的工作加以关注。所以，你们不愿去理解梦的构成因素，而直接认为梦的意义在于表明一种决心或者警告，抑或其他的思想情感。实际上这种观念也算合理，精神分析法常运用此种观念来做研究。总的来说，我们的研究目的便在于透过梦的表面现象，而探求梦中隐藏着的与显梦相对应的隐念。

所以，在我们探求梦的隐念时，却发现了适才我们所讲的那些复杂的心理活动，实际上已经在潜意识中完成了。这一结论真是既新且奇，却也是令人迷惑的。

不过现在回归正题，你们认为梦代表了各种思想情感。如果你们的观点只是对梦的意义的一种概述，而不是说思想情感便是梦的特性，那么这种观点自然不错。我们在说到一个梦时，往往指的是显梦，也就是梦的工作的产物，或者指的是梦的工作，也就是将梦的隐念化为显梦的过程。如果你们认为梦还有其他意义，那必然是混淆视听的荒谬之见了。如果你们认为的梦是指梦的隐念，那么你们最好将这种观念解释清楚，不要因为觉得言辞不够完美而维持它的隐晦性。梦的隐念只是梦的工作为制造显梦所引用的材料，为什么你们喜欢将材料与改造材料的过程混淆呢？有些人只知道显梦而无法了解其起源以及梦的工作过程，如果你们也分不清显梦的意念，作为医学生，你们和那些人又有什么差别呢？

梦的工作是梦唯一的特质，如果我们讨论梦的理论，就决不能忽视这一点。虽然我们在实际的研究中，很少对梦的工作有过关注。然而，根据我们观察分析，梦的工作绝不是将隐念翻译为原始的或退化的显梦那么简单。梦中有一种元素是不可或缺的，这就是潜意识中的欲望，它虽然不属于清醒时的潜意识思想，不过却是形成梦境的起因。梦境的改造作用的实行，便是为了满足这种欲望。如果你们只认为梦代表了一种思想情感，那么它可代表任何事物，如决心、警告、计划、准备等等。然而除此之外，它也是对某种潜意识欲望的满足。如果你们认为梦是梦的工作的产物，那么它除了欲望的满足外，便不具有其他意义了。由此可见，梦不仅是决心、勇气、警告等事物的象征，而且决心、勇气等事物在梦中也经常通过潜意识的欲望而变成原始的表现形式，而改变后的结果实际上就是欲望的满足。总的来说，欲望的满足才是梦的最主要特性，至于其他意义，则无关紧要了。

上述我所讲的知识，我自己是很清楚的，但不知道你们是否已经了解。如果你们希望我对此作出证明，恐怕不太容易了。首要的原因就是需要相关的证据，只是证据的求得必须要对梦作细致周密的分析才行；还有一个原因，梦的一切知识，只有联系实际现象来进行讨论，才能使人相信，不过对这实际现象的讨论，目前我们还不能做到尽善尽美。如果你们知道某一实际现象与其他实际现象存在着什么样的联系，大约便能了解这种现象的本质了。不过如果你们没有对它做出深入的研究，那就无法得知其他现象的性

思春的盼望

　　图中的少女表情少了几分惊慌失措和痛苦，多了一份欣喜的陶醉。少女怀春都有一种被男性劫持的欲望冲动，在这里，性与恶都已经被混淆，堕落似乎也是美好的。欲望的满足，这才是梦的最主要特性，至于其他意义，则无关紧要了。

质了。我们对于类似于梦的现象如精神病的症状一无所知，那么我们只能满足已经了解的知识。为了求得新的知识，我再列举一个事例。

我们多次讨论了那个"一个半弗洛林买三张戏票"的梦例，现在我可以明确地告诉你们，我对于这个梦里的选择是随意的，谈不上有什么特殊的目的。我们也探求出此梦例的隐藏意义是这样的：做梦人听说她的朋友订婚了，便后悔自己太早结了婚，然后就幻想自己若是耐心等待，或许也会嫁一个好老公。所以，她有点看不起自己的丈夫。我们也知道，那些隐念中进入梦境的欲望，实际上都是一种偷窥欲，即想在梦中获得看戏的自由或者对于婚姻生活的一种传统的好奇心的结果。儿童时期的好奇心或者偷窥欲常来源于父母的性生活，换而言之，这是一种幼年的冲动。如果成年人也有这种冲动，那么也是源自幼年时期。不过，那么女士在做梦的当日所听到的关于朋友订婚的消息，只会引起悔恨的情感，而不至于引起偷窥欲。一般来说，偷窥欲冲动的引起与梦中的隐念没有什么太大的关系，我们在做分析研究时，不用去关注偷窥欲也可以对梦作出有效的解释。不过，仅是悔恨这种情感是不足以引起梦境的，对于太早结婚这一抉择的追忆，也不足以引起梦境。当然，若是以前那种早结婚的思想能激发她对于体验婚姻生活的欲望，那么可能会形成梦境，而梦境的内容就是对这一欲望的满足，去剧院看戏代表了结婚，这种情境是对早先欲望的满足，那就是"我现在可以去剧院欣赏过去你们都禁止我看的戏剧了，不过我的朋友，你就没有这样的自由了，因为我已经结婚了，而你没有。"这一欲望。如此一来，现实的情境便恰恰相反，因为过去的虚荣早已被现在的悔恨所替代了。不过此梦的意义便在于做梦人的偷窥欲和虚荣心得到了满足。正是这种满足，决定了显梦的根本内容。在显梦中，做梦人与丈夫亲密地坐在剧院中央，而她的朋友则孤独地偏坐一隅，至于其他内容，则是为适应此情境而产生的不够合理的某种表现形式，然而此种表现形式并非凭空创造，而是由梦的意念所演变而来的。我们解梦的工作便是要绕过这些表示欲望满足的部分，而探求其背后隐藏的那些痛快的意念。

啰唆了半天，只是想让你们对梦的隐念予以足够的关注。首先，你们要记住，做梦人对于梦的隐念是毫不知晓的。其次，这些梦的隐念比较有条理性所以彼此之间很容易产生联系，我们可以将这种联系看作是对与侵扰梦的外界刺激的一种反应。最后，梦的隐念所具有的价值可以和任何感性的或者理性的活动相提并论。对于梦中的这些隐念，我认为换一个有限制性然而意义更明确的名称会更适合它，这个名称就是"昨日的遗念"（the residue from the previous day）。做梦人有时会承认它的存在，有时也会否认，所以，我们有必要在对"遗念"和隐念做一个区分，一般来说，凡是通过解梦的工作发现的，都可以成为梦的隐念，这是我们前面对梦做研究时就有的一个认识。而"昨日的遗念"只能算是梦的隐念的一部分。如此一来，我们便能将梦中的经历一个概述了，除了"昨日的遗念"，实际上存在着另一种强烈的而被压制的潜意识欲望，而这个欲望便是引起梦境的最大原因。由于这种潜意识欲望对于"昨日的遗念"实行某种作用，所以显梦中那些即便清醒时也难以明白的内容便随之产生了。

对于"昨日的遗念"和潜意识欲望的关系，我曾经做过一个比喻来说明，现在我将它叙说出来。任何一家企业，都会有一个资本家提供资本，一个策略家谋划策略，并且知道该如何执行此策略。我们解析梦的构成，可以将梦比作一家企业，那么潜意识欲望便是资本家，为梦境的形成提供材料和动机，而昨日的遗念就是那个策略家，它选择对材料的处理方式。资本家也可以做谋划或者其他重要的工作，当然策略家也可以掌握大量资金而成为资本家。不过，这种比喻虽然将实际情境变得简略，然而在理论阐述上却增加了不小的困难。经济学的观点认为，任何一个人，他在做事前，都会将自己的资本家能力和策略家能力区分开来，有了这种区分，我们所做的比喻才会显得有理有据。梦境的产生，实际上也会经历这样的过程。这点我先不说明，你们自己可以思考一下。

窗前的妇人和少女

儿童在少年时期都有一种偷窥的欲望，这是一种幼年的冲动。同样，成年人的这种冲动，也是源自幼年时期。站在窗前的一老一少，她们以截然不同的表现来观看眼前的景物，老妇人因为积淀了太多的人情世故，所以她掩嘴而乐；少女则不同，她眼睛发亮，露出发自内心的微笑。显然，老妇人她所知道的远比她看到的要多，而少女看到什么就是什么，老妇人的世故与少女的纯真形成了鲜明的对比。

讲了这么多，我们是否应该停下来缓一缓？我知道你们心中必定又有了疑问给予提出，我大概猜得出来是什么。也许你们想问：如果"昨日的遗念"属于潜意识的隐念，那么它与引起梦境的潜意识欲望是相同的吗？这样的疑问是非常好的，它的确是我们这个论点的中心环节。事实上，不论是昨日的遗念还是梦中的欲望，它们都是潜意识的，只是两者的概念不同罢了。梦的欲望作为一种潜意识，早在婴儿时期就有了，而且是由于一种特殊的机制所形成的，这一点我们前面已经了解。我们运用不同的名称来对这两种潜意识作区分，对于我们的研究是很方便的。不过，我认为在我们对神经病的症候有了一定的了解后，再来对这两种潜意识做研究会更好。如果人们对于潜意识的涵义感到惊奇，那么现在我们对于潜意识中的这两种概念作推论，可能会免不了遭人诟病的。

所以，现在我们对梦的欲望的讨论就先告一段落。虽然我们的研究不能算深入彻底，但是我们已经竭尽所能了，希望我们努力求得的知识能够帮助他人取得进步。实际上，对我们自己所了解的知识，也是相当吃惊的。

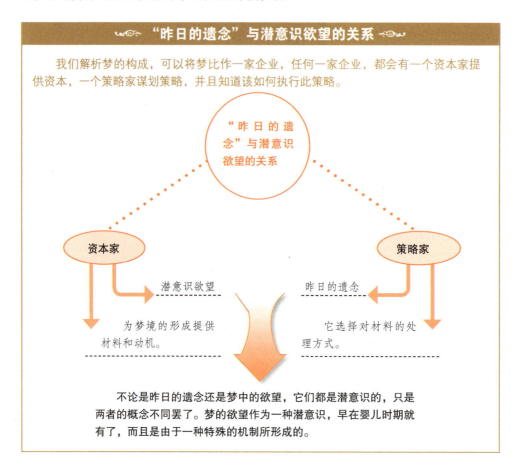

"昨日的遗念"与潜意识欲望的关系

我们解析梦的构成，可以将梦比作一家企业，任何一家企业，都会有一个资本家提供资本，一个策略家谋划策略，并且知道该如何执行此策略。

"昨日的遗念"与潜意识欲望的关系

资本家

策略家

潜意识欲望

昨日的遗念

为梦境的形成提供材料和动机。

它选择对材料的处理方式。

不论是昨日的遗念还是梦中的欲望，它们都是潜意识的，只是两者的概念不同罢了。梦的欲望作为一种潜意识，早在婴儿时期就有了，而且是由于一种特殊的机制所形成的。

第章

几点疑问与批判的观察

在我们结束对梦的讨论前，我觉得有必要再将这一学说所引起的一些普遍疑难点列举出来。也许你们在听完了我这几次讲课，就会产生以下的几种疑惑：

（一）可能你们认为，我们的解梦工作，即便是研究出有效的解梦技术，然而若是遇到有歧义的梦例，那么我们便无所适从了。我们通过显梦来求得隐念，这种方法未必就是正确的。你们的看法可能是：首先，对于梦中元素的理解，我们无法断定是采取其表面意义还是象征意义，因为某种元素虽然具有了象征意义，但仍有其本来属性。如果我们对于这一问题没有足够的证据来作出推断，那么解梦者就可以随便对梦中的元素作出解释了。其次，如果两种意义相反的事物通过梦的工作可以合二为一，那么随便择取一个梦例，其梦中的元素是该取其正面意义还是反面意义，也是难以判断的，所以只能由解梦者来决定了。第三，梦中的情景经常颠倒错乱，在目前无法明确解释的情况下，解梦者倒可以对此作出随意的判断了。最后，也许你们已经听说过，一个存在的理论未必就是那个唯一正确的理论，谁也不敢断言说其他理论都不能作出合理的解释。所以，根据上述几种情况，也许你们会认为梦的理论完全取决于解梦者如何解释，那么这种理论在客观上实在难以令人信服。或者你们会认为梦的难解性并非梦的过错，错在我们对于梦的分析研究所制定的概念和前提，因此我们对于梦的解释就免不了受到批判了。

你们所说的这几种反对见解的确很有道理，不过我认为这种反对并不能证明你们所认为的两个观点：一是解梦工作是由解梦者随意决定的，第二就是因为研究的结果没有尽善尽美，所以研究的过程也是值得怀疑的。如果你们怀疑解梦者的取舍选择，怀疑他的解梦能力和认识，那么我会双手赞同，毕竟在研究中个人的情感取向是在所难免的，特别是在对一些特殊的疑难作解释时。即便是在其他科学领域，这种情况也有发生，同样一门技术，甲使用起来，会比乙要拙劣，却比丙要优秀，这也是一种普遍现象。譬如说解释梦的象征，似乎我们可以给出多种答案，然而若是我们认真思考一下梦的意念批次的关系，梦境和做梦人以及心理活动的关系，便知我们只需要一种解释便够了，至于其他的解释都没有什么用了，所以你们可以根据这种思维来改变那种错误的想法。也许你们觉得由于我们所作假设的不科学性，以致对梦的解释不够完美，不过，如果你们梦本来就具有两义性和不确定性这两种特性，那么你们的这种观点也就没有存在的必要了。

解梦的疑问

每个人都要做梦，梦与之俱来，随之而去，伴随人的一生。只要人大脑的思维能力还在，梦就会长久不衰。"解梦"其实就是通过人在梦中所预感到的一些事物进行验证。

解　问
梦　疑
的

?

首先，对于梦中元素的理解，我们无法断定是采取其表面意义还是象征意义，因为某种元素虽然具有了象征意义，但仍有其本来属性。

其次，如果两种意义相反的事物通过梦的工作可以合二为一，那么随便择取一个梦例，其梦中的元素是该取其正面意义还是反面意义，也是难以判断的，所以只能由解梦者来决定了。

第三，梦中的情境经常颠倒错乱，在目前无法明确解释的情况下，解梦者倒可以对此作出随意的判断了。

最后，一个存在的理论未必就是那个唯一正确的理论，谁也不敢断言说其他的理论都不能作出合理的解释。

特　点

两义性
不确定性

你们是否还记得我在前面说过的一句话：梦的工作是将隐念翻译为原始的表现形式，包括原始的语言、原始的文字等。原始的语言也是有两义性和不确定性的，这我们都了解，但是我们却不能对其应有的价值产生怀疑。两种意义相反的字因为梦的工作而合二为一，这和古老的原始语言中的两义字是相似的，这一点你们也是知道的。两义字的观点是语言学家阿倍尔提出的，他在1884年著作的一本书中说到，远古人常用一种双关意义的字来进行交流，然而竟不会产生误解，因为言语者所说话的意义，是正意还是反意，根据他的说话腔调以及言语的前后关系便可得知。而在书写文字时，常会在文字的旁边附上图画，比如象形文字中的"ken"这个字，有强弱两种意义，如果画上一个卑躬屈膝者，则此字意为弱，如果画一个高大直立的人，则此字意为强。所以，虽然字音有双重意义，也不会使人难以明白了。

意义的不确定性是原始语言的一大特性，不过现代的语言绝对没有这种特性。比如说萨姆族的文字只保留了韵母而将声母略去了，所以读者需要联系上下文，根据所学知识来推测了。象形文字与此种情况类似，所以我们也很难来推测这古埃及的文字了。埃及的象形文字被称为神的文字，但其意义具有极大的不确定性。譬如说附于文字的图画，该从左向右读，还是从右向左读，没有固定的规范，全由书写者自己决定。如果我们要读懂这些文字的意义，就要将图画的内容仔细看清楚。书写者有可能会将图画排成一排，却只在较小的图画上书写文字，然而根据自己的喜好和图画的重要性，将图画的序号重新排列。象形文字还有一个令人疑惑的地方，那就是文字与文字之间没有间隙，以致我们无法断字断句。每篇文字上附加的图画，它们之间的距离也是相等，对于我们来说也很难决定某一图画是作为前面文字的标注还是后面文字的符号。而在波斯的楔形文字中，每两个文字之间都会有一个斜线将它们隔离，以便断句。

中国拥有世界上最古老的语言和文字，中文至今仍有四亿中国人在使用。你们不要认为我通晓中文，我只是希望能从中文里探求出与梦的不确定性相似的特点，因而得懂得一点中文。我不会因为所知甚少而感到失望，因为中文的确存在着许多令人吃惊的不确定性。中文有许多表示音节的音，概括起来分为单音和复音。中文中有一种方言有400个音节，而此方言仅有4000多个字，由此说来每一个音节便可代表十数种意义，可能有的比较多，有的比较少。所以，为了不产生误解，便创造了许多种方法，仅凭联系上下文是不足以使听者明白言语者所说的话。到底此话的意义是这十数种可能的意义中的哪一种呢，根本无法推测。在所创造的这些方法中，有两种最主要的，一是将两个音节合成一个文字的读音，二是运用"四声"音读法。为了能够使我们更明白了解，我举出一个有趣的事实，那就是中文在实际上是没有文法的，某个单音节文字应该是名词，还是动词，或是形容词，单从文字上是不能确定的，而且读音的结尾也没有什么变化，用来表明时态、格式、数字等。我们可以这样说，对于这一文字我们只能理解其原材料，正如在梦中我们用来表示思想的语言文字被梦的工作改变为原始的材料一样，而且彼此之间也没有任何关系。如果中文遇到疑难之处，听者便会根据上下文自主决定其意思了。譬如说中国有一个成语叫"少见多怪"，这个成语看起来不难理解，它可以被译为"一个人见得越少，所奇怪的事物就越多"，也有另一种译法："见识少的人免不了有很多奇怪。"这两种译文虽然在文法结构上不相同，不过意思差不多，所以我们不必特意择

象形字

这幅作品描绘的是美洲人日常生活的场景，图中的人手里拿着木叉，还有他们捕猎的动物，动物的周围还有火，他们用独木舟作为他们的交通工具，从独木舟的形态工艺看，他们是用特殊的工具制成的。

书法

中文中存在着很多令人吃惊的不确定性，这一点和梦有相似之处。它是迄今为止连续使用时间最长的主要文字，也是上古时期各大文字体系中唯一传承至今的文字。语言文字在传承的过程中有其不确定性，梦同样也有此特性。

取。不过，虽然中文会有如此多的不确定性，然而在传递思想和情感上，仍发挥了重大的作用。根据对上述几种语言的分析，我们可以了解，误会的引起未必就是意义的不确定性导致的。

相比上述几种古老的语言文字，梦的地位的确不值一提，这一点我们不得不承认。语言文字的作用在于传递思想情感，不管它使用什么法子，都是为了使人们明白，而梦则非如此，梦并不为了表达思想情感以使人们了解，它的主要目的在于隐藏。所以，如果我们认为梦中有许多疑难之处无法解释清楚，也不必惊慌失措。通过前面我们所做的比较研究，我们可以确信，梦的这种不确定性，实则是各种古老的语言文字所共同的特性，不必在意对它作出的解释。

实事求是地讲，我们对于梦的了解到底达到了一个什么程度，唯有经过实践才知道。我认为，这个程度会很深。如果我们将其他解梦者所求得的结果与我们的做一个比较研究的话，就会证明我这一观点是正确的。通常人们遇到科学疑难时，会对此表示怀疑，以显示自己的判断能力，就连必须理智的科学家也不例外，不过他们这样的做法是不对的。可能你们不知道古巴比伦的碑文在被翻译成现代的语言时也会出现这种情况。人们总是认为那些翻译家全凭自己的想象对楔形文字的含义作出判断，他们的翻译成果实际上是一个弥天大谎。不过1857年皇家亚洲学会曾确立过一种辨别是非的测试，在学会的邀请下，罗林森、辛克斯、塔尔伯特和奥佩特这四位最有名的楔形文字翻译家分别对新发现的碑文做出翻译，他们在翻译完之后将译文寄给学会。最后学会的主席将四种译文作了比较，然后公布了评判通告，学会主席认为这四家译文大同小异，所以我们可以信任翻译者的成绩，对于未来的译文工作也大可放心。由此那些对远古文字持怀疑

古巴比伦的碑文

约公元前1800~1600年

古巴比伦人是一个崇尚神灵至上的民族，他们相信世界是由神构建出来的。他们有一种古老的预测吉凶的方式：用羊的胃的形状来判断吉凶，古巴比伦人们通过这种方式来避免危险和不好的事情发生。

态度的专家也不再讥讽了，而楔形文字的翻译工作也变得越来越完善了。

（二）可能会有人觉得我们对于梦的解释，不过是胡拼乱凑、或者是荒诞无稽的，因此便对精神分析随意批判，你们大概也会有此种想法吧。我听到过很多种批评，现在我将最近听到的一种批评叙说出来。瑞士被称为"自由的天堂"，可是，近年来有一位高校的校长却由于对精神分析产生了兴趣而被迫辞职了。虽然他对此表示了抗议，不过某家报纸在刊登教育局对于这起事件的决议案时，其中有几句话提到了精神分析，内容如下："苏黎世大学费斯特尔教授的著作中所列举的事例纯粹是混淆视听、胡说八道……然而这种谬论以及所谓的证明竟会迷惑了一个国立高校的校长，实在是令人震惊啊。"报道还说此决议案是教育局慎重考虑后的结果。不过在这里我却认为他们这个"慎重考虑"是在欺骗大众。如果我们要对精神分析有更深入的研究，我觉得需要多一点的思考和相关知识，这也算是"慎重考虑"吧。

对于一个比较深奥的心理学问题，若是某个人能根据他的直观印象便能作出合理的解释，那么我们的确会非常兴奋。至于我们的解释在他看来是否正确，也是无关紧要的。若是他认为我们的解释是错误的，便会判断我们所做的整个研究是没有任何价值的。批评家绝不会想到我们的解释会给人们留下如此深刻的印象，这确实有其相当充分的理由。若是你们能明白这些理由是什么，或许能进一步发现其他的一些更好的理由。

批判的引起与梦的转化作用脱不了干系。转化作用是梦实行检查作用最有效的手段，这你们应该了解到了。由于梦的转化作用的存在，于是那些被我们称为暗喻的替代物也随之形成了。不过这些暗喻很难辨识出来，也更不容易通过它探求隐藏其背后的意念。我们知道，隐念和暗喻之间存在着一种非常奇特却有并非本质上的联想，于是梦的隐念便被隐藏起来，而用暗喻替代，这就是梦的检查作用的动机。如果我们要探求这些隐念，就不得不求助于与隐念相关联的事物了。所以边境的稽查员的做法可要比瑞士教

弗洛伊德和精神分析家们 1912年

1912年，弗洛伊德聚集了几位最忠诚的精神分析学家在德国柏林聚会，来此会上的人都将赠送一枚戒指，这些人里边有：兰克、阿伯拉罕、琼斯、费伦齐和萨克斯。他们以科学的名义聚会，称为"委员会"。弗洛伊德在精神分析领域的研究发现和卓越见解，全得仰仗这些志同道合的人的传播。

育局高明得多了，这些稽查员如果要搜查文件或者其他公文，必不会只检查书箱信匣，而是观察任何一处可以藏匿违法违禁物品的地方，如鞋底、头发等。如果从这些"非常规"的地方查出有违禁物品，即便是"生拉硬拽"出来的，不过的确算是一种有价值的发现。

我们承认，梦的隐念和显梦中的元素之间，存在着一种异常奇特或者说是荒诞无稽的关系，所以对于很多奇怪的梦，我们是无法求得其意义的，因为我们对于梦的解释太过于依赖已有知识的指导。如果我们想要对这些梦作出解释，仅凭努力是不够的，因为再聪明的人也不可能猜出隐念和显梦之间的连接物。所以对于此种梦，或者可以由做梦人运用自己的联想直接解释，或者由他为我们提高相关材料，我们也可以很轻松作出解释，那么梦的意义便会明明白白显露出来了。如果我们不采取这两种解梦方法，那么我们就永远无法了解显梦中的元素。我现在再为你们讲述一个最近发生的事例。我曾治疗过一个女患者，她在接受治疗时她的父亲突然去世了，所以她常做梦祈愿父亲复活。有一次她梦到父亲对她说："十一点十五分，十一点三十分，十一点四十五分。"她父亲为什么要告诉她这些时间呢？她所作的解释是她的父亲喜欢看着孩子们按照时间进食堂用餐。她的这一联想虽然与梦境吻合，但并不能解释此梦境的起因。根据当时的治疗情况来看，我怀疑她对敬爱的父亲那些批评性的教导是充满敌意的，这可能是梦境的一个起因。所以，如果我们任由她做联想，可能就会跑题了。她又作了另一种解释，说自己前天听过一次关于心理学的讨论，其中一个人说过一句话："古人在我们心中复活了。"这句话倒是可以解释梦境的意义。于是她便幻想着父亲也复活了，果然在梦中她见到了父亲，父亲像一个报时者一样，每一刻钟都在报时，直到中午用餐的时间。

对于这种具有双关意义的梦，我们决不能忽视。通常来讲，梦的双关意义实际上是解梦者的工作，取决于解梦者的判断。除此之外，还有很多梦例我们也不能轻易判断其

梦的转化作用和检查作用的关系

转化作用是梦实行检查作用最有效的手段。

转化作用

检查作用

由于梦的转化作用的存在，于是那些被我们成为暗喻的替代物也随之形成了。不过这些暗喻很难辨识出来，也更不容易通过它探求隐藏其背后的意念。

隐念和暗喻之间存在着一种非常奇特却又并非本质上的关系，于是梦的隐念便被隐藏起来，而用暗喻替代，这就是梦的检查作用的动机。

室内 巴尔蒂斯 波兰

　　图中的少女在一个阴暗的房间内自慰，而她面前的小孩突然把窗帘拉开了。画家巴尔蒂斯曾被毕加索称为"20世纪最伟大的画家"，他的这幅画绘制了整整三年。梦中的意念常会受潜意识的支配，而潜意识的精神活动也是梦的隐念的体现。

属于玩笑还是梦。不过，你们应该知道，舌误也经常会发生此种情况。一个人在梦中见到自己与叔叔同乘一辆车，在车内他的叔叔与他接吻。做梦人对此梦的解释是，这是一种自慰（autoerotism）的象征。难道做梦人会无端编造一个玩笑来愚弄我们，所以才把auto（汽车）理解为autoerotism为表示梦的意义吗？我不认为是这样，他的确做过这样一个梦，而且他的确有自慰的习惯，所以他的解释未必不可信。不过，玩笑和梦到底有什么相同之处呢？对于这个疑问，我也曾走了许多弯路，我对幽默的问题做了许多研究。这种研究对于幽默的起因有这样的结论：内心有一种意念受潜意识思想的支配，进而变成了幽默的表现形式。此种意念既受潜意识的支配，自然也会被压缩作用和转化作用所影响了，换而言之，由于受到与梦的工作相似的作用影响，于是幽默和梦便也出现了相似的特性。不同的是，梦中的幽默是无意的，且不如现实中的幽默那么好笑，如果我们对于幽默做深入地研究，便会明白其中的缘由了。梦中的幽默只能说是一种拙劣的笑话，根本不能使人发笑，也不能引起人们的任何趣味。

我们可以采用一些古人解梦的技巧来分析这一点，虽然这种解梦技巧不会使我们求得什么有用的结论，不过我们也可以发现许多有价值的符合标准的案例。在此我要列举古代一个重要的梦例。普鲁达克和道尔狄斯的阿尔特米多鲁斯对于此梦的记载有一些小的出入。做梦人是亚历山大大帝。当他率领军队围攻泰儿城时，由于城内军民顽强抵抗，以致屡攻不下。有一晚亚历山大在梦中见到了一个狂欢乱舞的半兽人（a dancing satyros），根据解梦者斯塔德罗斯的解释，"satyros"实际上是说"泰儿城是你的了"，于是便预祝亚历山大大帝最后会破城的。果然，这一解释坚定了亚历山大大帝的攻城决心，并最终攻破了泰儿城。虽然斯塔德罗斯的解释很是牵强附会，不过所起到的作用可是确凿无疑的。

（三）你们如果听说一些对梦也有研究的精神分析家，对于我们关于梦的理论也持反对态度的话，那么一定会引起你们的兴趣。科学家对于同一学科的成就作出批判，这种情况是少见的。一种原因可能是他们对于观念的理解与我们不一致，另一方面他们采

半人半马怪物的搏斗　阿诺德·勃克林　瑞士　布面油画　1873年　瑞士巴塞尔美术馆收藏

画面中所发生的一切，不是人类社会的景象，而是另一个世界的情景。与其说它的真实性，不如说它是一个恐怖的暗示。半人半兽的怪物搏斗的场面占据了整个画面，显然画家的风格是受了古典神话题材的影响，由此也奠定了画家在象征主义领域里的地位。

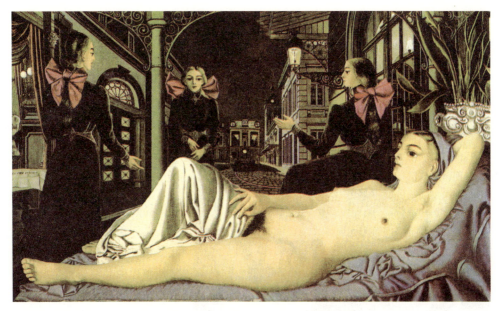

公众之声 保罗·德尔沃 比利时

不管是什么样的梦，都可以用两性的视角来作出解释，画面的主体看似躺着的裸体女郎，实际是三个背后都系有男士用的大蝴蝶结的女性。这是画家对男女两性混淆的隐喻。能得到一位同性朋友的关心和友爱，是很多少女在恋爱前都曾有的经历，这是一种潜在的同性恋的倾向。

用其他的分析研究手段来对我们的结论作出评断，以至于我们关于梦的理论和医学上关于梦的学说一样遭受到了同样严重的质疑。你们大概知道一种说法：梦的意义在于通过反映已发生的情境而对将发生的情境提出解决办法。如果提出此说的人们认为梦有一种预知的意义，这种意义就是梦的隐念中的潜意识精神活动，那么在我看来，他们这种说法并非是什么新奇的创见，而且它还存在有致命的弊端，因为潜意识精神活动它实际上有许多任务需要完成，而不仅仅是预见未来。还有一种说法更为荒谬，它的逻辑相当混乱，此种说法认为任何一个梦中都会含有"希望他人死去"这种愿望。我并不清楚此种说法的真实含义是什么，不过我相当怀疑它是否对人性做出了理性的认识。

最近又听到一种新的说法，它认为任何一个梦都可以有两种意义，一种是我们前面已经经过讨论而总结出的意义，另一种就是"寓意"（anagogic），这种"寓意"忽视了人的本能的追求，而在于表现一种高层次的精神方式。这种说法，也是不够科学的，它只是在根据一些特殊的梦例总结出来的。特殊的梦可能会符合这种学说，然而若是我们将这种学说妄加扩大其适用范围，就不免盲目崇拜以致画蛇添足了。还有一种说法是这样认为：不论是什么梦，都可以用两性的视角来作出解释，其梦的意义既可以是男性的，也可以是女性的，或者是二者的混合。这一说法是阿德勒的观点，虽然你们听了我的多次讲演，不过对于阿德勒这一观点，你们大概还不了解。阿德勒学说所描述的这种

裸体构成的骷髅 萨尔瓦多·达利 西班牙

患有精神分析的人，他们所做的梦都是常人所不能理解的。达利用女性的裸体组合成了骷髅，裸体象征着性欲，骷髅象征着死亡，从美丽和性中看到死亡，一切患有精神病和自杀倾向的人都有可能如此。

梦，在现实中也存在，从这种梦中你们还可以发现梦的结构与臆想症的一些症候十分相似，不过此种梦的特性并不是所有梦都具有的。我给你们讲述了以上几种学说所描述的特殊梦例，只是想告诉你们不要认为它们的观点是完全科学的，或者说不要对于我关于梦的解释有什么怀疑。

（四）有这样一种观点，接受精神分析治疗的患者，常常使叙述的梦境与医生所推崇的知识相吻合，因此，有的人便梦见了自己产生了性冲动，有的人在梦中见到了自己可以控制别人，更有的人梦见自己竟然死而复活。这样一来，对于梦的研究就缺少了真实客观的材料，那么由此得出的结论也不太可信了。实际上，这种观点是站不住脚的，原因有以下几个方面：（1）在精神分析治疗法能够影响梦境之前，人们就已经有了梦境；（2）在神经病患者接受精神分析治疗前，他们也会做梦。所以说，这一观点所陈述的事实不必证明大家也会明白，然而它并不会影响梦的理论。引起梦境的昨日遗念，一般是人们在清醒时对于某一引起兴奋的经历的遗产。如果医生的谈话和所施加的刺激能够对患者产生影响，那么这两者必是融入到了昨日的遗念中，从而成为引起梦境的某种刺激，正如昨日那种引起某种情感跳动的经历一样。而这种刺激，与侵扰做梦人睡眠的刺激属于同一性质。医生为患者引起的思想情感，和引起梦境的某种思想情感是一样的，它们或者在显梦中表现出来，或者活跃在隐念之中。我们已经了解，通过实验也可以引起梦境，或者说，那些潜意识的材料可以在试验中进入梦境。精神分析家对于患者所做梦的作用，和实验家的作用是一样的，譬如说伏耳德，他在做实验时，喜欢将被实验者的躯体摆成一个固定的位置，然后运用实验手段来使被实验者产生他所期望的梦境。

我们可以对他人梦的元素进行移植，然而却不能移植其梦的意义，毕竟梦的工作机制和潜意识中的欲望，外界是根本无法施加影响的。我们在分析那些由身体刺激而引起的梦境时，由于我们可以从做梦人所受的身体刺激或者精神刺激看出来此种梦的特性和独立性，因此，如果你们仍然认为对于梦的研究成果不够客观以致缺少价值，那么你们一定又是将梦和引起梦的材料混淆了。

我们对于梦的解释，已经做了很多的分析研究。你们也许发现了，对于大部分的解释我都只是简略地做了叙述，而其中细节都很少提及。主要是因为梦的现象与精神病的症候，其关系是相当密切的，所以我也很难为你们叙说清楚。我的目的是，前面也说了，只是通过对梦的研究来推动对神经病的研究。我认为这种方法相比过去先研究精神

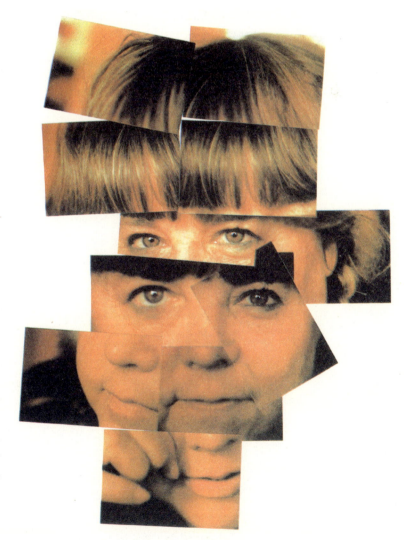

精神病的症候

弗洛伊德认为梦的研究归根到底只是为精神病研究做准备的，所以只有对精神病有了充分地了解之后，才能对梦作详细的解释。现代人大多都有人格分裂，这是一个不争的事实。作品中人物看似一个整体，实际上是将不同的人物的各个侧面进行拼贴，艺术家很好地继承了毕加索的立体主义画派的技法。

病再研究梦更有效。既然梦的研究只是为精神病研究做准备，那么我们只有等到对精神病有了充分地了解之后，再来对梦作一个详细的解释了。

你们是什么想法我不清楚，不过我认为花费这么多时间来对梦作出解释，有其必要的价值。如果你们希望能快些了解精神分析理论的精髓，那么除了遵循这一过程，别无他法了。如果我们想要证明精神病的症候也是有特定的意义和目的的，并且也是有患者的人生经历所引起的，那么我们就必须花费大量的时间和精力来做细致的研究工作了。对于梦来说，虽然最初我们觉得它极为复杂而难以理解，然而要我们指出梦中的种种元素可以作为精神分析的前提，如潜意识的思想作用及其所依照的活动机制等，实际上只需要数小时便可完成。如果我们明白了梦中的元素构成与精神病症状的产生有着极大的相似之处，且了解了做梦人是如何在短时间内又成为了一个意识清醒的人，那么我们便可以推断，引起精神病的缘由，只是由于人们精神生活的力量失衡而已。

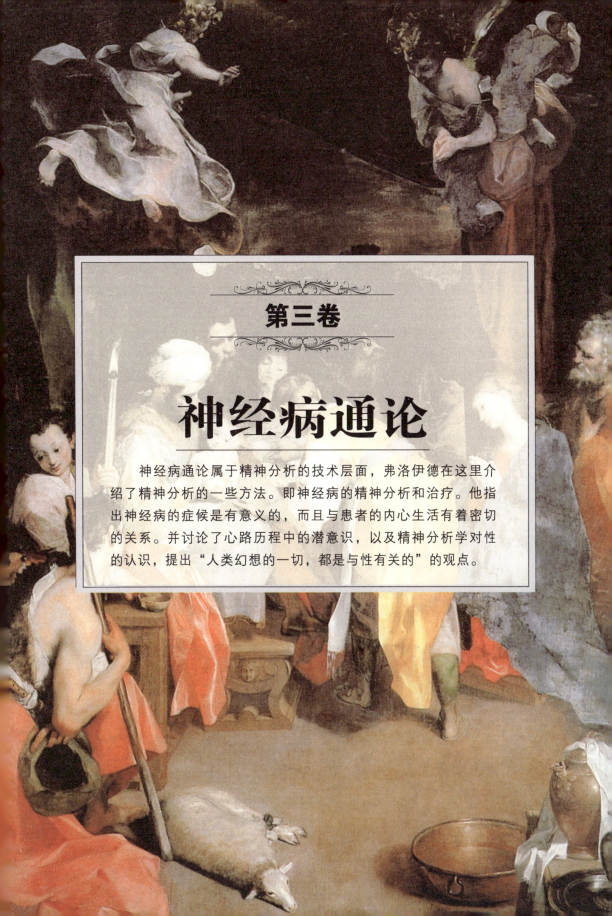

第三卷

神经病通论

    神经病通论属于精神分析的技术层面，弗洛伊德在这里介绍了精神分析的一些方法。即神经病的精神分析和治疗。他指出神经病的症候是有意义的，而且与患者的内心生活有着密切的关系。并讨论了心路历程中的潜意识，以及精神分析学对性的认识，提出"人类幻想的一切，都是与性有关的"的观点。

第十六章

精神分析法与精神病学

我很高兴在一年之后又看到你们来听讲。去年我讲的主要是用精神分析法来解释过失和梦，今年我想让你们对神经病现象有个大致的了解。神经病现象和过失以及梦有诸多相似之处，对于这点，你们很快就会了解。但是在开始讲之前，我必须向大家说明今年的演讲态度会和去年有所不同。去年演讲时，我总是征求你们的意见，特意和你们经常讨论，允许你们不断地发问，一切都以你们的"健康常识"为主。可今年不会再这样了，虽然大家对过失和梦比较熟悉，这方面的经验也比我多，即便是没有经验，也会很容易获得，但是你们对神经病现象却不了解。你们不是医生，除了我的报告，没有其他的方式去接触神经病现象，而且对即将讨论的话题也是什么都不知道。即便你们善于判断，也是无济于事的。

但是，你们也不要因为这样就认为我会以权威者的身份来演讲，只许你们被动地接受。如果你们有这样的想法，那真是误会我了。我只是想让你们产生研究它的兴趣，从而破除成见，不是想让你们产生迷信。如果你们对神经病一无所知，没有任何辨别的能力，那么你们就只需静静地听讲，什么也不要去信从或辩解，只在内心深处对我的话产生见解就行。信仰不是那么容易就可以形成的，就算是坐享其成，也很快就会失去价值。你们不像我，对神经病有研究而且有所发现，所以你们也就无所谓这类问题的信仰权利。但是我们在做学问时也不能盲目地迷信书本，应该加以分析，辩证地去看待。你们要知道所谓的一见钟情其实是一种异常的感情心理影响，我们也不要求病人信仰精神

痉挛病人

激情姿态的顺序由左到右：神志恍惚→嘲弄→开始发作。在医院中，最引人注目的场景莫过于痉挛病人发作，一些精神病医生认为，此种症状都是"精神力激动"的后果。

分析并支持它，因为极端的信仰会使我们产生怀疑。当然，我希望你们能持有合理的质疑态度，让精神分析在心中潜移默化，并借机对一般的或精神病学的认知产生影响，最终形成自己坚定的见解。

但是反过来讲，你们也不能认为我所说的精神分析是主观臆造的观点。其实这些观点是来源于经验，有的是直接得益于观察，有的是得益于观察后的结论。而这些观点是否可信就取决于这个学科将来的发展情况。我对这些观点做了25年的研究，也可以称得上是老学究了。我可以这样说，这些研究工作是艰难而专一的。我时常觉得，很多的批评家都不愿意探讨那些基础的知识，好像这个理论就是主观臆造的，大家可以任意地指责。对于这样的看法和态度，我不能原谅。或许有些医生不注意神经病人，不留心他们的倾诉，以至于没能做出详细地观察，从而有所发现。在此我想趁机告诉大家，在我的演讲里，不会掺杂任何的个人观点。也有人曾说："辩论是真理的源泉"，但是我不赞同这种说法，我认为这种说法来源于希腊的诡辩哲学，而诡辩派则是过分地夸大辩论的作用。我认为那些所谓的辩论是没有什么效果的，更不用说辩论时还带着自己的偏见。我曾经也做过一次比较正式的科学辩论，是和慕尼黑大学的洛温费尔德相辩，后来我们成了朋友，友谊一直持续到现在。但是这么多年过去了，我却再也没有做过辩论，谁也无法保证再次辩论后会不会还是这样的结果。

我这样直接地不接受辩论，你们肯定会认为我是个固执而且自大的人。对于你们这样的看法，我会作出以下的回答：如果你们精心钻研后得出了一个信仰或观点，那么你们肯定会一直坚信下去。我可以这样说，从我开始研究，期间我已经多次修改过我的主要观点，有的删除了，有的增加了，这些我都如实地刊登和发布。但是我如此的做法得到了什么呢？有些人不去查看我已经修改过的，只是抓着我以前的观点不放，胡乱地对我进行批判；而有的人则抨击我善变，说我不够坚持己见，不断改变自己的观点当然不能称得上是坚持己见，或许我最终修改的观点仍然有错误的地方；但是坚持自己的观点、不肯妥协的人，又会被认为是固执、自大的人。对于这样相互矛盾的抨击，我只能是不去在意，走自己的路，让他们去说吧，因为除了这样我也没有别的办法。我会根据以后得来的经验，不断修改我的观点，但我的最基本观点，我不认为有需要修改的地方，希望将来也不会有，这就是我对待我的学说的态度。

现在我要仔细地讲述精神分析对于精神病症状的理论，为了能够更好地通过对比和推论来达到讲解的目的，我需要举一个与过失和梦现象相似的例子。神经病里有一种症候性动作，我的访问室里也会经常出现这样的动作。病人在访问室中诉说了自己多年的疾病困扰之后，分析家们不会做出任何表示。别人也许会说那些人其实没有得病，只需用水疗法治疗就可以了；但是分析家是博闻多识的，不会发表这样的意见。有人曾问过我的同事要如何对待那些访问室的病人，对此他只是耸着肩说要那些病人赔偿他被损失的时间。所以，当你听到最忙的精神分析家也几乎没有人访问时，就不会觉得很奇怪了。我在访问室和待诊室之间设置了一道门，访问室中也有一道门，里面还铺着地毯。

格林斯泰德咖啡馆 渥克尔 油画 1903年 维也纳历史博物馆

咖啡馆是人们闲暇时交流时事、畅谈人生的休闲场所，维也纳的格林斯泰德咖啡馆就是这样一个地方，它有"浮华世界"的称号。在这里的人大多都是无所事事而又自命不凡的人。

这样设计的理由很明确，在我让病人从待诊室进来时，他们常常会忘记关门，有时甚至会让两扇门都开着。出现这样的情况时，我会很生气，要求他或者她把门关好再过来，不管他是一个绅士还是一个时尚的女子。我这样的行为可以称得上是高傲。有时我是出于误会，但我正确的情况占据大多数，因为如果一个人将医生的访问室和待诊室之间的门敞开着，那他就是一个不文明的人，不值得我们去尊重。当然，在我的话还没有说完之前，希望你们不要误会我。病人只会在待诊室只有他自己时才忘记关闭访问室的门，如果有陌生的病人和他一起等着，他就不会出现这样的情况，因为，他为了维护自己的隐私和利益，保证自己和医生的讲话不让旁人听到，会谨慎地将两扇门关好。

所以说，病人忘记关门这件事不能说是毫无意义或无关紧要的，因为由它可以看出病人对医生的态度。就好比有些人要去拜见有地位的人，仰慕他的权势时，他会提前打电话预约，询问拜访的时间，同时也希望会有很多的访问者，就像现在欧战时杂货店里所出现的那种情形。但是，当他进来后看到一个很普通的一间空房子时，会很失望。他会认为医生这样很失礼，应该给予惩罚，于是就将待诊室和访问室的两扇门敞开，意思就是说："现在这里没有别人，不管我待多长时间，也不会出现第二个人。"即便他在刚开始时没有这样的想法，但是在谈话时也会出现傲慢无礼的态度。

像这种小症候性动作，它的分析主要有以下几点：（一）这种动作有着它本身的动机和目的，不是偶然出现的；（二）这种动作是有心理背景的，这些心理背景是可以逐一列出的；（三）从这种小动作中可以推断一个更为重要的心理历程。除此之外还有一点，那就是做这种动作的人是下意识的，因为将两扇门敞开的人不会承认自己是想借机表达对我的报复或轻视。的确有很多人会对着的待诊室感到失望，但是这种失望和后面所产生的症候性动作，是在他们意料之外的，也就是说他们是无意识地做出了那样的动作。

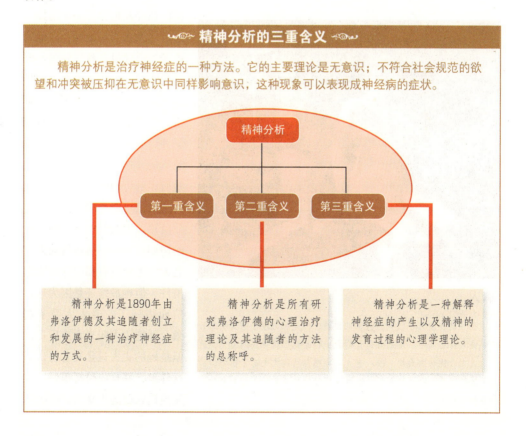

精神分析的三重含义

精神分析是治疗神经症的一种方法。它的主要理论是无意识；不符合社会规范的欲望和冲突被压抑在无意识中同样影响意识；这种现象可以表现成神经病的症状。

精神分析

第一重含义　第二重含义　第三重含义

精神分析是1890年由弗洛伊德及其追随者创立和发展的一种治疗神经症的方式。

精神分析是所有研究弗洛伊德的心理治疗理论及其追随者的方法的总称呼。

精神分析是一种解释神经症的产生以及精神的发育过程的心理学理论。

现在我们将这个症候性动作的分析和对某一病人的观察做一个比较性的研究。对此，我想选举一个最近发生的例子来讲述，这个例子比较简单、便于讲述。但在讲述上，有些细节性的问题还是不能少的。

一位青年军人请假回家，请我去为他的岳母治病。这位妇人年约53岁，身体健康，性格比较和善，为人诚实，有个幸福的家庭，但是却感到无聊。这使得她和她的家人很是困扰。在见到我时，她马上就讲述了自己的病情：她有个幸福美满的婚姻，丈夫是某工厂的经理，对她是关怀备至，疼爱之情无以言表，他们同住在乡里。在恋爱和结婚的30年里，他们从未发生过争执、冷战，或者是哪怕一秒钟的忌妒。她的两个儿子也都结婚了，但她的丈夫出于责任仍在工厂任职。但是一年前，出现了一件她不能接受或明白的事情。她收到了一封匿名信，信中说她丈夫和一少女偷情，对此她信以为真。从此后，她的幸福生活就消失了。其实这件事情的始末大致是这样的：她有一个十分信任的女仆，此外还有一个出身和女仆很相似的女子，但是这名女子在生活上比较幸运。她曾经接受过一种商业训练，后来进工厂里工作，由于工厂内的男职员去服役了，她便因此升了职并受到优厚的待遇。她住在工厂里，所有的男职员都认识她，并称呼她为"女士"。所以，那名不得志的女仆就十分仇恨她，总是寻找机会给她安上各种罪名。有一天，这位老太太在和女仆议论一位前来拜访的老先生时，听说他没有和妻子住在一起，反而在外面包养了一个情妇。这位老太太当场就说："他的妻子难道就没有察觉到吗？要是我听说我的丈夫也在外面包养情妇，那真是一件可怕的事情。"结果，第二天她就收到了一封匿名信。信上的笔迹是陌生的，信上的内容讲的正是她所说的可怕的事。老太太认为这封信可能是居心叵测的女仆所写，因为信中那个她丈夫的情妇正是女仆所仇恨的人。老太太虽然没有相信这封欺诈信件，但她最终还是因为这封信而得病了。老太太受了刺激，并把丈夫叫来大声斥责，但是她的丈夫只是笑着否认了这件事，并且应付得很好。首先他请家庭医生来为自己的妻

情人

图中的少女似乎就坐在我们的面前，阳光照进屋子的真实感，似乎让人身在其中。阳光将少女的乳房和大腿照耀得闪闪发光，就如情人内心跳动的火焰一般。老太太妄想自己的丈夫有了情妇，而这个情妇可能就是她的女仆。这种非理性的梦境就源于她自身的一种忌妒和妄想。

罗德和他的女儿

弗洛伊德认为："年老的丈夫也有和少女发生关系的潜在可能性"。图中的人物及其背景原型来自于《圣经·旧约》，罗德家族因被上帝灭绝，为了种族的延续，他和自己的女儿发生了关系，但在当时，这种现象被认为是没有罪的。

子诊治，并极力安慰她，然后做了很合理的第二件事，就是辞退了那名女仆，而不是那名被冤枉的假情妇。后来，老太太认为自己已经再三考虑了这件事，而且对信上的内容也不再相信。但是在她听到那假情妇的名字，或街上碰见时，她总是会怀疑、忧虑。这样的情绪经常出现。

老太太的病情大概就是上述这样。就算没有精神病学的相关经验，我们也能得出以下两点结论：（一）她在讲述自己的病情时太过于平静，或者是有所隐瞒，所以她的病情和其他种类的神经病不一样；（二）她现在仍旧相信匿名信上的内容。

一个精神病学者会如何看待这种病症呢？通过他对待病人敞开待诊室的门这一症候性动作的态度，我们不难知道，他将这一动作解释为下意识发生的，没有心理学上的情绪，不需要做研究。但是他在对待这种病症时却不再是那样的态度。症候性动作好像变得无关紧要，症候却引起了他的全部关注。从主观层面上来说，症候会伴随着巨大的痛苦；从客观层面上来说，它可能会破坏家庭。自然而然地它就引起了精神病学者的关注。首先，他们会对此症候罗列一些属性。那些影响着老太太的观点从自身来讲不能说是毫无意义的，因为即便是年老的丈夫也有和少女发生关系的潜在可能性。但是，这个观点却有着很多无意义和不能理解的地方。老太太除了匿名信外，没有其他任何理由可以断定自己忠诚的丈夫会做出这样的事，当然，这样的事也不能算是一件小事。她知道这个消息是伪造的，也准确地找到了消息的来源，所以她也应该明白她的这种忌妒其实是毫无缘由的，她确实也曾这样说过。但是她仍然觉得这件事好像真实发生过，并对此深感痛苦。这种不符合实际和逻辑的观点，我们称之为"妄想"，所以，老太太的痛苦是源于一种"忌妒妄想"。这就是这一病情的主要特点。

以上这个观点如果成立，那么我们对精神病学的研究兴趣也会有所增加。一种妄想如果不会随现实情况而消失，那么它就不是来源于现实。妄想究竟是来源于什么呢？妄想本是包含有诸多内容的，为什么这个病情的妄想独独只有忌妒这一项呢？哪一种人会产生妄想，而且是忌妒的那种呢？对此，我们请教了精神病学者，但是他的答复仍让我们一知半解。我们问了很多问题，但他只研究了一个。他从老太太的家族史着手研究，给了我们一个答案，那就是他认为一个人的家族中如果经常发生相似的或者是截然不同的精神紊乱，那么他本人也将会有妄想症。也就是说，老太太之所以会产生妄想，是因为她有引发妄想的遗传因素。这句话虽然有些道理，但是它没有详细地表明我们想要了解的一切，也不是致使老太太患病的唯一因素，我们不能就此判定病人只发生这样的妄想而没有发生其他妄想的现象是无所谓的，是随意的，是无法解释的。那些遗传因素真的可以支配一切吗？不管她的一生有过什么样的经历和情绪变化，总免不了要产生妄想吗？你们或许想知道为什么这些所谓的科学的精神病学却无法给予我们更深的解释。对此我可以这样回答你们："一个人有多少，他才能给你多少，只有骗子才会说空话欺骗人。"精神病学者不知道如何对这种病情作更深层次的解释。你虽然经验丰富，但也只能凭借诊断和推测病情将来可能有的变化来满足自己了。

也许你们会问精神分析就能获得更好的效果吗？对此我可以肯定地告诉你们，是的。我想让你们知道即便是这样不明朗的病症，我们也有可能有更深层次的了解。首先，请你们注意一下那些晦涩的细节，老太太的妄想是来源于匿名信。其实这封匿名信是她自己引来的，因为在前一天她曾对那个狡猾的女仆说，如果她的丈夫与人偷情，那将会是世界上最可怕的事情。可以说是她的话让这个女仆有了寄送匿名信的邪念。因此，老太太的妄想并不是因为匿名信的出现而产生的，妄想应该是发自内心的一种恐惧或愿望吧。其次，两个小时的分析所发现的问题也值得我们去留意。在老太太讲述完病情的发生过程之后，我再请她讲述一下自己的想法、观点和回忆时，她冷然地回绝了。她说她什么都讲过了，更没有别的任何想法。两个小时后，我们不得不终止分析，因为她说她已经完全好了，那样的妄想不会再产生了。她这样说一方面是在抵抗，另一方面是因为害怕再被分析。可是在两个小时的分析中，她不经意间说的一些话，让我们做出了一些研究，

弗洛伊德和女儿 1938年

　　画面中是弗洛伊德和他的女儿安娜抵达巴黎时的情景。安娜得到父亲的遗传，也是一位心理学家，她是弗洛伊德和玛莎的第6个、也是最年幼的孩子。她出生在维也纳，后来她一直跟着父亲，对新开辟的心理分析领域作出了贡献。她与父亲不同，在工作中更强调自我的重要性。

而这一研究正好可以解释她嫉妒妄想的来源。原来她迷恋着她那请我前来诊断的女婿。她对这种迷恋毫无所知或者是知之甚少，由于他们是丈母娘和女婿的关系，所以她把这种迷恋变换为母亲般毫无伤害的慈爱。根据我们所掌握的一切，很容易推断出这位老太太、好母亲的心理。这样的迷恋，是一种不可能有结果、不应该出现的感情，所以她不能把这种感情放在心灵深处。可是它又确确实实地存在着，让老太太在潜意识中总是有一种巨大的压力。压力产生后，就要寻求解决的办法，而最快捷的方法就是通过嫉妒来转移压力的焦点。如果不仅仅只是她和少年女婿恋爱，她的丈夫也和别的少女恋爱的话，那么她就不用因为不忠诚而承受良心的谴责了。老太太幻想自己丈夫的不忠其实是对自己内心痛苦的一种慰藉。而她那对女婿的迷恋的爱，被她深埋在内心而不自觉，但是妄想给了她诸多的便利，于是她的那份爱就在妄想的"反影"（指伪造丈夫和少女偷

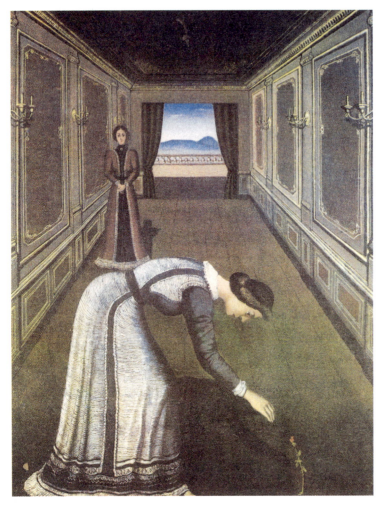

拾玫瑰的女人

画家安排主人公在一个最不合乎常理的地方采摘玫瑰，旁边还有一位中年女士默默地注视着她。这就像老太太怀疑自己的丈夫不忠一样，其实这是她对自己内心痛苦的一种慰藉，因为她的内心曾经迷恋着她的女婿，这是一种不正当的恋情。

情的事情）下成为理所应当的，奢望的，有意识的了。于是，所有的指责都变成无用的、徒劳的，因为这些指责都只是针对那些"反影"，而不是针对那深埋在老太太心中的"原物"（指老太太迷恋女婿的爱恋）。

现在让我们总结一下精神分析对这种病情的研究结果，当然我们要假设所收集的资料都是正确的，这些你们不用质疑。其结果如下：第一，那些所谓的妄想不再是毫无意义和无法理解的了，它有了自身的意义、背景和动机，而且和病人的情感经历有着一定程度的联系。第二，妄想是对另外一种精神经历

的反映，而这种另外的精神经历可以通过各种表示进行推断。而且妄想之所以被称为妄想，以及它那对抗真实和客观性思维的特征，都是因为和另外一种精神经历有着特殊的关系。妄想源于欲望，是用来安慰自己的。第三，这个妄想之所以是忌妒妄想是由它的发病经历决定的。你们也能看出它和我们前面所分析的症候性动作有着两个重大的相似之处：（1）症候背后所存在的动机；（2）症候和潜意识欲望之间存在的关系。

当然，这些并不能解决此病引发的所有问题。其实，问题还有很多，有的是还没

解决，有的是因为情况特殊而不能解决。比如说，为什么这位婚姻幸福的老太太会迷恋上她的女婿呢？就算是产生了恋爱，也有很多其他推脱的理由啊，为什么非要把自己的这种情况嫁祸到丈夫身上以求解脱呢？你们不要认为这些问题是无关紧要的，其实我们收集了很多资料，可以对这些问题进行种种解答。老太太在年龄上进入了一个关键性的时期，在她不喜欢的性欲中增加一个兴奋点，这样或许可以解释她为什么会迷恋女婿。也许还有另外的原因，那就是忠于她的丈夫在性方面已经远远不能满足她仍然高涨的需求。通过调查我们发现只有这样的男人才会特别忠实于自己的妻子，会特别抚爱她们，照顾她们不安的精神情绪。以女婿为迷恋目标也是一个重要的现实问题，也可以算是一个发病原因。母女本来就有着很密切的关系，所以对于女儿的性爱很容易转嫁到母亲身上。我在这里要告诉你们，其实岳母和女婿的关系，自古以来，就被人们认为是最容易发生性意味的一种关系，而且诸多的野蛮部落，也因此设定了一种强劲的禁令（参照1913年版的《图腾和禁忌》）。不管是从积极方面来说，还是从消极方面来说，这种母婿关系会经常超越文明社会的限制。我们刚刚所讨论的问题是受三个因素中其中一个影响呢，还是受两个影响，或者是三个都有影响呢？这我就无法告诉你们了，因为我们当时只有两个小时的分析，后来并没有连续下去。

我知道刚才我所讲的都是你们不曾了解的，我说那些是想对精神病学和精神分析进行一个比较。但是我想先问你们一件事：你们认为这两者之间是相互冲突的

海洋的深度

处于热恋当中的男女都会有这种沉入大海的勇气，毫无例外，这是一种禁忌的惩罚。弗洛伊德在《图腾与禁忌》中指出：乱伦会经常超越文明社会的限制。性与力比多能够使许多人违反道德的禁忌，做出常人不能理解的事情。

精神分析与精神病学的对比

比

精神分析来说，精神分析师并不接受某个人所说的话，而是将这个人所说的话加以诠释，帮他分析情况，以此来读出他言语里的含义，告诉他所担心的原因，但这个方法会使人产生更多的疑惑，却没有实际帮助的效果。

精神分析

精神病学的疗法则为：治疗师会使用药物控制、外科手术等，以此来粉碎个体的意志和活动的方式，以此让病人变得更加安静。这个方法使得病人变得更加容易被控制，却没有得到收获和帮助。

较

精神病学

吗？精神病学并不采用精神分析的技术，也不探讨妄想的相关内容，只是说出遗传这一观点，给我们一个普遍存在的次要原因，而不是积极地探寻比较特殊的主要原因。可是两者之间必须要存在冲突吗，相互辅助不可以吗？遗传的因素难道就不能和经历相结合吗？其实你们很快就会发现精神病学的研究和精神分析的研究之间根本不存在相互冲突的地方，所以，那些反对精神分析的其实是精神病学者而非精神病学本身。精神分析对于精神病学来说就好比组织学之于解剖学：一个是眼界器官的表面形态，一个是研究器官的内部构造，比如组织和其他构成元素。这两种研究贯穿始终，很难看出两者有什么冲突和矛盾的地方。解剖学现在是医学研究的基础，但是在以前，社会可是明令禁止医学研究者解剖尸体来进行身体内部构造的研究，就好比现在社会斥责我们用精神分析来研究人类的心路历程。或许在不久的将来大家会发现，没有潜意识精神生活历程的相关知识，是不能作为科学的基础的。

虽然精神分析屡遭指责，但是你们当中或许仍旧有人对它很感兴趣，希望它在治疗疾病方面能够无懈可击。你们或许会认为既然精神病学没有能力治疗妄想，而精神分析又了解妄想的机制，那么它就一定能够治疗妄想。对此我只能给予你们否定的回答。不管怎样，就目前来说，精神分析和其他治疗的方法一样，还没有能力去治疗妄想。病人有什么样的经历，我们虽然了解，但是没有办法让他们也同样了解。对于妄想，你们也知道，我们只是作了最初的简单分析。或许你们认为这种分析是没必要的，因为没什么结果，可是我却不这样认为。不管什么时候见效，都不放弃研究，这是我们享有的权利，也是我们应尽的义务。或许有一天，我们把所有的研究结果都转变为治疗的能力，但是这一天究竟会在什么时候什么地方到来，现在我们还不得而知。更近一步说，即便精神分析不能治疗妄想和其他的精神病及神经病，也可以作为科学研究的一种工具。目前我们还没有实现这种技术，这也是没有什么不能直说的，而且做研究的都是人，而人都是有生命和意识的，做这样的研究首先要有动机，可是有些人现在没有这样的动机。所以，我想用下面的这句话作为今天演讲的结束语：对于大多数的神经病来说，我们的研究结果确实有了一定的治疗能力，况且这些疾病原本是不容易被治疗的，但是现在，在一些特定的情形下，我们的技术成果，在医学上也可以称得上独占鳌头了。

疾病发作

精神病学是否能治疗妄想症，这一直是人们很感兴趣的话题。即便是有一天，所有的研究能力都转变为治疗能力，我们也还是要尊重人的生命和独有的意识的。

第十七章

症候的意义

在上一章里，我曾说过临床精神病学并不关注个别症候有什么样的形式或内容，而精神分析却以此为出发点，认为症候本身就有着重要的意义，并且和人的生活经历相关。在1880年和1882年间，布洛伊尔曾研究并治愈了一例癔病，此后，人们便开始大力关注这个疾病，而他也是第一个发现神经病症候意义的人。其实法国的让内也曾得到过同样的结论，而且公布结果要比布洛伊尔更早。布洛伊尔是在十年之后（1893～1895年，我们合作期间）才公布他的观察结果的。究竟是谁先发现的已经没有那么重要了。

你们也知道每次的发现都要经历很多次，不是一次就能完成的，而且成功也不一定非要和功绩成正比，就比如美洲并不因哥伦布而闻名。著名的精神病学者伊莱特曾在布洛伊尔和让内之前提出过狂人的妄想，如果我们能够对其进行解释，会发现它们是富有意义的。我知道我一直都很赞同让内关于神经病症候的学说，因为他把这些症候看作是控制病人心理的隐意识观念。但是后来让内却变得十分谨慎，似乎他认为"隐意识"只是一个词语，一个暂时适宜的名词罢了，却没有实在的意义。后来，我就不能理解让内的学说了，但是我可以肯定的是他就这样在不知不觉中失去了自己的高尚地位。

神经病的症状和过失与梦一样，都有着各自的意义，同时，它们都跟病人的心理有很大的关联。这一点很重要，我想通过几个例子进行解释。我只能说（虽然还不能证明）不管什么形式的神经病都是这样的，不管是什么人，只要进行了一番考察，都会相信这一点。可是由于某些原因，我不会在癔病中举例，而是在另外一种比较特殊的神经病中举例，它的来源和癔病很相似。我需要先对这种病作一些说明，这个病是强迫性神经病，没有癔病那么普遍。或者说，它比较隐蔽，常隐藏在病人的心事中，在病人身体上没有任何的表现，只

布洛伊尔

布洛伊尔是弗洛伊德早期的合作伙伴。早在与弗洛伊德合作以前，他就已经开始尝试用催眠来治疗歇斯底里。不过，在1895年，布洛伊尔因为移情作用和催眠术的困难，离开了这一工作领域，同时也结束和弗洛伊德的合作。

是表现在精神方面上。早先的精神分析是以癔病和强迫性神经病两种病情的研究为基础的，而我们的治疗也是结合了这两种病情。但强迫性神经病没在身体上有所表现，所以在精神分析的研究上它比癔病更容易让人理解，现在我们已经知道它的神经病组织特点要比癔病更加明显。

强迫性神经病有以下这些表现形式：病人总是有种做什么都没情趣的感觉，而且特别的冲动，而且被迫去做一些毫无意义但又必须要做的行为。那种感觉（或强迫的观念）本身就是没有什么意义的，只会让病人感到愚昧和乏味，但是病人又总是以它们为强迫行为的出发点来不断地耗费自己的精力，虽然心里不情愿，但又总是在不知不觉中产生了这样的行为。他们把自己逼迫的好像是在面临生死攸关的大问题，经常焦躁不安，无法自控，心中的那股冲动也是这般地荒唐和毫无价值。这些症状让人害怕，比如病人在面对犯重罪的引诱时，不但会因为这种行为的不应当而排斥，还会提心吊胆的躲避它，用各种方法来阻止它。其实，病人们没有一次让那些冲动行为成为事实，总是在最后有效地制止和挣脱。他们真正做的都是一些无关紧要的小事（也就是我们所说的被迫做的行为），是对日常生活的不断重复和练习，以至于像洗漱、上床、穿衣、散步等这些普通的行为最终演变成了无趣烦琐的事情了。这些不正常的想法、冲动和行为并不是按照同样的比例组成强迫性神经病的，也就说它们当中有的占重要地位，有的则不是那么重要，病情的名称也就因此形成了，但是这些表现形式的特点仍旧是很明显。

这真是一种疯狂的疾病。我想就算精神病学者想要呈现他们无比离谱的臆想，也必定编造不出这样的疾病。如果不是亲眼看见这种疾病，我也不敢相信。你们不要认为通过劝说他们不去在意那些感觉和想法，尽力摆脱那些行为，用正常的动作去代替那些烦琐无用的动作就能治疗他们。其实这些也正是他们所希望的，因为他们也知道自己的情况，也同意你们对他的强迫性神经病症状的看法，并且这种看法，他们自己也能提出来。但他们总是会不由自主，就好像背后有一只大手，操控着他们去做那些强迫性的动作，而且还无法用自己的意识去违背这只大手。无奈之下，他们只能用替换这种方法。他们用轻松平和的想法替换原本极端的、不合情理的想法；用防止替换原本的冲动；用简单的动作替换原本繁琐的动作。总之，他们尽可能的以此代彼，但是却不能完全取消。这种替换（包含原本形式的彻底改变）是这个疾病的一个重要特点，而且这个疾病在精神层面上所体现的相反价值或极值（是指强弱明暗等相对的观点）好像分解得更为明显。病人除了受到积极的或消极的强迫外，思维层面也开始出现质疑，演变为对原本真实的事情也开始怀疑。虽然强迫性神经病患者都是精力充沛、擅长分析，具有超高的智商，但是这些强迫却完全可以让他们变得犹豫不决、精力丧失，因此失去自由。这些病人一般都比较有道德心，最怕做错事，通常是无罪的。你们可以想象一下，在这种相互抵触的德行和不健康思想的影响下，要寻找这个病情的原因，是多么不容易的一件事。我们现在的工作就是对这种疾病的一些症状进行解释。

在听了前面的讲述后，你们也许想了解现代精神病学对强迫性神经病的研究都作

强迫症的病发机制

强迫性神经症（简称强迫症）。是以反复的持久的强迫观念和强迫动作为主要症状。这些症状有病人的心理所产生，但却不是病人自愿的。明知不可为而为之，但病人自己却无法摆脱，使得病人很痛苦，以至于自己本身也显得格格不入。

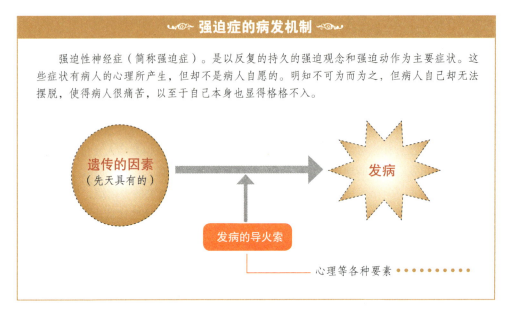

遗传的因素
（先天具有的）

发病的导火索

发病

心理等各种要素

出了哪些贡献，其实那只是一些微弱的贡献。精神病学只是为各种强迫行为赋予了相对应的名称，其他也就没什么了。他们只是称呼这些患者为"退化的"，这让我们无法得到满足，因为这只不过是一种价值的判断，或者是一个贬低的词语，不能算得上是一种解释。我想我们判断退化的结果应该就是会产生各种各样的奇怪形态。我们原本认为患有这种症状的人是与众不同的，但是他们真的比其他神经病患者、癔病患者及神经错乱者"退化"吗？"退化"这个词太肤浅了。如果你们知道那些有着特殊才能，名垂史册的人也会有这种症状，那么你们或许就要开始怀疑"退化"这个词使用的是否恰当了。因为那些名人的谨慎和写书之人的失真，现在我们很难了解他们的性格，但是他们当中不乏有人是挚爱真理的，比如左拉（参照陶拉斯，"埃米尔·左拉"，《医学心理学研究》，巴黎，1896年）而且我们还知道他一生都有着很多奇怪的强迫性行为。

精神病学只是把他们称为"退化的伟人"就算完结了。但是通过精神分析的结果可以看出，这些强迫性的症状是可以永远消失的，就像那些没有退化的患者身上的所有症状一样。我就在这方面取得过收获。

现在我将要举两个例子来分析强迫性症状：第一个是老的例子，因为我还没有发现比它更好的例子；第二个是最近见到的例子。由于讲述需要详细明了，所以我就只举这两个例子。

一个女人，将近30岁，她患有严重的强迫性症状。如果我的工作没有因为生活的突然转变而遭受打击，那么我是可以治疗她的。这一点我会在以后慢慢告诉你们。这名女子一天之中，除了其他动作外，总是会时常做下面这个奇怪的强迫性动作。那就是她经常会从自己的房间跑到隔壁的房间，然后在隔壁房间中央的一个桌子旁边站着，按响电铃让女仆进来，有时会吩咐女仆做一些小事，有时没事就又让女仆出去，最后她又跑回

埃米尔·左拉的肖像 1868年 巴黎奥赛美术馆藏

　　左拉的这幅肖像看着像人物描写，但实际上更像是静物描写。但是左拉本人却对此很满意，因为他在摆这个姿势的时候，手脚都不能动弹了，想必是他是想为自己的"付出"讨一个"说法"吧。

贝塔·巴本罕小姐

贝塔·巴本罕小姐患有严重的强迫性症，强迫症是出在病人内心的，是病人不愿意去想的，自知不合乎情理，但却又不能摆脱，使病人感到很痛苦的一种症状。

自己的房间。这种行为原本也没什么危险性，但是这却引起了我们的好奇心。这种行为的原因是由病人自己说出来的，并没有经过分析者的协助。我没有猜测出这个强迫性动作的意义所在，也没能给予解释。我也曾多次询问病人为什么要进行这样的动作，这个动作的意义是什么，但她总是回答说不知道。偶然有一天，我劝说她不必对某些行为怀疑后，她突然明白了这个强迫性动作的意义所在。然后她详细地讲述了产生这一强迫性动作的过程。十年前，她嫁给了一个比她大很多的男人，在新婚之夜，她知道了这个男人没有性能力。在那一夜，他不断地从自己的房间跑到她的房间，想测试自己的本事，但都以失败而告终。在第二天早上，他羞恼地说："这样会让铺床的女仆看不起我的。"于是他就在被单上面倒了一瓶红墨水，但是没有倒对地方。刚开始时我不明白这件事和那个强迫性动作之间有什么关联，因为在我看来，这两件事除了那名女仆，和从这个房间跑到那个房间的动作外再没有其他相似之处。后来，我被患者带到隔壁的房间里，看到了桌布上的红印记。她进一步解释说自己站在桌子旁边就是为了让女仆一进来就能看到这个红印记。于是，我们就能判定强迫性动作就和新婚之夜的情形有着相对应的关联，虽然我们还需要对这件事继续观察。

首先，我们明白患者是把自己看成了她的丈夫，由这个房间跑到另一个房间，她是在模仿她丈夫的行为。为了能尽可能地相似，我们还要假设她把桌子和桌布当成了床和床单，虽然这样说有点生拉硬扯，但是在梦的象征研究资料上，我们会看到桌子在梦中通常是代表床的，"床和桌"的结合就代表着结婚，所以桌子可以代表床，床也可以代表桌子。

以上这些都可以说明强迫性动作是有其自身含义的，可以看成是对一些重大情节的模拟。当然，我们也不能只是拘泥在这一个相似点上，如果我们能查清楚这两个情景之间的关系，或许就能够推测出这个强迫性动作的目的是什么。这个动作的重点是把女仆召唤引来，然后让女仆看到这个红印记。这一切都是在针对她丈夫的那句："这样会让铺床的女仆看不起我的"。她这一模拟动作使得她的丈夫没有在女仆面前丢脸，因为那个红印记出现在了正确的位置上。她的这一动作不仅是对旧情景的模拟，更是引申和修正，让那个情景毫无纰漏。此外，她的动作还有另外一层意思，就是对新婚之夜需要红墨水这一情景，也就是她的丈夫没有性能力这件事，进行改正。这一强迫性动作就是为了表明："他没有在女仆面前丢脸，他是有性能力的。"她就像是在做梦，这个强迫性动作满足了她的愿望，保住了丈夫倒红墨水后的声誉。

患者的全部情况使我们对她那难以理解的强迫性动作做出了以上这样的解释。她和丈夫长久分居，正准备和他离婚，但是她总是无法忘记他，她强迫自己要忠诚于他。于是她离开群体独自居住，想以此避免他人的引诱，而且她不断幻想自己宽恕了他，并对他进行美化。她这个病最大的目的就是想让他免受那些恶劣的诋毁，让他们的分居变得无懈可击，让他过惬意的生活，尽管他已经失去了她。我们在分析这个毫无伤害的强迫动作时，却发现了她的病因，同时还推算出了一般性的强迫性神经病的特征。我也希望你们能对这样的病例多加关注并进行研究，因为所有的强迫性神经病中那些难以预料的情形都集聚在这里了。那些症状的解释是病人在一瞬间意识到，分析者并没有进行指点或干预，而这些解释不是源自于幼年时被忘却的事情，而是源自成年后所记忆的事情。所以评论家针对我们关于症状所作解释的所有抨击，现在也都站不住脚了。这的确是很难遇到的好例子。

另外还有一件事，这一强迫动作直接涉及到了病人最隐私的事情，难道你们对此不感到惊讶吗？一个女人最不愿与人分享的就是她的新婚之夜，可是现在我们却知道了她性生活的全部隐私，这可以说是偶然吗？可以说是毫无特殊意义吗？你们也许会说我选择这个例子就是为了自圆其说。对此我们先不要急着下定论，让我们先看一下第二个例子。第二个例子与第一个是截然相反的，它是很普通的一个例子，是关于上床睡觉前的准备的。

有一个19岁的漂亮聪明的女

霍兰代斯女士　沃尔特·理查德·西科尔特 德国 布面油画 1906年 伦敦泰特画廊

画家是一个专门描绘黑暗题材的人，这幅作品的灵感来自于一个被谋杀的妓女，人物的脸部隐藏在阴影中，昏暗的光线还是将她的胸部和大腿暴露了出来，女人坐在床上，画家故意不让我们看到她的脸，也许是为了掩饰她的行为。

子，她是家中的独生女，她的智商和受到的教育都比她的父母要高，她原本也是一个活泼开朗的人，但是最近几年她突然变得不正常。她变得很容易发怒，特别是针对她的母亲；她经常忧愤烦闷、质疑彷徨，后来她宣称自己不能独自到广场和大街上。对于她的这种复杂症状，我不想做过多的阐述，从她的症状，最起码可以得到这样两种判断：广场恐惧症和强迫性神经病。现在让我们来关注这个少女上床睡觉前的一系列准备工作，这些准备让她感到担忧。一般来说，正常的人在上床睡觉前都会有一些准备，或者，需要一些条件，不然的话就无法入睡，像这种由醒着到睡着的过程往往会形成一种模式，每夜都会出现。对于一个正常人睡觉所需要的条件我们可以作一个合理的解释，如果外界的环境使这些条件发生了改变，他也能很快地适应。但是不正常的准备工作却是不会有所改变，还要时常作出很大的努力去维护这些无谓的准备。从表面上看，它也有着合理的动机为目的和借口，但是和正常的差别就在于它执行起来太过小心翼翼。从更深层面来看的话，这种动机和借口的理由是不充分的，而且这些理由也不能对准备工作的

沙伯特利耶的电疗场景　版画 巴黎国立图书馆

电疗法按照电流使用的不同，可分为三项功能：一是强化组织，二是促进组织细胞的养分供应，三是镇静作用。电疗法大多用在神经系统疾病上，主要问题出在病人的神经通道不够畅通。对一般性的强迫性神经病有一定的疗效。

习惯进行解释，甚至有些习惯是和理由相互矛盾的。病人为了保证睡眠，说她在夜间需要安静的环境，必须杜绝一切声音的喧嚣。为此她做了以下两件事：第一，她把房间里大时钟调停，把所有的小时钟放在房间外面，甚至连床边桌子上的小手表也拿到外面。第二，她把房中所有的花盆和花瓶之类的东西全都小心地放在写字台上，以免它们会在夜间掉落，打扰她的睡眠。她自己也清楚这些寻求安静的做法是不合理的。小手表就算放在桌子上，她也不会听到它的滴滴声。时钟有规律的滴答声不仅不会影响睡眠，反而会催人入睡。她也明白就算把花盆花瓶放在原地，它们也不会掉落摔碎，这些担忧都是多余的。而这些准备中的有些动作又违背了寻求安静的要求。比如她强烈要求半敞开自己的房间和父母房间之间的那扇门（为了实现这个目的，在门口放置了很多的物体），但是这样又会招来一些声音。可是最关键的准备都是和床相关的，床头上的长枕头不能和木床相挨，小枕头要以菱形的形状叠跨在长枕头上，然后她会把头恰好放在这个菱形上。她在盖上鸭绒被之前会先抖动鸭毛，让鸭毛下降，被子隆起，可是她又会把被子压平，使得鸭毛再一次组合。

自动催眠器材 19世纪
巴黎医学史博物馆

医生在治疗患有失眠症病人的时候，往往会采用相关的辅助仪器，如催眠器，它可以把病人的眼光固定在一某一光亮体，一个相对安静的环境，杜绝一切声音的喧嚣，这样病人即可安然入睡。

对于准备工作中的其他细节我就不作详细的介绍了，因为这些细节不但不能给我们提供新的有用资源，而且描述起来还会偏题太远。但是你们不要认为我上面所说的那些小事就很容易进行。不管哪件事，她总担心会做不好，于是她就一次次地重复一件事，怀疑这做得不好，怀疑那做得不好，终于一两个小时过去了，她才能入睡，或者是让忧心的父母入睡。

对于这个病状的分析并不像前一个那么简单。对于我所提供的关于那些解释的观点，她要么直接否决，要么嘲笑质疑。可是她在拒接了我的解释后，又开始考虑我在解释中所提及的可能性，关注它所带来的一些联想，回忆所有可能的关系，最后，自发地认同了这些解释。认同后，她就开始慢慢地削减那些强迫性动作，治疗还没有结束，她就完全丢掉了那些准备工作。但是我还要告诉你们一点，我们的分析工作是不会一直纠结在一个独立的症状上，直到我们把它的意义完全明了。因为我们会经常把正在研究的一些话题丢在一边，但是又会在别的方面将它重新提出来。所以，我现在要告诉你们的这些关于症状的解释，其实是对很多结果的整合，而这些结果，因为某些原因被迫停止，要在几个星期或几个月后才能获得。

时钟 工艺品 约

1745年

时钟根据钟摆长度决定它的速度，反过来它也可以控制时钟的运行。女人经常用钟表的规律性来比喻她们的经期。患者之所以害怕钟表的滴答声会影响她的美梦，是因为她把钟表的滴答声比作了性欲高涨时阴核的激动。

病人后来慢慢知道她在夜里把钟表放到房间外是因为钟表代表着女性生殖器。钟表除了这层意义外，也许还代表其他东西。它之所以是女性生殖器的代表是因为它们两者之间都有着周期性的动作和规律性的间隔。女人经常用钟表的规律性来比喻她们的经期。患者之所以害怕钟表的滴答声会影响她的美梦，是因为她把钟表的滴答声比作了性欲高涨时阴核的激动。她的确曾多次因这种感觉从梦里惊醒，她害怕阴核的勃起，于是就每晚都把钟表放在外面。花盆花瓶和所有的容器一样，都代表着女性生殖器，防止它们在夜里掉落摔破是有其含义的。我们知道一种很流行的订婚风俗，那就是在订婚时打破一个花瓶或盆子，然后在场的人各拾一个碎片，表示自己不会对新人有任何的想法。这个风俗可能是由一夫一妻制引发的。病人对这一部分的准备工作也有一些回忆和联想。在她还是孩子的时候，有一次拿玻璃杯或瓷瓶，突然摔倒了，手指被割破了，流了很多血。她长大后对性交有了一些了解，害怕在新婚之夜，因为不流血而被怀疑不是处女。她害怕花瓶掉落摔碎，就是想要丢掉贞操和处女流血这一情结，也是想要摆脱到底会不会流血这一焦躁情绪。其实这些担忧和阻止声音之间是没有多大关系的。

有一天，她想起了准备工作的重点，突然间明白为什么自己不让长枕头触到床背了。她说她觉得长枕头就好比一个女人，那直直的床背就好比一个男人，而她就好像用一种神奇的仪式，把男人和女人分开了。也就是说，她把父亲和母亲隔开了，不让他们发生性行为。在以前没有这些上床前的准备工作时，她会用一种更加便利的方法来实现她的目的。例如她谎称自己胆量很小，或者是借助她的恐惧心理，让她和父母房间之间的那扇门得以敞开，这个办法至今还在使用。这样她就可以偷听到父母的行为，其实这件事也曾害得她好几个月睡不了觉。但是对于这样的分隔她还是不满足，她那时甚至会睡在父亲和母亲之间，把"床背"和"长枕"真正的分离开来。后来，她长大了，不方便再和父母同床睡了。于是，她就假装很害怕，让母亲和自己换床睡，自己和父亲睡在一张床上。这就是幻想的源头，至于结果如何，我们在她的准备工作中可以清楚地看到。

如果长枕头是女人的代表物，那她抖动鸭绒被让鸭毛往

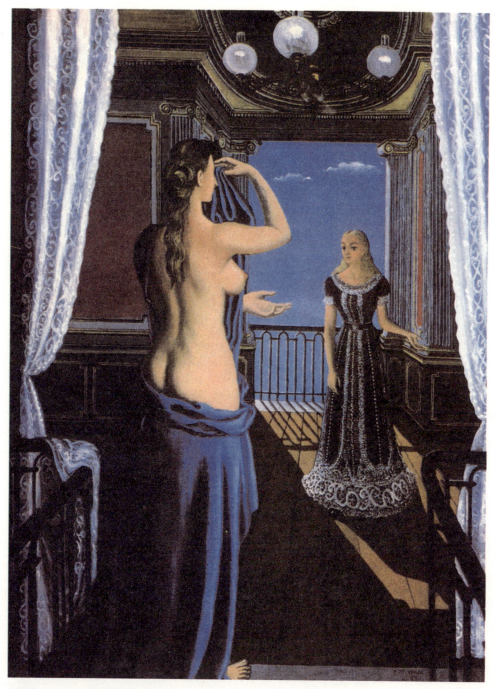

阳台　保罗·德尔沃　比利时

　　少女在儿童时期都有偷窥的欲望，尤其是父母。图中，少女在窥视母亲的裸体。孩子小时候都喜欢和大人在一起睡觉，因为这样不仅满足自己的性心理需求，而且还能得到一定的心理满足。

希腊英雄贾森与他迷人的妻子米迪阿 15世纪

　　画面中英雄贾森和他迷人的妻子，在一张典型的中世纪欧式风格的床上正准备和衣而睡的情景。画面不乏让人感觉有些小温馨，据传说，米迪阿为贾森生了两个孩子，但无情的贾森最后还是抛弃了她。

下移动，被子抬高的这一行为也是有着具体含义的。它的含义是什么呢？是怀孕。其实她是不希望母亲怀孕的，因为这么多年来她一直害怕父母发生性行为后会再生一个孩子，让自己多一个竞争对手。反言之，如果长枕头代表母亲，那么小枕头就代表女儿。为什么小枕头要以菱形的形状叠跨在长枕头之上，而她的头恰好放在菱形的正中间呢？因为她记得在图画上或墙面上菱形是代表女性生殖器的。她把自己看作了男人（或者是她的父亲），把自己的头看作是男性生殖器。（杀头代表阉割的说法是可以考证的。）

你们或许会问，处女的心中会存在着这么可怕的想法吗？对此我的回答是肯定的。但是你们要记住我并没有制造这些概念，我只是把它们提了出来。上床睡觉前的这些准备还真是够新奇的，但是你们也不能否认我的解释中这些准备工作和幻想之间的相似之处。我觉得更重要的是，你们要知道这些准备不是单个幻想的所得物，是很多幻想合并后的所得物，只不过这些幻想会最终聚集在一个点上。此外你们还要知道，她的这些准备对性欲有积极和消极两方面的表现，有的是对性欲的赞同，有的是对性欲的抗拒。

如果我们把这些准备和病人的其他病症结合起来，或许会分析出更多的结果，但是我们的目的不在此。你们只需知道病者曾经在年幼时对父亲产生过一种"性爱"就可以了，这种性爱曾让她神魂颠倒，如痴如醉。或许就因为这些，她才会对母亲如此地不友善。还有一点我们需要提一下，那就是这个病症的分析还牵涉到了病人的性生活。对神经病症状含义和目的研究得越深，我们对这一切也就越发觉得不奇怪了。

癔病

1　癔病患者在病发前的过程
2　失眠、头痛、倦怠等引起的不祥感
3　自己似乎被他人监视
4　心理很敏感，发现别人难以发现的事情
5　被外部环境控制情绪
6　自己所想好像总是被他人操控
7　产生幻觉、幻听，爱妄想
8　情绪很容易紧张、激动
9　失去自己独立的人格，精神没有寄托

什么是癔病

癔病，是一种常见的精神障碍，大多患者受个人的精神因素影响，如生活事件、内心冲突或情绪激动、暗示或自我暗示等。病因主要是心理因素及遗传，但性格因素，如情感丰富、暗示性强、自我中心、富于幻想等，也可能成为癔病的诱因。

通过上面这两个例子，我们可以看出神经病症状和过失与梦都是有着其意义的，而且这些症状都跟病人的生活经历有着紧密的联系。但是我也不能仅凭这两个例子就让你们认同我这一观点，你们也不能让我一直举例直到你们认同为止。因为每一个病人的治疗都是需要很长时间的，如果我要对神经病理论进行充分的补充和讨论，那么就算我们一星期讲5个小时，也要一个学期才能讲完。所以，我只能以这两个例子作为我观点的证明。此外，你们可以去参考这一问题的其他论述，比如布洛伊尔的关于癔病（他的第一个病例）症状的阐述，荣格的关于早发性痴呆症状的分析（那时的荣格还只是一个精神分析家，并未成为一名理论家），以及现在很多杂志上刊发的论述报告。总之，关于这一问题的研究是很多的。现在众分析家都忽略了神经病的其他问题，只关注于神经病症状的分析和研究。

你们当中不管哪一位，如果有人对这个问题做过一定的研究，就会感慨资料的丰富，但即便资料很丰富，还是会遇到一些问题。现在我们已经了解到一个症状的含义是和病人的生活经历相关的，如果症状的形成和表现因人而异，那么我们就更能肯定它们之间是有关联的。所以，我们的任务就是要为每一个无趣的想法和每一个多余的动作寻找它们产生和存在的大背景。比如那位病人在桌边按铃来叫唤女仆的这一强迫动作，就是这个症状很好的一个例子。但是也有很多与此完全不同的症状，比如一些经典的症状，是各个病例所拥有的共性，不存在特殊性，这样不容易看出症状和病人生活经历之间的关系。现在，让我们再回到对强迫性神经病的讨论上来。可以以那位在睡觉前做很多不必要的小事的患者为例，虽然她有很多特殊性的行为是用来作一种"历史的"解释的。其实所有的强迫性神经病患者都会有某些动作，然后不间断地、有规律地去重复。比如有的患者会一天里不断地洗涤。又比如那些不再被认为是强迫性神经病者，而被认为是焦虑性癔病的广场恐惧者也会一直单调地重复一个动作，尽管他们不情愿。他们害

强迫性神经病患者

画面中的男子因为患有严重的强迫性神经病，所以他正在做这一动作，尽管这不是他们的意愿。其实所有的强迫性神经病患者都会有某些动作，然后不间断地、有规律地去重复。

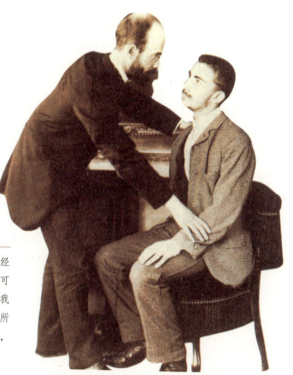

直视

　　画面中的医生正在直视这位患有神经病的患者，神经病症状的特殊性，虽然可以凭借病人的经历获得很好的解释，但我们却无法说出这些病例的共性症状。梦所揭示的意义也是一样的，梦是很复杂的，而且因人而异。

　　怕那些被包围的空地，广阔的场地，修长的大道或者小径。如果有人同行或者是身后有车行驶，他们就会觉得好像受到了保护一样。除了以上这些最基本的共同点外，每个病人都有着自己的特殊情况，显示彼此的差别。比如有的患者只是害怕小路，而有的患者是害怕大道；有的患者是周围没人时才敢前行，而有的患者是四周都有人时才敢前行。癔病也是这样，除了因人而异的特点外，有很多共性的症状，而这些共性不能以个人的经历作为解释的依据。但是我们也要知道，是先有了这些症状，然后我们才开始进行诊断的。如果我们知道癔病的一个特殊的症状是因为一个经历或一些经历（比如呕吐是受恶臭的影响），可是现在却又发现另外一种呕吐的症状是因为截然不同的经历，这时就会觉得很困惑。癔病患者的呕吐总是因为一些不为人知的原因，而那些由分析得出的原因，只是患者胡乱编造的或因内心需要而说的一些假话，是用来掩饰的。

　　于是，我们总结出了这令人不甚满意的结论：神经病症状的特殊性，虽然能凭借病人的经历获得很好的解释，但是我们却无法说出这些病例的共性症状，而且我在寻求一个症状的含义时所遇到的各种困境，也没有对你们提起。我之所以不告诉你们，是因为我不想让你们在我们的研究之处感到困惑或惊奇，尽管我不愿对你们有所隐瞒。我们对于症状解释的研究，虽然是处于初期，但我还是想坚持已有的经验和理论，去慢慢征服那些未知的困境。现在我想用以下这种观点来激励你们：各个症状之间，很难说有着最基本的区别。如果每个人的症状都能用他们的经历来解释，那么与某一经历有关的有代

255

表性症状也能以人类共有的经历进行解释。神经病的那些常见特点，比如强迫性神经病的重复性动作和质疑等，是有着相同的反应的，病人只是因为病情的不同或变化而把这些反应加重了。总之，我们没有借口去失望和丧气，我们要关注有什么是我们能发掘的。

在讲述梦的理论时，我们也遇到了这样的困境，不过我们在前次探讨梦时并没有对那个困境进行列举。梦所揭示的意义是很复杂的，是因人而异的，对它分析所得出的结论，我们已经详细地讲述了。可是有些梦是代表性的，是大家都会有的，它们的内容都一样，分析起来一样的困难。比如梦到被人拉着、掉落、飞行、漂在水面上、身体赤裸、游泳以及各种焦虑的梦。这些梦因为做梦的人不同解释也会不同，至于大家怎样会有相同的梦，目前还没有任何的说明。但是我们留意到在这些梦中，它们的相同部分也在衬托着各人的特点。也许通过对别的梦进行研究而获得的相关知识可以解释这些梦，无需曲解，只需不断充实我们对这些梦的认知就可以了。

第章

创伤的执着——潜意识

前面我就已经说过，我们要把已经获得的理论作为更深层次研究的出发点，而不是那些已经出现的质疑。虽然前面两例的分析获得的结论很有趣，但是我们还没有开始进行讨论。

海边的僧侣 卡斯帕·达维德·弗里德里希 德国 布面油画 1809年 柏林国家博物馆

患有神经病症状的人，大都有借病隐世的心理，就像古代去寺院里修行的僧侣一样，他们想要去摆脱现状，但却不知道该如何去摆脱，导致现在和未来脱节。画面中是一片空旷，天空、海岸和大海融为一体，一个人影（僧侣）独自立在那里。画家为我们描绘了一个精神至上的神秘世界。

首先，我认为两个病例中的患者都对过去的某一点有太多的执念，不知道该如何去摆脱，导致现在和将来脱节。她们好像是在借病隐世，就跟古代的僧侣隐居在寺院修行以此了度余生一样。就拿第一个病人来说吧，她的婚姻虽然早就结束了，但对她的生活却产生了很大的影响。她通过这种病症保持了和丈夫的某种关系。在她的症状里，我们似乎可以看到她在为他辩解，为他可惜；她在宽容他，称赞他。虽然当时她还很年轻，可以获得其他男士的青睐，但是她都以各种或真或假（魔法的）的缘由来保留她对他的忠诚。于是她就不见陌生人，不打扮自己，一旦坐下就不愿起来；还不肯为他人签名，也不赠送他人礼物，不让自己的一切东西出现在他人的手中。

拿第二个例子里的病人来说，那名少女在年少时对父亲的爱恋，如今更是愈发地作祟。她知道自己患了病就不能与别人结婚，我们猜测她患病就是为了逃避结婚，然后可以经常依赖她的父亲。

如果这种奇特的、毫无益处的态度是神经病的共性，而不是这两个人的个性的话，那么我们禁不住会问：一个人在生活上为什么要采取这种态度，或者是他会怎样采取这种态度。其实，这的确是神经病的一个普遍而又重要的特点。布洛伊尔第一次治疗的那个癔病患者，就是在她的父亲得重病，她在照看时表现出了一种执念。后来她虽然痊愈了，但是自那时起，她就觉得自己无法应对生活，因为她处理不好一个女人的本职工作。通过分析我们得知，每一个病人的症状和结果都会使他对过去生活的某一阶段产生执念，对大多数病例来说，这过去生活的某一阶段一般是指生活中最早的那一阶段，比如儿童期或更早的哺乳期。

与神经病人的这一行为最为相似的是欧战时比较流行的"创伤性神经病"。这种病症发生在大战之前，比如在火车发生事故或者是经历了其他危及到生命的行为之后。创伤性神经病和我们日常分析治疗的以及自然发生的神经病不同，我们也不能运用别的神经病理论来对它进行解释和说明，这一点我会在以后告诉你们原因。但是，需要强调指出的是，它也有和别的神经病完全相同的地方。对创伤性神经病来说，病的根源就是对

死亡军人的尸骸 美国 1864年

创伤性神经病，是指对异乎寻常的威胁性、灾难性事件的延迟和（或）持久的反应。患者以各种形式重新体验创伤性事件，有挥之不去的闯入性回忆，有频频出现的痛苦经历的梦境再现。美国战争史上的南北战争，是美国战争史上最为残酷的战斗，画面中是人们在战后重新回到战场清理士兵的遗骸，那残破的军装和累累的白骨充分体现了战争的残酷。

创伤发生时的执念，这一点很明确。因为这些病人时常会回忆创伤发生时的情景，对那些可以被分析的癔病来说，癔病的产生也是对情景的回忆。病人在以前就不能应对这个情景，现在似乎还是不能应对。所以我们就不得不特别关注这一点，因为我们可以借此了解精神历程中的"经济的"概念。"创伤的"一词其实是经济的表示。一种经历如果能在短时间内让心灵受到一种高度的刺激，导致无法用正常的方式去适应，从而使心灵的能力分布遭受持久的混乱，那么我们就称这种经历为创伤的。

弗洛伊德夫妇　1911年

弗洛伊德和玛莎在年轻的时候就是一对相互热爱的对象，夫妻之间也是相敬如宾，互相奉献着彼此，这是他们在结婚25年的婚庆留影，琼斯说他们之间唯一争执的话题居然是：煮香菇的时候要不要去掉茎？

通过这个对比，我们就可以把神经病执拗的经历称为"创伤的"。于是，我们就为神经病提出了一个便利的条件，即一个人如果不能应对一段激烈的情感经历，最终变成了神经病，所以说神经病的起因和创伤病类似。实际上，在1893～1895年间，布洛伊尔和我为了把观察的新事实归纳为理论而整合的第一个公式，就和此观点十分相近。就拿第一个病例中与丈夫分居的女子来说，这个公式是相符的，因为她对这名存实亡的婚姻生活的确很遗憾，于是她就对创伤情景产生了执念。而对第二个病例中爱恋其父亲的少女来说，这个公式又有了缺陷。主要表现在两点：第一，女儿对父亲敬爱是一件很正常的事，它会随着年龄的增长而有所减轻，于是"创伤的"一词在此就没有什么意义了。第二，从这个病的形成过程来看，对初次性爱的执念在当时也是无害的，只是在几年后，才演变为强迫性神经病的症状。由此可以说神经病的起因是复杂多变的，但是我们也不能把"创伤的"这一观点作为错误的理论而丢弃，因为它在别的地方或许会有所帮助。

所以，我们刚刚走出的那条路，现在不得不舍弃，因为这条路已然行不通，我们也就没有再进行研究的必要，这样才能去寻找更好的研究之路。可是我们在放弃"创伤的执念"这个观点之前，应该知道这个现状在神经病以外也是随处可见的。每一个神经病都包含有一个执念，但不是每个执念都会引发神经病的，也不是每个执念都和神经病相结合，或者是出现在神经病发生之时的。比如说悲伤，它可以看作是对过去某件事的情感执着的一个例子或原型，而且还和神经病一样，完全和现在及将来脱节。可是悲伤与神经病的区别，大家一眼就能看出来。不过反过来讲，有些神经病也可以称得上是不正常的悲伤。

一个人的生活状态，如果因为有过创伤的经历而发生了改变，那他的确会失去生机，对现在和将来都不感兴趣，只是沉迷在对过去的回忆里，但是这样的人也不一定会变成神经病。所以我们不应该把这个特点看得太重以至于把它当作神经病的一个属性，尽管它比较常见和重要。

其次，让我们讲述分析得出的第二个结论，对于这个结论，我们无需限定它。拿第一个病例中的病人来说，她做的那些无聊的强迫性动作以及由此引发的回忆，我们都已经了解了。至于两者的关系是怎样的，我们也曾进行了列举，并由这层关系推测出了强迫动作的目的所在。可是我们却完全忽略了一个值得我们极力关注的因素。那就是病

梦 *卢梭*

卢梭是典型的"强迫精神病"，在他的这幅画作中，女人和各种动植物等自然的一切生灵融为一体。卢梭本人的生活经历是很复杂的，他曾离过几次婚，写过戏剧，还差点被送进监狱，他因为遭到女人的拒婚而精神崩溃。这幅画就表现了他当时想要和一个女人结婚的愿望。

人在重复强迫动作时，并不知道自己的这个动作与以前经历之间的关系，这个关系被隐藏了起来，她并不知晓是怎样的一种冲动在促使她去重复那一动作。后来在治疗的影响下，她忽然明白了这个关系并把它讲述了出来。但即便是在那时，她仍旧没有明白这个动作的目的就是为了改变以前的痛苦经历，维护她那亲爱的丈夫的声誉。经过长期的努力，她终于明白并承认了这种目的促使了强迫动作的形成。

结婚第二天早上的情景以及她对丈夫的温柔感情，这两者构成了我们所说的强迫动作的"意义"。但她并不知晓这个意义所包含的两个层面，她在重复这个动作时并不知晓动作的起因和动作所要制止的。于是某些精神历程就一直在她内心深处运作着，而强迫性动作就是它运作的结果。她后来知道了这个结果，但是在知晓结果之前的那些过程，她却是毫不知晓。伯恩海姆曾做过这样一个催眠试验，他让被催眠者在醒来5分钟后把房间里的一把伞打开，被催眠的人如实照做了，但却不知道为什么要这样做，我们的病人也是如此。其实，这就是我们所说的潜意识的精神历程。如果有人能对此事作出更合理的科学解释，那么我就会放弃潜意识精神历程存在这一设想；如果你们做不到，那我就会坚持这一设想。要是有人反对，认为潜意识在科学上只是为了应对某些情况而暂时采用的说法，是徒有虚名的，那么对于他那难以理解的观点我们就会进行反驳。像潜意识这样难以实在抓握的东西，竟然能产生强迫动作这样真实可见的力量，谁能想到呢！

对第二个例子中的病人来说，也是如此。她制定了一个规则，不让长枕头和床背相接触，但是她并不知晓制定这个规则的原因、意义和作用是什么。对于这个规则，她不管是欣然接受，还是加以反抗，亦或是拒不执行，都是没用的，是必须要去实现的。虽然她想查清原因，但是这也是徒劳的。因为对于强迫性神经病的这些症状，观点和冲动行为，没有人知晓它们的来源。可是它们却能够抵抗正常的精神生活所无法抗衡的力量，所以就算是患者自己，也会觉得它们是从另一个世界过来的强大的妖魔，或者是混杂人群中的鬼魅。在这些症状中，我们会明显地发现一个特殊区域的精神活动，它是与其他方面相分离的。也就是说，这些症状是潜意识存在的证明。正因为如此，那些只认可意识心理学的临床精神病学对这些症状也是毫无对策，也只能说它们是特种退化的代表。其实强迫性观点、冲动行为和强迫动作的执行一样，都不算是潜意识，因为如果它们不进入到意识中，是不会导致症状出现的。但是那些经分析而发现的精神历程和由解释而得出的连锁反应确实是潜意识，最起码，它们在病人没有因为分析研究而明白其过程之前是潜意识。

另外，请再思考以下几点：（1）各种神经病的每个症状都能证明这两个例子的全部实情；（2）对于症状的含义病人是毫不知晓；（3）通过分析可以得知，潜意识的精神历程是这些症状的起因，可是在顺境中，这些历程又可演变为意识。由此你们可以得知，如果没有潜意识，精神分析就会变得无计可施，更何况我们还时常把潜意识看作实在的东西而进行处理。此外，你们还得认可一点，那就是那些只知道有潜意识这个词语，但是对于神经病症状的含义和目的从不进行分析、解释和研究的人是没有资格对这一问题进行发言的。我多次强调这件事就是希望你们知道，既然精神分析能够探知神经病症状的含义，那么就可以充分证明潜意识的精神历程是存在的，或者，至少我们应该对此有所假设。

此外，还有别的证明。那就是我们从布洛伊尔的第二个发现（这是他自己研究的，但我认为比第一个发现更重要）中更加清楚了潜意识和神经病症状之间的关系。原来症状不仅含义是潜意识的，而且它本身还可以和潜意识相互替换，而潜意识的活动导致了症状的存在。对于这一点，你们很快就会明白。于是，我和布洛伊尔就有了这样一个认知：即我们可根据所遇到的每个症状来判定病人心中有某种潜意识存在，包括症状的含义。但反过来讲，这个含义必须先是潜意识的，这样症状才会出现。因为症状不是在意识的历程中产生的，一旦潜意识的历程变成意识，那么症状就会消失。看到这些你们会立刻感觉这是精神治疗的一个新出路，是治疗神经病症状的一个新方法。布洛伊尔就曾用这种方法把他的病人治愈了，或者是解除了症状的约束。另外他还想出了一个方法，就是让病人把拥有症状含义的潜意识历程引向意识，这样症状就会消失。

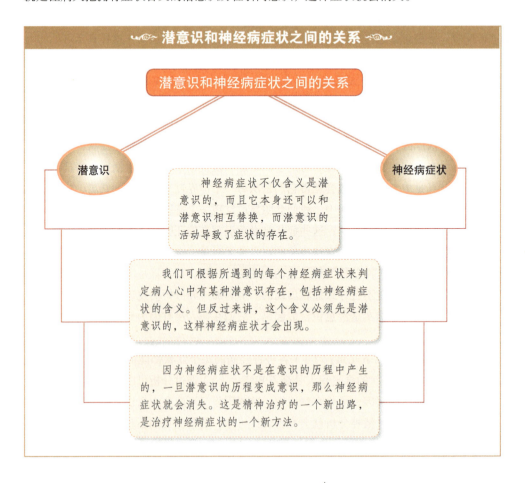

潜意识和神经病症状之间的关系

潜意识和神经病症状之间的关系

潜意识

神经病症状

神经病症状不仅含义是潜意识的，而且它本身还可以和潜意识相互替换，而潜意识的活动导致了症状的存在。

我们可根据所遇到的每个神经病症状来判定病人心中有某种潜意识存在，包括神经病症状的含义。但反过来讲，这个含义必须先是潜意识的，这样神经病症状才会出现。

因为神经病症状不是在意识的历程中产生的，一旦潜意识的历程变成意识，那么神经病症状就会消失。这是精神治疗的一个新出路，是治疗神经病症状的一个新方法。

布洛伊尔能够有这样的发现并不是依靠推理，而是凭借病人的协助，有机会进行了这样一个考察。但是你们不要试图把这件事和你们所知的事进行对比，然后有所了解，你们要做的是认可这样的新事实可以解释很多别的事实。所以，我还要对它进行以下这样的延伸。

症状的形成其实是潜意识中其他事物的替换。有些精神历程，如果在正常情况下能够让病人在意识中清楚的知道的话，那它就不会被症状所取代；但是如果它做不到这点，或者是这些历程突然被阻碍演变成了潜意识，那么症状也就随之出现了。由此可见，症状就是一种取代品。如果我们能用精神疗法让这个历程还原，那么我们就可以治疗症状。

柏林街景　恩斯特·路德维希·基希纳 1913年

布洛伊尔曾经因治愈了歇斯底里症，而名噪一时。画家用扭曲的人物和色彩来表现现在都市的形象，这是一个充满敌意和异己的世界。画家用一种近乎歇斯底里的笔触将一幅焦灼的画面呈现在我们的面前，画中充斥着一种强烈的暴力感，是画家潜意识的替代物。

布洛伊尔的发现也是精神分析治疗的基础。因为通过后面的研究结果可以得知，虽然在工作中我们会遇到很多困难，但是我们还是可以证明当潜意识历程演变成意识的历程时，症状就会消失。然后我们要做的就是把潜意识下的某件事变成是有意识的，只有这样，我们的工作才能完成。

现在我要插几句题外话，免得你们认为这个治疗的效果可以轻易地实现。由我们所

苏格拉底的雕像 工艺品

苏格拉底是古希腊的哲学家，他和他的学生柏拉图及柏拉图的学生亚里士多德被并称为希腊三哲人。他是西方哲学的奠基者。据记载苏格拉底最后被雅典法庭以引进新的神和腐蚀雅典青年思想之罪名判处死刑。神经病的起因是对于那些应当知道的精神历程缺乏了解，这就好比苏格拉底的罪恶是因为他对那句名言毫无所知。

得的结论可知，神经病的起因是对于那些应当知道的精神历程缺乏了解，这就好比苏格拉底的罪恶是因为他对那句名言毫无所知。在分析病症时，有经验的分析家会很容易得知病人是哪种潜意识情感，于是他治疗起来就很容易。要消除对病症的不了解其实有两种方法：一是那些容易了解的。你只需告诉他相关的信息，让他有所了解就可以了。症状的潜意识的含义中有些地方就可以运用此方法。二是那些不容易推测的。就像病人生活的经历和症状之间的关系，分析者不了解病人的一切经历，他要等病人慢慢地告诉他。但是他也可以通过其他途径来获知病人的相关信息。比如向病人的亲属和朋友询问病人的经历，一般情况下，他们会知道是哪件事给病人带来了创伤，或者将病人年幼时发生的病人自身也不知道的那些事情讲述出来，让分析者有所了解。如果能把这两种方法结合起来，那么或许在短时间内就可以把病人那不为人知的病因找出来。

要是真能这样就好了，但是很多事情总是会打的我们措手不及。各个了解之间是不相同的，而且了解的种类也不一样，在心理学看来它们是没有等同的价值的。莫里哀的那句"Il y a fagots et fagots"（人各不同）说得很对，因为医生的理解能力和病人的是不一样的，效果也不相同，就算医生把自己所了解的一切都告诉病人，也是没用的。这样讲或许不够准确，我们应该说这个办法并不能让症状消失，而第一种说法其实是一种很直接和坚定的否决。其实这个方法有另外的作用，那就是让分析继续。病人现在已经对症状的含义这一说法有所了解，但是他的了解是有限的。所以，我们说无知也是分很多种的，我们只有对心理学有了更深的掌握，才能区分这些无知。可是"了解症状的含义就能让症状消失"这句话也是正确的，但它的正确也需要一定的条件，即所谓的了解是建立在病人内心改变的基础上，而我们则用精神分析法来改变病人的内心。到此我们就遇到了问题，不过这些问题很快就会成为症状构成的动力学。

到此我想停下来，询问你们是否觉得我讲述的内容太过高深和混杂？我是不是说了一段话后又停止，引起了一连串的反思后又放任不管，以至于你们感到很难理解。如果真是这样，那么我很抱歉。可是我不想为了简单就放弃真理，我情愿你们认为这个学科是复杂而困难的，而且我认为就算我的话你们一时之间无法理解，那也是没关系的。我知道你们中的每位都会将听到和看到的内容按照自己的想法进行重新排列组合，以长缩短，化繁为简，把自己最想了解的知识整理出来。有人曾说开始时听的越多，最后获得的也就越丰富，大体上来说，这句话还是不错的。所以，虽然我讲得很冗杂，但是我希望你们已经明白了我说的潜意识、症状所代表的含义，以及它们两者之间的关系等各个要点。也许你们还记住了我们以后的这两个努力方向：（1）这是一个临床问题。即要知道人们是怎么患病的，是怎样对生活采用了神经病的心态。（2）这是一个精神动力学问题。了解他们是怎样以神经病为起点，出现了一系列不健康的症状。这两个问题之间必然后会有一个重合点。

今天我本不想再接着讨论，但是由于还不到下课时间，所以请你们注意一下上面两个分析中的另外一个特点，即记忆缺失或健忘症，这一点你们在以后会明白它的重要

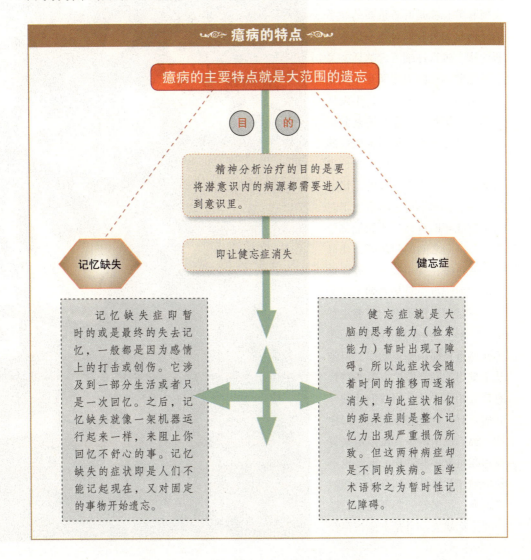

性。现在我们可以用下面这个解释来总结精神分析的治疗：只要是潜意识内的病源都需要进入到意识里。不过还可以用另外一种解释来说，即必须充实病人缺失的全部记忆，也就是说，我们要想办法让他的健忘症消失。对于这种说法，你们或许会觉得奇怪。其实他们的意思都是一样的，那就是我们要明白，病症的发展和健忘症是有着重要的联系的。但是如果我们对第一例中分析的病人进行仔细考虑的话，又会发现健忘症的说法又是不成立的，因为病人并没有忘记引发强迫动作的情景，甚至是清楚的记得，而且也没有忘记引发病症的其他因素。还有第二例中强迫进行准备工作的少女，她的记忆也没有缺失，只不过是不太明了。对于前几年的行为，比如把父母和自己房间之间的门敞开，使母亲不能再睡在父亲的床上等，她还清楚地记得，只是感到不安罢了。在这两个例子中，需要注意的是，第一例中的病人虽然是在不断地重复那一强迫动作，但她从不觉得这和新婚之夜后的情景有什么相似之处。当我们让她寻找病因时，她也想不起来。同样的，第二例中的少女虽然也是每夜都在重复那些动作，但是也不认为动作和情景之间有什么相似的地方。虽然她们都不能算是健忘或记忆缺失，可是本应该存在

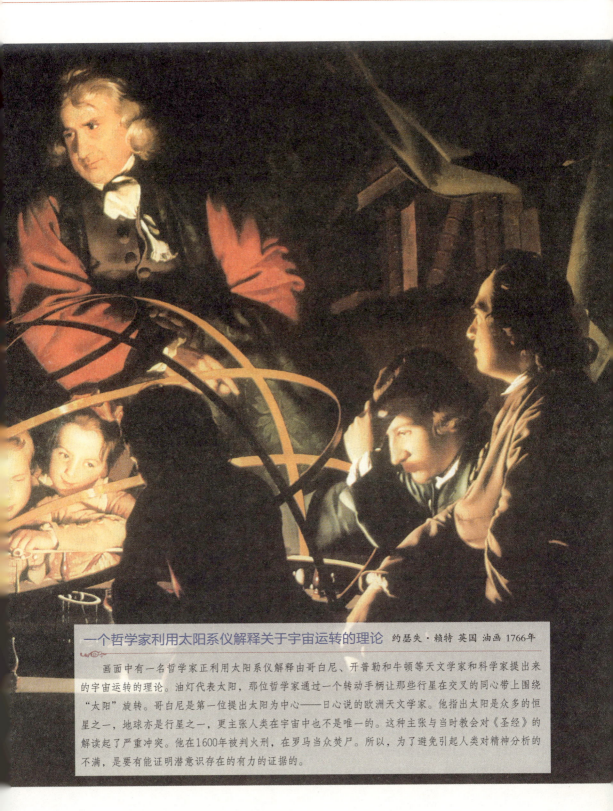

一个哲学家利用太阳系仪解释关于宇宙运转的理论　约瑟失·赖特 英国 油画 1766年

　　画面中有一名哲学家正利用太阳系仪解释由哥白尼、开普勒和牛顿等天文学家和科学家提出来的宇宙运转的理论。油灯代表太阳，那位哲学家通过一个转动手柄让那些行星在交叉的同心带上围绕"太阳"旋转。哥白尼是第一位提出太阳为中心——日心说的欧洲天文学家。他指出太阳是众多的恒星之一，地球亦是行星之一，更主张人类在宇宙中也不是唯一的。这种主张与当时教会对《圣经》的解读起了严重冲突。他在1600年被判火刑，在罗马当众焚尸。所以，为了避免引起人类对精神分析的不满，是要有能证明潜意识存在的有力的证据的。

的，用来引发记忆的线索却没有了。这种记忆上的阻碍就导致了强迫性神经病的出现。可是癔病却不一样，它的主要特点就是大范围的遗忘。大致来讲，癔病每一个症状的研究都能引出以前的全部记忆，这些记忆被回想起来之前，可以说是真正地被遗忘了。这些记忆可以探寻到最初的幼年时期，所以癔病的遗忘是和婴儿时期的遗忘有一定关系的，我们之所以不能明白精神生活中最初的记忆，就是因为婴儿时期的遗忘。此外，还有一点令我们很惊讶，那就是病人最近发生的一些经历也很容易被遗忘，特别是引发病症或使病症严重的原因，即便是不完全被遗忘，至少也有一部分是不能被记起来的。那些重要的情节有的是完全被忘记了，有的是被另外的假象所取代。也就是说，那些最近经历的事情的记忆，没有被分析者注意，致使病人的全部经历中有了一个引人注目的地方，直到分析快要结束时，这些记忆才会慢慢地在意识中出现。

像这种对记忆能力的破坏，我们已经说过它是癔病的表现，而且有时症状性状态虽然发生了，但却没有留下回忆的必要。由于强迫性神经病不会如此，所以我们可以推断遗忘只是癔病的特征，而不是一般的神经病的共性。但是通过下面的讨论，我们会发现这个区别也就没那么重要了。一个症状的含义是由两个因素组成的：来源和趋势或原因。也可以这样说：（1）引发症状的记忆和经历。（2）症状所想表达的意思或达到的目的。症状的来源是各种记忆，这些记忆是来自外界的，最初是有意识的，后来可能因为别遗忘而变成潜意识的。而症状的趋势或原因却是内心的发展历程，一开始可能是有意识的，但也可能永远不是有意识的一直存在与潜意识中。所以症状的来源和维持症状的记忆是不是也像癔病一样被遗忘，已经不是那么重要了；而症状的趋势，或许最初是潜意识的，于是就致使症状依赖于潜意识。这在癔病和强迫性神经病中是一样的。

我们这般看重精神生活的潜意识，肯定会引起人类对精神分析的不满。对此你们不必感到诧异，认为这个不满是因为难以认知潜意识，或是难以寻求证明潜意识存在的证据。其实我认为它有着更深层次的原因，其一就是对人类自尊心的沉重打击。人类的自尊心曾两次受到科学的沉重打击。第一次打击是人类知道地球不是宇宙的中心，而是庞大的宇宙体系中的微小的一点。这是哥白尼发现的，虽然亚历山大也曾发表过相似的观点。第二次打击是生物学研究让人类失去了高于万物的创生权利，沦落成一种动物物种，有着同样的不可消灭的野性。这种重新定位是本时代的查理·达尔文，华莱士以及前人鼓吹的功劳，曾经受到了同时代人最强烈的反击。可是这次人类却遭受了来自现代心理学研究的最沉痛的打击，也是人类自尊心受到的第三次打击。这一研究向我们每个人证明，就算是在自己的屋内我们也无法主宰自己，而且只要我们稍微获得一点关于潜意识的知识，就会感到很骄傲。其实要观察人类内心的，不仅仅只有我们精神分析家，也不是从我们开始的，我们只是认为这是我们应该做的，并用世人认为是秘密的经历作为证明而已。人们普遍的指责精神分析，甚至是不顾分析者的态度和严谨的逻辑，也就是因为我们把他们所谓的秘密作为了研究的证据。此外，从另一层面上讲，我们可以说是打乱了世界的宁静，这一点你们很快就会明白。

第十九章

抗拒与压抑

　　如果我们想要对神经病有进一步的了解，那么就需要更多的资料。现在有两种观察是很容易的，它们比较特别，开始时还会让人感到诧异。去年我们曾做过一些准备工作，现在讲起来应该很容易理解。

　　（一）我们在对病人进行治疗时，他们会有强烈的反抗，这让人感到很奇怪，让人无法相信。其实我们最好不要把这件事告诉病人的亲友或家属，因为他们会认为你这是在为治疗的缓慢或失败找借口。而病人自身就算有了这种反抗，他们也不会承认。如果我们能让他认识并承认这一事实，那么我们在治疗上有了很大的进步。其实病人和家属不承认这种反抗心理也是有原因的，病人因为症状而让自己和亲友变得焦躁不安，为了治疗又在时间、金钱和精神上作出重大的牺牲，结果却因为病症抵触所有的治疗和帮

身着长袍的外科医生　法国 15 世纪

　　图中身着长袍的医生正在指导他的学生该如何配药，右边的助手正在从园子里采摘，左边的学生正在捣制药汁。他的身后便是他的诊疗室。在给病人治疗的时候，尽量避免挑起他的焦躁情绪，否则他们会有强烈的反抗。

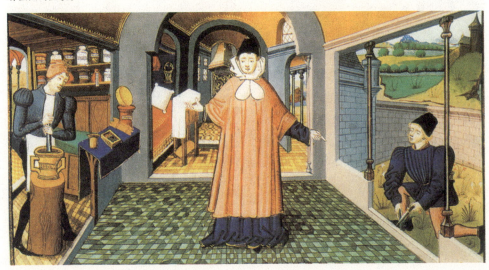

助，这话说出去不是太不可思议了吗？然而事实就是这样，如果你们要责怪我们，那么我们只能举出相似的例子来回答，让你们明白。有一个人牙痛去看牙医，可是在他看到医生要用钳子去拔除他的坏牙时，他却想办法拒绝了。

病人往往有很多巧妙的拒绝方法，而且你很难看出来，分析家需要小心防备。对此我们在精神分析治疗时采用了一些方法，想来你们也因解梦而有所了解了。这个方法就是：我们想办法让病人处于一种比较安静的自我观察状态，什么都不去想，然后把内心的感情、思想、记忆等，按照在内心慢慢出现的顺序讲述出来。我们可以明确地告诉他，不管他认为那些观念是因为太无聊或厌恶而说不出口，还是因为太重要或无意义而没有讲述的必要，都不要对自己的观念（设想）进行选择或取舍。我们只让他注意出现在意识表面上的观念，不要有任何形式的抵触，同时还告诉他治疗的成败，特别是治疗时间的长短，都取决于他是否遵守这个规则。通过解梦的方法，我们知道只要是那些有怀疑或否认的设想，总会包含着一些资料，这些资料有助于发现潜意识。

夏尔科的诊断课　布鲁叶　油画

夏尔科是现代神经病学的创始人，也曾是弗洛伊德的老师，是他最为尊敬的人。图中描绘的是夏尔科在学生面前诊断病患的情形。这位女病人神经紧张、全身绷紧。夏尔科的讲解对弗洛伊德的潜意识中性本能决定论的形成产生了巨大的影响。

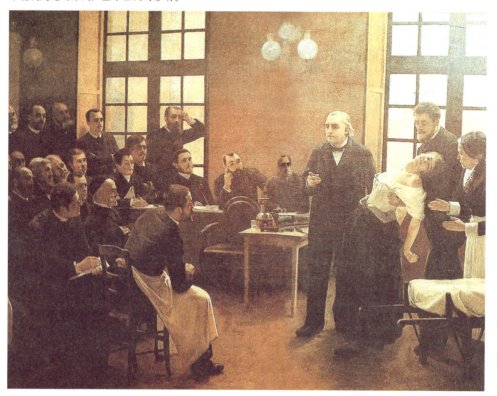

　　这个规则形成后，随之而来的，首先就是病人把他作为抵触的首要目标，病人会尽可能地采用一切办法来躲避它的约束。他首先会说心中什么也没有，然后再说想到了很多，不知道该如何选择。其次，通过病人在谈话时的停顿我们会惊奇地发现他们一会儿批判这个观点，一会儿批判那个观点。最后，他们还会说自己实在是不能把那些羞耻的事讲出来。于是这样的态度就使得他不再遵守约定了。有时，他会想起一件事，但却是别人的事，与自身毫无关联，于是就因此不去遵守规则。或者，他想到了一件事，要么是太过重要，要么是毫无意义，要么就是匪夷所思，认为我不会让他说出来。于是他就这样敷衍着、推迟着，一会用这样的方法，一会用那样的方法，他虽然一直说要讲出一切，可结果什么也没有讲。

　　不管哪一个病人，总是想尽办法把自己的有些思想隐匿起来，防止那些分析者的逼迫。有一个病人就很聪明地用这种方法把他认为很甜蜜的爱情隐藏了几个星期，我告诉他不该破坏精神分析的原则，可他却说这是他的私事。当然，精神分析的治疗是不能容许这样的隐藏出现的。如果我们允许了，那就好比我们在设法逮捕罪犯的同时，还允许在维也纳设立特区，并严禁在市场或圣斯蒂芬教堂旁的广场上抓人。于是，犯人就可以藏身在这些安全的地方。我以前也曾给了病人隐藏的权利，因为他必须要恢复他的办事能力，而且他还是一个文官，因为誓言而无法把一些事告诉他人。对于治疗的结果，他很满意，可是我却一点都不满意，自此，我就决定不再给病人隐藏的权利。

　　我们的治疗规则常因强迫症病人的多心和怀疑而变得形同虚设，有时更会因焦虑性癔病的病人而变得滑稽可笑，因为他们经常会说一些风牛马不相及的联想和回忆，让分析无从下手。我并不是要告诉你们治疗上的艰辛，只是让你们知道我们凭借着毅力和决心，终于能让病人稍微遵守一下治疗的规则。但是他们又换了一种抵触方式，就是进行理智的批判，以逻辑为武器，以平常人提出的精神分析的不可信之处为依据。于是，我们经常从病人的口中听到那些科学界对我们的批判和反对。外界对我们的批判，毫无创新之处，这就像是小茶杯的风浪，但是对于病人还是可以用道理来解说的，他们会很喜欢我们去教导他，和他辩论，还给他们指出一些参考书，让他们有进一步的认知。总之，只要不涉及到他，他就会成为精神分析的拥护者。但是就在他们寻求知识的过程中，我们还是能看出他们的抵触。他们只是想借这些事情来躲避他们要面对的工作，对此，我们当然是不同意的。强迫性神经病会利用一些策略来进行抵触也在我们的预料之中。于是分析就不受限制地顺利进行，病例中的所有问题也渐渐清晰。可是到了后来我们开始奇怪，为什么这些解释没有实际的效果而症状却有了一定的改善？结果发现强迫性神经病的抵触又恢复了以往的状态，即以怀疑为主要特点，这让我们也变得一筹莫展。病人似乎很喜欢说下面这样一句话："这很有趣，我也愿意继续接受分析。如果这都是真的，对我当然也有好处。可是我对这些一点都不相信，既然不相信，那我的病情也就不会受影响。"长此以往，他们连最后的这点耐心也用尽了，于是又表现出强烈的抵触。

理智的抵触还不算是最坏的，因为我们能克服它。可是病人却懂得怎样在分析本身上进行抵触和反抗，克服这些反抗才是精神分析上最困难的事情。病人不对以往的某些情感和心境进行回忆，而是把它们再现出来，通过那些"移情作用"来对医生和治疗进行抵触。比如：如果病人是一个男人，那他就假借父子关系，让医生代表他的父亲，他就以独立来进行反抗，这种独立包括个人的和思想的；或者以野心来进行反抗，这种野心最初的目的就是想和父亲平等或者超越父亲；或者以不再负责来进行反抗，这个责任主要是针对感恩。有时我们会觉得病人只是在找茬，想让分析者感觉自己很无能，想打败分析者，甚至是想磨灭分析者治疗他们的愿望。而如果病人是女子，那她们就会移爱于分析家，以此来达到反抗的目的。但这种爱达到了一定的程度后，她们就会失去对实际治疗的一切兴趣，消除治疗时的所有制约，然后就会出现忌妒以及被拒后的怨恨。这些都会破坏她和医生之间的关系，于是，分析也就失去了它强大的推动力。

我们不应该对这种抵触行为进行指责，因为这些抵触中往往包含有病人以往生活中诸多重要的信息，而且这些信息的表现是如此的让人深信不疑。所以如果分析家能够巧妙的运用技巧，那么就可以把这种抵触转化为对自己的帮助。但是我们需要注意的是这些信息是先作为一种抵触，一种假象，来阻碍治疗的。或者我们也可以说病人是用他的性格特点和个人态度来抵触治疗的。这些性格特点随着神经病的状况和去要求而有所改变的，我们也就因此获得了一些平时不易见到的信息。但是你们也不要认为我们把这些反抗看作是对分析治疗的威胁，其实我们知道这些反抗是肯定会出现的，我们只有在它们不能让病人明白这就是反抗时才会感到不满。于是，我们明白了克服这些反抗才是分析的重点，是证明治疗有效果的证据。

潜意识的对手 · 泰德马

　　不管是哪一个病人，总是想要把自己潜意识的思想隐藏起来，殊不知精神分析的治疗是不容许这样的隐藏出现的。就像图中的这两位古罗马妇女，她们表面上亲密的关系隐藏了他们潜意识中的竞争关系。

此外你们还要注意，病人时常会利用分析时出现的偶然事件来阻碍分析的进行，比如那些可以分散注意力的事物，或者是他所信仰的朋友对精神分析的指责，或者是能够加重神经病的机体失调。有时症状的每一个改变都可作为反抗治疗的动机。由此你们可以想象我们在分析时会遇到和克服多少反抗。这一点，我之所以如此不厌其烦地讲述，就是要告诉你们，我们对于神经病的动力学概念，就是来源于这些病人反抗治疗的经验。布洛伊尔和我曾用催眠法作为心理治疗的工具，他的第一个病人是在催眠暗示的状态中被治疗的，我最初也是采用这种方法。我那时的治疗进行得也是比较顺利的，时间运用得也很少，但是疗效确实反复的、不持久的。于是，我最终放弃了催眠法。我知道只要运用催眠法，就不能了解这些病状的动力学，因为在催眠时，医生是观察不到病人的抗拒的。催眠可以使抗拒的力量消失，虽然我们可以划出一部分来进行分析，但是抗拒力会因此积聚在这部分上，难以攻破。于是，它就和强迫性神经病的怀疑产生了一样

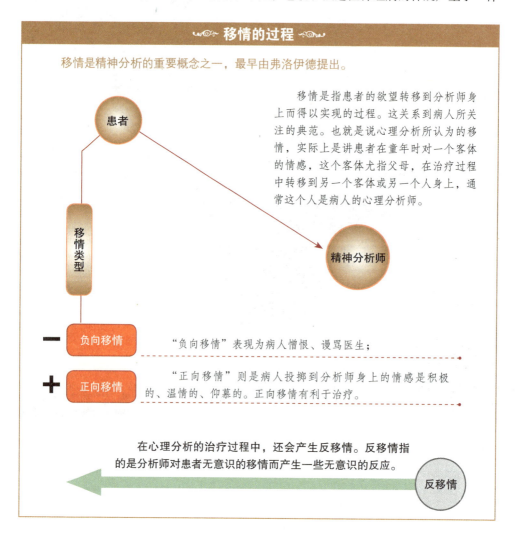

❧ 移情的过程 ❧

移情是精神分析的重要概念之一，最早由弗洛伊德提出。

患者

移情是指患者的欲望转移到分析师身上而得以实现的过程。这关系到病人所关注的典范。也就是说心理分析所认为的移情，实际上是讲患者在童年时对一个客体的情感，这个客体尤指父母，在治疗过程中转移到另一个客体或另一个人身上，通常这个人是病人的心理分析师。

移情类型

精神分析师

— 负向移情 "负向移情"表现为病人憎恨、谩骂医生；

+ 正向移情 "正向移情"则是病人投掷到分析师身上的情感是积极的、温情的、仰慕的。正向移情有利于治疗。

在心理分析的治疗过程中，还会产生反移情。反移情指的是分析师对患者无意识的移情而产生一些无意识的反应。

反移情

的影响。所以说，我们只有丢掉催眠法，精神分析才算是真正的开始。

如果对于反抗的测定真的如此重要，那么我们就不应该轻率地假设它的存在，而是应该仔细地考虑。也许有些神经病的确因为其他原因被迫设想停滞不前，也许我们应该对那些指责我们学说的声音加以关注，也许我们不该把病人的理智的抵触看作是反抗，从而不予理会。以上这些说法或许都不错，但是我要告诉你们的是，我们对这件事的判断并不是草率而为的，我们一直在观察这些病人反抗情绪出现之前以及消失之后的状况。在接受治疗时，病人的反抗力度是不断变化的，当我们接近一个新问题时，他的反抗力度会有所加大；当我们进行研究时，他的反抗力度会上升到最高；当我们研究完，结束时，他的反抗力度也就消失了，而如果我们不在治疗方法上出现错误，那么就不会引发病人的极力反抗。所以我们在分析时会发现，病人会反复地一会儿进行批判反抗，一会儿又会同意顺从。如果我们把那些让病人感到痛苦的潜意识信息放入他的意识中，他就会强烈地反抗，即便是他以前已经了解并接受了这些，此时也会前功尽弃，而在他极力反抗的时候，他的行为和智力缺陷或情绪性迟钝者的行为是相似的。但是如果我们帮他克服了这个新的反抗，那他就又获得了理解的能力。其实他的批判力是不能独立活动的，因为它只是情绪的奴隶，受抗拒的控制，所以我们不必加以重视。只要是他不喜欢的事情，就会巧妙地进行指责和抗拒，只要是他认同的事情，就会坚信不疑。一个被分析的人，他的理智之所以如此明显地受感情的控制，那是因为他在分析时受到了很大的压力，或许我们大家也都是这样。

对于病人极力反抗症状的消除和心理过程恢复常态这样的事实，我们该作怎样的解释呢？对此我们说是在反对治疗时遇到了一种强大的残留力量，当初引发病症的也是这股残留力量。在症状形成时，一定也有某种历程，我们可以通过治疗的经验来推断这种历程的性质。通过布洛伊尔的观察，我们知道症状的前提是某种精神历程在常态下没能得以继续，最终没能引起意识，而症状就是这种没有完成的历程的替代品。现在我们知道了上面提到的那股力量在哪里了，病人肯定曾极力让有关的精神历程无法进入意识，演变成为潜意识，因为潜意识是不能构成症状的。于是在分析治疗时，病人的这种努力再次出现，就是为了阻止潜意识变成意识，这就是我们所了解到的反抗的方式。由反抗而想象出的得病过程就是压抑。

现在我们要对这个压抑过程进行详细的讲述。这个过程使症状得以发展的前提条件，可是它又和别的过程不同，它没有相似的可以比较的现象。现在举例进行说明，有一个冲动或者精神历程想要转化为实际的动作，但是可能会因实施此动作的人的拒绝和责难而被制止，这时精神历程的力量就会因为无法前进而有所削弱，但是它仍旧能够存在记忆里。这整个的决断过程是由实施动作者自己所充分认识的。但如果是同样的冲动受到了压抑，那么结果就会大大的不同。冲动的力量虽然还有，但是在记忆上却不会留下任何的迹象；自我虽是一无所知，但压抑的过程仍旧可以完成。可是，这样的对比仍然让我们无法对压抑的性质有更深层次的理解。

忧郁 多米尼戈·菲奇 意大利 布面油画 1620年 巴黎卢浮宫

这幅作品创作于画家生命的晚期，图中的女子在低头沉思，在她的脚下有一本卷了边的书，一只人们不曾注意的圆球，还有几枚废弃的天文学徽章。系在她旁边的狗是图中唯一陪伴她的活物，狗的面部有明显得紧张和不安，与女子的疲惫形成对比。在古代，狗是不好脾气的代表，图中的女子美丽而富有智慧，但是她一直想要拥有的却是一直困扰着她的。

其实压抑这个词可以因为一些理论的概念而具有比较明确的含义，现在我就要来说明这些概念。为此，我要先从潜意识一词纯粹描述的意义转化为描述系统的意义，也就是说，我们要把心路历程的意识或潜意识看成是该历程属性的唯一一种，但不必是决定性的。假定此历程是潜意识的，那么它无法进入意识或许只是它所要面对的经历的一个信号，而不是它最后的经历。为了能够获取这个经历的更加具体的概念，我们可以说每一心路历程（但是也有例外，这点以后再讲）必先存在于潜意识状态之内，然后再转变到意识的状态。这就好比照相首先是底片，然后冲洗成正片，最后成为图像。但是并不是每一个底片都能冲洗成正片的，同理可知，并不是每一个潜意识的精神历程都能转化为意识的。这个说法可以用下面这句话进行更好地说明：每一个历程最初都是属于潜意识的心理系统，然后在某一条件下，由潜意识的心理系统转化为意识的系统。

而对这些系统最直接的描述是空间描述。于是，潜意识的系统就可以比作是一个大房间，在这个大房间里，诸多的精神兴奋就像是一个个的个体，彼此拥挤在一起。与卧室紧挨着的是一个小房间，就像接待室一样，意识就在这里面。可是这两个房间门口上站着一个人，他是负责守门的，考察和检验那些精神兴奋。那些他不认可的兴奋是不能进入接待室的。那么你们立刻就能想象出守门人是怎样阻挡各种冲动进入接待室的，或者是在冲动进入接待室后如何将它们赶出去的，其实，这并不重要，因为这只关乎他辨认周密敏捷的程度问题。其实这样的描述很方便我们运用词汇。在大房间内，潜意识里的兴奋是小房间里的意识所不能觉察到的，所以它们在最初是一直留在潜意识里的。如果他们逼近门口时，却被守门人赶了出来，那他们就不能成为意识，这时我们就说它们是被压抑的。但是那些被允许进入接待室的兴奋也不一定就能成为意识，它们只有在引起意识的关注时才能成为意识。于是，这个接待室就成为前意识的系统，这种转变为意识的过程也因此可以说成是纯粹的描述的意义。我们在说任何一种冲动都是被压抑的时，意思就是说它们因为守门人的阻拦无法进入前意识，导致它们不能冲出潜意识。而那些守门人就是我们所说的在分析治疗时用来解放被压抑的意念而遇到的反抗。

或许你们会认为这样的描述奇怪而且不精确，是科学的描述所不能接受的。我知道这样的描述过于简单，也知道它是错误的，但是如果你们能证明我是错的，那么我们就能用更加准确的描述来取代它。不过到了那时你们是否还会认为它是奇怪的，我就不得而知了。但不管怎样，现在这样的描述还是有解释作用的，就好比安排的那个侏儒在电流中游泳的试验。只要它们有解释说明的作用，我们就不应该歧视它们。可是现在我仍然认为比喻为两个房间和两者之间的守门人及小房间中观察兴奋的意识等这样简单的描述是和现实情况比较相似的。而且我们所说的潜意识、前意识、意识等词，还没有其他

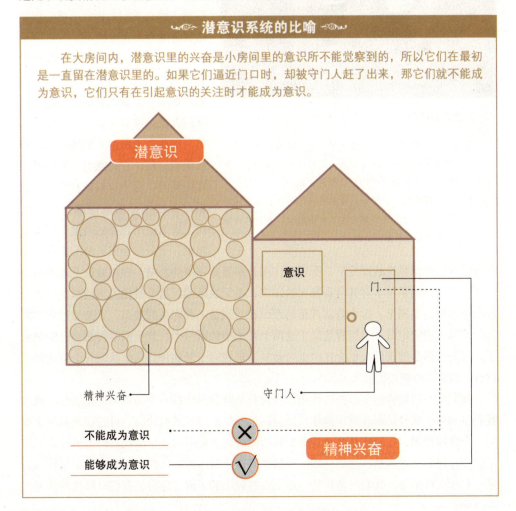

潜意识系统的比喻

在大房间内，潜意识里的兴奋是小房间里的意识所不能觉察到的，所以它们在最初是一直留在潜意识里的。如果它们逼近门口时，却被守门人赶了出来，那它们就不能成为意识，它们只有在引起意识的关注时才能成为意识。

潜意识

意识

门

精神兴奋

守门人

不能成为意识　✕

能够成为意识　√

精神兴奋

岩石上的男孩 亨利·卢梭 法国 19~20世纪

画家创作这幅作品时，正是怪诞艺术的流行时期，艺术家们也是趋于反省自我，并开始关心起自己潜意识的梦，因为那个时候弗洛伊德的理论已经被世人所熟知，画家们也开始探索自己非理性的一面，以此获得更大的创作自由。图中的男孩好像是不费吹灰之力便坐在了群山之上，男孩非站非坐的状态，都给人一种梦幻的感觉。

学者提出或使用的下意识、交互意识、并存意识等词少见，同时还比较容易进行解说。

假如真的是这样，那么我们对于神经病症状心理系统的假设就能拥有更为普遍的作用，进而使常态的机能表现的更为显著。这是很重要的一点，你们也能想象得出，当然，这也是正确的一点。至于这个结论，现在我就详细讲述了。但是，如果我们能通过对病态心理的研究而更深入地了解常态心理机能的话，那么我们对症状形成心理学的兴趣就会大大增加。

再者说，难道你们没有察觉到这两个系统以及它们与意识的关系依据吗？潜意识和前意识之间的守门人就是控制显梦形式的盘查人员，那些白天所留下的经历就是潜意识的材料，它们能引发梦刺激。在睡觉时，这个材料就会受到潜意识以及被压抑的欲望和兴奋的干扰，进而运用自身的力量，再加上想象，于是就形成了梦的隐意。这个材料在潜意识系统的操控下，受压缩作用及移置作用等的影响，现在就连常态的精神生活（前意识的系统）对其历程都无法知晓，也无法认同。这个机能的不同点主要体现在两个系统的差别上。这个差别就是前意识和意识是一种永久的关系，于是通过它和意识的关系就能确定每一个历程是属于这两个系统中的哪一个。梦也就不再是病态的现象了，因为就算是健康的人也会在睡觉时做梦。现在对于梦和神经病症状的每个结论都可以运用到常态的神经生活上去。

我们现在已经讲述了压抑的作用，说它只是症状形成的一个必备的前提条件。现在我们也知道症状只是那些被压抑作用反驳回来的一些历程的取代品，可是如果真给了我们一个压抑作用，我们还是要花费很长时间的研究才能明白这个取代品的形成过程。对于压抑作用和其他问题，比如：哪一种精神兴奋会被压抑？压抑背后拥有的是怎样的力量？有什么目的等，我们只是在某一点上有些微小的了解。还有，我们对反抗的研究，也只是知道反抗的力量源于自我，源于那些显著的或隐秘的性格特点，也就是说这些力量导致了压抑作用，或者说是至少起到了一定的压抑作用。

我以前所讲述的第二种观点现在可以帮助我们解决上面的难题。我们运用分析能够得知神经病症状背后的目的，这一点你们已经不再陌生，因为前面两个神经病案例中已经提出了这点。可是仅仅两个例子能让我们得到什么呢？当然，你们可以要求我讲两百个或更多的例子来进行说明，可是我却无法同意。所以，你们要凭借自己的经历或观念去深入了解，这种观念可以以各个精神分析者公认的证据上为起点。

你们还记得前面两个例子吧，前两例中通过症状分析的结果，使我们探知到了病人比较隐秘的性生活。第一例中的症状目的或表现趋势比较明显，而第二例可能是受到了别的因素影响，稍微有点不明显，至于这个别的因素，我会在以后慢慢地告诉你们。由这两例可以推断其他接受分析的例子也会是这样。不管在什么时候，我们都可以通过分析推测病人的性经历和性欲望，同样的，不管在什么时候，我们也都可以肯定症状就是

圣浴

梦并不是一种病态的现象，因为就算是健康的人也是会做梦的。画中的少女在潜意识中总是想用各种方法来涤荡自己羞耻的感觉，想要用转移的方法来隐藏自己内心真实的想法，但是这种扭曲的心态只会加重她心理上的负担，使得这些负担导致了压抑作用。

为了达到满足性欲的目的。病人是想通过症状来取得性欲的满足，其实症状就是无法得到的满足的取代品。

现在请你们再试着思考一下第一例病人的强迫动作。她和丈夫分居是因为他身体上的缺陷，他们无法共同生活。可是因为她要忠诚于他，所以不能用别人代替她丈夫，而她的这一强迫性症状恰好使她的欲望得到了满足。她可以用这个动作维护丈夫的声誉，否认他的缺陷，特别是他的性无能。这个症状在欲望的满足上可以说是和梦一样；可是在性爱欲望的满足上却和梦不太一样了。至于第二例中的病人，她上床前的准备就是为

挤压 摄影

癔病症状的人，想要在性欲方面得到满足，他们会在潜意识里扭曲这种愿望。画面中所呈现给读者的是一个人似乎被挤压在了玻璃上，而不能动弹。这是一幅充满挤压感和张力的摄影作品，在一定程度上表现出了人在精神上所承受的压迫状态，但这种无形的挤压会时刻威胁着人的心理健康。

了阻止父母发生性行为或者是再生一个孩子，或许，你们也会认为她是想通过这些准备来取代她的母亲。于是，她的这个症状就是为了除去那些让性欲无法获得满足的障碍，以此来满足病人自己的性欲。对于第二例的复杂之处，我很快就会进行讲述。而满足性欲这样的话也不是什么时候都适用的。现在我想请你们关注的是我曾说过的一句话，压抑作用、症状形成和症状解释都是源自于对三种神经病的研究，而现在可以运用的也仅仅是这三种，即焦虑性癔病、转变性癔病以及强迫性神经病。我们通常将它们并称为移情神经病，它们都可以接受精神分析的治疗。而其他神经病目前还没有获得如此严谨的精神分析研究，就拿其中一例来说，它之所以还没有获得研究，是因为它无法接受治疗的影响。你们不要忘了精神分析是一门新学科，它的研究之路还很长，不仅会耗费很多的时间，还会遇到诸多的困难，而且不久之前，此学科只有一个人在研究。可是现在我们已经从各方面对非移情神经病的症状有了深入的了解，由此说明这门学科的发展是很快的。我希望在不久的将来为你们讲述的，是我们的假设和结论是怎样在适应新材料时有所发展，同时还要向你们表明，我们的深入研究不但没有与理论产生矛盾，反而促进了我们理论的统一。所以，对于前面所说的一切都仅仅适用于这三种移情神经病，我现在想再补充一句，这样会让症状的含义更加清晰明了。这句话就是：如果能对患病情景进行比较，那么就会产生这样一个结果，这个结果可以用一个简单的说法表示，即这些人患病的原因是现实让他们的性欲无法获得满足，进而使他们感到一种缺憾。这样表达后，你们就可以看到这两个结论是相辅相成，相互补充的。到此，症状就可以解释为是生活中无法满足的欲望的替代品。

　　神经病的症状是替代性欲的满足，我的这一说法的确会引发各种非议，但是今天我只准备讨论非议中的两点。第一点，如果你们当中有人曾对众多的神经病人进行分析，那么他或许并不赞同我的说法，而且会说："这句话并不适用所有的症状，因为有些症状有着截然不同的目的，它们的目的是抑制和阻止性欲的满足。"对于他的这一观点，我不打算进行争辩。因为从神经分析的角度来看，事情远比想象的复杂，否则也就不需要用精神分析来进行解释了。就像第二例中的病人，她的准备工作中确实有很多动作是对性欲的抑制。比如：她把时钟放在外面就是为了防止晚上阴核的勃起；防止花盆等跌落摔碎，就是想保住自己的贞操。从其他的已经被分析过的上床前的准备工作来看，这种抑制性欲的意味更加明显，她整个的准备工作就好像是为了压制性欲的回忆和诱惑而展开的防御工作。但是通过精神分析我们已经知道，就算是相反的事情也不一定会形成矛盾。或许我们可以扩大这一说法，把症状的目的看成不是对性欲的满足就是对性欲的制止。癔病的主要特点是积极地满足欲望，而强迫性神经病的主要特点是消极地抑制欲望。症状之所以可以有满足性欲的目的，也可以有抑制性欲的目的，是因为这个对立性在症状机制的某一因素上有着十分合适的基础，而这个机制，我们目前还没有机会提到罢了。实际上，症状是两种截然相反的倾向相互调解的结果。这两种倾向一个是被压抑的被动倾向，一个是压抑其他倾向而导致症状出现的主动倾向，这两种倾向有一个在症

奢华、宁静与愉悦 亨利·马蒂斯 法国

　　这幅图中没有多余的细节，但却用最精湛的笔触描绘出了女人美丽的胴体，还有同性欢乐的激情。这一点只有野兽派的创始人马蒂斯能做到，正好符合了弗洛伊德提到的女人在性潜意识世界里复杂的心理动态。

状中占据绝对地位，但是另一个并没有完全失去地位。对癔病来说，这两种倾向经常合并在一起并出现在同一个症状中，而对强迫性神经病来说，这两种倾向时常有着区别，此时的症状是双重的，有着两种相互抵制的动作。

　　而非议中的第二点就很难处理了。如果你们要对症状的解释全部进行讨论，那么首先你们会认为，只有极力扩充性欲的替代满足的概念才能把这些解释包含在内。其次你们还会指出这些症状并不能提供真实的满足，它们只是再产生一种感觉，或者是制造一种由性欲情结而引发的幻想。最后，你们还会认为这种性欲的满足是幼稚的，毫无意义的，甚至是一种自淫的行为，也许会让人回想起早在儿童时期就被制止的那些丑陋的行为。此外，还有一点你们会感到很奇怪，认为怎么会有人把凌虐的、令人惊骇的、不自然的欲望的满足看作是性欲的满足呢。其实，除非是先有人对性生活有了绝对的研究，进而规定了"性的"一词的范围，否则对于这些问题我们是不会有相同的观点的。

第二十章

人们的性生活

对于"性"一词的含义，你们肯定会认为是没什么疑问的。首先，所谓"性的"，就是指不正当的，是不能说出来，写出来的。以前有一个很著名的精神病学者，他的一些学生想让他承认癔病的症状是有着性意味的。为此，他们把他带到一个有癔病的女人床边。这个女人的症状就是模仿生孩子的动作，对此他却说："生孩子不一定就是性的啊。"他的这一说法是正确的，因为生孩子不一定就是不正当的啊。

我知道你们对我这种对于大问题也讲笑话的行为很不赞同，但是这句话也不能说全是笑话。其实要给"性的"一词下一个准确的定义是很不容易的。或许，只有那些与两性之差相关的才能用"性的"一词来进行界说，可是这样的话又会显得太过空洞和不确切。如果以性的动作本身作为一个中心点，那么你们或许会认为"性的"就是指从异性身上（特别是性器官）获得快感的满足。狭义地讲，就是指生殖器的结合以及性动作的完成。可是按照这种说法来讲，你们又会认为"性的"和"不正当的"是一样的，而生孩子这个事就和性毫无关系了。如果以生殖的机能作为性生活的重点，那么你们又会把手淫和接吻等看作不是"性的"行为，虽然手淫和接吻不是以生殖器为终点，但它们的确是属于性行为的。现在我们知道要对"性的"下定义会遇到很多困难，也就没有再尝试的必要了。但是我们或许可以这样认为：对于"性的"一词我们不必有确切的定义，但是当大家提起"性的"一词时，又大致的知道它的含义。

从一般的认知来说，"性的"一词主要包含有两性的区别、快感的刺激和满足、生殖的能力、不正当需要隐藏的观点等。这个认知在生活上是比较适用的，但是在科学上是远远不够的。因为大量的艰苦的研究（这种研究要自制精神才能完成）表明，有些人的性生活是和一般人不同的，这些人被称为"性的错位者"，他们当中的有些人在生活中并没有两性的区别。在他们看来，同性才能引起他们的欲望，异性（特别的异性的生殖器）丝毫不能引起他们的性刺激，甚至还会让他们感到恐惧。于是，这样的人完全没有生殖的能力，他们被称为同性恋者。但是他们往往会在其他方面的心理发展上（不管是理智的还是伦理的），有着别人难以企及的高指标，只因为有了生殖上的缺陷而稍微显得不完美。科学家称他们为人类的一个特殊种类，也就是所谓的"第三性"，与其他两性有着同样的权利。对于这个观点，我们或许以后有机会进行批判。他们不是他们口中自夸的"优秀者"，他们当中也有着和两性一样繁多的恶劣的没用的人。

潘和赛姬

　　"性的"就是指从异性身上（特别是性器官）获得快感的满足。狭义地讲，就是指生殖器的结合以及性动作的完成。画家为这幅作品就创造了一个这样的氛围，弗洛伊德认为凡是与精神分析有关的，那也是与性有关的，所有的动机都来源于根本的性的欲望，除了性本能之外，其他一切都不重要。

　　这些性的错位者本来也是有着情欲的对象，进而达到常人所想达到的目的。但是他们当中有着很多种变态的人群，这些人的性活动和一般人的性兴趣差别很大。这些人种类繁多，行为怪异，他们就像布劳伊格赫尔为了表示圣安东尼的诱惑而画的各种怪物，或者是像福楼拜所描绘的在他的忏悔者面前走过的那一大群衰老的神像和崇拜者。他们是一群乱七八糟的人，如果我们不想把自己绕迷糊了，就需要对他们进行分类。他们可以分为以下几类：第一类，他们的性对象发生了改变，和同性恋者相同；第二类，他们的性目标发生改变。这里又细分为五种人。第一种人是归属于第一类，都不让生殖器结合，而是用对方的其他器官或部位来代替生殖器（比如用嘴或肛门来代替阴道），他们不管这样做是否有阻碍，也不管这样的行为是否可耻。第二种人虽然也以生殖器作为性对象，但却不是因为生殖器的性的能力，而是因为其他相近的能力。对这些人来说，别人认为不雅观的排泄机能却可以引起他们全部的性兴奋。第三种人完全不以生殖器作为性对象，他们以身体的其他部分，比如女人的胸部、脚或毛发等作为情欲的对象。而第四种人甚至是连身体上的一些部分都觉得毫无意义，反而从一件衣服，一只鞋子，或一件衬衣上获得情欲的满足，这些人就像是拜物教的教徒。再往下分，第五种人虽然也有对象，但它们却采用一种很特殊的方式，有时甚至选择不能进行抵抗的死尸，这也太可怕了，受犯罪强迫观念的影响，他们竟然从死尸上来获得欲望的满足。这些令人毛骨悚然的事情我就不多说了。

　　第二类中的那些性错位者，他们的性欲目标只是常人所做的一种性准备动作。有的人通过看、抚摸、偷窥别人最隐秘的行为，来满足性欲。有的人却是裸露那些不应该裸露的身体部位，隐约地希望对方也能这样做。还有的人是虐待狂，专门给对方痛苦或惩罚，轻者只是让对方臣服，重者却会让对方的身体受到很大的伤害。有的人是与虐待狂相对应的被虐狂，他们只是希望能被对方惩罚，能够臣服于对方，不管是真实的还是表象的。有的人是同时拥有这两种病态的心理。而且这两大类的性错位者中的每类又可以分为两种：一种是从实际的行动上来获取他们特殊方式的性欲的满足；一种是在想象中获得满足，他们不要求有真实的对象，只是进行创造性的想象。

　　这些疯狂的、怪异的、令人毛骨悚然的行为毫无疑问地构成了这些性错位者的性生活行为。不但他们自己承认了这些行为的取代性质，而且我们也必须承认这些行为在他们生活中所占据的地位，就和我们正常人的性满足在生活中所占据的地位一样，有着同样或是更大的付出。此外，我们还可以简略地或详细地讲述这些变态行为和常态行为的相同处和不同处。你们还会知道性行为中所有不正当的性质都在这些变态行为中存在着，有时会强大得让人厌恶。

　　对于这些变态的性满足行为，我们该采取怎样的态度呢？如果我们表示愤慨和憎恨，并表明自己没有这样的欲望，其实是没有多大用处的，因为这不是问题的关键。这种现象其实和下面这种现象很相似：如果你说这些行为是奇怪少见的，所以你想对此不予理会，那么你会受到反驳的，因为这些行为是随处可见的。但是如果你们认为这些行

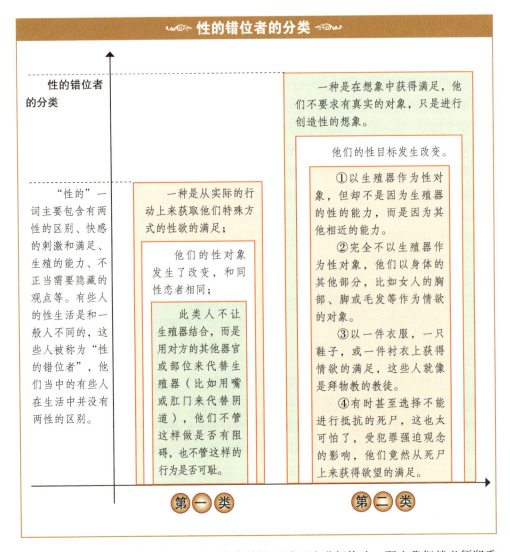

性的错位者的分类

性的错位者
的分类

"性的"一词主要包含有两性的区别、快感的刺激和满足、生殖的能力、不正当需要隐藏的观点等。有些人的性生活是和一般人不同的，这些人被称为"性的错位者"，他们当中的有些人在生活中并没有两性的区别。

一种是从实际的行动上来获取他们特殊方式的性欲的满足；

他们的性对象发生了改变，和同性恋者相同；

此类人不让生殖器结合，而是用对方的其他器官或部位来代替生殖器（比如用嘴或肛门来代替阴道），他们不管这样做是否有阻碍，也不管这样的行为是否可耻。

一种是在想象中获得满足，他们不要求有真实的对象，只是进行创造性的想象。

他们的性目标发生改变。

①以生殖器作为性对象，但却不是因为生殖器的性的能力，而是因为其他相近的能力。

②完全不以生殖器作为性对象，他们以身体的其他部分，比如女人的胸部、脚或毛发等作为情欲的对象。

③以一件衣服，一只鞋子，或一件衬衣上获得情欲的满足，这些人就像是拜物教的教徒。

④有时甚至选择不能进行抵抗的死尸，这也太可怕了，受犯罪强迫观念的影响，他们竟然从死尸上来获得欲望的满足。

第一类

第二类

为只是性本能上的变态，没有必要对人类的性生活理论进行修改，那么我们就必须郑重地进行一场辩论了。如果我们不能了解这些性的变态行为，进而使它们和我们常态的性生活有了关系，那么我们也就无法去了解常态的性生活。总而言之，我们必须要在理论上很好地解释所有错位的存在和常态性生活的关系。

为了实现这一目标，我们可以运用一个观点和两种新的证据。这个观点是伊凡·布洛赫得出的，他认为"一切错位都预示着退化"的说法是不可信的。因为不管在哪个时代和哪个民族，从远古时代到现代，从最原始的部落到现在最文明的民族，都有着这样变态的性目标和性对象，而且这种变态行为有时也能被常人所接受。而那两个证据则是来源于精神分析对神经病人的研究，它们在性的错位理论上有着至关重要的影响。

前面我们已经说过神经病的症状是性的满足的取代品，同时还说过，通过对症状的分析来证明这句话是会有很多困难的。其实我们应该把那些所谓的"错位的"性需求看作是一种性满足，因为我们太频繁地用这句话作为症状解释的根据。那些同性恋者常自诩为人类的优秀者，但假如我们知道每个神经病者都有同性恋倾向，而且大多数的症状都是潜藏的同性恋倾向的表现，那么他们的这种自夸就会站不住脚了。那些明目张胆地宣称自己是同性恋的人，只是因为他们的同性恋倾向比较自觉或明显，与那些只有潜藏的同性恋倾向的人相比，他们所占据的比例是很小的。其实，我们应该把同性恋看作是爱能力的一种正常表现，而且它正变得越来越重要。当然，同性恋和正常恋爱的差别不会因此就不存在，实际上这些差别仍旧很重要，只是在理论上的作用被削弱了。现在我们可以说妄想症（属于神经错乱，已经不再属于移情神经病）是由试图压制同性恋倾向引起的。你们还记得我前面说的第一例中的那个病人吧，在强迫动作中，她在模仿和她已经分居的丈夫的行为。通常，神经病的女人都会产生这种女扮男的症状。这样的行为在现实中虽然不能说是起因于同性恋，但却和同性恋的起源有着紧密的联系。

或许正如你们所了解的那样，癔病能够在身体的各个系统上产生症状，也可因此打乱身体上的所有机能。由分析结果我们可知，那些用其他器官代替生殖器的错位冲动会在这些症状中有所变现，所以，身体上的其他器官也可以成为生殖器的取代品。我们也是在对癔病症状有所研究后，才知道身体上的器官除了它们原本的作用外，还同时具有性的意味，而且如果性对它们的要求太强烈，就会使原有的机能受牵制。所以，在原本和性没有关联的器官中，我们看到的那些癔病症状的感觉和冲动都是对变态的性欲望的满足。通过这些，我们也能更好地了解营养器官和排泄器官是怎样激发性兴奋的。其实，性的

出现　巴黎卢浮宫美术馆藏

美丽的莎乐美在为希律王跳舞，只要她跳舞希律王就会满足她所有的愿望，出人意料的是她想要深爱的人的头颅——先知约翰。想必这种心理在许多热恋中的人都存在过。

错位也有这样的表现，只是性错位的症状容易看出，而对癔病症状的解释需要费一番工夫。另外，你们还要知道，错位的性冲动是属于病人人格的潜意识，而不是意识。

在强迫性神经病的诸多症状里，最重要的一点是，那些由精力过剩而形成的虐待狂，他们会有比较变态的性倾向目标。这些症状在强迫性神经病中，有的是用来抵抗那些变态的欲望，有的是用来表示其满足和抗拒之间的矛盾。但是满足却没有采用巧妙的手段，它宁愿病人吃苦受罪，也要在他的行为中慢慢地达到目的。这种神经病的症状还有别的表现方式，比如过度的烦恼和沉思；又比如过度地把正常性爱中的准备工作看成是性的满足：像偷窥、抚摸、探索等一系列的欲望。由此，我们就明白了为什么那些接触的恐惧和强迫的洗手会在这种病中占据重要的地位。绝大多数的强迫性动作其实就是变化了的手淫，而手淫也可看成是各种性幻想的唯一动作。

要更详细地讲明错位和神经病之间的关系对我来说也不是一件难事，可是我认为

加布里埃尔·蒂斯特斯和她的姐妹 木板油画 约1590年 巴黎卢浮宫

在这幅作品中，我们看到两个裸体女人在一个浴盆中，加布里埃尔优雅地举着一颗闪亮戒指，她的妹妹则毫无掩饰地在轻轻摆弄她的乳头，整个画面中唯一穿衣服的就是她们身后的人，这样更能反衬出这种赤裸的表现，还有她们姐妹间的暧昧关系，画家意在描绘当时宫廷的同性恋妇女的形象，其实我们应该把同性恋看作是爱能力的一种正常表现。

弗洛伊德的麻烦

错位的性冲动是属于病人人格的潜意识，而不是意识。在强迫性神经病的诸多症状里，他们会有比较变态的性倾向目标。弗洛伊德在治疗一位强迫性神经病患者，但他却成为这位女患者狂热的性幻想对象。

我以上的讲述已经达到了目的。但是我们也不能因为错位倾向在症状的阐释上占据重要地位，就认为人类的这些倾向很常见和剧烈。你们大家都已经知道如果正常的性得不到满足的话，就会引发神经病。因为这种性的无法满足会迫使性兴奋去寻求一种变态的发泄，至于这种过程是怎样的，我们会在以后有所了解。不管怎样，我们现在可以说这种无法满足会让错位冲动愈演愈烈，所以，如果正常的性可以获得满足，那么错位冲动的力量就会减弱。另外，在比较显著的错位状态中，我们还能看出一个比较相似的起因。由很多例子可知，性本能可能会因为暂时的无法满足，或因某些制度的限制而很难获得正常的满足，于是就引发了错位状态。而在其他一些例子中，这些错位的倾向却和这些条件毫无关系，它们就像是一些人性生活的原始状态。

现在，你们或许会认为我的这些阐释不仅没有说清楚正常的性生活和错位性生活的关系，反而变得更加复杂了。可是我希望你们能清楚下面这样一个论点。如果性满足的无法实现，真的能让那些原本不显露错位倾向的人显露出这种倾向，那么我们就要说这些人容易患有错位症状。也就是说，他们的体内潜藏有这种错位倾向。于是我们就做到了上面曾提到的第二种新证据。由精神分析的研究，我们得知儿童的性生活也需要研究，因为分析症状时引发的回忆和联想可以追忆到儿童的最初事情。对儿童的直接观察现在也已经证实了由此所探知的一切。于是，我们可以说所有的错位倾向都产生于儿童时期，儿童不但有错位的倾向，还有错位的行为，它们是和他的年岁相一致的。总而言之，错位的性生活就是婴儿的性生活，两者只是在范围和成分上略有不同而已。

现在，你们可以不必再忽视错位现象和人类性生活的关系，而用截然不同的眼光来看待它了。可是，这些耸人听闻的新发现可能会引起你们的不满。首先，你们肯定会不认同这所有的说法——不认同儿童就是性生活，不认同我们观察的真实性，不认同那个证明儿童的行为和后来的错位行为有关联的论证。现在让我们先来讨论你们不认同的原因，然后再大致地讲一下我们观察到的事实。你们说儿童没有性生活，比如：性兴奋、性需要、性满足等，只是在十二到十四岁时才突然拥有，这是和所有的观察结果都不相符的，在生物学上也是毫无意义的。这种说法就和假设他们原本没有生殖器，却在青春期里突然拥有一样的荒唐。实际上，青春期出现的生殖能力，这个能力在显示了其作用后，就借身体和精神中已有的认知来达到它原本的目的。而你们的错误就是没有分清性生活和生殖，因此，也就无法真正了解性生活、错位症状和神经病的区别。其实你们的错误还包含一个原因，这个原因比较奇怪，原因就是你们都曾是孩子，而且在孩童时代都曾受到教育的影响。这些教育最重要的任务之一就是教导个体去压制和约束（这就是社会的要求）生殖能力的性本能。由于可教育的性是随着性本能的出现而终止的，所以，社会从自身考虑，就暂时推迟儿童的充分发展，等到他们在理智上比较成熟时再说。相反，如果性本能失去控制，必定会崩溃进而一发不可收拾，而那些精心建立的文化教导也会被清除。可是控制性本能也不是一件容易的事，控制的成功率很小，但有时又会太过。而社会压制性本能则是出于对经济的考虑，因为如果社会上有太多的人没有工作，那么社会就无法维持他们的生活，所以社会就希望那些不工作的人越少越好，而且希望他们把精力放在工作上，而不是放在性生活上。这种生存机制从远古时代就存在，现在当然也会存在。

夏日欲望 *连兹 油画 1900年 私人收藏*

　　错位的性生活就是婴儿的性生活，性兴奋、性需要、性满足等性欲望不是在十二到十四岁时才突然拥有的，这是人类本有的性本能。有的人却以为性的苏醒只有在青春期才有，弗洛伊德却认为性欲早在婴儿时期便已存在。

教育者根据经验，知道要尽早开始对儿童性意志的培养，应该在青春期之前就开始抑制儿童的性生活，而不是等到性本能出现之后。于是，只要是婴儿的性活动都要禁止，并让儿童讨厌性活动。教育者希望儿童的生活是"无性的"，长此以往，科学也开始相信儿童是没有性生活的。为了让自己一直坚信的事情和自己的目的不与现实相冲突，儿童的性生活就这样就忽略了（顺便提一句，这可是一个不小的成就），而科学还对此沾沾自喜。于是儿童就这样被假设为纯真的、无邪的，如果谁敢对此持否定的观点，那他就是在污蔑非圣侮法。

孩子们才不会理会这些，他们只是自然地显露本性。由此可见那些"纯洁的天性"其实是学习得来的。不过令人奇怪的是，那些不承认儿童性生活的人，却一直坚持在教育上抑制儿童的性本能；他们虽然否定的儿童性生活的存在，却谨慎地对待儿童的每一个性表现。此外还有一点，儿童五六岁时的表现最能否决"儿童没有性生活"这一观

弗洛伊德的儿女们 1899年

这是弗洛伊德的儿女1899年在贝希特斯加登的留影。弗洛伊德曾说过："我的儿女们，才是我的光荣和财产。"他坚持对儿童性意志的培养，因为儿童也是具有性生活的人，我们不能忽略，甚至是否认。

点，而这个时间段正好是被很多人遗忘的时期。虽然只有精神分析的研究才能唤回这段遗忘的意识，可是这段遗忘也有可能成为梦，这在理论上是很有趣的事。

现在我要开始讲述儿童最明显的性活动。在开始讲之前，我想先让你们关注一下"力比多"这个词。而别的词就不必再理会了，比如：性的兴奋和满足等。力比多和饥饿一样，是一种本能和力量，只不过力比多是性的本能，而饥饿却是营养方面的本能，即凭借这个力量来达到其目的。神经病的解释一般是和婴儿的性活动相关的，这一点你们也很容易理解，当然，你们也会以此作为反对的依据。对力比多的这一解释是以精神分析的研究的为基础，通过某一症状来追忆其缘由。婴儿第一次的性兴奋是和其他重要的生活机能有着紧密联系的，就像你们知道的，小孩最大的兴趣是对营养的吸收。当婴儿因为在怀抱中睡着而感到满足时，他的舒适的表情和他成年后获得性满足时的表情是相似的。当然，仅凭这一点还不能得出结论。此外，我们还知道婴儿总是在反复地做他吸收营养时的吮吸动作，就算他不是在真的吸收营养，他还是会做这样的动作，所以他们并不是因为饥饿才去做那样的动作。我们把这种动作称为"lutschen"或"ludeln"（在德语中，这两个字的意思是为了吮吸而吮吸的享受，比如吮吸橡皮乳头），婴儿做了这

吃奶的婴儿

吮吸乳头是婴儿生命中最重要的一件事，因为他这一动作，可以同时满足他吃的欲望和性的欲望，因为吮吸乳头的欲望其实包含有渴望母亲胸乳的欲望，因此母亲的胸往往成为性欲的第一渴求对象。口腔也是人类第一个被唤醒的性感区域。

样的动作后才会重新舒服地睡着，而婴儿如果没做这样的动作就无法入睡，由此可见吮吸动作本身就能让婴儿获得满足。布达佩斯的儿科医生林德纳首次提出了这个动作具有性意味，保姆和护理婴儿的人虽然不谈理论，但是他们对于这种为了吮吸而吮吸的动作也是这种看法。他们都认为这个动作的目的就是为了寻求快感，而这也是唯一的目的，他们还称这个动作是婴儿为了寻开心。如果婴儿不自己改掉这个动作，那么他们就会强令他改掉。由此，我们知道婴儿的这个动作只是为了寻求快乐，并没有别的目的，而这种快乐最先是从吸收营养上获得的，慢慢的，婴儿就知道即便是不吸收营养也能获得这种快乐。他们是用嘴或嘴唇来享受这种快乐的，因此，我们称身体上的这一部分为性感觉区，而由吮吸获得快感就具有了性的意味。而对于力比多这个词的用法，我们还会给予更多的解释。

如果婴儿能表达自己的想法，他肯定会说在母亲怀中吮吸乳头是他生命中最重要的一件事，因为他的这一动作，同时满足了生命中的两大欲望——吃的欲望和性的欲望。通过精神分析的研究，我们惊奇的发现，这个动作在精神上有着重要的作用，以至于终身都不会丢弃。吮吸乳头是整个性生活的起点，是后来各种满足的最初表现，等到真正需要性时，就会以此动作进行幻想聊以自慰。吮吸乳头的欲望其实包含有渴望母亲胸乳的欲望，因此母亲的胸往往成为了性欲的第一渴求对象。至于胸部在后来各种性对象的选择上占据怎样的地位，以及通过改造和替换而对其他的精神生活有怎样重大的影响，在此我就不细说了。但是当婴儿能够为了吮吸而吮吸时，胸就会被婴儿自身的一部分所取代，比如婴儿会吮吸自己的拇指或舌头。于是，他不必借助外界的事物也能感到满足，而且还能将兴奋区域扩大到身体的第二区域，增强快感。性感觉区是不能产生相同的快感的，正如林德纳医生所讲，婴儿不断地在自己身上四处抚摸，会觉得生殖器区域的快感强于其他区域，于是就会放弃吮吸而进行手淫，所以说性感觉区不会有同等的快感是很重要的一个结论。

通过评价吮吸乳头这一动作的性质，我们会关注婴儿性生活的两个要点。婴儿为了满足自己身体的基本欲望，会做出手淫的行为，也就是说，他们会在自己的身体上寻求性的对象。吸收营养在性上表现得最明显，排泄作用在一定程度上也是如此。我们可以说婴儿曾在大小便中有过获得快感的经历，后来他们就会故意重复这样的动作，希望能在这些性感觉区中通过皮膜的兴奋，最大限度地获得满足。可是，像卢·阿德里安所曾提出，外界压力会对婴儿寻求快感的欲望进行压制，于是婴儿在这时依稀体会到了成人才会经历的内外冲突。即他不能随意地大小便，而且大小便时间还得由他人制定。成人们为了让婴儿放弃这些快感，就会把关于大小便的所有不文雅的、必须忌讳的东西告诉他，而婴儿为了赢得在他人心目中的地位，就放弃自己的快乐。其实，他对于大小便的态度一开始不是这样的。他并不对自己的粪便感到反感，甚至还把粪便看作是自己身体上的一部分而不愿意丢掉，还会把它当作是第一种"礼物"，送给自己敬爱的人。就算是在由于教育的培养而放弃这种倾向之后，他还是会把粪便看作是"礼物"和"黄金"，而撒尿也是一件值得骄傲的事。

我知道你们或许早就不想让我继续说下去了，你们会说："这真是胡说八道！肠子的扭动竟然是婴儿获得性满足的源头！大便竟然是有很大价值的东西，而肛门竟然变成了生殖器的一种，你觉得我们会相信这些吗？可是，我们却因此知道了，为什么儿科医生和教育家会如此直截了当地拒绝精神分析和它的理论。"其实你们的这种说法是完全错误的，你们只不过是忘记了我所说的婴儿性生活的事实和性错位的事实之间的关系，难道你们不知道有很多成人，不管是同性恋还是异性恋，都曾在性交时用肛门来代替阴道吗？难道你们不知道很多人会把排泄时的那种快感看作是一件很重要的事吗？你们或许曾听过那些年纪稍大的、能够讨论这一话题的儿童，说他们对自己的大便很感兴趣，而且看别人排大便是件很快乐的事。可是如果你们一开始就一直恫吓这些儿童，那么他们就不敢再说这样的话。至于其他的那些你们不愿意相信的事情，我希望你们去翻看精神分析的证据和那些对儿童直接观察获得的报告，对于这个问题在不被偏见蒙蔽的同时还能坚持不同的观点，是需要很大的毅力的。你们认为婴儿的性活动和成人的性错位之间的关系令人难以置信，对此，我也没什么好遗憾的。这种关系本来就存在，因为婴儿除了那点含糊的表现外，并没有把自己的性生活转化为生殖机能的能力，所以，如果婴儿有性生活，那这种性生活的性质肯定是错位的。而且所有错位的共性就是生殖目的的放弃，判断性活动是否错位，就要看它只是为了满足性欲，还是以生殖为目的。到此，你们就知道了性生活最终是为了完成生殖的目的这一任务，那些不能完成这个任务，或者不是为了实现这个任务而只是满足性欲的一切性活动，都会被称为"错位的"，被世人所鄙视。

现在让我们回过头来继续讲述婴儿的性生活。我还可以对其他器官做这样的研究，作为对前面讲述的两种器官观察的补充。儿童的性生活主要体现在各种本能活动上，这些本能有的是在自己身上获得满足，有的是在外界对象身上获得满足，总之是各行其

少女的幻想 巴尔蒂斯 法国

　　画面中的少女半露着肩膀，双腿张开，手里拿着一面镜子，不知道是在看自己还是她旁边火炉前的男子？整个房间弥漫着暧昧的味道，少女的欲望也蔓延到整个房间，画家用轻快的笔触将少女的性心理描绘得淋漓尽致。这也是儿童性生活的一种具体表现，这是一种本能，这些本能有的是在自己身上获得满足，有的是在外界对象身上获得满足。

　　是，互不干涉。这种满足在身体的器官上，最占优势的自然是生殖器的满足，有的人自婴儿时期起一直到青春期或过了青春期，总是在手淫以获得自身生殖器的快感和满足，从不寻求别的生殖器或对象的帮助。但是对于手淫的问题现在却不好进行仔细讲述，因为我们要讨论和研究的相关资料太多了。

　　我虽然不愿扩大讨论的范围，但是儿童好奇性这一事还是需要稍微讲述一下的。儿童对性的偷窥是他性生活的特点，是导致神经病的关键，所以不能忽略不谈。儿童对性偷窥的起源很早，有时在三岁之前就开始了。性的偷窥不一定非要以异性为对象，性别的差异在儿童眼里不算什么，对小男孩来讲，他们认为不管是男孩还是女孩都有男性的生殖器。如果一个小男孩偶然间看到了一个小女孩的阴户，他会不相信自己所看到，因为他无法想象，和他一样的人竟然会没有这个重要的器官。后来，当他知道他看到的是真的时，他会很诧异，于是以前对这个器官产生的恐惧，现在开始显露了。他也因此受到了"阉割情结"的控制。如果他能保持健康的状态，那么这个情结会是他性格的形成

295

原因；如果他陷入病弱状态，那么这个情结就会是他神经病的形成原因，如果他接受精神分析的治疗，那么这个情结就会是他抵触的形成原因。而对小女孩来讲，她们因为缺少一个大家可以明显看见的阴茎，感到十分遗憾，进而会忌妒男孩的好运气。于是，她就渴望成为男人，如果后来不能有很好的女性特征发展，她的这一渴望就会演变成神经病。此外，关于儿童性偷窥的起源还有一层，在儿童时期，女孩的阴核等同于男孩的阴茎，因为它也是一个有着很强的性快感的区域，可以用来寻求性满足。女孩若想转变为女人，那么就需要及早把性快感从阴核部位降到阴道口。所谓的女人的性冷淡，就是阴核部位保留了这种性快感，而没能降到阴道口上。

儿童的性兴趣最初是专注在分娩问题上的，但分娩问题就像斯芬克斯的谜语一样困难。儿童对这个问题好奇，主要是从自身利益出发，害怕别的孩子出生。育婴室的人员在回答孩子从哪来的这一问题时，总是说：小孩是鹳鸟用嘴叼来的。但是孩子对此的认知却超出我们的想象，他们并不认同这种说法，他们知道自己被承认欺骗了，于是他们就想自己寻求答案。但这又十分困难，因为他的性构造还没有发展，了解这一问题的能力有限。一开始，他认为儿童是由一些特殊的事物和消化的食物混合成的，他也不知道生育只有女人才能做到。后来，他知道了自己最初的认知是错的，于是就把儿童来源

躺着的母与子 保拉·摩德森-贝克 德国 布面油画 1906年

画家本人就是死于分娩的过程之中，这幅作品是她在去世的前一年所作。图中她描绘了一个母亲拥着她的孩子平躺在一起的形象，这其中凝聚了画家所有的期盼，母亲用巨大的身体挡着孩子柔软的身躯，也许这也是画家本人美好的想象吧。

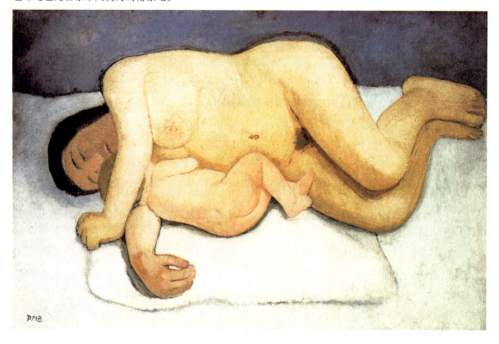

斜躺的少女

儿童不管是对乳房的性欲还是对肛门的性欲，都是人类的性欲本能，在精神分析中将错位者和儿童的性生活加入其中，也是为了还原性的本义和其原本的范畴。图中少女在梦中有最私密的幻想，毫不例外她的幻想一定是与性有关的。

于食物这一认知给抛弃了，虽然神话还保有这样的观点。再后来，他认为父亲肯定和生小孩有着关联，可是他不知道到底是怎样的关联。就算他偶然看见了父母之间的性交行为，也会认为那是男人在想方征服女人，或者只是一场斗争。他用虐待来解释父母的性行为，这当然是不对的，于是他也就不知道这种性行为和生孩子之间有怎样的关系。如果他看见了母亲的床上或内衣上有血迹，也只会认为这是父亲伤害了母亲的证据。再过几年，他或许会开始对男性生殖器进行猜测，认为它在生孩子上有着重要的作用，可是，却仍旧不知道它除了排尿外，还有其他的作用。

只要是儿童，一开始都会认为孩子是从肠子里生出来的，也就是说，小孩的出生就像是一坨大便。直到对肛门的兴趣消退后，儿童才会放弃这一认知，而用另外一种假设代替，认为肚脐或两个乳房中间是孩子出生的地方。如此循序渐进，儿童对性的事实也慢慢有所了解，除非是在青春期以前，他拥有了一种不完全的、不真实的记忆，进而没有相关的知识，或者是对这些事实没有注意。而这也往往会成为他后来得病的主要原因。

现在你们或许已经知道，精神分析家会无限制地扩充"性的"一词的含义，其目的就是维系精神分析中，关于神经病的性起源和症状的性意义二者的所有说法。现在你们可以自己判断，这样的无限扩充到底有没有意义。我们扩充性的概念，是为了把错位者和儿童的性生活加入进去，也可以说，我们还原了性的意义和原本的范畴。而精神分析之外的"性"，只适用于那些正常的、生殖能力所拥有的狭义上的性生活。

力比多的发展与性的组织

我知道，我还没能让你们相信性错位在性生活的理论上占据着极其重要的地位。为此，我会尽自己所能，对已经讲过的关于它的内容，进行校正和补充。

当然，你们不要认为是因为有错位现象，我才会校正"性"的含义，最终引起强烈的反对。其实，我的校正和对儿童的性研究有着重要的关系，而我们更应该参照的是性错位与儿童性生活的一致。儿童的性表现，在儿童后期虽然会变得比较明显，但是最初的方式却慢慢消失，无从得知了。如果你们不留心这种演变的事实和分析的结果，那么你们就会认为儿童的那些表现不具有性意味，而认为它们具有别的不确定的属性。你们要知道，没有统一的标准来判定一种现象是否具有性意味，除非我们把生孩子的能力作为标准之一，但是把性定义为生殖这一观点，我们已经不再使用了，因为它太狭隘了。弗里斯也曾提出生物学标准，比如23天和28天的周期性，但是也引起了很大的争议；或许性过程中含有一些特殊的化学性质，但是目前还没有人发现这些性质。而成人的性错位现象却有着明显的性意味，你们可以称这种错位现象是退化现象还是其他现象，但是绝没有人会承认它是性现象。单凭这一现象，我们也可以说性和生殖能力不是同等的，因为性的错位会阻碍生殖目的的实现。

现在有一个相似的说法，值得我们去关注一下。很多人都会认为"心理的"就是"意识的"，可是我们却可以扩大"心理的"这一词的含义，它还包括心灵的非意识部分。"性的"一词也是如此，很多人认为它等同于"生殖的"，更确切的说是"生殖器的"，然而我们却把那些不属于生殖器的，以及和生殖无关的事情认为是"性的"。虽然这两件事只是在形式上相似，但是它们却有着更深刻的意义。

可是，如果在这一问题上，性错位现象的存在有着如此强有力的证据，为什么没有人早就完成了这项工作，解决了这个问题呢？对此，我没什么好说的，因为在我看来，性的错位早已设立了一个特别的禁地，依稀形成了一种理论，甚至还扰乱了科学对它的判断。好像大家都记得错位现象是让人反感的，更是荒诞吓人的，而他们心中也潜藏着一种忌妒怨恨，想要绞死那些和错位者亲近的人，这种情感正如知名讽刺诗中只是口头评判却无实际行动的伯爵的招认：

在爱神山上，良心和义务都被遗忘了！但是，要注意，这跟我毫无关系！

其实，性错位者很可怜，他必须用沉痛的代价来获取那些不容易获得的满足。

弗洛伊德和弗里斯（右）

弗里斯和弗洛伊德都是犹太商人的后裔，他们因为共同的爱好成为好朋友，他们共同探讨关于精神分析的各种话题，而且建立了良好的声誉。

性错位虽然有着不正常的对象和目标，但它也有着明显的性意味，因为那些满足错位欲望的动作，都可抵达情欲的最高点，进而泄精。这当然是针对成人来说的，因为儿童虽然有一种相似的动作来取代，但他们没有情欲的最高点，也不可能泄精，而且这种取代，也不能说就是性的。

此外，我想再补充几点，让我们对性的错位有更准确的认知。以上那些现象虽然和正常的性活动不太一样，为常人所鄙夷，但是通过简单的观察，我们会发现，在正常人的性生活中，也会出现各种错位。比如，接吻最初也能称为是一种错位动作，因为接吻是双方嘴唇上的性感觉区的接触，并不是生殖器的接触，可是却没人指责接吻是错位，甚至在影视或舞台上，接吻被认为是美化的性动作。不过，接吻确实可以演变为一种真正的错位动作，比如接吻的刺激强度增大时，会出现情欲的最高点和泄精现象，这种情况是很常见的。又比如，一个人想要有享受性时，他就会凝视并不停地抚摸对方，另一个人则会在性高潮时，出现手捏或口咬的动作；还有一些人，他们情欲的最大兴奋，不是由对方的生殖器引起的，而是由其身体的其他部位引起的，像上面这样的例子有很多。当然，我们不能说有这种癖好的人就不是正常人，而是错位者。其实，错位的本质，并不是性目标的改变，也不是生殖器被取代，更不是对象的转变，而是那些以变态的现象为满足，却完全不以生殖为目的的性行为。至于那些为促进正常性行为完成，或为其做准备的动作，实际上都不再是错位。由此可缩小正常的性和错位的性之间的差距，而且还可以明确地推断出，正常的性生活是由婴儿的性生活演变来的，其演变过程就是先删去那些没用的部分，然后在汇集其他部分，最终归属于生殖目的。

根据错位现象的观点，现在我们可以更深入更明确地来研究或说明婴儿的性生活问题了，可是在做研究和说明之前，我想先让你们关注一下两者之间的一个重大差别。大致来讲，错位的性生活是十分集中的，它的全部行为都指向于一个目标，基本上也是唯一的目标。即占据重要地位的一个特殊部分冲动，目标可能只有这个冲动，也可能是为了自身的目的而控制其他冲动。从这一点来说，错位的性生活和正常的性生活是一致的，只是占据重要地位的部分冲动和性目标不同而已。错位的性生活和正常的性生活，这两者分别组成一个系统，这个系统是有组织的，只是统治的力量各不相同。而婴儿的性生活却没有这样的集中和组织，他的每部分冲动都同样有效，各自独立地寻求快乐。通过这种集中的缺乏（在儿童期）和存在（在成人期），我们可以知道正常的性生活和错位的性生活都是来源于婴儿的性生活。此外，还有很多错位的现象和婴儿的性生活更加相似，因为它们很多的"部分本能"和其目标，是独立发展的，甚至保留了下来。不过称这些现象为性生活的错位，还没有称之为性生活的幼稚病准确。

吻 克里姆特 1907~1908年 维也纳奥地利美术馆藏

这幅作品闪耀着熠熠星光，具有很强的装饰效果，拥抱在一起的情侣像是被黄金包裹似的，画家有意识地将男子的服装用长方形替代，象征男性的生殖器官；女性的服装则是以圆形、椭圆形和螺旋形来替代，象征女性的生殖器官，这些象征性的物体暗含了接吻之后的性行为。也可以这样说，接吻是一种被美化了的性动作。

有了上面的介绍，现在我们可以进一步讨论那些早晚会遇到的问题。比如："儿童期的表现，作为成人性生活的起源，既然你承认它们是不确切的，那为什么还要称它们为性的呢？为什么不只描述他们的生理方面？为什么不说婴儿早已有了为了吮吸而吮吸以及迷恋于大便等活动，只是以此来表示他们是在身体器官中寻求快乐呢？这样，你也就不用说婴儿也有性生活这样的话，最终招来人们的反感了。"对于这些，我只能说，"在器官中寻求快乐"这样的话不会引来非议；而且我也知道性行为最大的快乐也只是身体上的一种快乐，是因为身体器官的活动。可是你们能否告诉我，这个原本无关紧要的身体上的快乐，究竟什么时候才能获得性意味呢？我们对于"器官快乐"的了解是否比性还要多呢？对此，你们的回答会是在生殖器起作用时，才有性意味，生殖器才有代表性。你们甚至避让错位现象这个阻碍，指出就算错位不凭借生殖器的接触，也能比生殖器获取更多的性欲高潮。如果你们能因错位现象的存在，而否定生殖和性的本质特点的关系，同时还强调生殖的器官，那么你们的观点就又进了一步。而那时，咱们之间的分歧也就没那么大了，就转变为生殖器官和其他器官之间的争论了。有很多证据可以说明，其他的器官能代替生殖器官来获得性欲的满足，比如正常的接吻，放荡的错位生活，癔病的症状，对此你们要如何看待呢？对癔病来说，原本属于生殖器官的刺激现象，感觉，冲动，或者生殖器的勃起等，往往会转移到身体的其他器官（比如从下往上转移到面部和头部等）上去。于是，那些你们认为是性的主要特点的东西，现在都不存在了，你们也就因此要遵循我的做法，扩充"性的"一词的含义，认为它包括婴儿早期用来追求"器官快乐"的所有活动。

现在需要再提出两点，来支持我的理论。你们也知道，我们把婴儿早期的一切用以追求快感，但又不太明显的活动称为"性的"，因为我们在为分析症状而回顾这些活动时，所运用的材料全部是"性的"。先假设它们本身不一定就因此成为"性的"，让我们用一个比喻来说明吧。假设有两种不同的双子叶植物，如苹果树和豆科植物，它们从种子发育成长的过程，我们无法进行观察，但如果我们假设这两种植物为种子植物，由它们充分发育的状态往回追溯它们的发展过程，直到它们作为种子时。从双子叶这个角度来说，很难分辨，因为这两种植物的双子叶看起来是完全相同的。但是我能因此就认为它们原本是完全相同的，只是后来发育成长时才产生了种类的差别吗？或者是否可以说在生物学的角度上，这个差别虽然在双子叶中看不出来，但是已经存在于种子里了呢？我们称婴儿寻求快感的活动是"性的"，也是这个道理。至于每种器官的快感是否都能称为"性的"，或者除了"性的"之外，是否还有别的快感不能称为"性的"，在此，我都无法进行讨论。由于我们对器官快感和它的条件知道得太少，所以依据逆溯分析的结果，现在还不能对最后所得的成因做确切的分类，这也是不足为奇的。

此外，还有一点。纵然你们极力想让我相信，还不要认为婴儿的活动具有性意味的好，可是，你们对于自己所主张的"婴儿没有性生活"的说法，却没有充分的证据来证明。因为从三岁起，婴儿就明显地有了性生活，生殖器已经开始有兴奋的表现，有了周

站在窗前的处女 萨尔瓦多·达利 西班牙

性行为最大的快乐便是身体上的快乐，生殖器官只有在身体活动的时候，才会有性的意味，生殖器才是性的象征，否则就像图中的生殖器官一样，它们想从女性的身上寻找突破口，但似乎始终都没有找到。

期性的手淫或在生殖器上寻求自我满足的行为。而他们性生活的精神和社会层面也是不能忽略的，像对象的选择。比如偏爱某人或某一性别以及忌妒之情等，也都在精神分析之前，被公正的观察所证实。这些现象也是大家有目共睹的。对此，你们也许会争辩，说自己原本也不否认儿童早就有情感，只是不确定这种情感是否具有性意味。三到八岁的儿童，已经知道把情感中的这个因素隐藏起来，可是如果你们留心观察，就会发现这个情感是有着"性"色彩的，而那些你们没能观察到的各点，则会有分析地研究进行补充。这个时期，性的目的和上面所说的性的偷窥有着紧密的联系。此时的儿童还不知道性交的目的，所以这些目的的错位，有一部分是儿童不成熟的结果。

儿童从六岁或八岁开始，性的发展或出现退化或滞留现象，这其实是往更高程度发展的一个标志，这个时期也可以称为潜藏期。有时也可以缺少潜藏期，但是当有潜藏期时，在整个时期中，性的活动也不是完全停止的。潜藏期前的那些心理上的经验和兴奋，大多会被遗忘，这就是前面所说过的幼儿期经验遗失，在此，我们也没有再回忆幼小时期经历的必要了。每一个精神分析的目的，就是唤回这个被遗忘的时期，我们可以假设这时的性生活是遗忘的动机，也就是说，压抑作用导致了这个遗忘。

从三岁开始，儿童的性生活就和成人的性生活有了诸多相似的地方，不同的是以下几点：（1）由于生殖器还没成熟，所以缺乏稳定的组织。（2）存在错位现象。（3）整个冲动力比较脆弱。这几点也都是我们大家知道的。可是在这个时期之前，性的各个发展阶段，或者我们称之为力比多发展的各个阶段，它们在理论上是最有趣味的。这个发展的进程很快，所以无法用直接的观察来探知。而我们是因为精神分析对神经病研究有帮助，才能追寻到力比多的发展初期现象，进而明白了其性质。这些现象原本只能在理论上推测知道，可是在使用精神分析时，你们便会发现这些推测都各有所需和价值，而且还会发现，我们可以从一种病态的现象中了解那些我们常态中容易忽略的现象。

于是，我们也可以确定，儿童在生殖器控制性冲动之前，性生活所采取的方式了，这个控制势力在潜藏期之前的婴儿早期内，就有了根基，从青春期开始就有了永久的组织。在初期，有一种分散的组织，它被称为生殖前的，因为这时势力最大的不是生殖的部分功能，而是虐待狂的和肛门的。那时雄性和雌性的区别还没占据重要地位，占据重要地位的是主动和被动的区别，这个区别可以看作是性的"对立性"的前奏。从生殖器的角度来看，这个时期所有雄性的表现容易演变为支配的冲动，有时还会演变为虐待的行为。而那些有被动目的的冲动，大多与这个时期比较重要的肛门性感觉区有关联，偷窥欲和好奇的冲动也占据很大的势力，生殖器却只有排尿的作用。此时部分本能也有对象，但是这些对象不一定就是一个事物，而那个虐待的，肛门的组织就正好是生殖区控制前的一个发展阶段。通过比较严谨地研究，我们还可以知道这个组织在后来成熟的构造中保留了多少，而这些部分本能又通过了什么样的方法，在新的生殖组织中占据了重要的地位。在力比多发展阶段中的虐待的，肛门的阶段之后，我们还会发现一个更原始的发展阶段，它以口部的性感觉区为主。于是我们就可以猜测出，为了吮吸而吮吸的活动就属于这个阶段。看古埃及的艺术你就会发现，画中的儿童都把手指放在嘴里，就算是画庄严的贺鲁斯（按照埃及的鹰头神）也是如此，他们对人性的了解实在是令人钦

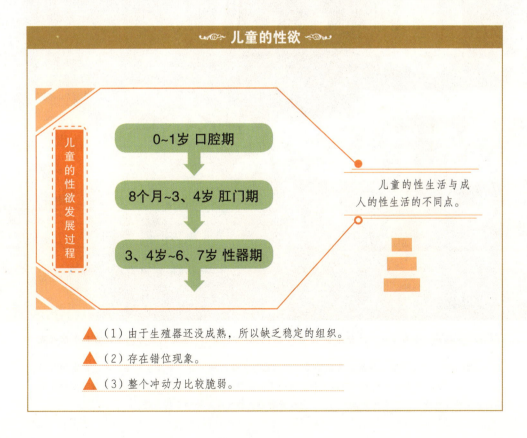

儿童的性欲

儿童的性欲发展过程

0~1岁 口腔期

8个月~3、4岁 肛门期

3、4岁~6、7岁 性器期

儿童的性生活与成人的性生活的不同点。

▲（1）由于生殖器还没成熟，所以缺乏稳定的组织。

▲（2）存在错位现象。

▲（3）整个冲动力比较脆弱。

德政的寓言 安布罗乔·洛伦采蒂 湿壁画 约1338~1340年作 意大利锡耶纳平民宫和平厅收藏

　　画面中德政的化身高大威武，占据画面的主体部分，他的脚下有一对孪生兄弟，席尼尔斯和阿斯卡尼尔斯，他们两正贪婪地吮吸着母狼的乳汁，这是人类最原始的人性表现，他们是古罗马神话中的人物，同时也象征了这座城市古老而久远的起源。左边穿着白色纱袍的人是和平的象征。

佩。阿伯拉罕最近出版了一本书，说后来的性生活仍然保存着这个原始的口部的性感觉。

我知道你们肯定会认为，这是我所说的关于性组织的最后的话了，与其说我的这些话是理论，还不如说是胡说八道。也许我讲得太仔细了，可是，我希望你们坚持一下。因为你们刚才听到的那些话，在后面会对你们很有帮助。现在，你们要记住性生活，我们称之为力比多机能，并不是一旦发生就有最终的形式，也不是按照最初的途径发展壮大的，而是经历了一系列不相同的形状，总之，是经历了很多的变化，就和毛毛虫变为蝴蝶所经历的那些变化一样。这个发展的关键就在于生殖区控制势力支配了一切关于性的本分本能，同时又让性生活从属于生殖的能力。在发生这个变化之前，性生活是一些单一的部分冲动在各自活动，每一个冲动都独立地寻求器官的快感（在身体的器官中寻求快乐）。这种无领导的状态因为想达到"生殖前"的组织，而有所减轻。生殖前的主要组织是虐待的，肛门的时期，再往前是口部的时期，这或许就是最原始的时期了。此外，还有各种历程，我们对于历程知道的很少，但也正因为有了这些历程，一种组织才能进而发展为更高一级的组织。力比多发展所经历的这么多时期，对于了解神经病有什么样的意义，看了下文之后，我们就会知道。

今天，我们还能够接着讲下去，讲述这个发展的另一个方面，即性的部分冲动和对象之间的关系，可是我们要快速地观察这一发展部分，这样才会有更多的时间去研究其后来出现的结果。在性本能的所有部分冲动中，有的是一开始就有相对应的对象，而且会一直持续下去，比如操纵的冲动（虐待狂）和偷窥的冲动；有的是和身体的某一特别性感觉区有关，它们只是在刚开始依附那些性之外的机能时，才会有对象，但在离开这些机能时，便会放弃这个对象，比如性本能中嘴的部分，它的第一个对象是母亲的乳房，因为乳房能够满足婴儿对营养的需求。当婴儿在为了获取营养而有吮吸这个动作时，性爱成分是可以获得满足的，但在为了吮吸而有吮吸这个动作时，性爱成分就开始自立，放弃了外界的对象，而用自身的一部分来代替。于是，嘴部的冲动就演变为自淫的，正如肛门及其他性感觉区的冲动一开始就是自淫的。因此，可以简单地说，今后的发展主要有两个目的：第一，放弃自淫，用外界的对象取代自身所具有的对象；第二，把各个冲动相对应的对象整合起来，形成一个独立的对象。只要这个独立的对象是完整的，和人一样具有身体，那么这两个目标就很容易实现；但如果自淫的冲动不把其他没用的部分丢掉，那么这两个目标就很难实现。

寻求对象也是一件很复杂的事情，目前还没有人能全部了解。为了实现目的，现在我们需要注意下面这个事实：如果这个历程在潜藏期前就已经达到了一定阶段，那么它所选择的对象，和嘴部的快感冲动因为营养为选取的第一个对象几乎是相同的，也就是说，对象虽然不一定都是母亲的乳房，但都是母亲。我们可以因此说母亲是爱的第一个对象，我们这里所说的爱，主要是指性冲动的精神层面，先不管或先丢掉冲动的物质需求或性方面的需要。大概是在以母亲为爱的对象时，儿童就受到了压抑作用的影响，遗忘了自己性目标中的某些部分。我们把以母亲为爱的对象这一选择叫作俄狄浦斯情结，它在神经病的精神分析的解释中占据着重要的地位，或许它也早就成为大家用来反对精神分析的一个重要理由。

在这里我们可以讲述一个欧战时期的故事。在波兰境内的德国战线上，一个信奉精神分析的医生，对病人经常会有令人难以置信的影响，同事们也因此比较关注他。当有人向他提起这件事时，他就会说自己运用的是精神分析法，而且会立即答应向同事传授相关的知识。于是，军营的医生以及他的同事还有上级军官，每天晚上都会来听他讲述精神分析。一开始，讲述进行地很顺利，可是在他讲到俄狄浦斯情结时，一个高级军官就站出来说自己难以相信，而且认为军医把这样的事告诉以死报国的战士及做父亲的人，是一种很粗俗的行为，这个军官就严令军医停止演讲。后来，这个军医就只好移往前线别的地方。可是我认为，如果德国军队凭借这种科学的"组织"来获取胜利，那还真不是一个好迹象，而且在这样的组织下，德国科学是发展不起来的。

你们现在肯定是迫切地想知道，这个耸人听闻的俄狄浦斯情结到底有着怎样的意义。其实，通过这个名字我们就能明白它的含义。想必大家都知道希腊神话中俄狄浦斯王的故事，他曾被预言说会杀父娶母，可是他一直都在尽自己最大的努力，来躲避这样的命运，但他还是在不经意间犯下了这两大罪行，他发现后十分后悔，于是他就刺瞎了双眼。索福克勒斯把这个故事编成了一个悲情戏剧，我相信你们当中有不少人曾被这个戏剧感动。在他的剧本里，俄狄浦斯犯罪后，由于长期被巧妙地询问，以及新证据的不断出现，他的罪行就曝光了，而那个询问的过程和精神分析法十分相似。他的母亲约卡斯达在被引诱而嫁给她后，在被分析时，对那些询问满不在乎，她还说有很多人都曾梦见自己娶母亲为妻，可梦是无关紧要的。然而在我们眼里，梦却是至关重要的，特别是很多人经常做一些有代表性的梦，我坚信约卡斯达口中的梦，和这个神话中恐怖的故事是有着紧密联系的。

很奇怪，听众并没有怒斥索福克勒斯的这一悲剧，但如果要做出怒斥的举动，他们应该比那个愚钝的军医更有理由吧。因为，说到底这也只是一个关于不道德的戏剧，它描述的是神的力量决定了什么样的人应该犯下什么样的罪，虽然这些人也曾从道德的角度出发，从心底里排斥这一犯罪行为，但最终还是于事无补，结果还是触犯了社会的法律。我们或许可以这样认为：作者只是要借助这个神话故事，来传达他想指控命运和神这一意思。就惯于指责神的欧里庇得斯而言，或许他确实有指控的意思，但是虔诚的索福克勒斯绝不会有这种意思。因为在他看来，即便神规定了我们应该犯下哪种罪行，我们要做的也只是遵从神的意志，只有这样才能算是拥有高尚的道德，出于对这种宗教的考虑，他处理了剧中的一些问题。可是，我不认为这样的道德是此戏剧吸引人的重点之一，而且就算没有这种道德，剧情所产生的影响也不会被减弱，看戏的人也不会因为这种道德而感动，其实作者想揭示的并不是这种道德，而是神话本身所隐藏的含义和内容。对于他们的反应，用自我分析可以发现他们自己内心深处也有俄狄浦斯情结，在潜

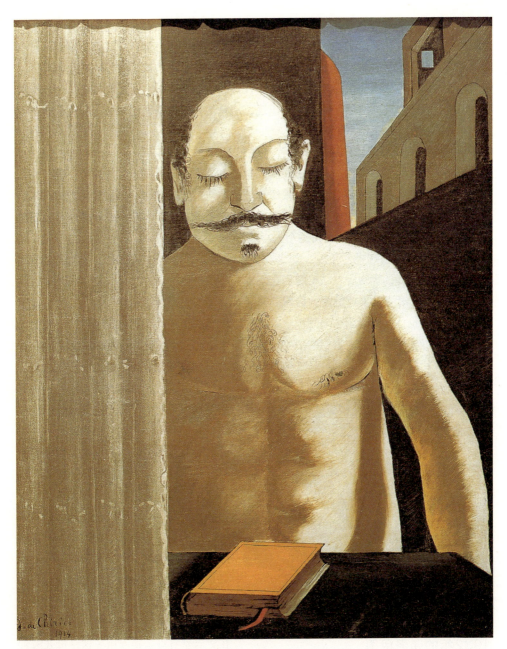

孩子的大脑

　　俄狄浦斯情结又称为"恋母情结"，恋母或是恋父情结是每个儿童都曾经历过的心路历程。画面中这个紧闭双眼、裸露上身、满脸隐晦的人，是艺术家儿童时期脑海中可怕的父亲的形象，桌面上的那本书是母亲的象征，显露在外的红色丝带暗含性的意味。

意识里把神的意志和那些先兆看作是光荣的事情，想起了自己也曾有过取代父亲迎娶母亲的想法，但又要厌恶这种想法。他认为，索福克勒斯的意思是："就算你不承认曾有这个想法，或者就算你说自己曾极力抗拒这些想法，却毫无作用。可你仍然是有罪的，因为你不可能放弃这些想法，它们会一直留在你的潜意识中。"一个人虽然把恶念压抑在潜意识里，而且很高兴这些恶念不会再出现，但是他仍然有罪恶的观念，即便他看不到这个罪恶的存在，这就是心理学的真理。

很显然，俄狄浦斯情结是神经病者有深感羞愧的罪恶的观念的一个重要原因。另外，我在1913年编写一本名为《图腾与禁忌》的书，发表了对原始宗教和道德的研究，那时我就怀疑人类的所有罪恶观念是来源于俄狄浦斯情结，最终成为宗教和道德产生的原因。我本来想多讲述这一层，但还是先讲到这吧，因为这个问题一旦被提起，就不能轻易丢掉，我们现在要回过头来讲述个人心理学。

儿童在潜藏期前选择对象时，如果我们对他进行直接的观察，那么他们的俄狄浦斯情结会有什么样的表现呢？结果我们会发现，小孩想独自霸占母亲，却不想要父亲；或者是看见父母相拥会非常惊慌，但看到父亲离开却很高兴。他经常会直言不讳地说出自己的感情，也认同娶母亲为妻的做法，这好像还无法和俄狄浦斯的故事相比，可实际上是完全可以相比的，因为它们的中心思想是一样的。这个儿童有时也会对父亲表示好感，这一点让我们很是不解，可是这种截然不同的，或称对立性的感情或许会在成人中引发矛盾，可是在婴儿中却能够一直同时存在而不发生冲突，这是和后来这种感情一直保留在潜意识中的状态一样的。对此，你们也许会反驳，说小孩的行为是受自我动机控制的，不能成为俄狄浦斯情结的证明，而母亲照顾孩子，为了孩子的快乐，自然是无法为别的事分心。这种说法虽然很对，但是对这种情况或别的情况来说，小孩的自我动机只是给予了爱的冲动一定的时机。当小孩毫无顾忌地对母亲表示性好奇，或想在晚上和母亲睡在同一张床上，或坚持在更衣室看母亲换衣服（这是母亲时常看见，并笑着描述的）时，这就明显地表示了他对母亲的性爱意味。还有一点是我们必须要提的，即母亲在照料女孩的需要时，和男孩是没什么区别的，但是结果却绝不会相同；父亲也会无微不

1932年的弗洛伊德

弗洛伊德著的《图腾与禁忌》是一本关于人类学及心理分析的书，他指出："图腾不只是一种宗教信仰，同时也是一种社会结构。"在他的精神分析中，图腾是父亲的影像替代物，这也暴露出小孩对父亲的矛盾情感：俄狄浦斯情结（弑父娶母）。

至地照顾男孩，甚至不逊于母亲，可是却无法得到和母亲一样的重视。总之，不管你们怎么反驳，都无法抹去这个情况中的性爱成分。因为从儿童的自身利益考虑，如果他只让一个人照顾，而不是两个，这种做法不是太愚蠢了吗？

我上面只是讲了男孩和他父母之间的关系，反过来，女孩子也是这样。女孩经常会对父亲着迷，想否定母亲并代替她，有时还会效仿成年人的撒娇，对此，我们或许只会认为她比较可爱，但却忽视了这种情况会引发的严重后果。其实父母也常会引发小孩的俄狄浦斯情结，因为他们对孩子的疼爱也有性别的差异，比如：父亲会比较疼爱女儿，母亲会比较疼爱儿子，但是这种疼爱还不能够对孩子的俄狄浦斯情结的自发性产生重大的影响。等到家里有新生婴儿出现时，俄狄浦斯情结就会演变成一种家庭情结。当孩子的自我利益因婴儿的出生受到影响时，他就会对这个新生儿产生一种憎恶感，并有除之而后快的想法。大致来讲，这种憎恶的情感与迷恋父母的情感相比，前者会更加直接地表现出来。如果想除掉婴儿的想法变成了现实，后来这个新生儿真的死掉了，那么后来的分析就会发现，这种死亡对于儿童来说，是一件很重大的事情，但却不会留在他的记忆里。如果他的母亲又生了一个孩子，让他变得不再那么重要，而且和母亲之间的关系也疏远了，那他就不会原谅母亲，此时他的心中会引发一种成人视为痛恨的情感，而且这种情感会成为隔阂产生的基础。我们已经说过，性的偷窥及结果和以上这些经历有关。当他的新弟弟或妹妹稍微长大点时，他对他们的态度就会有很大的改变。比如，一个男孩会把妹妹看作是爱的对象，取代他所认为不忠的母亲；如果有几个哥哥共同争抢一个妹妹的爱，那么通过育婴室就可以得知，在以后的生活中占据重要地位的敌对情感。当父亲不再像以前那样温柔地对待小女孩时，她就会用哥哥来代替父亲，或者幻想小妹妹是她和父亲所生的孩子。

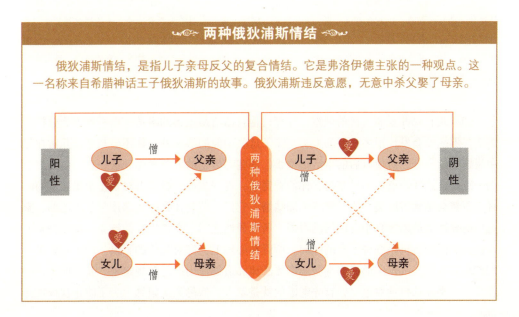

两种俄狄浦斯情结

　　俄狄浦斯情结，是指儿子亲母反父的复合情结。它是弗洛伊德主张的一种观点。这一名称来自希腊神话王子俄狄浦斯的故事。俄狄浦斯违反意愿，无意中杀父娶了母亲。

约翰·巴肯和他的家庭 阿瑟尔·戴维斯 英国 布面油画 约1742~1743年 纽黑文耶鲁英国艺术中心

　　主人公约翰·巴肯和他的家人幸福地在房间里，享受着难得的时光。右边靠近窗户的地方有一架望远镜和一些科学仪器，以此也可以看出主人的修养。同时，他还在耐心地教育他的儿子怎样演奏长笛，另外两个孩子在一起玩纸牌游戏，还有一个小女儿依偎在母亲的身边。由于家庭中的异性成员因为自小有同居的习惯，所以异性之间不会产生性的欲望；从生物学上来讲，又因为有抗拒纯种生育的倾向，所以在心理上，有对乱伦的恐惧。

　　如果现在对儿童做直接的观察，并探讨他自己清楚记得的事情，而不是因为分析的影响，那么就会发现很多相似的事实。除了这些相似的事实外，你还会知道，儿童在兄弟姐妹中的排行，对他以后的生活很重要，那些写传记的人要考虑到这一点。但更重要的一点是，这些论点很容易获得，你们看完后，再回想那些科学上对禁止亲属结婚的解释，不禁会感到很好笑。为了解释不能结婚，它们可谓是什么办法都用尽了。比如，家庭中的异性成员因为自小有同居的习惯，所以异性之间不会产生性的欲望；从生物学上来讲，又因为有抗拒纯种生育的倾向，所以在心理上，有对乱伦的恐惧。却不知如果人们能从自身抗拒乱伦的诱惑，那就不需要法律和道德作出严惩的规定了。其实事实正好相反，人类在选择性对象时，首先考虑的就是家人，像母亲或姐妹，为了防止这种选择变成现实，就制定了最严厉的惩罚。拿现在仍然存在的野蛮和原始部落来说，他们对乱伦的禁令比我们的还严厉。赖克在他的学术中说，野蛮人把青春期作为"再生"的代表，青春期举行的仪式，就是表示孩子已经摆脱了对母亲乱伦的想法，恢复了对父亲的感情。

由神话可知，人们虽然对乱伦深感恐惧，可是却毫不犹豫地认为他们的神拥有乱伦的权利，而且毫不犹豫地支持。看了古代的历史，你们就会发现，兄弟姐妹之间的婚姻和乱伦是帝王们的圣洁的一个义务（比如埃及和秘鲁的国王们），却不是普通人所能享有的特权。

杀父娶母是俄狄浦斯犯下的两大罪行，人类第一个社会宗教制度是图腾制度，而图腾制度就是以这两个罪行为戒。现在让我们再次回到对儿童的直接观察上来，以此来进一步讨论对患有神经病的成人的分析研究。分析的结果对了解俄狄浦斯情结有怎样的贡献呢？我们现在可以马上回答这个问题，而答案就是由此发现的情结和在神话中发现的正好是一致的，这些神经病患者都是俄狄浦斯，也就是说，他们在对这个情结作出反应时，都变成了哈姆莱特。通过分析发现神经病患者的俄狄浦斯情

俄狄浦斯和斯芬克斯 希腊瓶画
梵蒂冈博物馆

希腊神话中的狮身人面怪兽曾盘踞在道路上，向过路的行人问一个谜语。谜语的内容为：是什么动物，早上四条腿走路，中午两条腿走路而晚上三条腿走路？谜语的答案是"人"。早上，中午，晚上分别比喻人的幼年，中年和老年。传说这个谜题，后来年轻的希腊人俄狄浦斯回答了这个问题，斯芬克司也因此而自杀。这个谜更多地想为我们说明"恐惧和诱惑"，即"现实生活"。

结比婴儿拥有的情结更为明显和壮大，他们不是只对父亲有一点怨恨，而是希望父亲去死，对母亲的情感，目的直接就是要娶她为妻。儿童期真的有如此强烈的情感吗，还是说我们在分析时无意中引入了别的因素，而导致我们出错了呢？其实这个别的因素是很难发现的。不管是谁，也不管在什么时候，一个人如果想描述过去的一件事，就算他是一个历史学家，也会在不经意间掺杂有现代的情感和色彩，过去的事情也就因此失去了原本的真相。对神经病来说，他们用现在解释过去是否是无意的，也不得而知；在将来我们会知道这件事也有其动机，也必须对"追忆过往的幻想"这一问题进行研究。此外我们还会知道，对父亲的怨恨会因为别的关系的各种动机而更加严重，对母亲的性欲望也采取了儿童想象不到的方式。但是，如果我们想用"追忆过往的幻想"和后来引发的动机，来解释俄狄浦斯情结，那么就会毫无所获。这个情结虽然有后来加入的部分，但是它原本的基础还是存在的，这一点可以通过对儿童的直接观察来证明。

由此，那些因分析俄狄浦斯情结而得出的临床事实，就变得十分重要。我们知道，到了青春期性本能会极力寻求满足，它不断地把家人作为对象，来发泄性力。我们认

为婴儿在对象的选择上只是在开玩笑，可是它却为青春期选择对象指出了方向。在青春期，会流露出一种很强烈的情感来表现俄狄浦斯情结，但是此时的意识已经开始防范，所以这些情感中的很大一部分就被迫留在意识外。一个人进入青春期后就会致力于挣脱父母的约束，只有这种挣脱成功了，才能说明他不再是一个小孩，而是社会成员了。对于男孩来说，这个挣脱就是指在性欲望上不再把母亲作为对象，而是在外界寻求一个真正的爱的对象；另外，如果他对父亲仍然有敌意，那他就需要努力寻求和解；如果挣脱不成功，最终只是一味地服从，那他就要致力于摆脱控制。以上这些是大家都会经历的，但是结果比较理想的，即在心理上和社会上都获得圆满的结局，却没几个，这是需要注意的事。而对神经病患者来说，这种挣脱是毫无成功可言的，因为儿子始终不能摆脱父亲，无法把自己的力比多引向新的性对象。这种观点，反过来对女孩来说也是成立的。从这个意义层面来说，俄狄浦斯情结的确是导致神经病形成的主要原因。

你们应该知道，不管是在实践上还是理论上，关于俄狄浦斯情结还有很多重要的事实，我只能做一些不完全的记载，对于其他各种变化，我就不描述了。对于它那不明显的结果，我只想讲一个，这个结果对文学创作有着深远的影响。兰克在他那颇有价值的一本著作中曾提出，各个时代的戏剧创作家都从俄狄浦斯和乱伦的情结及变化中获取材料。此外还有一点需要指出，即在精神分析还没出现之前，人们就认为俄狄浦斯的这两种罪行是难以操控的本能的真正表现。在百科全书派学者狄德罗的著作中，有一段名为《拉摩的侄儿》的著名对话，大诗人歌德把它翻译成了德文。你们需要注意下面这几句话：如果这个小孩一直这样自以为是，保留他的所有弱点，除了在孩童时期缺乏理性，还有三十岁成人才拥有的激情，那他将会杀父娶母。

还有一件事，需要顺带讲一下。俄狄浦斯的妻子兼母亲可以用来结盟。你们忘了梦的分析结果了吗？梦的愿望常会有错位和乱伦的意味，或者对亲爱的人表现出出人意料的仇恨。那时对于这种恶念还不能进行解释，现在你们总算明白了。其实，它们都是力比多的发展趋势，也是力比多在其对象上的"投资"，虽说它们起源很早，甚至已经在意识生活中被抛弃了，但是在晚上它们还是会出现，而且有一定的活动能力。由于这种错位的、乱伦的、杀人的梦不只是神经病患者有，正常人也会有，于是我们可以推测现在这些正常人，也曾有过错位现象和俄狄浦斯情结，只不过在正常人的梦的分析中发现的那些情感，在神经病患者身上更加严重了而已。我们会把梦的研究作为神经病症状研究的线索，它们也是一个重要的原因。

维纳斯与阿多尼斯 巴索洛米欧斯·斯普朗格尔 荷兰 布面油画 1597年 维也纳艺术史博物馆

画面中所呈现的是希腊最为经典的爱情故事：女神维纳斯爱上了凡人阿多尼斯，维纳斯用她超凡的预知能力告诫阿多尼斯狩猎将会给他带来生命的危险，但是他却不听忠告，反而嘲笑维纳斯。这就如同弗洛伊德所讲：一个人进入青春期后就会致力于挣脱父母的约束，而对于男孩来说，这个挣脱就是指在性欲望上不再把母亲作为对象，而是在外界寻求一个真正的爱的对象，因为人们总是喜欢执着于自己的选择。

第二十二章

发展与退化的各方面、病原学

前面我已经说过，力比多机能要经过多方面的发展，才能执行正常的生殖功能。现在我想指出它在神经病起源上的重要性。

根据普通病理学原理，我们说这样的发展有两种危险：停止和退化，也就是说，生物的发展历程本来就有变异的倾向，可以不用全部经历产生、成熟和消亡过程；有些部分，它的机能或许会一直停留在初期阶段，导致在正常的发展外，还存在有几种停止的发展。

我们可以借用别的事情来比喻这些历程。假设有一个部落要离开故乡，去寻找新的居住地（这在人类早期历史上是经常发生的事），他们肯定不是所有的人都能到达目的地。除了那些因为别的原因而死亡的人外，这些人中会有一部分人在中途停留，然后定居下来，而其他的人则继续前行。或者，我再举一个比较接近的例子，大家都知道，精液腺本来在腹腔深处，高级哺乳动物的精液腺，在胚胎的某一发展阶段开始运动，结果就会移动到盆腔顶端的皮肤下。可是有些雄性动物的这对器官，或者其中一个停留在了盆腔之内，或者永久地被阻塞在途径的腹股沟管内，或者在精液腺通过后，本应关闭的腹股沟管却没有关闭。当年我做学生时，曾在布吕克的指导下，做科学探索，要考察一条很古老的小鱼脊髓的背部神经根的起源。灰色体后角内的大细胞生出了这些神经根的神经纤维，这种情形在其他脊椎动物身上是没有的。可是，后来我发现有很多相似的细胞出现在整个后根脊髓神经节

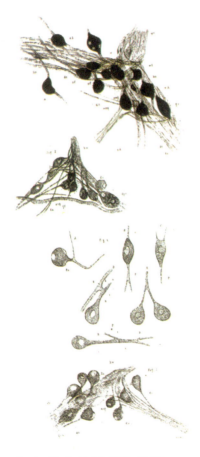

鳗鱼的脊神经节与脊髓

这是弗洛伊德为论文《脊神经节与脊髓论》所作的插图。他发现从组织中分离神经细胞的新方法，使得细胞更容易在显微镜下观察。他利用这种新的科学手段，才能够观察鳗鱼类的脊神经节与脊髓。

的灰色体外，于是，我就判定这个神经节的细胞是有脊髓沿着神经根运动的。从进化的发展角度来看，还能推测出下面这个事实：即这个小鱼的神经细胞在途经的路上，有很多半路停留的。对于这些比喻上的缺点，只要进行更严谨的研究，很快就能看出了。因此，我们也只能说各个性冲动的单独部分都可能停留在发展初期，虽然其他的部分可以同时抵达目的地。由此我们可以把每一个冲动比作一条河流，从拥有生命时起，它便不停地流动，而且流动方向可以想象为是持续向前的运动。或许你们认为这些概念还需要作进一步的说明，这是应该做的，但是如果真这样做了，又会偏题太远。暂时把一部分的冲动在早期的停留叫作执着。

这种分阶段的发展还有一个名叫退化的危险。那些已经向前行进的部分很容易向后倒退，退回到最初的发展阶段。一种冲动，它的发展能力如果遇到了外界的强大阻拦，使它无法继续前行，不能达到令其满意的目的，那它就只能向后退。我们还可以假设执着和退化是因果关系，所以在发展道路上执着的地方越多，其机能就越容易被外界的阻碍征服，然后又退回到那些执着的地方，也就是说，越是新近出现的发展机能，越是不能抵抗发展道路上出现的阻碍。比如，一个迁移的部落，如果有很大一部分人在中途停留，那些前行最远的人，如果路上遇到了强敌，或者是被敌人打败，那么他们必能会退回来。而且，他们在中途停留的人越多，他们战败的几率也就越大。

你们要想了解神经病，重要的一点就是要牢记执着和退化之间的这个关系，然后才能真实可信地去研究神经病的起因（或称病原学），很快我们就会对它进行讨论。

现在我们主要讨论退化。你们对力比多的发展已经有所耳闻了，于是，你们也可推测出退化大概有两种：（一）退回到力比多的第一种对象，我们知道这种对象的性质一般为乱伦；（二）整个性组织退回到发展初期。这两种退化都在移情神经病里出现，而且在各自的组织中有着至关重要的作用，而神经病患者常出现的是第一种退化。如果对自恋神经病也进行讨论，那么将会有更多的话来讲述力比多的退化，可是我现在不想多说。这些症状不但可以给我提供更多关于力比多机能的其他发展历程的结论，这些结论是我们还未提及的，还可以向我们表明一些新的退化方式，这些方式和那些历程差不多。但是我认为你们这时应该关注退化作用和压抑作用的区别，而且还要明白这两种作用之间的关系。你们应该记住，如果一种心理动作本来可以成为意识的（就是说，它原本属于前意识系统），却被压抑为潜意识，最终降落到潜意识系统中，这种历程就叫作压抑。又比如，潜意识的心理动作，在意识阈的门口，被排查作用所排斥，由此无法闯进前意识的系统，这种历程我们也称为压抑。所以，你们要注意，压抑这个概念不一定要和性发生关系。压抑作用只是一种心路历程，甚至可以看作是位置性的历程。位置性是指我们假设的心灵内的空间关系；或者假设这些简单的概念对成立学说仍然没有帮助，那么我们就再用另外一种说法，就是指一种心理装置结构，这种结构关乎几种精神系统。

从刚才所讲的比喻可知，我们用的压抑一词其实是狭义上的，不是广义上的。如

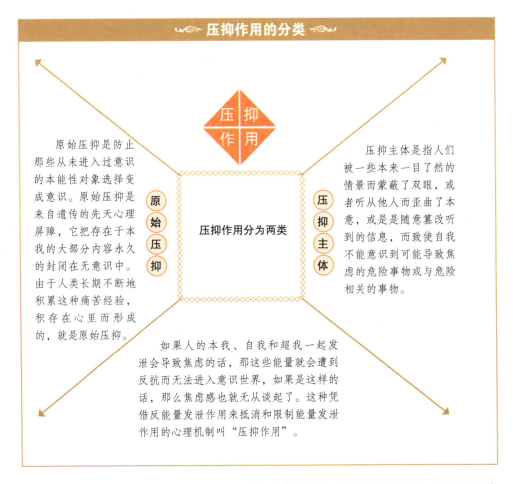

压抑作用的分类

压抑作用

压抑作用分为两类

原始压抑

压抑主体

原始压抑是防止那些从未进入过意识的本能性对象选择变成意识。原始压抑是来自遗传的先天心理屏障，它把存在于本我的大部分内容永久的封闭在无意识中。由于人类长期不断地积累这种痛苦经验，积存在心里而形成的，就是原始压抑。

压抑主体是指人们被一些本来一目了然的情景而蒙蔽了双眼，或者听从他人而歪曲了本意，或是是随意篡改听到的信息，而致使自我不能意识到可能导致焦虑的危险事物或与危险相关的事物。

如果人的本我、自我和超我一起发泄会导致焦虑的话，那这些能量就会遭到反抗而无法进入意识世界，如果是这样的话，那么焦虑感也就无从谈起了。这种凭借反能量发泄作用来抵消和限制能量发泄作用的心理机制叫"压抑作用"。

果我们从广义的角度，来描述从高级发展阶段降低为低级发展阶段的历程，那么压抑作用就是属于退化作用的一部分，因为我们可以把压抑作用看作是一种心理动作中所有还原到较早或较低阶段的现象。只不过压抑作用的退回方向是无关紧要的，因为一个心路历程，在离开潜意识的低级阶段之前，如果停留不前，我们也可以把它叫作动的压抑作用。由此可知，压抑作用其实是一种位置的，动力的概念，而退化作用只是我们用来叙述的一个概念。在前面我们曾把退化作用于执着作用放在一起进行讨论，得出前者主要指力比多退回到了发展停留之处的一种现象，即从本质上来讲，它的性质和压抑作用是不等同的或没有任何关联的。我们不能把力比多的退化作用也说成只是一种心路历程，退化作用虽然对精神生活有很大的影响，但是机体的因素还是最显著的，所以我们也不知道退化作用在精神体制中到底占据怎样的地位。

这样的讨论很容易让人感到枯燥乏味，所以，我们可以通过举临床的例子，来寻求一种比较清晰的认知。大家都知道移情的神经病分为癔病和强迫性神经病两种。对癔病来说，它的力比多虽然经常退化到以家人为性对象，然而它却很少，或没有退回到性组织的较早时期。于是，压抑作用就在癔病的体制中占据重要地位。假如我可以通过推测来补充这种神经病原有的相关内容，那么我们可以进行下面这样的描述：受生殖区控制的部分冲动，现在都已经相互结合，但是结合后却受到了前意识系统的阻碍，而这种前意识是和意识相连的。因此，生殖的组织适用于潜意识，却不适用于前意识，而前意识阻碍生殖组织的结果，就会出现一种和生殖区占优势前相类似的状态，可是事实却不是这样。对这两种力比多的退化作用来说，更令人感到诧异的是那个退回到性组织的前一阶段的退化作用。因为它不是出现在癔病上，而目前有关癔病的研究又对神经病的整个概念有着极大的影响，所以，我们认为力比多退化远没有压抑作用重要。如果将来除了癔病和强迫性神经病外，我们还能对别的神经病（像自恋神经病）进行讨论和研究，那么我们的观点可能会有更深一层的扩展和修正。

而对强迫性神经病来说，最显著的原因是力比多还原到了以前那个虐待肛门组织阶段，而且它的还原还确定了症状应该有的形式。这个时候，爱的冲动就要转变为虐待的冲动，而"我要谋杀你"这一强迫思想（在它脱离了一些附带的却不能省掉的成分时）就变成了"我要享受你的爱"。如果你们能再进一步联想到，既然这个冲动已经还原到了原来的对象，而且只有最近的家人才能满足这个冲动，那么你们就可以想象的出病人是多么害怕这些强迫的观念，而他们的意识又是多么无法理解这些强迫的观念。然而在这种神经病的体制中，压抑作用也是有一定地位的，而且这个地位不是通过直接的观察就能加以说明的，因为力比多的退化，缺乏压抑作用，也无法引发神经病，只能产生一种错位的现象。你们由此便能了解，神经病最重要的特点是压抑作用。有机会，我会向你们讲述错位现象体制的相关内容，到那时你们就会知道，其实这些现象并没有我们在理论上认为的那么简单。

如果把对力比多执着作用和退化作用的解释，看作是神经病病理学的初步研究，那么你们会马上认可上面这个解释。对于这个问题，我向你们讲述的内容只是一些片

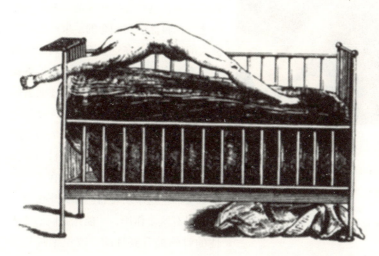

神经系统疾病

沙伯特利耶医院夏尔科图书馆藏

这幅作品是弗洛伊德在1886年翻译的夏尔科的《神经系统疾病新讲》中的广告。弗洛伊德很有语言天分，他将夏尔科的著作翻译得很好，也很有趣味性。

段，即人们如果不能满足自己的力比多，就很容易患有神经病，（所以我才说人们的患病原因是被"剥夺"）而他们的症状就是代替这种失去的满足。当然，这并不是说只要剥夺了力比多的满足，就会引发神经病，只不过是，对那些被研究过的神经病来说，剥夺是大家都看到的，所以，上面这句话反过来讲是不成立的。想必大家已经知道，这句话不是揭示神经病病原学的一切秘密，只是想强调一个十分重要的、不可或缺的条件罢了。

现在我们相对上面这一判断进一步展开讨论，却不知道是应该先从剥夺的性质说起，还是先从被剥夺者的特殊性格谈起。剥夺并不是包含所有的能够致病的因素，如果患病了，被剥夺走的，肯定是人们所渴望的，而且有可能实现的唯一的满足方式。简单地说，对于力比多满足的缺乏，人们有很多办法来承受以至于它不招来病情。此外，我们还知道很多人能够对欲望进行自我控制，使其无法带来伤害，只是他们自制的这段时间，日子或许过得不快乐，或者强忍着无法获得满足的欲望却不会发病。于是，如果我们能用弹性这个词来描述，我们就会说性的冲动有很大的弹性，即此冲动代替彼冲动。如果这个冲动在现实中不能给予满足，那么另一个冲动就会代替它来提供满足。它们的关系就像是在充满液体的一组水管中，交互连接成为网状，即便它们都会受到生殖欲望的支配（受支配的条件很难进行想象）。而且性的部分本能，与包括这些本能的性冲动，二者能够互换对象，也就是说，它们都能换取一种比较容易得到的对象，这种互换和快速接纳取代品的能力，自然会对剥夺的结果产生一种强大的反作用。在这些避免患病的过程中，有一个是在文化的发展上占据重要地位的，正因为它，性的冲动才能丢掉以前的满足部分冲动或生殖这一目的，而代之以一种新的目的，在生成的角度上，这个新目的虽然和以前的目的有关系，但却不再被认为是性的，在性质上是社会的。这个历程就叫作升华作用，因为只有这个作用，才能让我们把社会性的目的提升到性的（或说绝对利己

吻 奥古斯特·罗丹 法国 雕塑

性的冲动具有很大的弹性，爱即天堂，不爱即地狱。法国雕塑家罗丹的这件作品大胆地表现了人类的性爱，但他却将它放置在了他的大型群雕作品《地狱之门》的地狱入口处，性难道就是地狱？其实只是一种被扭曲的性本能。

的）目的之上。顺便说一下，升华作用只是一个特殊的例子，是用来表明性的冲动和其他不是性的冲动之间的关系。这一点，我们以后再进行讲述。

如果你们认为既然有这么多方法来承受性的不满足，那么性满足的剥夺也就微不足道了吧。然而事实却不是这样，它仍旧有致病的能力。虽然解决性的不满足的方法很多，但是都不适用。因为一般人对力比多的承受能力毕竟有限，而力比多的弹性和灵活性，也不是我们大家能够保留的；不要说很多人的升华能力很小，就算是有升华能力，也只能宣泄一部分力比多。在这些限制条件中，很明显的，力比多的灵活性是十分重要的，因为一个人所能寻求的对象和目的，数量都很有限。你们要记住，力比多的不圆满发展会让它执着在早期的性组织（多是不能满足的）和对象的选择上，而且这些执着的范围很广（有时数目也很多）。由此可以得知执着是第二大有利因素，与性的不满足一起组成了神经病形成的原因。对于这一点，我们可以进行下面的概述：在神经病的形成原因中，力比多的执着是内因，性的剥夺是外因。

在此，我想对你们说不要做无用的争辩。因为在科学的问题上，人们常把真理的一方面认为是全部的真理，然后又因为认同了这一方面，却开始质疑真理的其他方面。精神分析的运动中就有几部分因此变得四分五裂，有些人只认可自我冲动，不认可性的冲动，还有些人只关注生活中现存的影响，忽略了以往生活经历的影响，像这样的情形有很多，我就不一一详述了。此外，还有一个令人左右为难的问题没有解决，即导致神经病出现的是内因还是外因？也就是说，神经病是某种身体构造的必然结果，还是个人生活经历中某一"创伤"的结果呢？更近一步说，神经病的起因是力比多的执着和性的构造，还是性的剥夺的压力？这样的问题就像下面这个问题一样可笑，即小孩的出生是因为父亲的生殖动作，还是母亲的怀孕？或许你们认为这二者都是不可或缺的，而神经病的条件虽然和此不一样，但是很相近。从起因的不同观点来说，可以把神经病看成是一个持续的系列，在这个系列中有两个因素，即性的构造和经历的事情，如果你们愿意，也可称它们为力比多的执着和性的剥夺，这两个因素若有一个占了优势，那么另一个就会相应的位居不重要的地位。在这个系列的一方，有一些可以列举的极端的例子，比如，这些人由于力比多和常人的不一样，所以不管有怎样的经历或境遇，或者不管生活多么舒适，最终还是会患病。在这个系列的另一方，也有一些极端的例子，如果不是生活让他们有这样和那样的累赘，他们也不会患病。而这两者之间的例子，其倾向（性的构造）和生活中不好的经历，它们是按照一定的比例相互消长的关系。如果这些人没有某些经历，那么其性的构造就不能产生神经病；如果他们的力比多构造不同，那么生活的经历变化也不能导致其患病，在这个系列里，我比较倾向于构造这个因素，但这也要根据你们对神经过敏所画的界线。

在这里，我要告诉你们这个系列的名字可叫作互补系，此外还要提前告诉你们，别的方面也有这种互补系。

力比多常对特殊的出路和特殊的对象比较执着，这种执着就叫作力比多的"附着

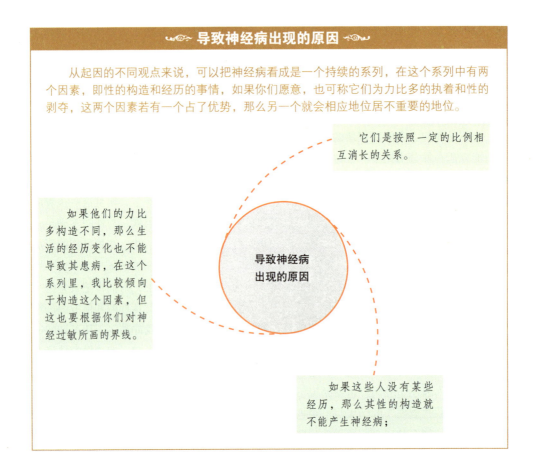

导致神经病出现的原因

从起因的不同观点来说，可以把神经病看成是一个持续的系列，在这个系列中有两个因素，即性的构造和经历的事情，如果你们愿意，也可称它们为力比多的执着和性的剥夺，这两个因素若有一个占了优势，那么另一个就会相应地位居不重要的地位。

它们是按照一定的比例相互消长的关系。

如果他们的力比多构造不同，那么生活的经历变化也不能导致其患病，在这个系列里，我比较倾向于构造这个因素，但这也要根据你们对神经过敏所画的界线。

导致神经病出现的原因

如果这些人没有某些经历，那么其性的构造就不能产生神经病；

性"。附着性是比较独立的一个因素，因人而异，目前我们不能完全知晓其决定性条件，但它在神经病的病原学上却有着至关重要的作用。而且，力比多和附着性的关系也十分紧密。在很多情况下，正常人的力比多也会有类似的附着性（目前还不知道其原因）。在出现精神分析之前，也曾有人（比如比纳）发现，这些人常能清晰地回忆起幼年时的变态本能倾向或对象的选择，后来力比多就附着于此，终身无法挣脱。很难理解为什么回忆对力比多会有那么大的吸引力。现在我想把我亲身观察过的一个人，作为例子向大家讲述。这个人对女人的生殖器和其他诱惑，到现在都是置若罔闻，但是对某种形式的穿鞋的脚，却有着无法阻挡的欲望。他记得是六岁时经历的一件事，造成了他的力比多的这种执着。当时他坐在保姆身旁的一个凳子上，保姆在教他英语。保姆是一个年纪比较大的妇人，她的眼睛蓝而湿润，鼻子塌陷而且上仰，那一天她的一只脚受伤了，穿着呢绒拖鞋，然后把脚放在软垫上，而腿部则是很优雅地没有显露出来。后来进入青春期后，他就偷偷地尝试了正常的性活动，但是只有类似于保姆那样瘦而有力的脚才能成为他的性对象，如果别的特点能引起他对那位保姆的回忆，那他就会被其深深地吸引。可是这个力比多的执着还不能让他变成神经病，只是让他变成了错位。于是我

受溺爱的孩子　让-巴蒂斯特·格勒兹 法国 布面油画 1765年 圣彼得堡艾尔米塔什博物馆

　　图中的场景设定在了厨房，但是却太过于凌乱，保姆前面的大罐上晾着衣服，后边桌子上有一个好像从来就没有洗过的花瓶。她旁边那个天真又淘气的孩子，一边用勺子喂着小狗，一边还用眼睛斜视着保姆。这种身临其境的逼真，让人不得不佩服画家精湛的笔法和细微的洞察力。

们说，他成了脚的崇拜者。由此你们可以知道，虽然力比多的那些离谱的、不成熟的执着，对神经病来说是不可或缺的条件，而且影响范围远超出了神经病的范围，但是仅凭这一个条件还不足以患病，这和前面所讲的性的剥夺是一样的。

于是，神经病的起源好像变得更加复杂了。其实，在精神分析的研究中，我们已经见到了一个新的因素，这个因素目前在病因中还没有提到，它只是在那些因突然患有神经病而丧失了健康的人身上显示。这些人表现出的症状常和欲望相反，或和精神相冲突矛盾。他的性格，一部分是拥护某些欲望，一部分是抵抗某些欲望。只要是神经病，都会有这样的矛盾，这也没什么特别的，你们也知道我们的生活中都会有这种需要解决的矛盾。所以，在这种矛盾能够引发疾病之前，要先完成一些特别的条件。这些条件是什么？此矛盾包含了内心中的哪些力量？这个矛盾又和别的致病因素有那些关联？这些问题我们现在都可以加以询问。

虽然对这些问题的回答会有些简单，但我还是希望能够有提供令人满意的回答。矛盾的起因是性的剥夺，因为当力比多无法获得满足时，它便马上另寻出路和对象，但是这些出路和对象会让人性格中的一部分感到厌恶，受形势所迫，新的满足就无法获得。这就是症状形成的出发点，这一点以后还要讲到。性的欲望被限制后，就会寻找一条曲折的道路再向前行进，而且还需要凭借各种乔装改变来突破这个阻碍。曲折道路是对症状的形成来说的，症状就是新的或替代的满足，而性的剥夺是次满足的起因。

其实，还可以用另外一种描述来讲神经矛盾的含义，即病症的形成是由内部剥夺辅助外部剥夺。如果二者真的是相辅相成的，那么内、外剥夺必定会和不同的出路和对象有关联，这种关联就是满足的第一种可能会被外部的剥夺消除，满足的另一种可能会被内部的剥夺消除，而这另一种可能正是神经矛盾的症结所在。我这样讲述也是有用意的，即在人类发展初期，内部的阻碍是有现实生活中外部的阻碍引起的。

但是那股限制性欲的力量，或者另外那一组引发病症的矛盾，到底来自哪里呢？从广义的角度来看，我们可以把它们看成是一些非性的本能，属于自我本能。对移情的神经病的分析，并没有为我们对这些本能的进一步研究提供更多的机会，只不过从病人的抗拒中，略微知晓了这些本能的性质。由此，我们可以说，引发病症的矛盾其实就是自我本能和性本能之间的矛盾。其实在这些病例中，不同的性冲动之间也有一种矛盾，而对于引起矛盾的那两种性的冲动，自我会认同一种，抵抗另一种。总之，这都是一样的，我们还可以继续把它叫作是自我和性的矛盾。

学者对于精神分析认为心路历程是性本能的观点，十分气愤地进行反对，认为除了性的本能和兴趣外，精神生活中肯定还有别的本能和兴趣，还认为我们不该把所有的事情都归根于性，等等。其实，一个人能让他的反对者观点一致，这才是真正的快乐。精神分析一直没有否认过非性的本能的存在，而且它本身就是建立在性本能和自我本能的区别上，不管别人如何地反对，它一直坚信神经病不是起源于性，而是起源于自我和性的矛盾。虽然精神分析一直在研究性本能对疾病和普通生活的影响，但是它从没否认

镜子 保罗·德尔沃 比利时

　　坐在镜子前的少女是穿戴整齐的，但是镜中的少女却是裸体的。镜中少女的形象其实就是少女潜意识中的自我形象，看起来似乎是矛盾的。其实不同的性冲动之间也有一种矛盾，对于引起矛盾的那两种性的冲动，自我会认同一种，抵抗另一种。但它们也是一样的，可以叫作自我和性的矛盾。

过自我本能的存在或其重要性。只不过是，精神分析把性本能的研究当作了最重要的工作，因为在移情的神经病中，这些本能是最容易研究的，而且精神分析还要去研究那些被别人忽略的事情。

　　所以，我们就不能再说精神分析否认了人的性格中那些非性的部分。通过自我和性的区别，我们知道力比多的发展决定了自我本能的重要发展，而反过来，自我本能的发展对力比多的发展也有一定的影响。我们对自我本能发展的认知，没有对力比多深刻，因为我们只有对自恋神经病有了研究后，才能了解自我构造。可是，费伦齐（参看琼斯翻译成英文的，他的著作《对精神分析的贡献》里的第八章，第181页）曾尝试过在理论上界定自我发展的几个阶段，最起码有两点，我们可以把它们当作是进一步研究自我本能发展的基础。我们知道，一个人的力比多不会在一开始就与自我保存的兴趣产生矛盾，相反的，自我在每一个发展阶段为了和性组织的阶段相协调都会努力地去适应。力比多发展中每一个时期的延续都有一定的规则，但是自我发展对这个规则也会有所影响。此外，我们还可以假设这两种发展（自我发展和力比多发展）的各个时期间有一种相似或相关的情况，而如果损坏了这种相关，它就会成为引发病症的因素。下面这问题更为主要：如果力比多在发展时极力地执着于较早阶段，那么自我对此会是什么样的态度？也许它会允许这种执着，这样的话就会形成错位的，或幼稚的情况；但如果它不允许这种执着，那么结果就会是，当力比多有一种执着时，自我就相应地会有一种压抑。

于是，我们就可以得出这样一个结论：引发神经病的第三个因素，即对矛盾的易感性，它和自我发展的关系与它和力比多的关系是一样的，这样我们对神经病起因的认知范围就扩大了。第一个因素是性的剥夺，也是最普通的条件，第二个是力比多的执着（强迫性神经进入特殊的路径），第三个矛盾的易感性，是由发展排斥力比多的特殊兴奋而形成的。所以，这些病因并没有你们想象中的那么神秘和难以理解。但是我们对此的工作还没有结束，因为我们还要增加一些新的原因和事实，还要进一步分析一些已经知晓的事情。

现在我想举一个例子，来更好地说明自我发展对矛盾趋势的影响，进而对神经病产生的影响。这个例子虽然是想象的，但也未必没有这样的事。我用内斯特罗的滑稽剧名称为它命名，叫作《楼上和楼下》。假如楼下住着的是佣人，而楼上住着的是主人，他们都有孩子。我们假设这个楼上的主人允许女儿和楼下佣人的女儿玩耍，而不加以干涉，那么这两个女孩之间的游戏很容易带有性的意味，她们会把自己看作是一对夫妻，扮演爸爸和妈妈的角色，互相偷看彼此的大小便和换衣服的行为，然后相互刺激对方的生殖器官。佣人的女儿可能会扮演能够引诱人的女人，因为尽管她只有五六岁，却已经知晓了很多与性有关的事情。这些游戏的动作虽然持续的时间很短，但是却能够引起两个女孩的性兴奋，而在游戏终止后，会有好几年的手淫。在这一方面，两个女孩的经历虽然都相同，但是结果却不

桑多尔·费伦齐

桑多尔·费伦齐，匈牙利心理学家，早期精神分析的代表人物之一。他曾经和弗洛伊德保持师徒与父子般的关系近20年，他曾发表的论文《现实感的发展阶段》是一篇经典的精神分析论文，他认为，由于认识了自然力量而引起的对儿童夸大狂的替代构成了自我发展的主要内容。

一样，这个佣人的女儿或许会持续几年的手淫动作，到有了真正的性生活时就会停止手淫，那时停止手淫也不困难，几年后，她会嫁人生子，在生活上，不停奔波，也许会成为一名著名演员，最后以贵妇人的身份了却此生。也许，她在生活上没有这么大的成功，但是不管怎样，以往的那段性游戏都不会对她产生不好的影响，她不仅不会患上神经病，还会愉快地生活。可是主人的女儿却不是这样，在她还是小孩时，就有一种很强烈的罪恶感，不久，她就会极力摆脱掉这种手淫获取的满足，但是心中仍旧是郁郁寡欢。在长大后对性行为有一定了解时，就会产生一种恐惧，希望永远不要了解它，或许她也会因此又有了不可阻挡的手淫冲动，但是她不愿对别人讲。在她可以结婚时，神经病就发作了，导致她反对婚姻和享受生活。如果我们用精神分析来了解这种神经病的过程，就会发现这名受过良好教育，聪颖的女子已经完全地压抑了自己的性欲望，而这些性的欲望又可以不自觉地依附在她儿时与同伴所玩的那些性游戏上。

楼上楼下

孟塔古是第一家大英博物馆。孟塔古建于1686年，是第一家大英博物馆，天花板上的壁画主要根据希腊的神话故事所绘。图中的人物，是前来参观的游客。

她们俩虽然经历相同，但结果却不同，造成这种情形的原因就是一个女子的自我发展是另一个女子所没有的。对佣人的女儿来说，不管是在年幼时还是成年后，性行为都是自然存在而无伤害的。而主人的女儿因为接受了良好的教育，她就会用教育的标准来衡量性行为。她的自我在受到这样的撩拨后，就会演变成一种希望女人清心寡欲的愿望，这与性行为是无法共存的，而她受过的那些理智的训练又让她鄙视那些自己应尽的女性义务。于是，她的自我中这些道德和理智的发展，就使得她和性要求产生了冲突。

今天我想对力比多发展的另一方面进行讨论，这样做不仅是为了扩大视野，更是为了证明我们对自我本能和性本能的划分虽然严谨且很难理解，但是却有一定的道理。如果现在要讨论自我和力比多的发展，那就必须要注意前面忽视的一个问题。其实，这两种发展都是因为遗传，都是对人类在远古和史前进化的真实写照。就拿力比多的发展来说，这个种系发展历程的起源是很明显的。试着设想一下，有些动物的生殖器和嘴是紧密相连的，有些动物的生殖器和排泄器官是不分界限的，而有些动物的生殖器甚至是其运动器官的一部分，波尔希在其著作中对这些事情的描述很有意思，大家可以参考一下。可以这样说，动物是因为有了性组织的形式，才会有各种坚不可摧的错位现象。但是对人来说，这个种族的发展历程就不是很明显，因为遗传的性质基本上都要重新由个体获得，或者是因为这种获得的引发条件，现在依然存在着并对个体产生影响。我认为

公牛 保罗·波特尔 荷兰 布面油画 1647年 海牙毛里茨里兹博物馆

　　中国人对牛都有憨厚、老实、吃苦耐劳的良好印象，但这仅限于它们对人类的贡献上的认知，艺术家的眼里，它们是一种不可预知，甚至是危险的动物。画面中的公牛雄健而富有力量，旁边的栅栏里还有几只羊，羊是一种富有人情味的动物。眼前的这一情景让人产生直接的移情作用，使艺术家笔下的公牛形象，给了观看这幅绘画的观众更加深刻的印象。画家注重公牛的每一个细节，它毛下的皮肤、圆润的腹部、后退的骨节，还有那雄壮粗大的生殖器。

它们原本是产生一个新反应，但现在是引起了一个趋势。此外，每个个体原本的发展方法，也会受外界的影响而有所变化。但是，我们已经知道的迫使人类有了这种发展现在却仍旧没有改变的力量，就是现实所要求的剥夺作用，或者我们也可以称呼它为必要性，或生存竞争。必要性就好比一个严格的女老师，向我们教授了很多事情。这种严格的后果就是导致了神经病人的产生，其实，不管是哪种教育都会出现这样的危险。这个学说是以生存竞争为进化的动力，没必要对"内部的进化趋势"的重要性进行削减，如果这种趋势是存在的话。

需要我们注意的是，在遇到现实生活中的必要性时，性本能和自我保存本能的表现行为是不相同的。必要性要控制自我保存本能和别的属于自我的本能很容易，它们很早以前就接受了必要性的控制，而且还努力使自身的发展区适应现实的要求。这一点也很好理解，因为如果它们不遵从现实的要求，就无法获的自身需要的对象，而个体如果没有这些对象，就会死亡。但是必要性要控制性本能就比较困难，因为它们从来就没有缺乏对象这一感觉。它们不仅能在别的生理机能上寄生，在自身上也能获得满足，所以，它们从一开始就不受现实必要性的影响。对大多数人来说，他们的性本能可以不受外界的影响，在这一方面或哪一方面始终保持这种执着性，或无理性。而且一个青年的可教育的性，一般会在性欲爆发时宣告结束。对于这一点，教育者们都很清楚，而且也知道该怎样应对，或许他们会接受精神分析的结果的影响，把教育的重心向前移到从哺乳期开始的幼年。在四五岁时，小孩就已经是一个完整的生物体了，而其所赋予的那些才能只是到了后来才慢慢显现。

如果我们想对这两组本能有更深的了解，那么就需要稍微偏离主题，还要讲述另外一方面，而这个方面被认为是比较经济的；这是精神分析中最重要但又最难理解的一个部分。或许，我们可以提出这样一个问题：心理器官的工作是不是有什么主要的目的呢？对此，我们的答案是其目的是寻求快乐。我们所有的心理活动好像都是在努力寻求快乐，免除痛苦，而且还会自动地受唯乐原则的调整。我们最想知道的就是哪种条件能够带来快乐，哪种条件会带来痛苦，而我们所欠缺的也正是这些。对此我们也只能这样猜测：心理器官中，刺激量的减少，下降或消失会带来快乐；反之就会带来痛苦。人类最大的快乐的莫过于性行为的快乐，而这种快乐的过程，又在于心理兴奋和能力分量的分配，所以我们说这个方面是经济的。我们可以在强调追求快乐的同时，用别的简单的话语来讲述心理器官的动作，那时我们可以把心理器官看作是用来操控和发泄那些附加在自身上的刺激量和纯能量的。很显然，性本能的发展的目的一直都是追求满足，而且这个机能会一直保持不变。其实自我本能在一开始也是这样，只是受必要性的影响后，就用别的原则来代替了这种唯乐原则。由于它们认为免除痛苦和追求快乐是同等重要的工作，所以自我就知道，有时那些直接的满足是要舍弃的，推迟某些满足的享受，承受某些痛苦，甚至是必须放弃某些快乐的来源。在接受了这样的训练后，自我就会变成"合理的"，从此不再受唯乐原则的支配，而是遵从了唯实原则。唯实原则说到底也是在追求快乐，只不过它追求的是一种推迟的、缩小了的快乐，因为这样和现实相符合，所以也不会轻易地消失。

由唯乐原则发展到唯实原则，是自我发展中的一大进步。现在我们已经知道，后来性本能也勉强经过了这个阶段，往后还会知道，当人的性生活的满足仅仅是因为有了外界现实的这种弱小的基础时，会产生什么样的结果。现在还可以在结论中提出一句关于本问题的话。如果人类的自我和力比多有相似的进化，那么在你们听到自我也有退化作用时，就不会再感到诧异了，而且还会很想知道，当自我还原到发展的初期阶段时，会在神经病中占据什么样的地位。

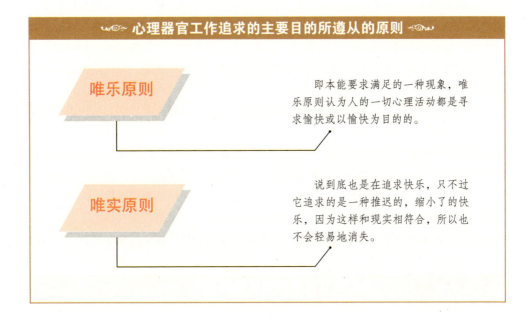

心理器官工作追求的主要目的所遵从的原则

唯乐原则

即本能要求满足的一种现象，唯乐原则认为人的一切心理活动都是寻求愉快或以愉快为目的的。

唯实原则

说到底也是在追求快乐，只不过它追求的是一种推迟的，缩小了的快乐，因为这样和现实相符合，所以也不会轻易地消失。

第章

症候形成的过程

一般人会认为，症状是疾病的本质，而治愈就是使这种症状消失。可是在医学上，就要对症状和疾病进行严格的区分，症状的消失并不表示疾病已经被治愈。但是症状消失后，剩下的能够形成新症状的能力，就成了疾病当中唯一一个能够揣测的部分。所以，我们就先采用一般人的那种观点，认为我们知道了症状的基础，就表示我们知道了疾病的性质。

症状——当然，这里要讨论的主要是精神的（或者心因性的）症状和精神病——对生命中的各个活动都是有害的，或者最起码还是有好处的，病人常会为症状的厌恶而深感苦恼。症状对病人的伤害，主要体现在对病人所需的精神能力的耗损上，此外病人在和症状相抗衡时，也要耗损大量的精神能力。如果症状的范围扩大了，那么病人就会在这两方面上消耗更多的精神能力，导致自己在面对生活上一些重要的工作时，无法进行处理。简单地来说，最终的结果会怎样，要看耗损的能力的价值，所以你们可以由此得知，"病"在本质上是一个很实用的概念。但是如果你们只从理论的角度来看，却不询

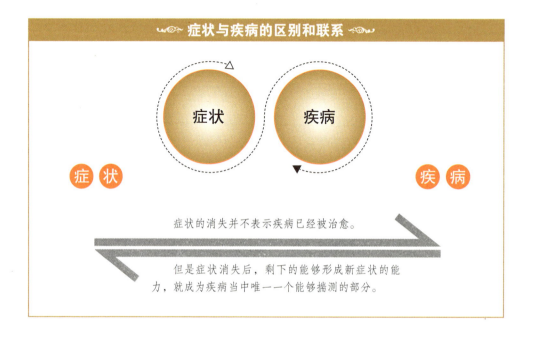

症状与疾病的区别和联系

症状   疾病

症 状   疾 病

症状的消失并不表示疾病已经被治愈。

但是症状消失后，剩下的能够形成新症状的能力，就成为疾病当中唯一一个能够揣测的部分。

问这个程度大小，那么我们每个人都有神经病，因为那些形成症状的条件都是我们常人共同拥有的。

就拿神经病的症状来说，我们知道症状是矛盾的结果，而矛盾则是出现在病人追求力比多的一种新满足时。这两种相互抗衡的能力会在症状中重新会和，而且在症状的形成过程中，因为相互妥协退让最终达到了相互和解的一种效果。而症状也就因此有了抵抗能力，而这种抵抗能力的保持则依赖于两种能力的相互抗衡。此外，我们还知道在这两个相互矛盾的部分里，有一种是没有满足的力比多，这个力比多被现实阻挡后，就开始另外寻找满足的出路。如果这种"现实"是公正无私的，那么就算力比多用另外的对象取代了原本的为满足的对象，结果还是要退回来，而从以前已经克服过的一种组织，或从前被遗弃的一个对象中来寻求满足。于是，力比多就退回到了以前发展中曾经停留过的那些执着的地方。

错位的形成过程和神经病的形成过程有着明显的区别。如果这些退化作用没有引起自我方面的禁止，那么神经病就不会形成，而力比多仍旧可以获得一种真实的满足，虽然这种满足不是常态下的。可是，如果自我在操控意识的同时，还统治运动的神经支配和心理冲动的实现，如果自我不赞同这些退化，结果就会产生矛盾。力比多被阻挡后，就会另外寻求发泄能力的出路，以此来遵从唯乐原则的要求，它必须要和自我相分开。而那些现在在退回的发展道路上经过的执着点（自我在以前曾用压抑作用来对这些执着点进行防止）正好可以用来躲避。力比多退回后又重新进入了这些被压抑的地方，于是就摆脱了自我和自我法则的控制，但以前那些在自我指导下所得的训练也一并被遗弃了。如果力比多现在就能获得满足，那它就很容易被控制，但如果它受到内外剥夺的双重压迫，那就很难被控制，会转而迷恋以前的幸福的生活。这就是它最主要的、不变的性质。由于此时力比多附着的观念是属于潜意识系统的，所以它也拥有了潜意识系统所特有的历程——即压缩作用和移置作用。于是，力比多的形成的条件就和梦形成的条件相似。力比多在潜意识中所附着的观念就必须要和前意识中自我的力量相抗衡，就像隐梦那样，当它一开始在潜意识中有思想本身形成，用来满足潜意识的幻想的欲望时，就会出现一种（前）意识的活动来进行盘查，只允许它在显梦中形成一种和解的方式。既然自我这样抗拒力比多，那么力比多也只好采取一种特别的表现方式，来让两方面的抵抗都有一定的发泄。于是，作为潜意识中力比多欲望的多种改变的满足，也作为两种截然不同的含义的巧妙选择的混合，症状就这样形成了。但是从最后一点来说，梦的形成和症状的形成是有所不同的，梦形成时，所有前意识只是为了保证睡眠，不然扰乱睡眠的刺激进入意识，但对潜意识的欲望冲动，它却不会严令禁止。它的舒缓是因为人在睡眠时的危险性很小，而睡眠的条件本身就能够让欲望无法实现。

当力比多遇到矛盾时，它的逃脱全赖于执着点的存在。力比多退回到这些执着点上，就能够很精巧地躲避压抑作用，在这种退让的状态下，就可以获取一种发泄或满足。它用迂回的方法，经由潜意识和过去的执着点，成功地获取了一种真实的满足，虽然这种满足受到了很大的限制，几乎无法辨认。对于这一层，还要注意以下两点：第一，你们要注意力比多和潜意识，与自我、意识和现实之间有怎样紧密的联系，尽管这种关系原本是不存在的；第二，这个问题，不管是我前面讲过的，还是即将要讲的，都是针对癔病的。

力比多是在哪里找到这些它所需要的执着点，以此来突破压抑作用的呢？其实，是在婴儿时期那些性的活动和经历中，以及儿童时期那些被抛弃的部分倾向和对象中找到的，力比多就在这些地方寻求发泄。儿童时期的意义是两方面的：第一，在那时，那些天禀的本能第一次显现出来；第二，别的本能因为外界的影响和一些偶然的事情，第一次引发活动。在我看来，这两方面的区分是很有道理的。我们并不否认内心倾向可以表

月光下的美人鱼 保罗·德尔沃 比利时 木板油画 耶鲁大学英国艺术品收藏中心

　　画面有一条不在海里而在陆地上的裸体美人鱼，它们的形象也许只存在于怪异的梦幻世界中。德尔沃笔下的这条美人鱼，多了几分冰冷的诱惑，道路两旁是一些精致的树木和建筑，月光照耀到的地方如白昼，没有照到的地方又如黑夜，明暗强烈，突出了画面的魔幻效果。

露于外，但是通过分析观察得出的结果，我们又必须假设儿童期出现的，那些偶然的经历也可以引起力比多的执着。对于这一点，我没有发现有任何理论上的困难。天赋的这种倾向自然是来源于祖先的经历，但也有某一时期获得的，如果没有这种获得性，那么也就没有所谓的遗传了。获得的特性，本来就可以遗传给后代，所以很难想象它会一到后代就消失。但是由于我们过于关注祖先和成人生活的经历，以至于把儿童期经历的重要性给完全忽略了，其实我们最应该关注的是儿童期的经历。因为它们是在还没完全发展的时候发生的，比较容易产生更大的影响，也正是因为此，患病的几率会更大。从鲁氏等人对发展机制的研究来看，在一个正在分裂的胚胎细胞内刺入一针，它便会受到很大的侵扰，相反的，如果是幼虫或已经成长的动物受到了这样的刺激，却可以安然无恙。

前面我已经指出，成人的力比多的执着，是神经病体质的形成原因，现在我们可以把这种执着再划分为两部分：天生的倾向和儿童期内获得的倾向。由于学生们都比较喜欢用表格的形式来记忆，所以我用下面的这种列表来阐述它们的关系。

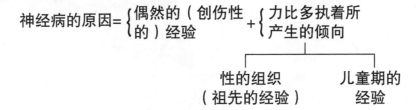

遗传的性结构，因其强调的侧重点不同，比如：有时是强调这种部分冲动，而有时却是那种；有时是一种，而有时却是混合成很多种，所以会表现为很多种不同的倾向。性的组织和儿童经历的相互结合，形成了另外一种"互补系列"，这个互补系列类似于前面讲述的有成人的倾向和偶然的经历结合而成的些列。每一个系列中，各自都会有相似的极端例子，而各个部分之间也各有相似的关系和程度。此时，我们就可以问，在这两种力比多的退化中，遗传的构造成分是不是可以控制较明显的那一种？对于这个问题，我们先把答案放在一边，等我们讨论了多种神经病形式后再说。

现在我们要特别关注这样一个事实：精神分析的研究表明，神经病患者幼年时的性经历控制着他们的力比多，因此，这些经历对成人的生活和疾病十分重要，对分析的治疗工作来说，这个重要性也没有减弱。但是从另一个观点来说，我们很容易发现这一层存在被曲解的可能，而这个曲解会让我们从神经病情景的角度来注意生命。但是，如果我们假设力比多是在离开新地位后，才退回到婴儿经历的，那么婴儿经历的重要性就会被削弱，而且也可由此得出相反的结论，即力比多的经历在其发生时是不重要的，只是因为后来的退化作用才变得比较重要。其实我们在前面章节中讲俄狄浦斯情结时，也曾讨论过这种非此即彼的问题。

其实，要解答这一问题也不难。退化作用极大地增加了儿童经历的力比多，患

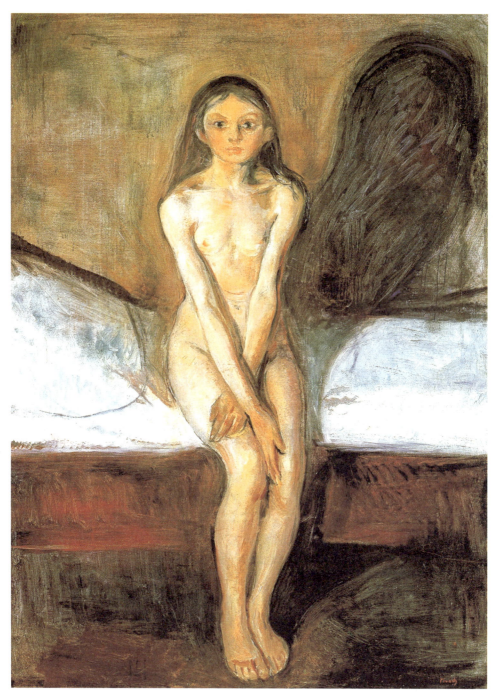

青春期 蒙克

　　画家描绘的这位少女，眼里明显地流露出不安和恐慌感，她那双眼睛就像是一只哭泣的野兽，在潜意识中显露了青春期的躁动和内心的复杂。

病的几率也由此变大，这句话虽然是对的，但如果只把它自己作为决定因素，是会引起误解的。其实，我们还应该列举别的因素。比如：第一，由观察结果可知，幼年时期的经历，有着其特别的重要性，这一点在儿童期就已经表现的很明显了。事实上，儿童也会患有神经病，对儿童的神经病来说，时间上的倒置成分必定会减少或完全不复存在，因为神经病是发生在创伤性的经历之后的。研究婴儿的神经病，可以使我们解除曲解成人神经病的可能，这就好比儿童的梦能让我们了解成人的梦。儿童的神经病是比较常见的，比我们想象中的还要常见。所以我们很容易忽视儿童的神经病，认为它只是恶劣行为或顽皮的表现，在幼儿园时期常用权威来压抑它，可是如今再回想，却发现这种神经病是很容易识别的。它们的表现方式多为焦虑性癔病，而它们的意义，我们会在以后慢慢知晓。若神经病是在年龄比较大的时候出现，那么分析的结果就会说它是对幼年时期神经病的继续，只不过在幼年时，它的表现方式可能是具体而隐晦的，但是，在前面我们也曾讲过，对有些实例来说，儿童的神经过敏也能一直保持不变。对少数的例子来说，虽然我们可以在神经病的情形下来分析一个儿童，但大多时候我们都是由患病的成人来推测儿童可能有的神经病，只是在推测时要十分谨慎，因为这样才能避免出现错误。

第二，如果在儿童期内没有事物可以吸引力比多，那么为什么力比多要经常退回到儿童期呢？这一点着实让人难以理解。在发展中，某些阶段上的执着点，只有在我们假设它附有一定价值的力比多时，才会有一定的意义。最后，我还可以这样说，婴儿的经历及后来的经历的强度与病原上的重要性，两者是一种互补的关系，这与前面所研究的其他两个系列之间的关系很相似。在有些例子中，引发疾病的原因全在于儿童期内的性经历，这些回忆有种创伤性的后果，只要有一般的性组织和不成熟的发展加以辅助，疾病就会形成。而另外有些例子，它们的疾病的起因全在于后来发生的矛盾，而分析强调儿童期的记忆，也只是把它看作退化作用产生的结果。于是，我们就有了两者极端的例子，即"停留的发展"和"退化作用"，而这两者又有不同程度的混合。

有人认为如果教育能及时地对儿童的性发展加以干涉，那么就可以阻止神经病的产生，而他们对上面讲述的事情也是十分感兴趣。其实，如果一个人认为只关注婴儿的性经历，或推迟性的发展，不让儿童被这种经历给动摇，那么就算是做尽了防止神经病发生的事情了，那他就错了。我们知道，致使神经病产生的条件要比这更为复杂，而且如果我们只关注一个因素，是不容易有成效的。那些严厉的监督在儿童期是不会有效果的，因为先天的因素使我们无法控制，而且就算能控制，也会比教育家想象的困难，而且我们也不能忽视由此引发的两种新危险。如果控制得太紧，儿童就会过度地压抑自己的性欲，结果会是弊大于利，而且还无法去抵抗青春期内才会出现的性的迫切需要。所以，在儿童期内展开防止神经病的工作是不是有利？改变对现实的态度是不是比较容易产生效果？这些我们都还不确定。

现在让我们回过头来继续讨论症状。症状能让病人获得现实生活中所没有的满足，

涉水的女人和男孩 卡莱尔·迪加丁 荷兰 布面油画 1657年 伦敦国家美术馆

　　儿童中的神经病还是比较常见的，但我们以成年人的眼光看待时，他们的举动和行为只是一种顽皮的表现和恶劣的行为而已。这幅作品本来是一幅令人惬意与愉快的画，女人（也许是孩子的母亲）优雅地提起裙子，防止自己的裙子被弄湿，而她旁边的小男孩则不然，完全不顾周围的气氛，顽皮地撩起衣服解决自己的生理问题。

而满足的方式就是让力比多退回到以前的生活当中去，因为它和退化有着密不可分的关系，即让力比多退回到对象选择或性组织的早期阶段。在前面我们已经知道，神经病患者往往无法挣脱过去生活中某一时期的束缚，而现在才终于明白，这个过去的时期指的就是力比多获得满足和感到快乐的时期。患者会回想以往的生活历程，不断地去追求这个时期，甚至只凭借记忆或想象，就想回到哺乳期。在一定程度上，症状再次出现了早期婴儿的那种满足方式，虽然在面对矛盾带来的检查作用时，这种方式要有所乔装和改变，或虽然这种方式时常会转化为一种痛苦的感觉，同时还包含有引发疾病的经历成分。伴随症状而出现的满足，但是患者不仅不知道它就是满足，还对它感到十分苦恼，时常躲避它。导致这种转变出现的是神经矛盾，而症状就是在这种矛盾的压力下形成的，所以，他对以前的那些满足，现在变得十分抵触和恐惧。关于这种感情变化的，接下来还有一个例子，是我们比较熟悉的。比如：一个小孩原本很喜欢吮吸母亲的胸乳，但是几年后，他却变得十分反感乳汁，即便是经过训练，这种反感也不会消失，如果在乳汁或别的含有乳汁的液体表层上出现了一层薄膜，那么这种反感就会演变成恐惧。这层薄膜可能会让他想起以前十分喜爱的母亲的胸乳，同时对断乳时的创伤性经历也会产生影响。

此外还有一层，让我们对症状是满足力比多的一种方法，感到诧异和难以理解。那些平常被我们认为是满足的，没有一个是症状。症状基本上不依附于对象，也因此与外界现实失去了联系。我们知道这其实没了唯实原则后，退回到唯乐原则上的结果，但同时也是回到了一种扩大的自淫病上，是一种最早期的满足性本能的方法。它们不去努力的改变外界的情形，而只是在自身寻求一种改变。即通过内部行动代替外

读书的少女

儿童在青春期时，我们是否该压制他们的性欲，这是一个不太容易回答的问题，如果控制得太严格，那么儿童势必会过分地压制自己的性欲，结果却会适得其反，他们只会更加地好奇。图中的少女如饥似渴地在读一本书，可是她的态度却让我们怀疑，她一定是在看关于性的东西，所以她总是这样不安地回头看看是否被人发现。

部行动这一行为，来适应替代活动——从生物史的角度来说，这又是一个十分重大退化作用。如果我们把它与由症状形成的分析研究而获得的一个新因素合并在一起来讨论，那么这一点就会变得更加清晰明了。而且，我们知道症状的形成和梦的形成一样，有相同的潜意识历程在发挥作用，即压缩作用和移置作用。症状和梦一样，是一种幼稚的满足的代表，但是，可能是受极端压缩的影响，这个满足演变为了一种独立的感觉或冲动，也可能是受多种移置的影响，这个满足从整个力比多情结转变为一个小段的细节。所以，虽然我们可以证明这个满足是确实存在的，但是在症状中很难看出力比多的满足，这也是很正常的。

前面我就已经讲过，我们还要研究一个新因素，而这个新因素也确实让我们感到很奇怪。由症状的分析得出的结果中，我们已经知道力比多执着于婴儿的经历，症状的形成也是因为婴儿的经历。但令人奇怪的是，这些婴儿经历不一定都是真实可信的。其实对大多数的实例来说，这些婴儿经历都是不可靠的，有时甚至是和现实完全相反的。这件事比别的事实更容易让我们怀疑产生这种结果的分析，或者怀疑神经病分析和了解所依赖的患者本人。此外，还有一件事让我们十分困惑。如果由分析而得出的婴儿经历

乡间小路 保罗·德尔沃 比利时

弯弯的月亮、交错的铁轨、似乎望不到尽头的相间小路，路中间孤独守望的少女，还有那幽暗的树林和发出昏暗光亮的火车站，这些都是儿童在梦中虚构出来的场景和情节。

是真实的，那么我们就会认为有了一个牢固的基础。如果这些经历是患者虚构出来的，那么就需要放弃这个不真实的观点，另外寻找方法。但事实上，这些经历既不全是真实的，也不全是虚构的，因为我们知道的那些婴儿经历，是在分析中通过回忆而获得的，它们有时是虚构的，但有时也是真实可信的，而大多数的例子都是真假混合的。所以症状代表的那些经历有时是真实的，此时我们就认为它对力比多的执着有很大的影响；有时是病人虚构的，此时我们就不能把这些虚构的经历作为患病的原因。现在要寻找一个比较妥善的办法是很困难的，也许我们能从下面这个相近的事实中寻求第一个线索。比如：我们在分析前，那些在意识中保存的对儿童期的模糊记忆，也一样能够进行虚构，或者最起码是真假混合的，其中错误的地方很容易看出来，所以我们至少可以这样认为，对此负重大责任的应该是病人，而不是分析。

如果我们稍加思考，就可以知道这个问题让人感到奇怪的地方究竟是什么。其实，这就是对现实的藐视，对现实和幻想区别的忽视，患者用虚假的经历来浪费我们的时间，确实让我们很气愤。在我们看来，幻想和现实有着天壤之别。我们会给它们不同的价值对待。患者神经正常时，偶尔也会采取这样的态度，他提供一些素材，把我们引向我们想要的情景（建立在儿童期的经历上，成为症状的基础）时，我们研究的到底是现实还是幻想，这一点很是值得怀疑。想要解决这一问题，就必须要依靠后来的某种迹象，而且到那时，我们还要努力让患者了解哪些是幻想，哪些是现实。其实，这项工作很难完成，因为如果我们一开始就对他说，他现在所想到的其实是幻想，是他曾用来掩盖儿童期经历的，就像每个民族对已经忘记的古老的历史加以各种神话一样，那么他对此问题的兴趣或许就会从此减弱，其实，他也想寻求现实，藐视那些幻想——那么这样的结果就会令我们很失望。但是如果我们先让他认为，我们研究的就是他早先经历的事情，分析结束后再告诉他实情，那么我们就会在后面出现错误的风险，同时他还会嘲笑我们太容易上当。他要经过很长一段时间才能明白：幻想和现实是可以受到同样的对待的，而且在开始时，被研究的儿童期的经历不管是属于哪一类，都已经不重要了。但是，这又明显地成为了对他的幻想应该有的唯一的正确的态度。实际上，幻想也是实在的一种，患者虚拟出那些幻想，这的确是一个事实，对神经病来说，这个事实几乎和他真实经历过的那些事实同样重要。这些幻想代表的是心理的现实，而心理的现实与物质的现实是相反的。我们逐渐知道，心理的现实是神经病领域中唯一主要的因素。

神经病患者在儿童期内常发生几种事情，其中有几种具有特别的含义，因此我们要特别关注。对于这些，我想列举下面这样几个例子：（一）偷看父母的性交行为。（二）被成人诱惑。（三）害怕阉割。如果你们认为这些事情都不是真的，那你就完全错了，其实年长的家人都会毫不怀疑的证明这件事。比如，当一个小孩子开始拿自己的生殖器来玩，却不知道要隐藏这种行为时，他的父母或保姆就会吓唬他，说要把他的生殖器割掉，或者是把他的手砍掉。当父母被询问这样的事情时也会承认，因为他们认为这种威吓是应该做的，还有人能在意识中出现对这种威吓的清楚的回忆，特别是如果这件事发生在儿童后期。如果是母亲或别的女人提出这种威吓，那他往往会把父亲或医生说成是实施处罚的人。从前，在法兰克福有一个儿科医生，名叫霍夫曼，他编写了《斯特鲁韦尔彼得》一书，后来此书闻名于世，这本书如此出名就是因为作者对儿童的性和其他情结有着彻底的了解。在这本书中，你会看到作者把割大拇指作为对吮吸指头的处罚，其实这一行为就是阉割观念的替代。从对神经病患者的分析来看，阉割这一威吓似乎很常见，但事实上却不是这样。我们只能认为，儿童是受了成人的影响，才知道自淫的满足是为社会所不容的，同时又因看了女性生殖器的构造而受到影响，就把这种知识作为捏造上述威吓的基础。也可能有别的原因，一个小孩虽没什么认知和记忆，但是也很有可能亲眼见到过父母或其他成人的性交行为，这样我们就有足够的理由去相信，在后来他就能明白当时的印象所引起的反应是什么。但是如果他详细的描述性行为的动作，其实就表明他根本没有见过，或者如果他说性行为需要从后面用力，那他的这种幻想必定是受动物交配的影响，比如狗，而他观察狗的交配是因为他的偷窥欲，而这种欲望是儿童在青春期内没有获得满足的。而幻想他在母亲的肚子中观看父母性交行为的这一说法，那就更加荒谬了。

而诱惑的幻想更加有趣，因为这不是幻想，而是对现实的回忆，但幸运的是，它成为事实，并没有像想象的那么频繁。受同龄人或较大年龄孩子诱惑的几率要比受成人诱惑的几率大，如果女孩在讲述自身幼年时的相关经历时，说父亲是诱惑者，那么引起幻想的性质和产生幻想的动机，就确定无疑了。如果在儿童期内没被诱惑，那么他就会用幻想来掩盖当时的自淫行为，因为他对手淫行为感到十分羞愧，于是就在幻想中认为真的有那么一个心爱的对象。但是你们也不要因此就认为儿童受亲人诱惑的事情是虚假的，大多数分析家在他们治疗的病例中，都毫不怀疑的说确有此事，只不过这些事情是属于儿童后期，而幻想却把它们放在了儿童早期罢了。

以上的这些似乎只有这样一个意思：儿童期内的这些经历是神经病形成不可缺少的条件。如果这些经历是真的，确实是最好的，但如果实际上没有这些经历，那它们就是起源于暗示，成为意匠经营的产物。不管在这些经历中占重要地位的是幻想还是现实，结果都一样，因为我们现在也不能在结果中找出它们的区别。这也是我前面讨论的那些互补系列中的一种，但却是最奇怪的一种。这些幻想的必要性和提供给它们的材料来自哪里呢？当然是来自本能。但是我们又该如何解释同样的幻想总是由同样的内容构成呢？对此我有一个答案，但是这个答案或许在你们看来，是很荒谬的，但是我相信这些原始的幻想（是我对这些幻想和别的一些幻想的总称）是物种所拥有的，只要个体在自身的经历不够用的时候，就会利用古人曾有过的幻想。在我看来，只是要今天在分析时得出的幻想，比如：儿童期里的诱惑，看见父母的性交行为而引发的性兴奋，对阉割的恐惧，或阉割等，在人类历史前期都是真实的，而且儿童在幻想中也只能算是以史前真实存在的经历来补充自身原有的经历。于是我们就有了这样的怀疑：对于人类发展的最初模型，神经病比任何一种学科都更能向我们提供相关的知识。

　　既然讲到了这些事实，那我们就必须要详细地讨论"幻想形成"这一心理活动的来源和意义。虽然幻想在心理生活中的地位还没有人能够理解，但是简单的来说，仍然是很重要的。对于这一点，我可以做一下描述。人类的自我受外界需求的训练和影响，开始慢慢地认同现实的作用，进而追求唯实原则，而且也知道如果这样做，就必须要暂时或永远地放弃各种能够获取快乐的对象和目标，这个对象和目标不仅仅只是关于性的。但是抛弃快乐是件很困难的事，要做到这一点，就势必会寻求补偿。于是，患者就逐渐形成了一种心理活动，在这种心理活动中，只要是属于已经被抛弃的快乐的源头和满足的方法，都可以继续存在，与现实的要求或"考验现实"的活动相断绝。于是，每一个

双性人

　　女孩在讲述自己的幼年经历时，总会说父亲是诱惑者，或者哥哥是诱惑者，在女孩的幻想中，父亲或是哥哥都是她心爱的对象，就像图中的少女一样，这也是她为什么想要拥有双性性器官的象征。

渴望就马上变成了满足的意愿，而且在幻想中寻求欲望的满足也能引起快乐，虽然也知道这种满足不是真的。所以，人类仍旧能够在幻想中继续享受不受外界约束的自由，而这个自由早已被丢弃了。所以，他一会儿是寻求快乐的动物，一会儿又更换为理性的人类，因为从现实中获取的这种微弱的满足是起不了作用的。丰唐说过这样一句话："一番作为必定会带来相应的产物"。幻想的精神领域的创造和这句话所说的情况是完全相似的，即在农业、交通、工业的发展迫使地貌失去原来的形态时，可以构建一种"保留地带"和"自然花园"。这些保留地带的构建就是为了保护那些因为某种原因而被迫牺牲了的旧事物，不管这些事物是有害的还是无用的，都可以任意地生长繁殖。而幻想的精神领域就是从唯实原则手中夺来的保留地带。

我们曾见过的，人们最熟悉的幻想的产物是白日梦，它是对野心、夸大和性爱欲望的想象的满足。其实，越是需要谦虚时，在幻想上却越是倨傲自大。由此可知想象的快乐，它实际上是回到了一种不受现实束缚的满足上。这些白日梦其实是夜梦的核心和模型，而夜梦实际上也是白日梦，它是通过夜里心理活动的肆意设想，又通过夜里的本能兴奋纵容这种自由成为可能。我们也已经知道，白日梦不一定是意识的，潜意识的白日梦也很常见，所以，这种潜意识的白日梦是夜梦和神经病症状的起源。

读了下文后，你们就会知道幻想在症状形成上的重要性。前面我们已经说过，力比多因被剥夺，就返回到了它曾离开过的，但仍有少许能力依附在其上的执着点。对于这句话，我们并没有删除或修改的意思，只是想在中间加入一个连接的枢纽。即力比多是怎样返回到这些执着点上的？其实力比多所丢弃的那些对象和途径并不是完全的丢弃了，这些对象或其附加物都还停留在幻想中，而多多少少保存着原来的强度。力比多只需要退回到幻想里，就可以寻到途径然后回到被压抑的执着点上。原本自我是允许这些幻想出现的，尽管它们是相反的关系，但是它们并没有矛盾，自我也能因此取得发展，而它本来是凭借某种条件而一直保持不变的，这其实是一种数量性的条件，现在因为力比多回到幻想中而被打乱了。而幻想因为有能力附加进来，就努力地向前行进以求成为现实，这时，幻想和自我之间就不可避免地出现了矛盾。虽然这些幻想以前是前意识或意识的，但现在仍免不了要一方面受自我的压抑，另一方面受潜意识的吸引。于是，力比多就从潜意识的幻想进入到潜意识内幻想的起源，也就是说又回到了力比多原来的执着点上。

力比多回到幻想上，其实是症状形成途径中的一个中间阶段，我们应该给它起一个特别的名字。荣格曾为它取了一个很适用的名字，叫作"内向"，但是他却在别的事物上胡乱地使用这个词。但我们一直坚持这样的主张：如果力比多偏离了真实的满足，过度地积存在本来无害的幻想上，那么我们就称这种历程为内向。一个内向的人虽然还不是神经病患者，但他一直处在浮动的状态中，一旦他的正在迁移的能力受到侵扰，就很容易引起症状的发展，除非是他能够给被压抑的力比多另寻出路。力比多在这个内向阶段的停留，决定了神经病满足的虚构性和对幻想与现实二者区别的忽视。

白日梦　安德鲁·怀斯 美国

　　画面中这顶蚊帐似乎是从天而降的，少女优雅、安逸地躺在里面，昏昏欲睡的情态中显露出她不为人知的甜蜜和欣喜，窗外透射的阳光似乎想要打破这种宁静，但却给少女的胴体增加了几分妩媚的质感，让人不忍去打扰她的美梦。

　　在后面几句话中，我已经在病因的线索中引入了一个新的元素，这个元素是关于数量的，对于它，我们也要多加关注，因为对于病因，一个单一的实质性的分析是不充分的，也就是说，对于这些历程，一个单一的动态的概念是不够的，还要有经济的观点。我们知道两种相反的力量，即便它们早已有了实质性的条件，也不必产生矛盾，除非是它们都有一定的强度。还知道先天的成分能够引发疾病，是因为其部分本能中有一种本能比其他的本能更占优势，我们甚至可以这样说，人们的倾向从本质上来说是都一样的，只是因为数量的不同也有所差异。对抵抗神经病的能力来说，这个数量的成分也是十分重要的，判断一个人会不会患有神经病，关键就看他的能力量有多少，而且还要看究竟有多大的部分能从性的方面升华，移动到非性的目的上，这个能力量是指所有没发泄的而能自由保存的。从本质上来说，心理活动的最终目的，可以看作是一种趋乐避苦的努力，而从经济的角度来看，这种目的就表现为对心理器官中现存的激动量或刺激量进行分配，让它们无法积存在一起，这样就可以避免引起痛苦。

　　对于神经病症状的形成，我已经讲述了很多，但是我要告诉你们，今天我所讲的都只是针对癔病的症状。强迫性神经病虽然与癔病在本质上大致一样，但是两者的症状却有很大的差别。在癔病中，自我已经开始反抗本能满足的要求，但是在强迫性神经病中，这种反抗更为明显，甚至在症状上占有重要的地位。而对别的神经病来说，这种差别的范围更大，然而，对那些神经病症状形成的机制，我们还没有进行彻底的研究。

在结束本章前，我想请你们关注一下我们大家都比较感兴趣的一种幻想生活。其实幻想也有一条能够返回现实的路，这条路就是艺术。艺术家也有一种反求于内的欲望，和神经病患者很相近。他也会受强烈的本能需求得逼迫，渴望荣耀、权力、财富、声誉和女人的爱，但却没有方法把它们变成现实。于是，和有欲望但是不能满足的人一样，他开始逃离现实，改变他所有的兴趣和力比多，形成幻想的生活中的欲望。这种幻想很容易引发神经病，而他之所以没有患病，是因为很多因素集合在一起共同对抗疾病的侵袭，其实，艺术家也经常会因为神经病的出现而让自己的才能受到部分的阻碍。也许，艺术家的天分中有一种强大的升华力量及在产生矛盾的压抑中有一种弹性。艺术家所察觉到的返回现实的过程可以这样描述：有幻想生活的不只是艺术家，幻想是人类共同容许的，不管是哪一个有愿望但没能实现的人都会在幻想中寻求安慰。但是那些没有艺术

病中的少女 素描

观众欣赏这幅作品的时候，可能会产生这样的错觉：她是在床上还是站在风中？这种虚弱的幻觉，更能体现出少女在病中所做的怪梦带给她的影响和折磨，她的眼里满是痛苦和忧虑的悲情。

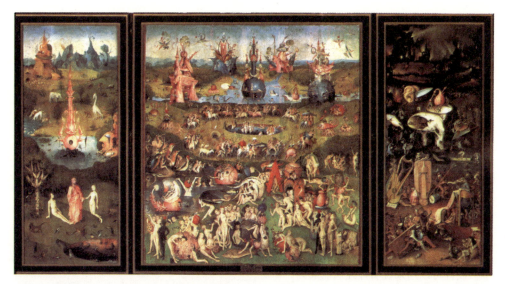

人间乐园 博斯 马德里普拉多美术馆藏

　　画家的这幅杰作可以说是超现实主义的典范，画面精致细腻，到处都充斥着色欲的享乐，还有可怕的怪物，地狱中的苦难。画面左边是乐园部分，可能指的是伊甸园；画面中间有许多裸体人物和不可思议的建筑，指的是人间；画面左边描绘的是地狱的情景。画面场景恢弘，充分体现了画家超凡的想象力。

　　修养的人，他们所能获取的满足是十分有限的，他们的压抑作用是十分残酷的，所以，除了允许可成为意识白日梦出现外，不允许享受别的任何幻想的快乐。而对真正的艺术家来说却不是这样，主要是因为以下几点：第一，他知道怎样去点缀自己的白日梦，消除个人的色彩，而让大家共同欣赏，他还知道怎样对白日梦进行修改，让那些不道德的根源很难被人察觉。第二，他还有一种很神奇的力量，能够处理特殊的材料，知道它们能够真实地表达出幻想的观点；他还知道怎样把强烈的快乐依附在幻想上，最起码可以暂时先让压抑作用受到限制，而使其无计可施。如果他能把这些事情全部实现，那么他就可以让别人共同来享受潜意识的快乐，进而受到他们的拥护和赞赏，到那时他就可以通过自己的幻想，来赢得以前只能在幻想中获得的东西，比如荣耀、权力和女人的爱。

第 二十四 章

一般的神经过敏

在前面一章中，我说了很多令人难以理解的话，现在可以先离开主题，听一下你们的看法。

我知道你们很不满意，你们认为精神分析引论和我讲过的不太一样。你们想要的是生活中的实例，而不是理论。或许你们会这样对我说，那个楼上和楼下两个小女孩的故事，或许可以用来说明神经病的起因，但很遗憾，这个故事是杜撰的，不是实际的事例。或许你们还想对我说，我在一开始讲述那两种症状（我们希望这也不是杜撰的），来说明其过程以及和病人生活经历的关系时，症状的含义确实因此稍微变得清晰明了。你们曾想让我就这样讲下去，但是我却没有这样做，相反的，我向你们讲述了很多冗杂而又难以理解的理论，而且这些理论好像永远没有停止的时候，总是不断地进行补充，我还研究了很多以前从未向你们说过的概念。我抛弃了叙述的说明，采用动的观念，然后又把动的观念给抛弃，换用一种经济的观念，让你们很难理解这些学术上的名词到底有多少相同的含义，认为它们的相互替换只是听着好听罢了。我还说了很多跑题很远的定义，比如唯乐原则、唯实原则以及物种发展的遗传等词，但是在还没对它们进行说明，就又把它们抛得无影无踪。

你们会说，我讲神经病，为什么不先从大家都知道而且感兴趣的神经过敏

男人女人 艾伦·琼斯 布面油画 1963年 英国伦敦塔特陈列馆收藏

我们在讲性之前，肯定不是先讲关于性的相关理论，而是要先讲关于性的承载对象，比如说琼斯的这幅绘画，他的主要目的是想要表现人与人之间的联结是凭借性来完成，而只有男人和女人的互相融合才能说明此事，但这是一个复杂的事情。画家的这幅作品便是对这一理论的视觉呈现。

讲起，或者从神经过敏者的特征讲起也行，比如待人接物时不能理解的反应，以及他们的兴奋性，不可信任性，以及无法完成任何事情的无能性。为什么不从比较简单的神经过敏的解释讲起，然后再慢慢地去讲那些不可理解的极端的表现呢？

以上这些，我自然是无法否认，也不能认为是你们的错。我对自己的陈述能力还没有如此自负，认为即便是缺点，也都有着特别的用意。我原本认为换一个方式来讲述，或许对你们更有利，老实说，这的确是我的初衷。但是，一般情况下，一个人往往都是无法实施一个比较好合理的既定程序的，而材料本身也时常会加进一些别的事实，使得他必须更改原本的计划。材料虽然也都是他所熟知的，但是一旦开始陈述，也不能全部按照作者的意思。常常都是话已经说过了，但事后却不明白为什么要这样说，而不是那样说。

对此，或许会有这样一个理由：我所讲的论题，即精神分析引论，它并不包含讨论神经病的这段。因为精神分析引论只包括过失和梦的研究，而神经病理论本身就是精神分析的本论。我不认为我能在如此短的时间内，把神经病理论所包含的所有材料都加以阐述，我只能作一些简单的讲述，让你们在一定的上下文中，了解症状的含义及症状形成时体内和体外所有的条件和机制。以上这些就是我要做的工作，也是精神分析现在所能奉献的重要的一点。可是，我也因此要对力比多及其发展和自身发展作更多的讲述。在听了最初的一些讲解之后，你们已经知道了精神分析法的主要原则，对潜意识和压抑（抗拒）作用等概念也有了大致的了解。而通过下面的这个讲述你们将会知道，精神分析的工作是在哪一点上寻找到它的有机连接的。我也曾很明确地说过，我们得到的所有结果都只是来源于一组神经病的研究，即移情的神经病的研究，而且对这一组来说，我也只是详细地讲述了癔病症状形成的机制。虽然你们或许还无法获得更彻底地了解和详细的知识，但我总是希望你们已经稍微了解了精神分析工作的方法，及其必须要解决的问题和需要讲述的结果。

你们想让我在开始讲述神经病时，先描述神经病患者的行为以及他是怎样患病的，是怎样努力与之相抗衡的，又是怎样设法去适应的。以上这些的确是一个很有意思的论题，不仅值得研究，而且讲述起来也不困难。但是，也有很多理由让我们无法从此处着手。因为从此处着手的危害就是，忽视潜意识，轻视力比多的重要性，而且将会根据患者的自我观点来判断所有的事情。人们都知道，患者的自我是不能相信而又有所偏袒的。自我总是不承认潜意识的存在，还迫使其受到压抑，那么当自我和潜意识相关的地方出现时，我们将无法相信自我的忠诚，而且受压抑最深的被否定的性要求，所以，很显然地，从自我的观点出发是不能了解这些要求的范围和意义的。在知晓了这个压抑作用的性质后，我们就不会再允许这个自我，即胜利者，来充当这个抗衡的公判人员。我们要提防自我对我们所说的话，要时刻防止上当受骗。如果是它本身提出了证据，那么它就一直是主动的力量，似乎正因为它的愿望和意志，症状才得以产生，然而，我们知道，它基本上都是被动的，这也正是它想努力掩盖的事实。但它也不能一直保持这个虚

贮积 罗伯特·劳申伯格 1961年 美国华盛顿国立美国艺术博物馆收藏

　　自我与潜意识是研究精神分析重要元素，就像"艺术来源于生活，而高于生活"一样，它们之间彼此相互联系。画家用钟表来表现他创作的开始与结束，左上角的时间是画家创作开始的时间，下方的时间则代表他创作结束的时间，画家的自我意识超级前卫，他可以将世俗的物品融入到他的作品之中，在生活与艺术之间创作。

假的状况，在强迫性神经病的症状中，它就必须要承认自己碰到了一些必须努力抗衡的势力。

如果一个人不留心这些警告，而是愿意被自我的表面价值所欺骗，那么，一切都可以顺利地进展了，精神分析强调的潜意识，性生活及自我的被动性引发的抗议，这些他都可以避免了。对于阿德勒说的神经过敏是神经病的原因而不是其结果，他也可以表示认同，但是对于梦或症状形成中的任何一个细节他却无法去解释。

如果你们问我，我们是否可以既重视自我在神经过敏和症状形成中所起的作用，又不忽略精神分析发现的别的因素呢？对此，我的回答是肯定的，而且迟早也会这么做。但是目前精神分析所要做的研究，把这个终点作为起点是不适宜的。当然，我们也可以提前指出一点，把这个研究包括在内。有一种神经病叫作自恋神经病，自我和自恋神经病的关系，与我们曾研究的别的神经病相比更为紧密。对这些神经病的分析研究，能让

布赖顿小丑　1915年　伦敦美术协会藏

自我和神经病在症状的形成中各有不同的作用，它们就像是一台戏剧里的不同角色一样，有的是贵族，有的是丑角，就像这幅作品中的小丑一样，他可以为喜欢他的观众带来乐趣，这就是他所扮演的身份，带给他和其他人的价值所在。

我们正确而又可靠地估测出自我在神经病中所占据的地位。

但是，自我和神经病之间还有一种很明显的一眼就能明白的关系。这种关系好像是各种神经病共同拥有的，但在创伤性神经病中更加明显。其实，各种神经病的起因和机制都有着相同的结果，只是对这种神经病来说，这种因素在症状的形成上占有重要地位；但对另一种神经病来说，又是别的因素占有重要地位。就好比戏团里的演员，每个演员都会扮演一个特殊的角色，比如主角、密友、恶人等，每个人都会根据自己的喜好来选择不同的角色。所以，形成症状的幻想并没有癔病表现的那么明显，而自我的反击或抗拒就非强迫性神经病莫属，妄想狂的妄想是把梦中的点缀机制看作特点。

对创伤性神经病来说，特别是对因为战事而出现的创伤性神经病来说，那些自私利己的动机及自卫和对于自我利益的努力，都将给我们留下特别的印象。虽然只有这些是不能产生疾病的，但是疾病一旦形成，便要靠它们来维持。这个趋势就是为了保护自我，让其没有引发疾病的危险，但除非危险不再来进犯，或者虽然有危险，但也有一定的报酬，否则它是不会愿意恢复健康的。

自我对别的所有神经病的起因和推迟都感兴趣，而且这种兴趣是相似的。前面我们也已经说过，症状有一方面能让压抑的自我趋势获得满足，所以它也受自我的保护。况且，用症状的形成来解决精神矛盾，也是一种十分简便的途径，与唯乐原则的精神也最是相符，因为自我能因症状而免去精神上的痛苦。其实，对某些神经病来说，就连医生也必须要承认，用神经病来解决矛盾是一种最无害且最被社会允许的方法。对于医生说有时他也很同情那些正在被治疗的疾病，你们不感到很诧异吗？其实，在生活中，一个人没必要把健康看作是最重要的，他应该也知道，这世上的病痛不是只有神经病一种，还有别的痛苦存在，一个人也可以因为需要而牺牲自己的健康。此外，他还知道，如果一个人患了这种疾病，那他就可以免受别人要承受的各种痛苦。于是，我们虽然可以说每个精神病患者都躲在了疾病里，但也必须要承认在很多病例中，这种躲避是有着相当充足的理由的，对于这种情况，医生也只能默许。

但是，我们可以不必理会这些特例，继续我们的讨论。简单地来说，自我躲进神经病之后，就能在心中因病而获得利益，在有些情况下，还能同时获得一种具体的外部利益，这在现实中也有一定的作用。现在举一个最普遍的例子来进行说明。比如：一个女人被丈夫用暴力虐待，如果她有神经病倾向，那么此时她就会躲在疾病中。假设她很软弱或保守，不敢通过偷情来安慰自己；假设她不够勇敢，不敢公然与外界的攻击相抗衡，进而与丈夫离婚；再假设她没有能力去独立生活，也没想过再找一个更好的丈夫，最后，又假设在性方面，她仍旧迷恋着这个粗暴的丈夫，那么除了躲在疾病里，她再也没有别的办法了。疾病就是她用来反抗丈夫的武器，可以用来自卫，也可以用来报复。虽然她不敢对婚姻有所抱怨，但可以把这种疾病的痛苦公开地讲述出来，此时医生就成了她的良友，而本来很暴力的丈夫，现在也被迫饶恕了她，为她花钱，允许她离开家庭，他的压迫也稍微减少了。如果因疾病而获得这种外部的偶然的好处十分明显，而且在现实中又没有一定的取代物，那么你们就很难收到治疗的效果。

对于神经病是由自我所欲和自我所创这一说法，我曾极力反对过，现在你们会认为我刚刚所说的"因病而获得利益"，却是在为这种说法辩解。现在请你们少安毋躁，或许"因病而获得利益"这句话是这样一种意思：即对于自身始终无法避免的神经病，自我只能对其表示欢迎，如果神经病有什么可以利用的地方，那么自我就会极力加以利用，但这只是问题的一个方面。假如神经病是有好处的，那么自我就自然很乐意与它和平相处。但同时我们也要考虑到这一点，即利益中也会有各种不利。简单地说，很显然的，自我接受神经病是会有损失的。自我是能解决矛盾，但代价太大。此外，伴随症状出现的病痛，和症状之前的矛盾相比，它们痛苦的程度相当，或许前者会更大一些。自我希望能够免除症状带来的痛苦，但又不愿放弃有疾病而获得的利益，这也就是它无法两全其美的事情。由此可知，自我不愿像它一开始所认为的那般，始终主动关心这个问题，这一点我们要牢牢记住。

忧郁的年轻人　*伊萨卡·奥利弗　英国　水彩颜料绘于羊皮纸上　1590年　私人收藏*

在这个世界上并不是只有神经病一种痛苦，还有其他的痛苦存在，比如说情感的痛苦。图中的年轻男子穿着讲究，精致，但他却似乎并不在乎这些，满脸都是忧郁的表情，也许他是羡慕远方那对年轻的恋人，想必这是他痛苦的根源。

如果你们是医生，对神经病患者有相当多的认知，那么你们就不会再希望，那些抱怨病痛最厉害的人能轻易接受你们的帮助——其实，事实正好是相反的。但不管怎样，你们不难明白下面这句话：每增加一件因病获利的事，都能够加强由压抑引发的抗力，进而增加治疗的难度。此外，还有一种由病获得的利益并不是伴随症状出现的，而是在症状发生后才出现。疾病那样的心理组织，如果持续的时间很长，那它就会获得一种独立实体的性质，和自恃本能有着相似的功能。它构成的"暂时安排"，和精神生活的其他力量相结合，连相反的力量也不例外。它基本上不会放弃那些有用和有利的机会，而这些机会可以重复地表现自身，于是，就获得了一种第二机能，来巩固自身的地位。我

被狮子惊起的马 乔治·斯塔布斯 英国 1770年

　　这幅作品就如同一个人的噩梦一样，一匹白马在大风中行进，遇到了从黑暗中突然蹿出来的狮子，它惊恐地扬蹄而起，它的身上闪耀着神秘而圣洁的光芒，这个画面仿佛就在此刻凝固了，它最荣耀的做法就是和狮子做一次公平的较量。

们现在不从病例中举例子，先从日常生活中举例：一个能够做事的工人，在工作时因意外伤害而变成了残疾，他虽然不能再工作，但却可以获得少量的赔偿，而且还学会了利用残疾来过生活。他的这种新生活方式虽然有些卑贱，但也正因为原来的生活被破坏才能够保持。如果你想治疗他的残疾，那你就把他维持生活的方式给剥夺了，因为我们不确定他是否还能继续以前的工作。如果神经病也有这种附加的利益，那我们就能把它和第一种利益相提并论，把它叫作因病而获得的第二重利益。

　　我想对你们说，不要轻视因疾病而得利的实际重要性，但也不用过于重视它的理论意义。除了前面已经承认的特例，这个因素也常让我们想到，奥伯兰德在《飞跃》一书中所举的用来说明动物智商的例子。一名阿拉伯人骑着一头骆驼在高山的小道上行走，转弯时突然看见一头狮子向他扑过来，这里一边是深渊，一边是峭壁，不管是躲避还是逃走，都是不可能的事，他只能坐以待毙。但是骆驼却不这样想，它纵身一跃，和那个阿拉伯人一起跳入深渊，而狮子只能站在一边干瞪眼。神经病能给人们的帮助也不比这好多少，或许因为用症状的形成来解决矛盾，毕竟只是一种自发的过程，还不能够应对生活的需要，而且一旦患者接受了这个解决，他就必须要放弃自己的高才能。如果此时还可以进行选择，那么最荣耀的方法就是去和命运做一次公平的较量。

我究竟是出于怎样的目的，不把一般的神经过敏作为出发点？对于这一点，我还要进行说明。也许你们会认为，从这里开始讲会很难证明神经病是起源于性的，如果真这样认为的话，那你们就想错了。对移情的神经病来说，它的症状需要先解释，然后才能知道是起源于性，而我们把它称为实际神经病的一般形态，则是因为它的性生活的起因是引人注目而又十分明显的事实。二十多年前我就知道了这个事实，当时我就开始怀疑，为什么在检查神经病患者时，不对与性生活有关的事进行考虑呢？因此研究此事，我开始被病人厌恶，但是后来，我的努力也使我得出了这样一个结论：如果性生活是正常的，那就不会引发神经病，我这里所说的神经病是指实际的神经病。虽然这个结论忽略了个体的差异，但是它在今天仍旧有着一定的作用。那时我就能在某种神经过敏和受伤害的性状态之间建立一种特别的关系，如果我现在还有相似的材料来供我研究，我还

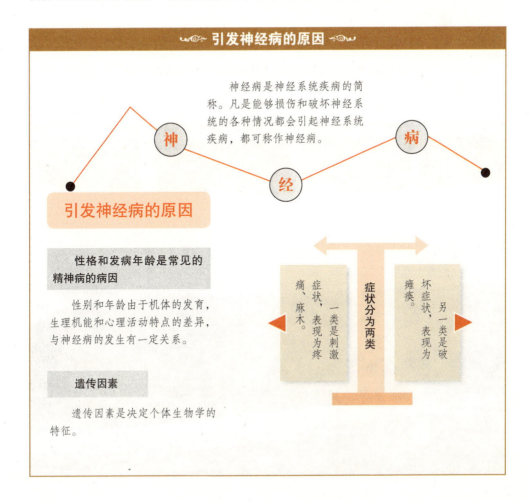

引发神经病的原因

神经病是神经系统疾病的简称。凡是能够损伤和破坏神经系统的各种情况都会引起神经系统疾病，都可称作神经病。

引发神经病的原因

性格和发病年龄是常见的精神病的病因

性别和年龄由于机体的发育，生理机能和心理活动特点的差异，与神经病的发生有一定关系。

遗传因素

遗传因素是决定个体生物学的特征。

症状分为两类

一类是刺激症状，表现为疼痛、麻木。

另一类是破坏症状，表现为瘫痪。

是能够把这些关系再重复一次。我注意到，如果一个人对一种不完全的性满足很满意，像手淫，那他就很容易患有一种实际的神经病；又假如他采用了另一种同样不完全的性生活方式，那么这种神经病也会立即变成别的方式。所以，通过患者病情的改变，我可以推测出他性生活方式的变化。我会一直坚持这个理论，直到能让患者不再说谎而作出证明为止。可是到了那时，他们会选择对性生活不感兴趣的医生。

到那时我也知道，引发神经病的原因不必一直是性的，虽然有些人是因为性受到伤害而患病，但也有些人是因为破产或患有一种比较严重的机体失调而得病。对这些变化的解释，你们在以后自然就会明白，到那时，对自我和力比多的关系也会有更深刻的理解，而且我们对这个问题的研究越深入，对它的了解也就越详尽。一个人只有在自我不能应付力比多时，才会患病。自我越强大，它应付力比多就越容易；自我的能力每减弱一分，不管是因为什么减弱的，就会让力比多的要求增加一分，最终就可能会患上神经病。此外，自我和力比多还有别的一些比较亲密的关系，尽管现在还不是讨论这些关系的时候，那就先把它们放在一边。最值得我们注意的是：不管对哪一个病例来说，也不

沐浴 皮埃尔·博纳尔 1925年

画家本人是一个很有生活情趣的人，他把生活中最常见的一幕展现在观众面前。图中裸体沐浴的女人，正是他的妻子玛尔特，然而不幸的是这是一个带有神经病的女人，虽然让他远离了他所有的朋友，但是画家似乎却能从她身上得到更多的艺术创作灵感。

管引发疾病的情景怎样，由于维持神经病症状的能量都是由力比多提供的，所以力比多的作用也会相应地失去平衡。

现在我应该告诉你们的是：实际神经病的症状和精神神经病的症状之间有着绝对的区别，以前我们所讲的多是精神神经病的第一组（即移情的神经病）。力比多是实际神经病和精神神经病的症状的来源，即症状是力比多的变态用法，是力比多满足的代替品。但是实际神经病的症状在心灵中是毫无意义可言的，这些症状有头疼，痛苦的感觉，某些器官的不安定状况，某些机能的减弱或停止等。它们不仅表现在身体上（癔病的症状也是这样），其过程还都完全是物质的，它们的发生与我们所知道的复杂的心理机制是互不干涉的。所以，以前认为是精神神经病的症状和心理无关，现在才知道原来是实际神经病的症状和心理无关。然而，它们是怎样成为力比多的表现的呢？力比多不也因此是一种在心灵中活动的能力了吗？其实，这些问题的答案都很简单。现在先对反对精神分析的第一种理由进行这样的重述，即反对者认为我们的理论是想仅凭心理学来解释神经病的症状，由于从来没有一种疾病可以用心理学的理论来进行解释，所以他们认为我们成功的几率很小。但是他们却忘了性的机能不完全是心理的，就像不只是物质的一样，它对身体和心理生活都有影响。我们已经知道精神神经病的症状，是性的机能在受到破坏后心理上的结果，所以，在我们听到实际神经病是性的破坏在机体上所产生的直接的结果时，也就不会感到奇怪了。

我们可以借用临床医学给我们提供的一个有用的提示，来了解实际神经病。它们症状的细节及其身体的系统和机能所共同表现的特点，与不同毒素的慢性中毒或猛然解除（醉酒或戒酒后的状况）后所出现的病况，有着明显的相似之处。可以用巴西多病（即突眼性甲状腺肿）的状况来对这两种病况进行比较，因为这个病的形成也是因为毒素，只是毒素是来自身体内部的新陈代谢，而不是来自身体外部。通过这些比较，我们不得不认为神经病是性的新陈代谢作用受到破坏而产生的结果，而它被破坏的原因，可能是性的毒素产生得太多，超过了患者能够处理的范围，可能是内部甚至是心理的状况不允许他对这些物质进行适当的处置。古人也早就认同了这种对性欲性质的假设，比如酒后可以产生爱，爱可以称为深深的迷恋——这些观点多多少少已经把爱的动力移到了身体之外。此时我们还会想起性感觉区这个概念，同时还能想起各种器官都能产生性兴奋。除此之外，与性的新城代谢或性的化学问题相关的内容还没有出现在本书上。对于此事，我们一无所知，所以也就无法判断性的物质是不是分为雌雄两种，或者是只把一种性的毒素假设为力比多各种刺激的动力就可以了。我们建立的这座精神分析大厦，事实上只是一种上层建筑，我们早晚还得为它建造基础，而我们对这个基础现在还缺乏相应的了解。

精神分析能够成为科学，关键是在于它使用的方法，而不是它要研究的材料。这些方法同样可以用来研究文化史，宗教学，神话学和神经病学，而保证它们都不失去其最主要的性质。精神分析的目的和成就，只表现在发现心灵里的潜意识。也许实际神经病的症状是因为毒素的侵害，这样的话，它们就不是精神分析要研究的问题了，既然精神分析不能对它们作出解释，那么只好让生物学和医学来对它们进行研究。而现在你们也终于能更好地明白，为什么我要对材料使用这样的排列方式了。如果我要讲神经病引论，自然是要先讲实际神经病的简单形式，然后再讲那些受力比多破坏而出现的更为复杂的精神病，这样才是正确的顺序。到那时，我就需要从各个方面来搜集和简单形式相关的知识，而对于复杂形式就要把作为了解这些病况的最重要的技术方法的精神分析引入进来。但是我演讲的题目是精神分析引论，所以我认为把精神分析的观念讲述给你

神经病、神经症、精神病三者之间关系

在人们日常生活中，经常会听到有人骂人"神经病"，其实，人们实质想要表达的内容是"精神病"方面的涵义。但是一般人对神经病、神经症和精神病三者之间的关系都不是很清楚，有的甚至误以为它们是一个概念。

● 神经病

神经病指神经系统发生的器质性疾病。神经病一般是指中枢与周围神经或者说内脏神经与躯体神经表现出解剖学上的病理特征，主要特点就是神经有器质性的病变。

神经病、神经症、精神病三者之间关系

● 神经症

神经症又称神经官能症、心理症或精神神经症，是一组轻性心理障碍的总称。此症一般是由患者的心理因素引起的，基本上是因为患者主观感觉不良，对周围的环境和适应能力都同正常人一样，对自己心理的不适，一般会要求主动医治。

● 精神病

精神病患者一般有严重的心理障碍，他们的认知行为和心理活动都会出现长久明显的异常，与常人的行为比起来显得古怪，不能正常地学习、工作和生活；同时他们在病态的心理支配下，会做出伤害他人的行为；患者往往有不同程度的自知力缺陷，同时也会对自己的精神症状丧失能力，通常会拒绝医生的治疗。

贝壳 奥迪隆·雷东 法国 色粉颜料绘于纸上 1912年 巴黎奥赛博物馆

身体所产生的性兴奋就像是一堆沙土，它们都是被牡蛎选作为制造珍珠母的原材料，形成的珍珠便是所引发的精神病。画家用他的想象力帮我们唤起了一个超现实的世界，贝壳静静地躺在那里，用它的柔软捍卫着自己的生命。

们，要比向你们传授一些神经病的知识更加重要，于是，就不适宜把对精神分析的研究没有奉献的实际神经病，放在前面进行讲述。我还认为我的这个顺序选择对你们来说是有好处的，因为一般的受教育者都应该对精神分析加以关注，但是神经病的理论却只是医学上的一个章节。

但是你们也有一些理由，希望我能对实际神经病多加关注，而且在临床上，实际神经病和精神神经病之间有着紧密的联系，这就更有理由让我去关注它了。但是，我要告诉你们，实际神经病的单一形式共有以下三种：（一）神经衰弱。（二）焦虑性神经病。（三）忧郁症。这样的分类其实也有值得怀疑的地方，因为这些名词虽然有用，但是它们的含义却很难确定。有些医学家认为，在神经病混杂的世界里是不能有任何分类的，所以，他们反对临床上所有病症的分类，甚至是不承认实际神经病和精神神经病之间有区别。可是我认为他们这样的行为很过分，他们在道路上选取的方向不是前进的方向。前面所说的三种神经病形式有时是单一的，但大多时候是相互混杂的，而且同时还具有精神神经病的色彩，所以我们没必要因此而放弃实际神经病和精神神经病之间的区别。你们也都知道在矿物学中，矿物和矿石是不同的，矿物可以进行分类，有一部分原因是它们常为结晶体，以及环境不一样，而矿石则是矿物的混合体，但这种混合也不全是依赖机会，是有一定的条件的。对神经病的理论来说，它们的发展历程我们知道的很有限，不像对矿石的认知那么深入。但是我们先把能够辨认的临床元素提出来，这也不失为一种正当的研究方法，而那些元素可以比作是个别的矿物。

实际神经病和精神神经病之间还有一种关系，更值得注意，这种关系对了解精神神经病症状的形成有一种重要的贡献，因为实际神经病的症状多为精神神经病症状的核心和初期阶段。在神经衰弱症及移情神经病中的转化性癔病之间，以及在焦虑性神经病和焦虑性癔病之间，这种关系是最为明显的，但在忧郁症和我们要讨论的一种神经病中，即妄想痴呆（包括早发性痴呆和妄想狂两种）之间，也能看到这种关系。我们以癔病的头疼或背疼为例。分析的结果表明，这种疼痛是借用压缩作用和移置作用而成为力比多的幻想或记忆的替代的满足，但有时这种疼痛也不是来源于虚构，而是性的毒素的直接症状，同时也是性兴奋在身体上的表现。我们原来不认为所有癔病的症状都有这样一个核心，但是事实上却是有的，而且性兴奋在身体上的一切影响都适宜被形成癔病的症状使用。它们就像是一粒沙土，被牡蛎选作为制造珍珠母的原材料。只要是性交时出现的所有性兴奋的暂时表现，都可以成为引发精神神经病症状的最合适和方便的材料。

在诊断和治疗上，还有一种历程也同样很有意思。有的人虽然有神经病的倾向，但多数都没有发展为神经病，可如果他们一直保持着病态的机体状况，就很有可能让症状形成，而那种病态的机体状况可能是一种发炎或者是一种损伤。所以，实际上的症状就马上被看作是那些想有所表现的潜意识幻想的工具。在这样的情况下，医生会先尝试用一种治疗法，然后再尝试另一种治疗法；或者把症状所依赖的机体的基础想法消除掉，但却不去过问是否有神经病的倾向，或者竟然要治疗已经形成的神经病，却不管其机体的刺激。这两种程序有时是这种有效，有时是那种有效，但对两者混合的症状来说，目前还有比较普遍的原则可以遵循。

第二十五章

焦　虑

　　你们肯定会认为，我上次对一般的神经过敏的演讲是最不圆满的一次。这点我知道，而且多数神经过敏者都会抱怨说对"焦虑"很是苦恼，认为这对他们来说，是最大的一个负担。但是我唯独没有提出焦虑这一层，我想这是最让你们感到诧异的地方。实际上，焦虑或恐惧可以变得更加严重，导致最无聊的杞人忧天产生。在这个问题上，我不想草草了事，所以，我决定要尽可能清晰明了地把神经过敏的焦虑问题给提出来，然后再详细地进行讨论。

　　因为不管是谁都曾亲身体验过焦虑或恐惧这个感觉，更确切地说，应该是情绪，所以就没必要再对它们进行描述了。但是在我看来，为什么神经过敏的人比其他人更容易感到焦虑，对于这个问题我们还没有认真地讨论过。或许我们会认为"神经过敏"和"焦虑"，这两个名词是相互替换的，好像它们的含义是一样的，但事实并不是这样。有些时常感到焦虑的人却不是神经过敏，而症状中很多的神经病患者却没有焦虑的倾向。

　　不管怎样，下面这个事实是毋庸置疑的：即焦虑是各种最重要的问题的中心，我们如果能够解答这个谜语，那么就可以了解我们整个的心理生活。虽然我不认为能给你们一个很圆满的解答，但是你们可以希望精神分析能够使用一种和学院派医学不相同的方法，来研究这个问题。学院派医学关注的是由焦虑引发的剖析的过程。我们知道，延髓在受到刺激后会向患者传达信息，说它在迷走神经上患了一种神经病。延髓的确是一个很好的对象，我记得以前我在研究延髓时也花费了大量的时间和精力。但是现在我却要说，你们如果想了解焦虑的心理学，最不重要的事情就是与刺激所经过的神经通路相关的知识了。

　　也许一个人花费了很长的时间来研究焦虑，但却不认为它是神经过敏。对于这种焦虑，我们把它叫作真实的焦虑，以此来区别于神经病的焦虑，这样你们马上就会明白我的意图了。对我们来说，焦虑或恐惧似乎是一件最自然而合理的事，我们可以把它看作是对外界危险或意料中的伤害的直觉反应。它和逃避反射相结合，可以看成是自我保存本能的一种表现。而引起焦虑的对象和情景，则多是随着一个人对外界知识和势力的感觉而有所不同。比如，野蛮人会害怕炮火和日食、月食，在同样的情景下，文明人不仅能开炮，还能预测天象，自然就不会觉得害怕。但有时也会因为有知识，能够预测到危

险的到来，这时知识反而引起了恐惧。比如，一个野蛮人在丛林中看到足迹时就会很恐惧而且还会回避，但是不了解的人看见后却毫无感觉，因为他不知道遇到这种情况就表示有野兽在附近。又比如，一个很有经验的航海家在看见天边的一小块黑云时，就知道暴风雨要来了，于是就很惊恐，但是乘客看见时，却觉得没什么奇怪的。

但是对于真实的焦虑是合理而有利的这种说法，如果仔细地进行研究，就会发现这也是需要进行修改的。在危险靠近时，唯一有利的行为就是先保持冷静，用冷静的头脑去估计自己可以支配的力量，把这种力量和眼前的危险进行比较，然后再决定最有效的办法是逃跑，防御还是进攻。而恐慌是最没有用处的，相反的，没有恐慌会有更好的效果。过度的恐慌是最有害处的，因为那时各种行动都会变得麻木，就连逃跑都迈不开步子。对危险的反应一般包含两种成分：恐惧的情绪和防御的动作，受到惊吓的动物会既惊又逃，其实，此时最有利于生存的成分是"逃跑"，而不是"害怕"。

所以，我们肯定会认为对生存来说，焦虑是没有任何益处的，但是只有在对恐慌的情景作更详细的分析后，我们才能对这个问题有更深入地了解。在分析时，首先要注意的是对危险的"准备"，因为那时知觉会很敏感，而且肌肉会很紧张。这种希望的准备，很显然是对生存有利的，如果没有这种准备，可能就会出现比较严重的后果。紧跟着准备而出现的主要表现在两个方面：一方面肌肉的活动，这多是为了逃跑，更高一级的是防御的动作；另一方面就是我们所说的焦虑或恐惧了。恐惧的时间越短，最好短到一刹那只起到信号作用，那么焦虑的准备状态就越容易过渡成为行动的状态，进而整个事情的发展就越有利于个体的安全。所以在我看来，我们所说的焦虑或恐惧中，焦虑的准备似乎是有益的部分，而焦虑的发展则是有害的部分。

在一般的习惯上，焦虑、恐惧、惊慌等词是否也有着同样的意义，对此我就不进行讨论了。我认为焦虑是对情景来说的，不关注对象；恐惧则把注意力集中在对象上；而惊慌似乎有着特殊的含义——它也是对情景来说的，但在危险突至时，没有焦虑的准备。所以，我们或许可以这样说，有焦虑，就没有惊慌的忧虑了。

你们难免会认为"焦虑"这个词的用法有不明确的地方。简单来说，这个词常指察觉到危险时所引发的主观的状态，我们把这种状态称为情感。那么在动的意义上，情感到底是怎么一回事呢？当然，它的性质是很复杂的。比如：第一，它包含有某种运动的神经支配或发泄；第二，它包含某些感觉，这些感觉总共有两种：已经完成的动作的知觉，和直接引发的快感或痛感，这种快感或痛感给情感带来了主要的情调。但是我并不认为这种叙述已经深入到了情感的本质。对某些情感，我们可以有更深入的了解，同时

给人带来不安的缪斯

　　画面中立着的又像人又像建筑的模型，是画家眼中的城市风景，这是一个毫无逻辑的城市，古典式的建筑，没有五官的人体模型搭配在一起，给人一种无法形容的不安的印象。画家用明亮而且不安定的色彩，给画面增加了几分焦虑感。

还知道它的核心连同整个复杂的结构，都是对某种特殊的以前的经验的再现。这种经验的起源比较早，有着一般的性质，是物种史中的所有物，而不是个体史中的所有物。为了能让你们更容易理解，我或许可以这样说：一种情感状态的构造是类似于癔病的，它们都是记忆的沉积物。所以，癔病的发作可以看作是一种新形成的个体的情感，而常态的情感则可以看作是一种普遍的癔病，而这种癔病已经成为遗传的。

你们不要认为，我刚才对你们所讲的情感的相关内容是常态心理学共有的知识。其实，这些概念来源于精神分析，是精神分析的产物。在我们精神分析家看来，心理学对于情绪的理论（比如詹姆士·朗格说）时没有什么意义的，也没有讨论的必要。不过我们也不认为我们对于情感的认识是正确的，因为这毕竟只是精神分析在这一领域所做的初次尝试。让我们再接着往下讲吧，对于这个在焦虑性情感中重新发现的从前的记忆，我们相信自己能够知道到底是什么。我们把它看作是关于出生的经验——这种经验包含

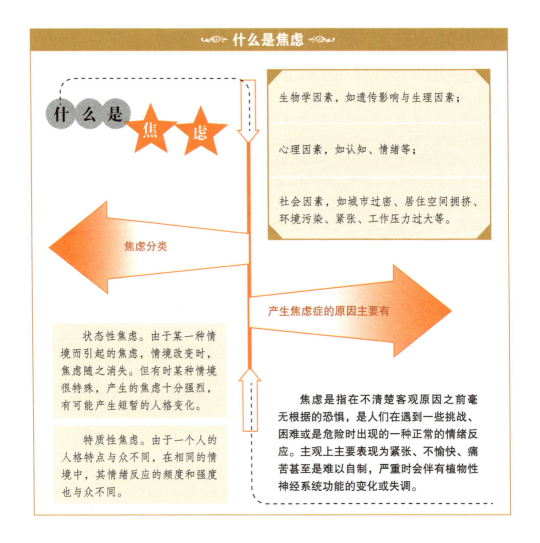

什么是焦虑

什 么 是 焦 虑

生物学因素，如遗传影响与生理因素；

心理因素，如认知、情绪等；

社会因素，如城市过密、居住空间拥挤、环境污染、紧张、工作压力过大等。

焦虑分类

产生焦虑症的原因主要有

状态性焦虑。由于某一种情境而引起的焦虑，情境改变时，焦虑随之消失。但有时某种情境很特殊，产生的焦虑十分强烈，有可能产生短暂的人格变化。

特质性焦虑。由于一个人的人格特点与众不同，在相同的情境中，其情绪反应的频度和强度也与众不同。

焦虑是指在不清楚客观原因之前毫无根据的恐惧，是人们在遇到一些挑战、困难或是危险时出现的一种正常的情绪反应。主观上主要表现为紧张、不愉快、痛苦甚至是难以自制，严重时会伴有植物性神经系统功能的变化或失调。

镜前的少女 保罗·德尔沃 比利时

中世纪古罗马神学家圣奥古斯丁认为"人类的诞生都是不洁的"，他说过："我们出生在屎尿之间"。这些传统的西方伦理让德尔沃那个时代的女性都备感压抑。镜前的少女，还有深邃的山洞，她似乎在那一刻可以透视自己的过去。

有痛苦的情感，兴奋的发泄以及身体的感觉等，这些都能够组成生命有危险时的经验的原型，且会在焦虑或恐惧状态中再次出现。出生时焦虑经验产生的原因是新血液的供给（内部的呼吸）已经终止，刺激异常增加——所以第一次焦虑毒液的产生是有毒性的。另外，第一次的焦虑是因为与母体分离而产生的这一说法，也很耐人寻味。我们自然相信有机体在无数代之后，重复引起第一次焦虑的倾向已变得很十分明显，所以没有一个人是不出现焦虑性情感的，就算他和传说中的麦克杜夫太一样，早就脱离了母胎，不能体现到出生的动作，也不能成为例外。而哺乳动物以外的别的动物，它们的焦虑经验的原型是什么性质，对此我们可不能乱说。此外，我们也不知道它们会有什么复杂的感觉，而这种复杂的感觉就相当于我们感觉到的恐惧。

对于我所说的出生是焦虑性情感的起源和原型，或许你们迫切地想知道我是怎么产生这种观点的。这自然不是因为想象，而是受人们的直觉的启发。多年前，有很多家庭医生聚餐，当时我也在场。饭桌上有一个产科医院的助理向我们讲述了助产士毕业考试中的一些趣事，主考人员问如果出生时羊水中有婴儿的胎粪，这代表什么意思。有一个考生立即回答说："那时因为孩子受惊了"。但是她被众人嘲笑，也因此没考中。但是我却在暗自同情她，由此才开始怀疑这个依赖直觉的可怜的女人，她凭借自己准确的直觉，看出了一个十分重要的关系。

现在我们可以回过头来讨论神经病的焦虑。神经病患者的焦虑有什么特殊的表现和状态呢？对此，这里有很多回答。第一，这种焦虑中有一种普遍的忧虑，一种"浮动着的"焦虑，它很容易附着在任何一种适合的思想上，进而影响判断，引发期望心理，等待着能够自圆其说的机会的出现。这种症状我们把它叫作期待的恐惧或焦虑性期望。患有这种焦虑的人常会对各种可能出现的灾难表示焦虑，把每个偶然的事或不确定的事，说成是不祥的征兆。有很多人在其他方面，虽不能算是有病，但常有这种害怕祸害降至的倾向，他们是多愁的，或悲观的。但是属于实际神经病中的焦虑性神经病，它总是把这种过度期待的焦虑看作是不变的属性。

还有第二种焦虑，是与上面这种焦虑相反的，在心灵内多受限制，时常需要依附一定的对象和情景。这种就是各种不同的特殊的恐惧症的焦虑。最近，美国著名的心理学家斯坦利·霍尔曾使用一些富丽的希腊语来为这些恐惧症命名。这些名称听起来就像是埃及的十疫，但它们的数量要远多于十。恐惧症的对象或内容可以有以下各种现象：黑暗、空地、天空、毛虫、老鼠、猫、蛇、蜘蛛、血、雷电、刀剑、独居、群众、步行、过桥和航海等。我们或许可以把这些混杂的现象分为三组。第一组中，我们常人感到凶狠可怕的那些对象和情景，确实和危险有一些关系，这些恐惧症的强度虽然看似很过分，但还是可以完全理解的。比如，我们在见到蛇时都会躲避，对蛇的恐惧可以说是人类共有的，达尔文就曾称自己在看见一条被拦在一块厚玻璃后面的蛇扑过来时，也不免感到恐慌。第二组中，所有的对象与危险之间仍有关系，但我们常常会忽视这种危险，情景恐惧症多是属于这一组。我们知道在火车上遇到危险的几率要大于屋内，比如可能会出现火车相撞的情况。此外，我们还知道若船沉了，乘客就会有危险，但是我们却从没把这些危险放在心上，在游玩时，不管是乘车还是坐船都从没担心过。比如，在过桥时，桥突然倒塌了，我们就肯定会掉到水里，但是这种情况出现的几率很小，所以，它的危险也就无法引起人们的关注。再比如，独处也会有危险，在有些情况下我们虽然不愿意独处，但不代表我们在所有的情形下都不会独处。其他的例子，像群众，围场，雷雨等也都是这样。对这些恐惧症我们所不能理解的，与其说是它们的内容，倒不如说是它们的强度。因为我们对伴随着恐惧症而出现的焦虑是无法进行形容。相反的，那些我们在某些情景中感到焦虑的事情，神经病患者却毫不害怕，虽然他们也同样认为它们是可怕的。

还有第三组，我们对其是完全无法理解。比如，一个健壮的成人在自己所在的城市里，竟然害怕过街道或广场，一个健康的女人竟然会因为身边有猫经过，或因为看见一只老鼠在房间内奔跑而大惊失色，差点失去知觉。我们怎么看出这些人所担忧的危险呢？对这种"动物恐惧症"来说，这就不单单是一般人的畏惧增加了强度的事了。比如，有很多人不看到还好，一看到猫就会禁不住地去抚摸它，进而引起它的注意。老鼠原本是很多女人畏惧的动物，但同时又被用来表示一个亲密的称呼。有些女人虽然喜欢爱人称呼自己"小鼠"，但真正见到这个动物时，就不免又会大声尖叫了。一个人害怕过桥和广场，行为就像是小孩子。因为小孩受大人教导，知道了这种情形的危险性；但对那些患有空间恐惧症的人来说，如果有朋友指引他走过空地，那他的焦虑就会因此有所减轻。

这两种焦虑，一个是"浮动着的"期待的恐惧，一个是依附在某物之上的恐惧症，二者是完全独立的，之间完全没有相互的关系，这一种也不是另一种进一步发展的结果。它们很少混合为一体，即便是混合在一起，也是出于偶然。所以，最强烈的一般性忧虑未必就能导致恐惧症出现，相反的，终身患有空间恐惧症的人未必就有悲观的期待

海岸的风暴　克劳德·文耐 法国 布面油画 1754年 阿克云顿哈沃尔斯美术馆

这是处在风暴下的法国港口，闪电当空，船撞在了岩石上，乘客们都惊恐地落入水中，不断地向岸上攀爬，港口上的人惊愕地看着眼前的这一场景。人们在面对恐惧的时候，总是会心生焦虑。

的恐惧。有些恐惧症是长大后出现的，像害怕空地，害怕坐火车等；而有些恐惧症是与生俱来的，向害怕黑暗、雷电、动物等。前一种是比较严重的病况，而后一种则是个人的怪癖。不管是谁，如果他患有后一种的其中一个，那么我们就认为他同时还患有同类中其他的一些。在此，我要申明一点：所有的这些恐惧症都应该属于焦虑性癔病，也就是说，我们认为它们与所谓的转化性癔病之间是有着紧密的联系的。

第三种神经病的焦虑是个不解之谜，因为其焦虑和危险之间没有任何显著的关系。这种焦虑或许出现在癔病中，和癔病的症状同时产生；或许出现在不同的刺激条件下，通过这种条件，我们知道会有某种情感的表现，但从未想过它会是焦虑性情感的表现；又或许这种焦虑与任何条件都没有关系，只是一种没有缘由却出现的焦虑病，对此不仅我们不明白，就连患者自己也是云里雾里。对于这第三种焦虑，即便是我们从各方面进行研究，也还是看不出有什么危险或危险迹象的存在。不过，通过这些自发的病症，我们可以把焦虑的复杂情况分为很多小部分，把一个特别发展的症状作为整个病症的代表

不安的城市 保罗·德尔沃 比利时

整个城市的男女不知发生了什么大事，个个面露恐慌，也许是那个唯一穿黑色衣服戴眼镜的人给他们带来什么不祥之物，还有地上那个令人生畏的骷髅头，图中肉体成林，像是超现实版的"创世纪"。

（来替代）——比如战栗、心跳、衰弱、呼吸困难等——可是那些我们认为是焦虑的一般情感，反倒消失了。因此，我们可以这些症状叫作"焦虑的相等物"，它和焦虑本身有着同样的临床性和起因。

现在出现了这样两个问题：真实的焦虑是对危险的一种反应，而神经病的焦虑却与危险没有关系。这两种焦虑有没有可能有关联？怎样才能了解神经病的焦虑？现在我们也只能希望，当焦虑出现时，它所害怕的东西也随之出现。

可以通过临床观察中的各种线索来了解神经病的焦虑，现在让我们进行下面这样一个讨论：

（一）我们很容易看出期待的恐惧或一般的焦虑，与性生活的某些经历有着紧密的联系。对此，我们可以把那些表现有所谓兴奋受阻的人们作为最简单而又耐人寻味的例子。此时，他们强烈的性兴奋拥有不充分的发泄，所以缺乏圆满的结局。比如，男人出现这种情况应该是在订婚后，结婚前，而女人则会因为丈夫的性能力不强，或为了避孕而很快结束性交行为，而出现上述的情况。在这种情况下，力比多的兴奋就会消失，焦虑感就会取代它而出现，然后可能会形成期待的恐惧，也可能会形成焦虑相等物的症状。不尽兴的交合是男人出现焦虑性神经病的主要原因，对女人来说更是如此。所以医生在诊断这种病症时，要先研究有没有可能是这种起因。无数的事例证明，如果能够更正性的错误，那么焦虑性神经病也就会消失。

据我所知，人们已经承认性的节制和焦虑的关系，那些向来精神分析反感的医生们，也不再否认其关系。但他们仍然想曲解这种关系，认为由于这些人本来就有畏缩的倾向，所以在性上也会显得格外小心。但是在女人身上，我们却能找到完全相反的证据，因为从本质上讲她们的性机能是被动的，所以，我们可知性的进行关键在于男人的态度。如果一个女人越喜欢性交就越有满足的能力，那她也就越容易对男人的性虚弱，或不尽兴的性交有焦虑的表现；而那些对性不是很感兴趣，或性要求不多的女人，她们虽然也会遇到同样的情况，却不会产生严重的后果。

现在，一般的医生所主张的是性的节制或节欲，可是如果力比多没有获得满足的途径，一方面坚持寻求发泄，另一方面又无法时间升华，那么所谓的节欲也只是成为导致焦虑的条件。而是否会因此患病，那就要看量得成分了。抛开疾病不说，就拿性格形成这一点来说，我们很容易看出节欲和焦虑及畏惧之间，经常是形影不离的，而大无畏的冒险精神与性需求的任意宽容之间，反而有了连带关系。这些关系虽然可能会因为文化的多种影响而有所改变，但对一般人来说，焦虑和节欲之间是有着紧密联系的，这一点是不容我们否认的。

在生成上，有很多证据来证明力比多和焦虑的关系，无法一一讲述。比如有些时期内，像青春期和停经期，力比多的成分就会异常增加，这样就会对焦虑有一定的影响。在诸多兴奋状态下，我们可以直接看到性兴奋和焦虑的混合，以及焦虑终于替代了力比多的兴奋。于是，由此而获得一切印象都是双重的。第一，因为力比多的增多而失去了

抱腿而坐的女人 埃贡·席勒 奥地利 1917
年 捷克布拉格纳罗德尼画廊收藏

　　席勒的作品有一种很强的表现力，他描绘的大
多是扭曲的人物和肢体，大多主题都是他的自画像。
图中的这位女子，毫无仪态地坐在地上，用一种焦虑
的神情直视着周围，眼神和姿态间有充满了无限的诱
惑和挑逗。席勒在作品中为人物注入的不安和焦虑，
明显受了弗洛伊德无意识理论的影响，他描绘的作品
大多与性以及人类的深层心理有关。

正常的利用机会；第二，只是身体历程的一个问题。目前我们还没有明白焦虑在性欲上是怎样产生的，我们所知道的只有性欲缺乏后焦虑感就替代它而出现了。

　　（二）通过对精神神经病的分析，特别是对癔病的分析，我们可以获得第二种线索。我们知道焦虑常为这种病症的其中一个症状，而没有对象的焦虑也可以在发病之时，长时间的存在或表现。患者说不出自己到底害怕什么，于是我们就借助点缀作用把他和最可怕的对象联系在一起，这些对象有死、发狂、灾难等。如果我们对他的焦虑进行分析，或对那些引发焦虑的症状产生的情景进行分析，对那遭到阻挡而被焦虑的表现所取代的，就能轻易的知道是哪种常态的心路历程，也就是说，我们可以推测出潜意识的历程并没有受到压抑，而是毫无阻拦地直接进到了意识里。这个历程本应该伴随着一种特殊的情感出现，但现在奇怪的是，这个本应该随着心路历程进入意识的情感，不管是哪种形式的情感都能被焦虑所替代。因此，如果我们面前有一种癔病的焦虑，那么它在潜意识中相对应的事物，可以是一种性质与其相似的兴奋，如羞愧、忧虑、迷惑不安等；也可以是一种积极的力比多兴奋；

还可以是一种反抗的、进攻的情绪，像愤怒。所以每当一定的观念内容受到压抑时，焦虑就成了一种通用的货币，可以称为所有情感的替代品。

　　（三）有些患者的症状通过运用强迫动作这一方式，好像可以消除焦虑，于是这些人就给我们提供了第三种线索。如果我们对他们施以禁令，让他们无法做出这些强迫性动作，如洗手，或他种仪式等，或者他们想自发地取消这一强迫动作，那么他们就免不了要因受忌妒恐惧的压迫，而被迫去做出这种动作。我们知道他的焦虑隐藏在强迫动作下，而他做这种动作就是为了要躲避恐惧感。所以，在强迫性神经病中，症状形成就代替了原本要产生的焦虑。而如果我们回过头来再看癔病，就会发现一种大致相同的关

大力士赫拉克勒斯与九头怪蛇 安东尼奥·波拉伊奥洛 意大利 1470年 木板油画 佛罗伦萨乌菲兹美术馆

　　画面中赫拉克勒斯与九头怪蛇正在决斗，本来面对蛇的时候已经足够让人恐惧，没想到这个多头怪物被砍下一个头之后，又长出了另外一个头，对赫拉克勒斯来说，这无疑是一种可怕的灾难，但他却有非凡的力量，是名副其实的真英雄。

系，即压抑作用的结果可产生一种纯粹的焦虑，也可产生一种混合有其他症状的焦虑，还可产生一种没有焦虑的症状。所以抽象地说，似乎可以认为症状的行为，其目的就只是要躲避焦虑的发展。因此，在神经病的问题上，焦虑占据了一个重要的地位。

由焦虑性神经病的观察，我们可以得出这样一个结论：只要力比多失去自身正常的应用，就可以引起焦虑，因为它把身体的历程作为了其经过的基础。由癔病和强迫性神经病的分析，我们还能得出另外一个结论，即心理方面的反抗，也能让力比多失去常态的应用，从而引发焦虑。所以，对于神经病焦虑的起源，我们知道的也就这些。虽然不是很确切，但暂时也没有别的办法来增加这方面的知识。所以我们的第二步工作，是要了解神经病的焦虑（用在变态方面的力比多）和真实的焦虑（对于危险的反应）之间的关系，这个工作似乎更加难以完成。有人或许会认为这两件事没有可比性，但是又实在很难把神经病的焦虑的感觉与真实的焦虑的感觉区分开。

我们可以借助自我和力比多的对比关系，来对这个想了解的关系进行说明。在前面我们已经知道，焦虑的发展是自我对危险的反应，也是躲避之前的准备，那么我们现在就可以向前再迈进一小步，进而推测自我在神经病的焦虑中，也试图躲避力比多的要

拥抱 埃贡·席勒 布面油画 1917年 维也纳奥地利艺术博物馆

画面中的男女紧紧地相拥在一起，但是画家颤抖的笔触让观众明显地感到一阵不安和焦虑，画面的男女发生了什么事？让他们如此紧张地拥抱在一起？显然，席勒想要表现人性深层的东西，如潜意识中的力比多。

求，而且对待体内危险是和对待体外危险一样的，那么若有所思必有所虑这一假设，也就可以因此被证实了。但是这个比喻不仅仅只是这些，就好比躲避外界危险时的肌肉紧张，最终可以站稳脚跟来采用一定的防御，现在神经病的焦虑的发展也使得症状能够形成，进而使焦虑拥有稳定的基础。

难以理解的地方仍在别处。原来，焦虑意味着自我躲避自己的力比多，也就是说，焦虑的起源还在力比多内。这样的话，我们就难去体会了。我记得，一个人的力比多就是那个人的一部分，不能看作是体外之物。这是焦虑发展中的"形势动力学"问题，到现在我还没有清楚明白，比如消费的到底的哪种精神能力？或者这些精神能力是属于哪种系统？对于这些问题，我也不敢宣称自己能够解答，但是我需要另外再寻找两种线索来帮助解答，所以，我们免不了又要引用直接的观察和分析的研究，以此来帮助我们推测。现在要做的是，现在儿童的心理学中找到焦虑的源头，然后再讲述神经病焦虑的起源，这种焦虑是依附在恐惧症之上的。

在儿童心理学中，忧虑是一种很平常的现象，我们很难确定它是真实的焦虑，还是神经病的焦虑。这两种焦虑在研究了儿童的态度后，确实成为比较棘手的问题了。其中一个原因就是，儿童害怕见到陌生人及害怕新奇的对象和情景，我们一想到他们的柔弱和无知，也就会觉得这也没什么奇怪的，而且也不难进行说明。所以，我们认为儿童的真实焦虑的倾向十分明显，如果这种倾向是因为遗传，那也只是因为它符合实用的要求。好像儿童只是在再现史前人和现代原始人的行为，这些人也是因为无知，所以对新奇的事物及诸多熟识的事物都有一种恐惧感，但是在我们眼里，这些事物已不再那么可怕了。如果把一部分儿童的恐惧症看作是人类发展初期的产物，那么它正好与我们的期望相符合。

从别的方面来说，还有两件事是不容忽视的：（一）儿童害怕焦虑是各不相同的。（二）对各种对象和情景异常害怕的小孩，长大后往往会患有神经病。所以过度的真实焦虑可以看作是神经病倾向的一个标志；而怕虑性似乎要比神经过敏更加原始。由此我们可以得出这样一个结论：儿童及后来的成人害怕自己的力比多，是因为他们对任何事情都感到害怕。所以，现在就可以取消力比多是焦虑的起因这一说法了，而且通过对真实焦虑条件的研究，在逻辑上，我们可以得出下面这个结论，年长时若仍有觉得自身软弱无助这一意识，即阿德勒说的"自卑感"，那它就是产生神经病的根本原因。

这句话听起来如此简单，我们不得不对其加以关注，因为我们的观点将会因此而出现动摇，这一观点是指用来研究神经过敏这一问题的观点。这种"自卑感"及焦虑和症状形成的倾向，好像确实可以一直保持到成年，但是在有些特殊的例子中，竟然会出现"健康"这样的结果，于是，这就要有更多的解释了。可是，通过对儿童怕虑性的严密观察，我们可以得到什么样的知识呢？小孩子一开始就害怕见到陌生人，这种情况之所以如此重要，是因为其先涉及到了里面的人，后涉及到了物。但是儿童害怕见到陌生人并非因为他觉得这些生人是不怀好意的，而是他把自己的弱小和生人的强大进行比较，从而认为他们对自己的生存、安全和快乐会有威胁。这种关于儿童的，认为他怀疑并畏惧外界势力的学说，实在是一种很狭隘的学说。其实儿童见到陌生人就害怕和退缩，是因为他对亲爱而又熟识的面孔比较习惯，同时也希望就是这种面孔，这个面孔通常是指母亲的面孔。但是事实让他失望后，他就会变得惊慌，因为他的力比多没有办法消耗，而此时又不能一直保持着不用，所以就借助惊慌来发泄。这个情况就是儿童焦虑的原型，是对出生时与母体分离的原始焦虑的再现。

儿童最先感到恐惧的情景是黑暗和独处，黑暗经常能够一直保持而不消失，而黑暗和独处都会产生不想让母亲或保姆离开这一欲望。我曾经听到一个害怕黑暗的小孩子这样喊道："妈妈，和我说说话吧，我害怕。"母亲就说："这有什么用呢？你又看不到我。"那孩子就回答说："如果有人和我说话，我就会觉得房间里会亮些。"于是，在黑暗中的期望就因此变成对黑暗的恐惧了。神经病的焦虑只依赖真实的焦虑，是真实

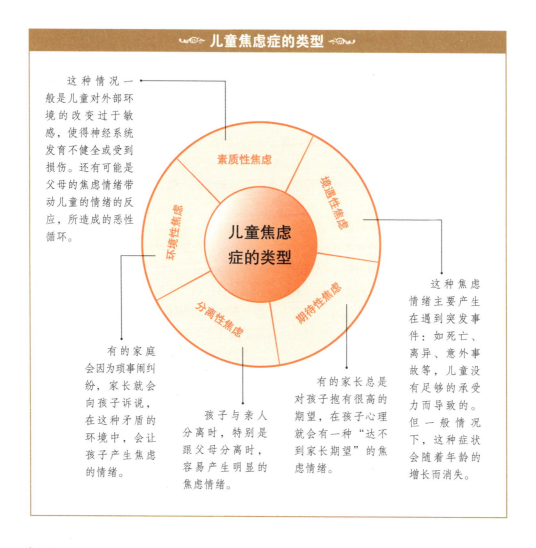

儿童焦虑症的类型

这种情况一般是儿童对外部环境的改变过于敏感，使得神经系统发育不健全或受到损伤。还有可能是父母的焦虑情绪带动儿童的情绪的反应，所造成的恶性循环。

素质性焦虑

境遇性焦虑

环境性焦虑

儿童焦虑症的类型

分离性焦虑

期待性焦虑

这种焦虑情绪主要产生在遇到突发事件：如死亡、离异、意外事故等，儿童没有足够的承受力而导致的。但一般情况下，这种症状会随着年龄的增长而消失。

有的家庭会因为琐事闹纠纷，家长就会向孩子诉说，在这种矛盾的环境中，会让孩子产生焦虑的情绪。

孩子与亲人分离时，特别是跟父母分离时，容易产生明显的焦虑情绪。

有的家长总是对孩子抱有很高的期望，在孩子心理就会有一种"达不到家长期望"的焦虑情绪。

逃亡埃及途中的休憩 奥拉齐奥·金蒂莱斯基 意大利 布面油画 1628年 巴黎卢浮宫

　　圣家族在逃亡埃及的途中，已经筋疲力尽了。约瑟夫由于上了年纪，他已经枕着行李沉沉地睡去，玛丽亚也已经是疲惫不堪。这个时候，感到最不适的应该是小耶稣了，他由于长途跋涉，也饥饿难耐，迫切地吮吸着母亲的乳房。他并没有感到此次旅行的兴奋，在吃奶的时候还是不时地盯着我们，生怕母亲受到任何的威胁，包括他自己。

　　的焦虑中特殊的一种，这一点我们还没有发现，但相反的，我们觉得小孩的行为比较像是真实的焦虑，而且它最主要的特点和神经病的焦虑相同，起因都是得不到发泄的力比多。在刚出生时，儿童好像没有真正的"真实的焦虑"，那些在后来成为恐惧的情景，如登高，坐火车或轮船，过水上的窄桥等，在小孩子的眼里并不是值得害怕的事，因为知道的越少，越不害怕。我们也深深地希望，他们能通过遗传获得能够保存生命的这些本能，那么我们保护他，让他免受各种危险的照顾工作就会有所减少。但是事实上，儿童总会高估自己的能力，因为他不知道危险，所以在行动时会无所畏惧。比如，他有时会沿着河边奔跑，有时会坐到窗台上，有时会拿着剪刀玩耍，有时会拿着火把来玩，总之，他的那些行为都会伤害到自身，让监护者看得胆战心惊。既然我们不能让他在痛苦的经历里获得一定的认知，那么只好依靠训练来让他产生真实的焦虑。

如果有些孩子能够很容易地通过训练知道恐惧，还能对那些没被警告的事预知危险的存在，那么我们就可以猜测，在体质内他们一定有着比别人更多的力比多需求，要不然就一定是因为他们在幼年时习惯了受到力比多的满足。难怪那些后来变成神经过敏的人，在儿童时期也属于这一类，我们知道对那些大量的长时间被压抑的力比多，一个人如果不能忍受，那他就很容易患有神经病。由此可知，是有一种体质的因素在发挥作用，这一点我们也从没反对过。我们反对的，是由观察和分析的结果得出，体质的因素本是没有地位的，或者是就算有地位也只是无足轻重的，但偏偏有些学者要强调这一因素而排斥别的因素。

墓地中的孤女 欧仁·德拉克洛瓦 法国

画家有一种狂傲、焦躁不安的活力，正如他作品中的这位孤女一样，她虽然面对近在咫尺的死亡感到恐惧和不安，从她半张着嘴，就能感受到她的心情，但是她眼里却并没有因此而流露出绝望，而是充满渴求的目光。

对通过观察儿童的怕虑性得出的结论，我们现在进行下面这样的概述：儿童的恐惧和真实的焦虑（对真实危险的恐惧）没有关系，但和成人神经病的焦虑有着紧密的联系。这种恐惧和神经病的焦虑一样，都是来源于未能发泄的力比多。儿童一旦失去了他所喜爱的对象，就会用别的外在对象或情景来替代。

现在你们应该很乐于知道，我们通过对恐惧症的分析而得出的并没有超出我们已经知道的。儿童的焦虑是这样，恐惧症也是这样，总而言之，只要力比多无处发泄，它就会不断地转变成为一种类似于真实的焦虑，于是就把外界中无关紧要的一种危险作为力比多欲望的代表。这两种焦虑的一致性是不值得奇怪的，因为儿童的恐惧不仅是后来焦虑性癔病表现的恐惧的原型，而且还是它最直接的先导。每种癔病的恐惧，虽然不同的内容会有不同的称呼，但它们都是遗传于儿童的恐惧，只是它们各自所拥有的机制不同。对成人来说，力比多虽然暂时无法发泄，但还不至于演变为焦虑，因为成人知道怎样保存力比多，或者知道怎样把力比多运用到别的方面。但是，如果他的力比多依赖的是一种受过压抑的心理兴奋，那么和儿童（是指在儿童还没有意识和潜意识的区别时）相类似的所有情形都会再次出现，因为这个人已经退回到儿童时期的恐惧了，因此他的力比多很容易变成焦虑。在前面我们已经大致地讨论过压抑作用了，但那时所关注的只是被压抑的概念的命运，关注它是因为它容易辨认和陈述，而把附着在这个概念上的情感是如何结局的给忽略了，现在才明白不管在常态上是怎样的性质，现在这个情感最直接的命运就是转变为焦虑。这种情感的转变是压抑历程中一个更为重要的结果。这一点比较难以讲述，因为我们不能像前面主张潜意识观念的存在的那样，也主张潜意识情感的存在。一个观念不管是意识的还是潜意识的，都可以一直保持不变，我们还知道与潜意识观念相当的东西是什么；而情感却是一种和能力发泄有关的历程，如果我们对心路历程的假设还没有彻底的了解和考察，那我们就不知道与潜意识观念相当的东西是什么。所以，也就不能在这里进行讨论和叙述。但是，对于前面已经获得的印象，我们仍然要继续保留，这个印象就是焦虑的发展和潜意识系统之间有着紧密的关系。

力比多如果受到压抑，就会转变为焦虑，或者以焦虑的方式来寻求发泄，前面我就已经说过这就是力比多的直接命运。但是现在我需要补充这样一句话：受压抑的力比多的最终的、唯一的命运并不是变成焦虑。在神经病中，还有一种历程，它的目的并不是只有阻止焦虑的发展这一种，而且实现这个目的的方法也不止一种。比如，对恐惧症来说，很明显的，神经病的历程共分为两期。第一期完成了压抑作用，使力比多转变为焦

卡尔文城堡　理查德·威尔逊 布面油画 1760年 卡迪夫威尔士国家博物馆

　　恐惧症就好像是一座城堡，而力比多就是外部那些可怕的危险。城堡虽然可以防御来自外部的危险，但是却不能顾及到内部的潜在的危险，所以恐惧症中的这种防御系统还是不够可靠，如果只是单一地把力比多这种危险挡在外部，那是没有实质性的效果的。这座城堡是画家对这个国家深厚感情的真实写照，因为它们是国家的重要组成部分。

虑，而焦虑是针对外界的危险的。第二期是建构各种防御围墙，避免和外界危险接触。自我感知到力比多的危险后，就以压抑作用为工具来躲避力比多的压迫。恐惧症就好像是一座城堡，而那可怕的力比多就是外来的危险，城堡的作用就是抵抗这种危险。城堡虽然可以防御外面的危险，但是免不了会有来自里面的危险，所以说恐惧症中的这种防御系统还是存在着缺点的，只是把来自力比多的危险堵在外面，是永远难见成效的。于是，别的神经病就运用其他防御系统来阻止焦虑的发展，这也是神经病心理学中最有趣的一个部分。可是，要讨论这个问题的话就会偏题太远，而且还要有特殊的知识来作为基础，所以，我现在就简单地说几句。前面我已经说过，自我为压抑作用构建了一种反击的围墙，这个围墙必须要保全好，这样压抑作用才能继续存在，而反击的工作主要是各种防御，避免在压抑后又出现焦虑的发展。

现在让我们再回过头来接着讲恐惧症吧，我希望你们明白，只解释恐惧症的内容，只研究它们的起源，像是引发恐惧的对象或情景，而却不管其他方面，是远远不够的。恐惧症内容的重要性就相当于显梦，只是一个谜面而已。我们要承认，不管怎么变动，在各种恐惧症的内容中，仍旧有很多内容会因为物种遗传而特别容易变成恐惧的对象，这是霍尔曾经讲过的。而且这些恐惧的对象，除了和危险有象征性的关系外，和危险本身并没有任何关联。

于是，我们深信，在神经病的心理学中焦虑的问题占据着核心地位。此外，我们还觉得焦虑的发展和力比多的命运及潜意识的系统之间，有着紧密的关系。只是还有这样一个事实，即应该把"真实的焦虑"看作是自我本能用来保存自我的一种表示。这个事实虽然不可否认，但它只是一个不连贯的线索，此外还是我们理论体系中的一个空隙。

第 二十六 章

力比多说：自恋

前面我们已经提到了性本能和自我本能的区分：首先，受到压抑的作用，这两种本能处于一种对抗的平衡，后来性本能不得不屈服，然而却借助其他形式以求满足。其次，这两种本能与外物的关系相异，导致了两者的发展历程不同，对于唯实原则的态度也不同。最后，我们从分析中得出，相比自我本能，性本能的焦虑感的关系更为密切，虽然这一论断还有一些不够严密。如果我们证明这种论断，就需要注意以下的事实：饥渴属于自我本能，从不会转化为焦虑，而性本能中的力比多倾向转化为焦虑，则是很正常的。

我们有充足的理由对性本能和自我本能作一区分，事实上，我们在提到性本能属于一种特殊的心理活动时，就已经说明了它与自我本能的区别了。我们的问题是，这个区别到底有什么意义？我们是否对待这个区别过于认真了？要解答这个问题，需注意以下两点：一是我们能否判断清楚性本能在生理上和心理上的表现，与自我本能的差异到底有多大，第二就是这些差异所导致的结果有什么样的重要性。我们并非认为性本能和自我本能具有本质的差异，即便这种本质差异的确存在，我们也很难了解。我们只知道这两种本能都是个体的力量源泉，然而若是我们想探讨出他们是属于同一性质还是不同性质，仅凭我们掌握的知识是不够的，还需要借助生物学的理论。不过我们对于这方面的知识了解不多，即便我们掌握了充足的知识，恐怕也难对精神分析的研究有什么帮助。

荣格认为人的本能皆源自一处，所以，凡是本能产生的力量，都可以称为"力比多"。然而这种理论显然没有什么意义，因为我们运用这一理论，是无法根除精神生活中的性本能的，因此，我们只有将力比多分为性欲的和非性欲的两种，才能有足够的了解。不过我们仍需保留力比多这种概念，可以用来专指性欲的本能。

因此，以我的观点，性本能和自我本能的区别，实际上对于精神分析的研究并没有太大的帮助，精神分析没必要来专门探讨这个问题。在生物学看来，这种区别的重要性在很多方面都能表现出来，因为性的机能是唯一能超越个体而与外物产生联系的生命机能。然而当这种机能活动时，它不会像其他机能活动时会有益于有机体，反而会为了使有机体获得某种高度的快感，而使有机体陷入危险甚至死亡的境地。由于有机体的某一部分需要遗传给后代，所以便出现了一种不同于新陈代谢的活动历程，以达到遗传的目的。有机体本以为自己很重要，而性的机能和其他机能别无两样，不过是用来满足有

由蜜蜂引起的梦 萨尔瓦多·达利 西班牙

　　少女听见边上的蜜蜂嗡嗡叫，不由得进入了梦乡，梦里她毫无掩饰，有象征性器的刺刀，还有和她做爱的虎群，这是人类性本能的一种反应。就像法国哲学家所预言的一样：人类疯狂也是冷静的另一种形式。

机体某种需要的手段，然而根据生物学的观点，单个的有机体不过是繁衍物种的一个阶段，相比永恒的种质，它的生命力很弱，只是种质的暂时栖身所在。

　　然而我们运用精神分析来对精神病做治疗，就不需要对此做深入的探讨。我们可以通过性本能和自我本能的区别来了解"移情精神病"，对于这种精神病的分析可以探究到某一具体的情境，在这个情境中，性本能和自我本能处于斗争状态，或者可以用生物学的知识来说明，自我本能作为一种独立的有机体，在与本身的另一种机能，也就是繁衍物种的性机能，在进行着一种激烈地抗争。这种斗争在人类这里才开始真正凸现出来，所以，移情精神病人相比其他生物更幸运，原因就在于他所患有的精神病。人类的力比多倾向的发展以及由此产生的复杂的精神生活，似乎就是造成这种斗争的原因。不过，对于这些原因的探索和发现，大概就是人类相比其他动物的进步之处，而移情精神病人所患的这种病症，便有些与人类历史的发展相对立了。当然，这些知识只是我们目前的推测而已。

　　我们所做的研究是根据这样一个假设来进行的：性本能的表现形式和自我本能的表现形式是有区别的。而对移情精神病作分析，也不难发现这种区别。凡是个体对性欲对象所转移的能量，我们称为"力比多"，凡是源于自我本能的能量，我们则称为"兴趣"。如果我们能求得力比多的能量、变化以及最终形态，那么我们就可以对精神生活中各种力量有一个大概的了解。而我们这种研究，可以从移情精神病中寻求所需要的材料。然而，我们仍然无法了解关于自我本能以及构造和机能的种种组织，所以，我们只好借助其他的精神分析法来对这些问题作出解释。

　　关于精神分析的研究范围，很早就有人开始了对特殊情感的研究。1908年，我曾和阿伯拉罕进行过一次讨论，他主张早发性痴呆症的主要特征就是没有将力比多能量转移到外物身上。然而这又产生了一个问题：既然这种病人的力比多没有依附任何外物，那么它会有什么样的变化呢？当我提出这一疑问时，阿伯拉罕便又主张力比多回归了自我，并且认为这种回归是早发性痴呆中狂想症状的来源。这种狂想就如恋爱诗提高对象的身价一样。所以，我们通过对精神病人的情感和其恋爱生活的关系的分析，便能发现精神病人情感的特征。

　　你们应该知道，精神分析的理论就包含了阿伯拉罕的这种主张，而且此主张已经成为我们研究精神病的基础理论了。由此我们也明白了这样一种观念：虽然力比多依附于某种对象上，并且通过这种对象求得欲望的满足，然而它也可能用自我来替代用以满足的对象。此种观念已经发展得愈加严密了。过去纳基称性的倒错为"自恋"，也就是一个成年人将对于爱人的爱滥施在自我本身。现在我们常用"自恋"来定义力比多的这种回归自我的表现方式。

　　只要我们深入观察，就能发现这种"自恋"的现象随处皆是，并非是特例，也并非毫无意义。也许这种"自恋"本来就是一种原始的自然的现象，正是因为有了"自恋"，才会产生对他物的爱。即便今天世上的爱多是"他爱"，然而这种自恋的爱也没

穿军装的自画像 恩斯特·路德维希·克尔赫纳
德国 布面油画 1915年 俄亥俄州阿伦艺术纪念馆

画家在创作这幅作品的时候，正在接受精神病的治疗，从他这幅作品中的军人我们可以看出，他并没有摆脱一战带给他的精神创伤。图中男子面容消瘦，神情沮丧，一只手已经残缺，另一只手像一只古怪的钩子。从他的神情中我们似乎看到他对未来的绝望。

有必要就此消失。你们是否还记得客体力比多（object-libido）是如何发展的？在它发展的最初阶段，儿童的性冲动多是从自身得到了满足，这种行为便是我们常说的自慰。性生活不能顺从唯实原则以致退化，就可以用这种自慰的行为来作解释。所以，自慰行为也可以说力比多倾向在自恋属性上的性欲活动。

总的来说，关于"自我的力比多"和"客体的力比多"的概念，我们已经有了一个比较明晰的认识了，这种认识还可以借助生物学知识来加深印象。你们应该知道，构造最简单的生物只是一团未分化的原形质。这种原形质有时会通过"假足"（pseudopodia）向外伸出，有时也会将假足收缩仍聚集中一团。这些假足就好比力比多，而它的伸出行为，就如力比多欲望倾注在客体身上，不过大部分的力比多还是会留存在主体内。根据我们的研究，在一般情况下，自我的力比多也可以转化为客体的力比多，而客体的力比多可以被主体收回。

借助于这些理论，我们就可以对人们的心理状态作出解释了，或者说，我们可以用力比多的知识来说明日常生活中的那些现象了，如恋爱、疾病和睡眠等。我们选择睡眠来做例子，先假设睡眠的现象是有机体摆脱外界干涉而集中精神才能完成的愿望。我们也明白了睡眠中所引起的梦境，其目的也是保护睡眠不受侵扰，而且梦境的内容实际上被利己主义所控制。那么借助力比多这一学说，我们可以进一步认识到，在睡眠状态下那些转移到外物的不管是力比多还是利己主义的情感，都会被收回而聚集在自我意识中。难道这些事实还不能使我们更深入地了解睡眠所引起的体力缺失和一般疲劳的性质吗？睡眠和胎儿生活有许多相同之处，这些相同已经得到了证明，而且从心理活动来看，其意义又相当广阔。因为在睡眠中，不论是力比多的原型还是自恋的原始形式都可以得到重现，当力比多倾向和自恋倾向共居一处时，在主体的自我中，两者便会合二为一，成为密不可分的整体了。

在这里顺便提一提两种分析。第一种是我们如何来判断自恋和利己主义的区别？我的看法是，自恋是力比多为利己主义所做的补充。我们在讨论利己主义时只从人们的兴趣入手，至于自恋，则认为是力比多所需要的满足。实际上，两者的表现形式源自不同的动机。可能一个人是利己主义者，然而若是他需要在某一个客体上求得力比多的满足，那么他必然会将力比多的欲望倾注在这一客体上，从而对其产生强烈的依恋。当出现那种情况时，他内心的利己主义便会因为主体的自我追求力比多在客体上的满足而受到损害。如果一个人不仅是利己主义者，而且又有强烈的自恋倾向，他自然不需要通过客体来满足欲望，所以他这种自恋倾向常会表现为性的满足，或者说是纯粹的爱恋，这种爱恋是没有性欲因素的。就这些情景来说，利己主义是明显可以感知到的，而自恋倾向，则成为一种不确定的因素。与利己主义相反的利他主义，不过利他主义并非是力比多倾注于客体的代名词。利他主义和力比多是绝不相同的，最大的不同在于它并不从客体身上寻求某种欲望甚至性的满足。然而，如果某种情感发展到了一个极高的程度，那么利他主义也可以转化为力比多转移到客体的欲望。概括来讲，客体会将主体的自恋倾向消解一部分，以致主体的自我常对客体关于性欲的愿望幻想得过大。如果在这种情况

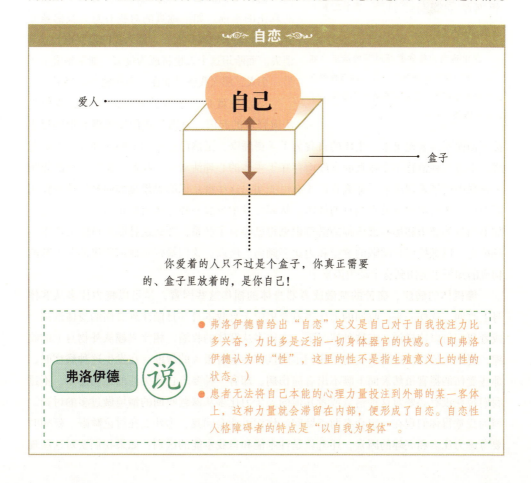

自恋

爱人 ……………… 自己

盒子

你爱着的人只不过是个盒子，你真正需要
的、盒子里放着的，是你自己！

弗洛伊德 说

● 弗洛伊德曾给出"自恋"定义是自己对于自我投注力比多兴奋，力比多是泛指一切身体器官的快感。（即弗洛伊德认为的"性"，这里的性不是指生殖意义上的性的状态。）

● 患者无法将自己本能的心理力量投注到外部的某一客体上，这种力量就会滞留在内部，便形成了自恋。自恋性人格障碍者的特点是"以自我为客体"。

长着胡须的蒙娜丽莎 萨尔瓦多·

达利 西班牙

图中达利的脸和蒙娜丽莎的脸混合在一起，他为蒙娜丽莎加上了自己标志性的向上卷起的小胡子，他这种自恋的态度是为了追求自身更多的满足。

下再引入利他主义，主体将源自爱人的利己主义倾注在客体身上，反而客体会变得至高无上，从而完全感化主体的自我。

如果这些枯燥乏味的科学设想不容易使你们理解，那么我为你们引用一段诗来说明自恋和兴趣的区别。这种经济实用的比较，可能会对你们的理解更有帮助。这段诗引自歌德的《东西歌女》，以下是楚丽卡与恋人哈坦的对话：

楚丽卡：奴隶、胜者、还有人民们，他们都承认了，一个独立的自我才是人们真正的幸福。如果他失去了真我，那么他就没法拒绝任何人；如果他能保持真正的自我，他甘愿接受什么损失。

哈坦：就算你说的是真的，我是循着另一条路来的，在我的楚丽卡身上，我感受到了人世间的真正的幸福。如果她真的对我有意，我愿意放弃一切。如果她离我而去，那么我的自我也会立刻消失。而哈坦这个人也将成为过去。如果她爱上了另一个人，那么我就只能在梦中和她在一起了。

第二种就是关于梦的知识的扩充。我们无法解释梦的起因，是因为我们发现潜意识的思想被压抑而不得表现出来。主体的自我为了求得睡眠，虽然已经收回了倾注在客体上的情感，不过这种情感不受睡眠的支配而存在于主体的心理活动中。我们假设潜意识的思想在睡眠中已经表现出来，那么我们才有可能明白这些潜意识的思想是如何利用检查作用而消灭上述的情感以重现当日的经历，从而在梦中形成一种主体所禁止的欲望。反之，如果当日的经历和那些被压抑的潜意识思想已经有了联系，那么这种联系可能会产生一种抗力，以抵抗侵扰睡眠的欲望和力比多倾向。所以，我们最好将面前所讲的关于梦的构成的知识也运用到这个动力因素中。

像机体的病症、痛苦的刺激或者器身体的损伤这些因素，是可以将力比多从客体身上收回，这样一来，收回的力比多就会集中于自我本身并且倾注到受伤的身体部位。或者我们可以这样说，在这种情况下，力比多从客体的收缩，相比兴趣从外物身上的收缩，更令人惊讶。这种事实对于我们了解忧郁症会有很大的帮助。在发生这种病症时，那些受伤的器官虽然表面上瞧不出有何伤病，却有一种要求自我关注的迫切愿望。不过我们现在没有必要对这种情景或者其他的关于力比多从课题收回的情境做过多的讨论，因为我觉得你们现在一定会有两点疑问。你们可能会问我，为什么在讨论睡眠、疾病时要考虑力比多和兴趣的因素，还有就是性本能和自我本能的区别？如果我们要对这些现象作解释，只需要假设每个人都有一种性质相同的自由力量倾注到客体上，或者集中于主体的自我上，那么我们就能看到所期望的这种结果了。你们应该还有一个问题，就是为什么我会如此胆大，称力比多从客体的收回为疾病的起因？也许这种客体的力比多转化为主体的力比多，或者是平常的自我调节，只是人们在日常生活中的一种正常的心理活动呢。

对于你们第一个疑问，我只有这样回答了：你们的第一个质疑似乎言之凿凿。的

厄休拉的梦　维托雷·卡尔帕乔 意大利 布面油画 1495年 威尼斯艺术研究院

梦中的潜意识是不受我们主观支配的，但客体上的情感，却是存在于主体的心理活动中的。画面中的厄休拉正在睡觉，她是一位公主，她曾带领11000万个贞女去罗马朝圣，在返回时被一个匈奴国王全部杀害而殉教。她床前的王冠还在闪耀着光辉。

确，从对睡眠、疾病和恋爱的研究结论来看，可能很难发现客体力比多和主体力比多、或者力比多和兴趣的区别，不过你们似乎忘记了我们最初所作的分析了。实际上，我们现在所讨论的心理情境，正是以这些分析作为依据的。既然我们知道是移情精神病所引起的心理斗争，那我们必须将力比多与兴趣、性本能与自我本能加以区分。这样以后，我们在作分析时就会时刻注意到这些区别了。如果我们想要解释那些自恋性精神病，如早发性痴呆，或者解释这种病与臆想症、抑郁症这类精神病的异同，那么我们只有先假设客体的力比多有可能转化为主体的力比多，换而言之，我们必须假设那种自我的力比多是存在的。这样以后，我们才可以运用这种我们一直否认的知识来对睡眠、疾病等状况作出解释了。我们应该在多方面对这种理论进行验证，看它最终会适合哪些方面。如果不借助直接的分析，那结论可能只有一个，那就是：不论力比多依附于客体还是主体，它仍然是力比多，而不会改变为自我的兴趣，而自我的兴趣也不一定会转变为力比多。然而，这种结论只能说明性本能和自我本能的区别，这种区别，我们先前已经分析研究过了。从发展的观点来看，这种区别仍具有价值，不过也许到后来它会被证明没有用处了呢。

你们的第二个质疑同样也引发了一个问题，不过你们的论点却有失偏颇。客体的力比多转化为主体的力比多，不一定就能致病。通常情况下，力比多都会在入睡前收回，而在醒来时又恢复，这可是已经被验证过的事实。比如说原形质的微生物在将假足收回后，一般很快就会再伸出。然而，如果有一种情境强迫力比多从客体身上收回，那么就会产生不同的结果。最终转化为自恋的力比多很难再还原成客体的力比多了，于是力比

多在自由活动上便遇到重重阻碍，那么主体的自我自然而然就致病了。一般来说，当自恋的力比多积蓄到某种程度，便会无法承受而转移到他物身上。由此我们也许就能明白力比多倾注到客体身上的原因了。主体的自我只有释放出更多的力比多，才能避免因受大量力比多的压抑而致病。如果我们想要对早发性痴呆症做彻底的研究，那么也许我应该让你们明白，促使力比多从客体身上彻底收回的情境和内心的压抑作用的关系非常密切，所以这种情境也可以被看作是另一种压抑作用。不管怎么说，引起这种情境的原因，与引起压抑作用的原因几乎一致，如果你们能明白这些因素，那么你们便可以充分了解这些新发现的事实了。我们所说的心理斗争与这种事实很相似，并且斗争双方的力量是均衡的。不过，斗争的结果当然不会产生臆想症了，只会导致倾向的差异。通常这种病人，其力比多在发展过程中的缺点，往往出现在某一特殊阶段，至于引起病症的成分，也会出现在不同的阶段，最有可能是出现在早期自恋的阶段，而早发性痴呆最终也会回归到这一阶段上来。总的来说，对于自恋性精神病，我们只能假设它的力比多在发展历程的关键时期，远比臆想症或者强迫症这种精神病要早。然而，你们是否听过，实际上自恋性精神病的症状远比移情精神病要严重，只不过从对后者的研究中所得出的结论也可以解释前者。这两种病症有着许多相似之处，从某种意义上说，它们属于同一种现象。因此，如果你们没有掌握关于移情精神病的知识，那么你们就很难来解释这些病症了。

　　早发性痴呆症与上述两种病症不一样，这种病症的引起，往往是由于从客体回归的力比多积蓄在主体的自我内，与自恋的表现差不多。此病症还有其他的症状，这可能

森林之神哀悼宁芙 皮耶罗·迪·科西莫 意大利 木板油画 1495年 伦敦国家美术馆

　　画家是一个性情古怪的人，但也是一个充满传奇的人。这幅作品中所描绘的是神话故事中的普罗克莉斯之死，她被她的丈夫西伐鲁斯在狩猎时所误杀。这幅画宁芙的死似乎并不是观众最为关心的，而是森林之神对她的态度。我们从画面中能明显地看到宁芙身上的伤口，证明她已经死去，而森林之神却小心地扶着她的肩膀，好像要赐予她重获新生的力量一样。

就是力比多返回客体力求复原所导致的。所以说，这些表现才是早发性痴呆症最明显的特点。虽然它们与臆想症的症状相似，甚至有些显现也与强迫症的症状一致，但总体来说，它们仍有太多的相异之处。早发性痴呆症的力比多返回客体，的确会有所发展，然而其最终的结果也许只不过是换了个形式而已，比如成为所依附的原有力比多的影子。限于本次演讲的内容，这里就不再作进一步的说明了。以我的观点，通过观察力比多返回客体的这一历程，我们已经可以对意识的思想和潜意识的思想作一区分的。

由此我们就可以进行下一步的分析研究工作了。当自我的力比多这一概念提出后，我们便有了对自恋性精神病作出解释的可能性了。我们现在要做的，就是探求出这些动力的起因，同时将我们对于主体自我的理论扩充到我们关于精神生活的知识。我们的工作是要建立一门自我的心理学，不过这种自我的心理学却不能只以我们所搜集到的关于自我的材料为依据，还要像力比多学说那样将对自恋狂的分析也列入依据的范围。如果我们的自我心理学能够被认可，那么目前我们从移情精神病中求得的关于力比多的理论就没有什么用了。不过，目前我们在这一学说上还没有取得什么大的进展。对于自恋的分析，我们可不能只用研究移情精神病的办法，个中原因你们以后会明白的。对于自恋性精神病患者的治疗，现在我们只进行了一小步，而且会时时碰壁以致很难有突破性进

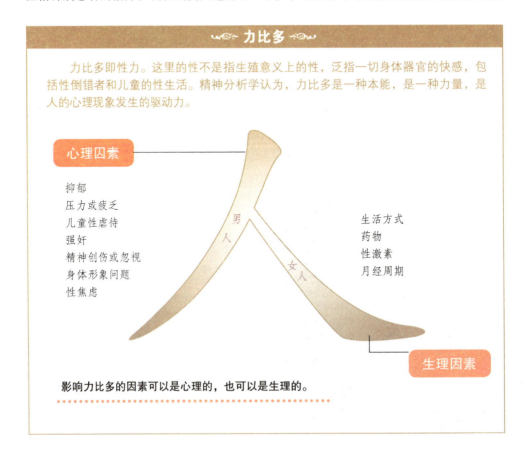

力比多

力比多即性力。这里的性不是指生殖意义上的性，泛指一切身体器官的快感，包括性倒错者和儿童的性生活。精神分析学认为，力比多是一种本能，是一种力量，是人的心理现象发生的驱动力。

心理因素

抑郁
压力或疲乏
儿童性虐待
强奸
精神创伤或忽视
身体形象问题
性焦虑

男人

女人

生活方式
药物
性激素
月经周期

生理因素

影响力比多的因素可以是心理的，也可以是生理的。

展。你们应该明白，移情精神病中也有各种阻碍的壁垒，不过这种壁垒最终还是被一层层地突破了。然而我们现在还无法克服自恋的障碍，至多是管中窥豹，略见一斑，满足一下好奇心而已。所以，为了解决这层困难，我们就必须换一种新的方法，不过目前我们还没有找到一种行之有效的研究方法。我们不缺少关于这些病人的材料，虽然材料十分丰富，却不足以让我们解决所有的问题。就目前来说，我们只有运用从移情精神病中得来的理论来对病人所说的话作出解释。实际上，这两种病症有许多相似之处，以足够我们用作研究的切入点了。不过，若用这种方法来做研究，能得到什么样的结果只能留待研究结束后才知道了。

此外，阻碍我们研究进程的还有一些其他困难。说实话，只有分析过移情精神病，才有资格对自恋性精神病和与自恋有关的精神病进行研究。然而，精神病专家是从来不会对精神分析感兴趣的，而我们精神分析家能够掌握的关于精神病的材料又太少。所以，目前精神分析需要培养一批精神病专家，在他们从事研究之前，先接受精神分析的指导和训练。在这一点上，大西洋彼岸的美国走在了我们前面，已经有多位精神病专家开始涉入精神分析的学说，而医院和精神病院也都开始将精神分析的理论用于对病人的治疗中。有时我们也会发现一些隐藏在自恋后的秘密，所以，我觉得有必要将关于这种精神病的观念告诉你们。

所谓的狂想症实际上是一种慢性的精神错乱，在现在的精神病学中，我们还无法准确将它归类。不过此病的引发与早发性痴呆症的关系十分密切。前面我已经提及，这两种病症都属于狂想痴呆症（paraphrenia），狂想症的症候会因为所幻想的内容的不同而有不同的名称，常见的有夸大的幻想、压抑的幻想、被爱的幻想等。不过我们并没有指望精神病的理论能够对这些症候作出说明。现在为你们列举一个例子，精神病专家曾做过不懈的努力，期望能使这些症候能互为解释，比如说一个精神病患者认为自己正遭受迫害，于是便幻想自己一定是一个重要的人物，这种幻想逐渐变成了夸大的幻想。不过根据我们的分析，这种夸大的幻想常是由于力比多从客体回归自我，导致主体的自我过度膨胀所导致的，这就是第二种自恋形式，也是对早期幼稚形式的反应。在被迫害的幻想中，我们通过分析得到了一些事实：首先，在我们所了解的大部分事例中，迫害者和被迫害者都是同性别的，对此不难解释。若是对于某些事例做细致的研究，就会发现病人在以前健康的时候对于这个同性的人是非常爱恋的，只是在患了病后，才会认为他会迫害自己。对于这种病我们作进一步联想，可以把这个被爱的同性者患者另一个人，比如把父亲换成老师或者某个有威严的人。从这些人们都能感受到的事实来分析，我们会发现，如果一个人内心产生了一种强烈的抵御同性恋的冲动，他便会拿出迫害症来保护自己。当爱变成了恨，这种恨极有可能会危害到病人所爱恨交织的对象的生命。这种转变就和力比多转化为焦虑一样，是由压抑作用所导致的。我可以举一个事例来说明。一名年轻的医生由于曾在寓所里恐吓过一名大学教授的儿子，因此被迫离开那里。那位大学教授的儿子本来和他是好朋友，然而年轻的医生却突然觉得这个好朋友变成了魔鬼，对他有邪恶的企图，他认为近年来所遭受的诸般不幸以及自己在生活和工作上的种种困难，都是朋友在捣鬼；不仅如此，这位朋友还和他的父亲引发了战争，致使俄罗斯入侵国家疆域；他们曾经一定用过很多方法想害死自己。有了这些幻想，年轻的医生便相信了恶人不除，天下难宁。然而在内心深处，医生仍爱恋着这位朋友，所以虽然他可以举枪射击，最终还是手软了。我曾经与这位病人做过一次短暂的交流，才明白他与朋友的友谊早在学生时代就有了，而且至少有一次他们有了逾越友谊的行为，因为有一天晚上他们发生了性关系。从病人的年龄和秉性来看，无论如何他都会对异性产生兴趣和冲动，然而他却从来没有过。他曾经和一位美丽的女孩订婚，然而很快那女孩便因病人太冷淡而解除了婚约。很多年后，当他真正与一名女孩完成了性行为，他的病也引发了。那名女孩温柔地躺在他的怀抱中，然而他却突然感到一种莫名的痛苦，就如利刃剜心一般。在后来他讲述这种痛苦时，他说当时好像在被凌迟，身上的肌肉被一块一块地切开。由于他的那位朋友是一名解剖医生，所以他才会觉得那个女孩是受朋友的指使来迫

布道后的幻象　保罗·高更　法国 1888年

这幅作品描绘的是布列塔尼半岛上农妇在教区牧师讲解教义时，眼前所产生的幻象。画家将现实和内在的幻象体验融合在一起，让作品中带有的象征意味更加浓烈。画面中一个天使和雅各在格斗，其实也是画家本人想与他搏斗，他想要真实地了解对方。

大臣西吉尔　夏尔·勒布伦 法国 布面油画 1660年 巴黎卢浮宫

　　画面中，一位宫廷装扮的大臣，骑着马高高在上，满脸的得意和喜气，我们在他眼里远不及围在他身边一圈的漂亮的年轻人，这些年轻的小伙子，朝气蓬勃，曲线优美，装扮华美。人们或许很好奇，这位大人为什么向我们炫耀他身边的这些年轻小伙子，难道他们不仅仅是主人和奴仆的关系？那这里边有没有关于同性恋的暗示呢？

害他的。因此，对于先前他对朋友的种种怀疑，他更加确信了。

　　然而有时迫害者和被迫害者也可能会异性，那么上述所讲的迫害者是抵御同性的爱，不就与这种事实发生冲突了吗？曾经我诊治过这种情况的迫害症，虽然在表面上迫害双方是异性关系，然而上述的理论也可以对这种病例作出说明。如果一位青年女子幻想自己正遭受一位男士的迫害，这位男士曾经不止一次和她有过性行为，然而实际上，青年女子所憎恨的是另一位女士，这位女士可以是青年女子的母亲，或者是其他对青年女子有影响的人。当青年女子与那位男士第二次约会时，她便将这种迫害的幻想转移到了男士身上，因此，在这个病例中，迫害者和被迫害性别相同的说法仍然成立。只不过当病人向医生诉说病情时，她并不会提及第一次的迫害幻想而已。所以从表面来看，这种病例似乎与我们关于迫害症的理论相矛盾了。

相比以异性为迫害对象，以同性为迫害对象的情况与自恋的关心更加密切，因此，一旦同性恋的冲动遭到抵抗，这种冲动很容易就会转变为自恋。有关爱恋冲动的表现方式，在这一次的演讲中我所讲的并非全部内容，然而我也不能告诉你们更多了。现在我只要你们能记住以下几句话：对象的选择，或者说力比多超出自恋范围的发展历程，常会有两种表现形式，一种为自恋型，也就是选择类似于自我的对象替代自我本身，第二种是恋长型，其力比多常会选择那些满足自己幼年时期需要的成年人为对象。力比多这种执着于选择自恋对象的表现，也可以被认为是那些有明显同性恋倾向的普遍特征。

你们应该还记得我在本卷的第一讲中，曾引用了一个女人幻想出来的忌妒。而现在我们的演讲马上就要结束了，你们可能想让我用精神分析说来对幻想进行解释。可是对此，我所能说远没有你们期望的那么多。幻想不受逻辑和实际经历的影响，与强迫观念一样，都可以用逻辑和实际经历与潜意识材料之间的关系来进行解释，而这些潜意识材料一方面被幻想或强迫观念阻止，一方面却又借助幻想或强迫观念而显现出来。这两者的差异取决于两种情感的趋势的以及动力的差异。

抑郁症（可分为许多不同的临床类型）与妄想症一样，因此我们也就可以约摸察觉出这种病症的内部结构。我们也已经知道了，令病人感到苦恼的那些无情的自我责备，实际上都有一定的性的对象，而这些对象是自己已经失去的或者是因为某种过失不再珍惜。所以，我们认为那些患有抑郁症的人，确确实实是把自己的力比多从客体上给撤回来了，只不过"自恋的用别人来自比"这个过程却把客体移到了自我中，让自我代替了客体。对于这个历程，我只能采用一种叙述的概念，却不能用形势及动力的名词来进行说明。自我也因此被当成了那个被抛弃的客体，而本来要施加在客体身上的所有凶残的报复，如今都加注到自我身上了。进而可以推测出，通过下面这个假设就能够更好的了解抑郁症的自杀冲动这一行为，这个假设就是病人对自我的痛恨是和对客体的痛恨一样的强烈，而这个客体是让人又爱又恨。患者的情绪在抑郁症和其他自恋的病症中一样，都有我们常说的、布洛伊勒命名的矛盾情绪，这个矛盾情绪的意思就是说。一个人会有两种相反的情绪（爱和恨）。遗憾的是在这些演讲中，我们没有对矛盾情绪这个词做更为详细的讨论。

我们知道，除了自恋神经病外，还有一种癔病的"以他人来自比"的形式存在。我很想几句话就能让你们明白这两者之间的差别，但我知道这是不可能的。抑郁症是周期式的或者是有循环性，现在我稍微讲一点能让你们感兴趣的内容。当条件合适时，我们可以在病情有所好转但还没有复发的这段时间里进行精神分析的治疗，来阻止病症再次出现（我多次尝试后，已经获得了成功）。因此，我们知道在抑郁症，狂躁症和其他病症中，都有一种特别的方法来解决矛盾，而在先决条件上，这种方法和其他神经病是一

自杀 乔治·格罗斯 德国 布面油画 1916年 伦敦泰特画廊

　　画家的这幅作品作于战争时期，画面左边有一个男子吊在了一个倾斜的灯柱上，画面前边有一个像是骷髅的男子躺在街上，画面中裸体的女郎和他身后的男人虽然是活着的人，但同自杀没有任何区别，裸体女郎被后边的奸商逼着卖淫，等同于她精神上的自杀。画面用强烈的红色，让观者首先产生生理上的不适，其次是感受到了画家的绝望和理想的破灭。

致的。你们可以想象到，精神分析在这方面还是很有用的。

此外，我还要告诉你们，对自恋神经病的分析，有助于我们了解自我，及其由各种官能和元素组成的组织的相关内容。以前我们也曾在这方面做过一些初步的讨论，通过对所观察的幻想的分析，我们得出了这样一个结论：即自我有一种功能，在不断的监视，批评和比较着，因此，它就和自我的另一部分相互抗衡着。所以，当患者说自己的每个举动好像都有人在监视，进而知道自己的每个想法并进行考查时，我们就认为他已经说出了一个没人知其是真理的真理。而他的错误之处只有一点，即他认为这个令其感到可恨的力量不是自己自身的，而是外界的。其实，他在自身的发展历程中，已经创造出了一种自我理想，在自我中感觉有一种官能的界尺，这个界尺可以利用自我理想来衡量自己的实际自我和所有的活动。于是，我们更能推测出，他创造这个理想就是向因此获得一种自我满足，这个自我满足是很幼年时的主要自恋联系着的，而这种满足在年长时因多次遭受压抑而消失了。这种自我批判的官能就是以前所谓的自我的检查作用或良心，在夜里梦中的那些抵抗不到的欲望的表现，也同样是这种官能。如果这个官能从被监视的幻想中分离出来，那么我们就能知道这个官能，是在受父母、师长及社会环境的影响，然后以这些模范人物来自比的过程中形成的。

这是在自恋神经病中运用精神分析得出的一些结果。只是这些结果太少，其中还有很多是我们没有明白的概念，因为只有在对新材料进行长期的研究后，这些概念才能被理解。而这些结果的获得是因为运用了自我力比多或自恋力比多的概念。正因为有了这些概念的帮助，我们才能够把移情神经病方面的结论进而推广到自恋神经病身上。但是如果你们现在问我，能否用力比多说来解释自恋神经病及精神病的所有失调，疾病的发展是否都是因为精神生活中的力比多因素，而完全不是由自存本能的失常引起的。在我看来，对这些问题的解答不是很重要，而且我们现在也没那个能力进行解答，我们只需静静地等待将来的解答。我想到那时，可能证明引发疾病的这种能力是力比多出所独有的。所以说，不管是在实际的神经病方面，还是在最严重的精神病方面，力比多都能取得胜利。因为我知道力比多的特点，就是绝不顺从现实和必要性的支配。但是，我还有另外一种认为，即自我本能在此也可以有连带关系，因为力比多有致病的情感，所以自我本能的机能就受到了破坏。所以说，就算我们承认在严重的精神病中，自我本能是最主要的受害者，但我也不觉得我们的研究方向就因此失效。这些等到将来再说吧。

现在让我们先回来接着讲焦虑，希望能对前面不了解的地方进行解释说明。我们曾

心理治疗 雷尼·马格利特 比利时 纽约托兹涅收藏

人类想要了解自我是一个比较艰难的过程，对于自恋神经病的分析有助于我们了解自我。画面中的男子脸部夸张地变成了一个鸟笼，而看不见他的脸，也许是被他放在了他手里的大包里了吧，另一只手却拿着一个女人的脸和嘴巴。我们借此可以得出一个自我的功能，就是监视。被人监视，不如将自己隐藏起来，也是这一类人群的特点。

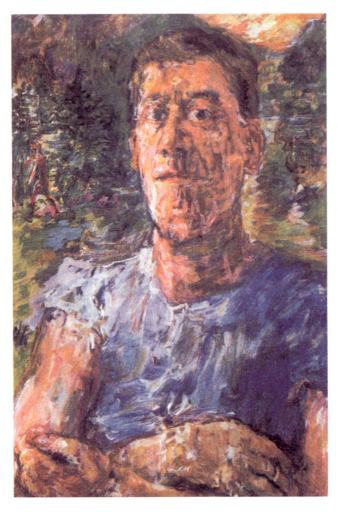

一位"颓废艺术家"的画像 奥斯卡·考考斯卡 奥地利 布面油画 1937年 英国爱丁堡苏格兰国立现代艺术画廊收藏

艺术家的脸部在色彩的渲染下不断地变换着，以此表现他的焦虑和愤怒。画家狂放的基调，是根据自己当时内心的情绪所设定的，也许跟他当时受到压制有一定的关系。

说过焦虑和力比多之间的关系很明确，但却与一个不能否认的假设很难相互协调，这个假设就是，针对危险而出现的真实的焦虑是自存本能的表示。但是假如焦虑的情感不是来源于自我本能，而是来源于自我力比多，那么我们该如何应对呢？焦虑感常会对身体有伤害，而且焦虑的程度越深，这种伤害也就越明显。因为，不管那唯一能够保全自我的行动是躲避还是自卫，焦虑都时常对其加以干涉。所以，如果我们把真实焦虑的情感归属于自我力比多，而把它采取的行动归属于自存本能，那么所有理论上的难题都可以解决了。对于因为恐惧而躲避这一行为，你们也将因此而不再主张。因为恐惧而躲避是来源于对危险的直觉而出现的同一冲动。对于那些遇到危险而幸存下来的人，你们认为他们不曾有恐惧感，其实他们只是采取了一些相应的行动，比如举枪瞄准进攻的野兽，而这个行动确实是当时对他来说最有利的办法。

第二十七章

移情作用

　　现在我们已经结束了讨论，我相信你们心中一定存在着一种期待，不过希望这种期待不要变成误会才行。也许你们认为我们在对精神分析所有的疑难进行解析后，应该在结尾时列举一些治疗事例来作证，毕竟我们研究精神分析，是以治疗为最终目的的。事实上，我并非没有意识到这一环节，只是与治疗相联系的，还有另一个事实，而这一事实我们尚不了解。如果现在就为你们讲述一些治疗的病例，你们未必能有深刻的认识。

　　也许你们对于精神分析治疗的技术并不感兴趣，而认为只要掌握了精神分析的疗法以及所能取得的效果便足够了。你们有此愿望，自然是合情合理的，我绝没有异议，然而我可不愿意直接告诉你，还是你们自己去探索最好！

　　你们回想一下，不论是引起病症的条件还是在病人内心起作用的因素，所有的重要事实，你们都已经了解。到底在哪一方面会受到治疗的影响呢？首先应该是遗传的倾向。我很少谈论遗传，因为这个课题在其他学科中经常被分析和强调，而我也没有什么新奇的言论。不过我们不应就此而忽视它，我们在做研究时，便知道遗传的强势地位了，所以无论我们怎么做也不能使遗传有什么改变。这一论点是我们运用遗传学知识的前提，这个前提可以使我们认清努力的方向，避免我们做无用功。其次就是幼年时期的经历，这在我们研究中，通常是最直观的材料，不过这种经历属于以往，我们无法亲身体会。还有一点就是人生所有的不幸遭遇，也就是幸福的被剥夺，而这种因素造成了生活中爱的缺失，比如贫困、家庭不睦、婚姻失败、社会环境糟糕、道德感的沦丧。虽然这一方面我们可以运用现代医疗手段对其做有效的治疗，不过最好的办法还是维也纳传奇中的约瑟王所实行的施恩降祸措施，当权者运用强迫而仁慈的专制手段，这样的恩惠能赢得公众信任吗？况且，我们毫无权势，两袖清风，医治病人是我们的工作，更是我们的谋生手段，我们不可能像约瑟王那样无偿对那些不幸的人做治疗，毕竟我们这种工作是需要花费大量的时间和体力的。也许你们仍是坚持上述几个方面总有一种有可能被治愈。如果传统的道德规范是用来剥夺病人的快乐，那么我们在对病人治疗时便可劝告他们勇敢地打破这些壁垒，即便失去了理想，也要求得健康和满足。虽然每个人的理想在本人心中都具有崇高的地位，不过这世上不太多人迫于现实的压迫而最终放弃理想。若是自由的生活可以产生健康，那么精神分析便会指责违背了传统道德，只因它为了使个人受益而损害了整个社会的秩序。

圣彼得分配救济金与亚拿尼亚之死 卡米列圣母堂布兰卡契礼拜堂藏

　　人生中所遭遇的不幸，就是应得的幸福被剥夺，由此造成了心灵上爱的缺失。作品中的故事来自《圣经·新约》，基督被钉上十字架之后，圣彼得便成为早期耶路撒冷基督教会的领导者，他们用教义说服富人将财产分给穷人，图中就是圣彼得从钱袋里拿出钱送给一位贫困的妇女，从她身上的穿着也可看出她的贫穷。

　　你们到底是如何得来这种关于分析法的错误印象呢？医生自然会对病人提出一些关于自由生活的劝告，然而如果他没有这样做，便是因为在病人的内心中，力比多的倾向与性冲动的被压制，或者说是性欲思想与禁欲思想之间存在着一种斗争。而这种斗争，绝不是支持一方反对另一方就能克服的。对精神病患者来说，虽然禁欲思想会占有一时胜算，不过被压制的性冲动却会在病发时求得宣泄。如果我们寻求性欲思想在斗争中获胜，那么那种压制性欲的力量便会通过病症表现出来。所以不论是哪一种办法都不是消除斗争的良方，总有一方会因受到排斥而另觅途径以求满足。这种斗争并不是特别激烈，病人不会对此有清楚的意识，所以医生的劝告很难收到明显的效果，而那些有疗效的例子是没有分析法的参与。如果医生在治疗过程中对于病人的影响很深，那么即便医生对于这种斗争没有采取任何疗法，病人也能自主克服它。你们应该明白，如果一个禁欲主义男子想要有不健康的性行为，或者一个性欲旺盛的妻子想要与他人发生一夜情，他们是绝不会开始这种行为前去征求医生或者精神分析家的意见的。

　　对这一问题作分析，有一个重点常被人所忽视，那就是导致患者病症的斗争与斗争的两个方面之间的常规平衡不同。这种平衡的两个方面都存在于病人的内心中，而导致病症的斗争，则是两种力量中的一种由潜意识进入到意识内，而另一种则被禁锢在潜意识内。所以，这种斗争不会持久，因为这两种力量已经被分割开来，根本不会再相见了。如果我们要解决这种斗争，就需要让这两种力量集合在同一区域，这就是我所认为的精神分析的工作。

　　还有，如果你们想当然地认为精神分析法主要是对人生进行劝告，这种想法是绝对错误的。实际上，精神分析家在治疗时都不会将自己扮演成人生的导师，去引导病人解决问题，他们所希望的是病人能够自己解决所面临的困难。所以，为了追求这一目标，精神分析家在病人接受治疗时都会劝告他们，不要过多地思考生活中的种种问题，比如事业、家庭、朋友等，等到治疗结束后再处理会更好。你们大概想不到医生会采用这种疗法吧。对于那些年轻的或者不能独立的病人，医生却不会这样治疗，因为对于这样的病人，医生不仅仅是医生，他们还要作为老师来对开导病人的思想使其转变。虽然这是一项艰巨的任务，不过他们也会义无反顾的。

　　虽然我并不主张分析疗法可用来推动自由生活，然而你们也不要认为我是崇拜传统道德规范。实际上，不论是自由生活，还是传统道德，都不是我们分析治疗的目的，我们只是观察者，没有能力对社会进行改革，我们能做的，就是批判，所以我们不可能提倡传统道德，包括对于性行为的保守态度。人们在道德自律方面所作出的牺牲，往往换不来它应有的回报，我们不得不说，所谓的传统道德既有些虚伪，又有些呆板。我们只是从不向病人隐瞒对于这些道德的批判，并希望他们对于性行为的观念，也能像对待其他日常问题一样，能够客观理智，而不带什么偏见。如果病人在接受治疗后，能够在性放纵与完全禁欲两者之间作出适当的平衡，那么无论他以后有什么样的表现，我们都可以问心无愧了。不论什么人，只要他接受了精神分析理论的指导，对人的精神生活有了

破布旁的裸体女郎

画面中一堆破布块的旁边站着一个身体裸露的中年妇女，她把"性"作为一种现实，摆在了我们面前。人们心里都有这样一种怪现象：可以在妇科医生面前随意展现自己的裸体，而在精神病医生面前却不行。

新的认识，那么他的内心就会增强一种抵御不道德危险的力量，也许他的道德标准与他人不同。禁欲思想在导致精神病上有多大作用，我们不得而知，不过不必太过看重了。只有那些因受压抑作用或者力比多冲动过多而导致的病症，才可以劝说病人寻求健康的性行为，以见到疗效了。

然而，我们不能就此认为，所谓精神分析法的疗效，便是鼓动病人放纵自己的性生活而得来的。我们还应该去发现其他的解释。你们应该还记得我前面说过一句话，当时是为了反驳你们的质疑而说的，也许这句话可以使你们的思维回到正规上。我们所说的疗效，实际上是指将某种意识取代了病人相对应的潜意识，或者说将病人的某种潜意识改造成一种意识到的思想。如果你们这样想，才算是正中要点。潜意识被激活而成为意识，于是压制作用消失了，病症也消失了，而导致病症的那种斗争也演变成为一种常见的心理斗争，而这种斗争是很容易解决的。我们的精神分析工作就是让病人完成这种心理转变，这种转变会产生什么样的成就，病人就会获得什么样的疗效。如果说压抑作用不存在了或者与压抑作用相类似的心理过程即将被消除，那么我们的治疗才算完成。

安吉莉卡与隐修士

画面中年老的修士面对美丽女人的胴体、雪白的肌肤、丰满的乳房，不禁心神荡漾，从他的渴求的眼神中就可以看得出来。但是他只是欣赏，他内心深处有一种不可思议的道德力量在约束着他，尽管他的脸上还有着对性的崇拜。

我们所追求的目的可以这样表达：将潜意识改造为意识、解除压抑作用的影响、填充遗忘的意义等，而它们实际上均指的是同一件事。可能你们对于这种解释感到不满足，你们认为病人的恢复过程并不一样。既然病人接受了精神分析治疗，那么他极有可能会变成另外一个人，你们却认为，所谓的恢复只是病人的潜意识思想减弱，而意识的思想有所增强，不过是一种此消彼长的关系罢了。可能你们对于心理改造的重要性还没有充分的了解，通常来讲，病人在接受治疗后，虽然其表面的行为与以往没有什么差异，然而其骨子里却发生了全新的变化，或者说，他已经具备了只有在优秀环境下才能养成的优秀品格了。这样的变化可不是无足轻重的，如果你们能了解精神分析所取得的成就，能明白精神分析家是付出了极大的努力才完成了对病人的这种心路历程的改造，你们就会知道不同心路历程差异的重要性了。

现在我们暂且将此话题搁置，先来讨论一些"原因治疗"（a causal therapy）的意义。如果一种疗法不对病人的病情做治疗，而是通过其他方面来了解致病根源，我们就叫这种疗法为原因治疗。那么精神分析算不算是一种原因治疗呢？这个问题可有点难以解答，不过有一点很清楚，问题的答案是多方面的。如果精神分析疗法的目的不是消除病症，那么它就与原因治疗大体类似。而其他方面则不一样，因为我们对于原因的追求程度，要远超过压制作用、力比多倾向以及内在势力，还有这种倾向在发展历程中的意外情况等。如果我们现在运用化学的方式来对心理机制进行改造，或者对力比多分量的增减，或者减弱斗争的某一力量而增强另一种力量，如此精神分析才算是真正的原因治疗，而我们最常用的分析法就是原因治疗的首要观察工作了。然而此种疗法还不足以对力比多倾向施加影响，这点你们也能了解。我们的精神分析疗法通常不先从病症入手，而是分析病症背后的一层，而这一层只有特殊的情况下我们才有可能了解。

为了分析治疗取得进展，我们该做些什么工作才能使病人的潜意识转变为意识呢？过去我们采用一种直接的办法，就是将这种潜意识思想告诉病人，让他们自己作出改变。然而实践证明，这种办法实在是一个荒谬的观念，根本毫无效果。我们所了解的潜意识与病人知道的潜意识，实际上不属于同一性质。我们将潜意识思想告知病人，他未必将其同化为自己的潜意识，并转化为明确的意识以取代原有的潜意识，至多是兼容并包，收纳这种思想，却并不使其发生改变。所以，我们需要对这种潜意识思想重新审视，从病人的记忆中最初产生压制作用的那一瞬间开始找寻。我们这种找寻，必须以消除压制作用为前提，然后我们有可能最终完成潜意识思想转化为意识思想的工作。不过，我们该如何消除这种压制作用呢？这就是我们第二阶段的工作了。第一阶段的工作是发现压抑，然而是消除这种压制赖以维持的抵抗。

那么我怎么才能消除这种抵抗力呢？仍然是传统的办法：先发现病人内心的抗力，再将这种抗力告诉病人。抗力可能起源于我们试图消除的压抑，也可能起源于早期存在的压抑，不论是那种抗力，都是为了抵抗某种不合适的力比多冲动。所以我们现在要做的工作与以前的一样，对这种抗力作出解释，然后将结果告诉病人，这种办法是绝不会

公交车上的乘客

如果不能从病根上医治病人，那么我们就分析病症背后的一层，这样也许对病情有真实的了解。画面中的情景发生在公交车上，四个乘客面无表情，犹如幽灵一般，艺术家将现代人之间的这种冷漠和距离感表现得恰到好处。原因是都市人之间的不信任感，还有人类社会的这种孤独感，导致人与人之间的疏远。这也是心理病症背后的真正原因。

错的。抗力不属于潜意识，而是自我意识，既然是自我意识，那就可能为我们所借用，即便它有时并非能意识到的，也没有关系。我们对于"潜意识"的涵义通常都有两种观念，一种是现象，一种是系统。你们是否觉得这不算什么解释，若是你们回顾前面我们所讲的内容，就会明白这两种观念是对前面内容的综述。在过去我们曾说过，如果我们能在分析的过程中发现抗力，那么我们自然就有希望消除这种抗力了。不过，若是我们希望此种疗法能够取得成功，那么我们有什么可以支配的推动力吗？当然有的，首先就是病人乞求健康的欲望，这种愿望会使他们积极配合治疗，其次就是病人的理智情感，这种理智情感会接受我们的劝告，并由此而增强。如果我们给予一些暗示，病人就会运用自己的理性思维来辨识内心的抗力，并在潜意识中找出与此种抗力相抗衡的思想。如果我们告诉病人："抬头看天，你会发现一个气球。"或者我请他抬起头，询问他看到了什么，他肯定会如实回答的。当然，这种情况需要一个前提，那就是天空中能看见气球。当学生第一次使用显微镜时，老师就应该告诉学生会看到什么，不过，即使镜下有物可见，学生也会说什么东西也看不见。

实话实说，我们对于精神病的各种症状、如臆想症、焦虑症、强迫症等所做的假设都是基于科学理论的基础上，完全可以做研究之用。运用这些假设，我们发现了压抑、抵抗力以及被压抑的倾向，由此我们便进行了解除压抑、消灭抗力、将潜意识思想转化为意识思想的工作。我们在进行这样的工作时，就会发现，每当一种抗力被消灭时，病人的内心便会有一种激烈的斗争，这是两种倾向在同一处所进行的常规的心理斗争，一

生命之舞 爱德华·蒙克 挪威 1899~1900年 奥斯陆国家画廊藏

　　画面中有三种颜色的裙子，黑色、白色和红色，穿黑色裙子的妇女满脸阴郁的表情，她的余光瞟向了周围有舞伴的红裙女子，红裙女子和她的舞伴则相敬如宾，穿白裙的妇女则似乎在抵抗舞伴对她做出的亲昵动作。

种是援助抗力的倾向，一种是消灭抗力的倾向。第一种倾向起源于压制作用，而第二种倾向则是新近产生的病人的主观倾向，是用以解决内心争斗的。我们可以将那些因受压抑作用而被缓和的斗争重新唤起，用来对病人的治疗，其益处很多：首先是向病人表示旧的解决方法可以致病，而新的解决方法则能痊愈，其次，还要使病人明白，那些早先被压抑的冲动，如今已经发生了改变。因为当时的自我意识比较懦弱，对力比多冲动具有畏惧心理，所以畏缩不前，而现在病人的自我意识已经变得强大了，且经历也丰富了，又有医生在旁帮助，所以他们敢于消灭那些压抑力比多冲动的抗力了。我们通过这种重新引起斗争的方法，相比直接去消除压抑作用更有效果。如果你们仍存有怀疑，那么我可以运用我在臆想症、焦虑症以及强迫症等精神病的治疗上的成功事例来作出证明。

　　我们还发现了许多与精神病症状相似的疾病，然而运用我们的分析疗法却无法治愈。在这些疾病中，病人的自我与内心的力比多倾向也产生了一种斗争，从而产生了压抑作用，虽然这种斗争和精神病的斗争在表现形式上不同。还有，我们既能从病人的日常生活中发现形成压抑作用的根源，自然也能运用同样的方法给予病人在治疗上的帮助，使他们明白以后应该做的事情。由于治疗的时间与压抑形成的时间有差距，这也有利于斗争的有效解决。不过，我们始终未能克制一种抗力并消除那些压抑作用。有些病人不能被精神分析法治疗，如狂想症病人、抑郁症病人以及早年性痴呆症病人，其中原因并非病人智能偏低，虽然接受精神分析治疗需要具有一定的智力，不过也有聪明的狂想症病人，他们的智力未必就比其他人低了。而这类病人的其他推动力量却从不缺少，譬如说抑郁症病人不同于狂想症病人，他们虽然知道自己所受的痛苦，然而并不会因此而受精神分析的影响。这样的事实的确让我们很难了解，因此我们不得不审视自己，是否真的具有了治愈其他精神病的能力。

如果我们现在来讨论臆想症和强迫症，可能就会遇到另一个难以理解的事实了。病人在接受精神分析治疗时，往往会在医生面前表现出一种怪异的行为。本来我们已经将所有能够影响治疗过程的因素都考虑到了，并在充分把握了医生与病人所处的情境的前提下采取了预防措施，因此我们便认为这样的观念是正确的：我们估计了所有的可能情况，应该没有什么意外在治疗过程中突然发生。然而，这世上什么都有可能发生，这个新出现的意外现象，由于其相当复杂，我们无法了解，所以我只好先举出几个常见的情况来叙述。

通常情况下，病人只会关注自己的精神问题是否得到了解决，然而往往到后来他们会对医生产生某种特别的情感。他们时刻关心医生的一举一动，仿佛这比他们自己的病情更为重要。于是，他们也慢慢不再关心自己的病情了。病人与医生的关系，有时候会很友善，病人对医生言听计从，时时表示出感激之情，而医生对于病人也会非常亲切，他们会庆幸自己的病人会有如此品质。当医生会见病人的家属时，也会因为病人向亲人称赞医生而感到欣喜。当病人在家中时常会将对医生的赞美挂在嘴边，言说医生的美德，亲人这时就会对医生说："他太佩服你了，所以十分信任你，在他看来，你的话简直就是天底下的真理。"可能也会有人说："除了你之外，他从不在谈论其他的事情，而且经常用你的话跟我们交流，实在是让人生气。"

医生不仅是谦逊的，而且是清醒的，他认为能赢得病人的尊重，无非有两点，一是病人希望医生能帮助他恢复，第二就是在治疗过程中，病人一边恢复，一边明白了许多医疗知识。而有了这两种原因，精神分析的治疗也会有长足的进展，一旦病人明白了医生给予的暗示，他就会积极配合医生的治疗，那么医生在分析治疗时所需要的材料，如病人的回忆、日常生活等，都可以很容易求得。当医生根据所得材料，运用精神分析疗法对病症作出解释时，可能连医生自己都会惊讶。因为他们常会有这样的想法，新生的医学理论经常会被人们所批判，没想到病人竟会痛快地接受了，这的确是一件令人兴奋的事情。在治疗过程中，当病人和医生的关系和睦时，病人的病情往往也会好转很快。

不过，人世无常、风云难测，不可能永远都是旭日春风的晴天，总有乌云蔽日的

与精神病症状相似的疾病

与精神病症状
相似的疾病

主要是由于不同的病因作用于大脑，如生物学、心理学和社会环境等因素，使得大脑原本稳定的状态受到了破坏，导致认识、情感、意志行为等精神活动出现异常，异常的程度和持续的时间都超过了正常的精神活动范围，从而损坏人的生物及社会功能的一组疾病。

臆想症

强迫症是以强迫观念和强迫行为为主要临床表现的神经症，是神经症的一种，属于轻的精神疾病。但实际情况，强迫症的治疗比抑郁症、焦虑症都要困难一些，症状改善较慢。如果不及时正确的治疗，会严重影响患者正常的生活和工作，同时也会给患者的家属带来巨大的痛苦和负担。

强迫症

时候。一旦在治疗过程中出现了问题，比如病人说自己再也没有什么内容相告，这就不由得不使医生怀疑，病人是否还对治疗过程心存期待？有时医生请病人随时将他所想到的事情叙述出来，而不需要深思熟虑，他也可能充耳不闻。病人的行为不再受医生的影响，不再被治疗所束缚，仿佛病人从来就没有接受医生的治疗。若是只看表面现象，便会发现病人是因为心中藏有什么隐秘的事情而转移了注意力。不论是什么隐秘，总之在这种情况下很难再进行治疗，因为病人内心又形成了一种新的抵抗力了。那么，这种抗力又是如何形成的呢？

如果我们希望对这种抗力有所了解，追根溯源，我们就会发现，这种抗力的形成与病人转移到医生身上的一种强烈的情感有密切的关系，然而医生的行为及其治疗过程又无法对这种情感作出解释。这种情感虽然特殊，其表现形式和最终目的却不尽相同，一般根据病人与医生所处的具体情境而定。如果一名少女和一个年轻男子相处一起，人们自然会觉得很正常，而如果一名女子不仅经常与一位男士单独相处，诉之以心事，而且那名男士似乎又扮演者导师的角色，那么女子对于男子的爱慕，虽说是很自然的事，但若这名女士是一个精神病人，那么这种爱就显得有些畸形了。不过，这种情况并不属于我们应该讨论的。不过，若是病人与医生的关系并非是我们设想的那种情况，那么病人对于医生的爱慕也未必会使人理解。如果一名少妇没有离婚，而为她治疗的医生又没有妻室，那么少妇极有可能会对医生产生一种强烈的情感，宁愿离婚也要与他在一起，即便这种事情没有可能，少妇也会死心塌地地爱着医生。这种情况对于我们一般人来说，的确是难以理解的。然而，在精神分析外的领域，这种情况也随处可见。通常发生了这种情况，不论病人是少女还是少妇，她们都会不加掩饰，由此我们可以认为她们对于治疗很难有一种常规的态度。或许她们心中的想法是，除了爱情，没有什么办法能够治愈她们，而且在治疗开始时，她们就希望会发生这种情况，并最终获得现实生活中所缺少的安慰。就是因为这种思想的存在，所以她们才甘愿接受烦琐的分析治疗，从而有机会将自己的想法表露出来。我们也可以补充一点，所以她们才能学会那些平日里难懂的医学知识了。不过，她们的爽快承认仍令我们觉得可敬，因为之前我们所做的准备没有起到什么作用。难道这个问题是我们在前期估算中所忽视的最重要的一点吗？

确实是这样。我们经历得越多，就越倾向于对新元素的肯定，却没想到这个新元素使我们的整个分析变了质，真正地使精神分析成为了笑柄。这种情况最初出现时，我们甚至认为它是精神分析治疗中的一个小意外。然而这种对于医生的爱慕，是在最不合适或者说最滑稽的情况下发生了，比如老妇人与白头发的医生之间，双方根本不可能存在引诱的原因，但是它的确发生了，我们不得不承认它是一个令人惊异的意外，而且我们也要承认它的发生与病人的病情有着密不可分的联系。

对于这种情况，或者说这种存在的事实，我们称之为移情作用，大意就是病人将某种情感转移到了医生身上。由于无法从治疗过程中发现这种情感的起源，因此我们不得不怀疑，这种情感实际上早就存在于病人的内心，只不过借助治疗的机

人生的三阶段

人有生老病死，这是万古不变的自然定律。图中地上新生的婴儿，是生命的开始阶段；亭亭玉立的少女，是人生的青春时期；年老的妇女，是人生的衰亡时期。还有象征死亡的骷髅和时间流逝的沙漏，画家告诉我们死亡并不可怕，我们应该正面直视它的到来。

音乐课 加布里埃尔·梅曲 布面油画 1658年 英国伦敦国立美术馆收藏

　　这对男女坐在一架古钢琴前面，少女的手中拿着琴谱，显然他们是在上音乐课，或许画家是在借用音乐这个媒介，为我们描绘了一幅美妙的爱情画面。少女的红色上衣和男子蓝色的长裤袜，都为这个和谐的氛围增色不少。

会将其转移到医生身上。移情的表现方式可以很热情，也很舒缓，比如说病人是一名少妇，而医生是一位老翁，少妇对于老翁产生了一种特殊的情感，这种情感虽然不致使少妇有成为老翁妻子或者情人的想法，却促使她有一种成为老翁女儿的强烈愿望，而这种愿望则是对力比多冲动改造后而产生的一种理想化的友爱之情。有的女孩子懂得如该改变自己的移情作用，以使其合理表现出来；有的移情则表现得丑陋而原始，以致几乎不能产生作用。不过，总的来说，这些移情作用的起源都是相同的，且是有目共睹的。

如果你们想了解移情作用的存在范围，那就需要作些补充说明了。比如若是病人为男性的话，会不会有移情作用的发生呢？至少在我们的印象中，男子可不会引起性别或者性的烦扰。然而，男性病人的处境与女性是一样的，他也会对医生产生爱慕，也会对医生的美德进行夸赞，同样也会对医生的祝福和劝告言听计从，同样也会嫉妒所有与医生关系亲密的人。男人与男人之间的移情常会升华为爱情，很少会产生性行为，通常病人的同性恋倾向都会以其他方式表现出来。而且精神分析师会发现男性病人常会有另外一种表示方式，这与适才我们所讲的种种方式刚好相反，它就是反抗的或者消极的移情作用。

移情作用在治疗伊始便在病人的内心中形成了，它是病人内心最强的推动力。正是由于这种推动力，病人才会积极配合医生，使医生所做的治疗能顺利地进行下去，当然，在这过程中，医生是不会注意到这种推动力的。反过来说，如果移情作用成为一种抗力，那就肯定会引起人的注意了。这种抗力会改变病人对于治疗的观念，从而引起两种截然不同的心理：一种是对于医生的爱慕情感太强烈，以致产生的性冲动，因此便极力引起一种抗力来克制；第二种就是友爱之情转变为敌视之情。这种敌视情感的发生，常紧随友爱情感之后，并且以友爱情感为掩饰。如果两者同时发生，那可算是情感斗争的一个典范了，由这种情感的斗争可以看出人与人之间那种复杂的关系。因此，敌视的情感和友爱的情感可以同时表示一种依恋的情感，就好比反抗和服从虽然是两种相反的概念，但是必须依附同一个人才能存在。病人对于医生的敌视，自然也是一种移情，虽然不能从治疗过程中求得引起这种情感的缘由，不过我们可以采用上述的观点来解释这种反抗的移情作用。

到底移情作用源自何处？它会给我们带来什么困难？而我们又该如何来解决这些困难呢？又会从中得到什么益处呢？对于这些问题，我们只有在对精神分析法进行专门的解释说明时，才能够对其作明确的论述，目前我们只能说个大概。由于受到移情作用的影响，病人会对医生有许多要求，而基于职业道德医生自然也会尽力满足他们这些要求，如果医生拒绝或者对病人驳斥，那么他就太不明智了。如果医生想要克制住病人的移情作用，最好直接告诉病人，他内心的这种情感并非由治疗过程而形成，与医生本人也没有任何关系，而是他对于过去的某种经历的重现。所以，我们可以请求病人将这种重现改变为回顾。那么，这种精神分析治疗的最大障碍，不管它是友爱的还是敌视的，都将变成治疗的有效工具了，我们可以用来发掘病人内心那些隐秘的事情了。不过，你

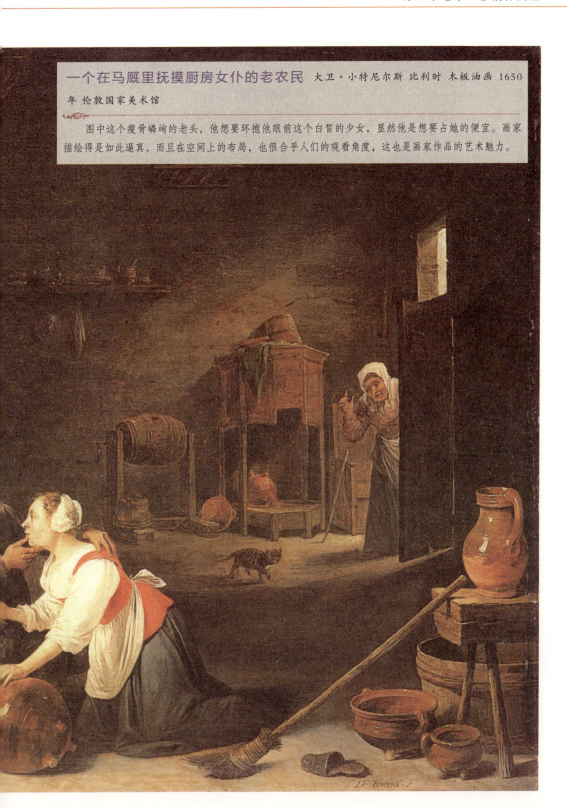

一个在马厩里抚摸厨房女仆的老农民 大卫·小特尼尔斯 比利时 木板油画 1650 年 伦敦国家美术馆

图中这个瘦骨嶙峋的老头，他想要环抱他眼前这个白皙的少女，显然他是想要占她的便宜。画家描绘得是如此逼真，而且在空间上的布局，也很合乎人们的观看角度，这也是画家作品的艺术魅力。

们对于这种情况免不了觉得诧异，所以，我还要多作些解释以使你们消除你们这种印象。你们应该记得我说过，我们对于病人病情的分析，始终都不会有结束的那一天，因为它就像生命一样，一刻不停地在发展着。即便当我们开始对病人治疗，它还在发展着。一旦病人恢复了健康，那么整个治疗过程的焦点就集中于病人与医生的关系上。所以，移情作用就如一棵大树的树干与树皮之间新生的那一层，于是变形成了新的组织，而树干的半径也在逐渐扩大。当移情作用也发展到这种程度时，那么使病人回忆过去以寻求移情的根源已经不再重要，因为我们所面临的任务已经不是在治疗旧症，而是诊治替代旧症的新产生的被改造过的精神病了。这种病有点像改良版或者升级版的旧症，而医生可以由此追溯此病的起源以及发展变化历程。医生可以很轻易地掌握这种病的性质，因为它的病发目标就是医生本人。病人所表现出来的所有病症，实际上都失去了其本来意义，而新生的意义则与移情作用联系紧密。否则，就只有那些能够适应的病症才能被保留下来。如果我们能治好这种精神病，那么我们就可以治好所有的病了，换而言之，我们才算是完成了治疗的工作。如果病人能与医生保持一种正常的关系，并能脱离被压抑的倾向的影响，那么即使是离开了医生的病人，也能一直保持健康。

移情作用在臆想症、焦虑症以及强迫症等精神病的治疗上，可以说有着十分重要的作用，所以，这些精神病也可被称为"移情的精神病"。不论什么病人，若是能从分析的结果中求得一种关于移情作用的真实的印象，那么他就不会再对那些在病症中寻求宣泄的被压抑的欲望的性质有所怀疑了。这些欲望都具有力比多性质，已经不需要再作证明了。通过我们对移情现象的分析研究，我们可以相信，那些表现出来的病症，实际上都是对力比多欲望的替代物的满足。

现在我们应该对过去所求得的关于治疗作用的动的意义做些更改了，以使其与我们

～移情作用成为抗力的两种不同心理～

移情是指患者的欲望转移到分析师身上而得以实现的过程。这关系到病人所关注的典范。也就是说心理分析所认为的移情，实际上是讲患者在童年时对一个客体的情感，这个客体尤指父母，在治疗过程中转移到另一个客体或另一个人身上，通常这个人是病人的心理分析师。

① 移情作用成为抗力的两种不同心理

→ 一种是对于医生的爱慕情感太强烈，以致产生的性冲动，因此便极力引起一种抗力来克制；

②

→ 一种就是友爱之情转变为敌视之情。这种敌视情感的发生，常紧随友爱情感之后，并且以友爱情感为掩饰。

生病的少女　爱德华·蒙奇 挪威 布面油画 1885年 奥斯陆国家美术馆

　　画家同这幅图中的少女一样，有着十分苦涩的童年。他从生下来便失去了母亲，他的父亲是一位医生，后来他跟着父亲一起给人看病，才深切体会到了那种死亡的悲痛。图中的女孩用黯然忧伤的眼神看着她的母亲，母亲则低着头，因为她知道女儿要离开自己了，不忍再看到她的忧伤。在这里，画家不是一个旁观者的身份，而这也是他的亲身经历，让我们这些观看者也感同身受。

朱塞特的肖像 胡安·格里斯 西班牙

木板油画 1916年 马德里普拉多艺术博物馆

　　画面中隐约可以看到一个女人坐在凳子上，画家向我们展示的可能是他的妻子，所以用这种隐匿的手法，运用直角的叠加，也许他想通过这种方法暗示他妻子的多面性。

　　新发现的这种理论相一致。当我们运用分析法发现了抗力，并寻求对这种内心的斗争进行解决书，病人就需要一种强烈的推动力来帮助我们解决他的问题，以达到他所期望的健康。若不然，病人就会走回头路，刚意识到的观念又被置于压抑作用下了。如何来解决这种斗争，并非由病人的智力决定的，病人的智力虽不弱，也不强，且受到种种束缚，所以不可能会有太大的作用，真正的决定因素是病人与医生的关系。如果病人的转移的情感是积极的，那么他便会认为医生有权威，便会信任医生的观点和治疗；如果没有发生移情作用，或者说病人转移的情感是消极的，那么医生的观点和劝告就很难使病人听得进去了。只有爱才能产生信仰，除此之外不需要任何理由。如果被爱者，就是医生提出另外一种理由，那么以后肯定会受到怀疑和批判的。而缺乏爱作为基础，医生就无法对病人或者其他人产生影响了。因此，理性而言，只有一个人的力比多欲望倾注在某一客体身上，他才有可能受到别人的影响；因此，我们深信，对于那些自恋的人，即便我们运用最先进的医疗技术，对他们也不会产生什么疗效。

　　将自己的力比多欲望倾注在他人身上，一般人也会有这样的行为，只不过精神病人的这种移情有些过于疯狂了。话说回来，这种人们所共有的且相当重要的特性，竟然很少有人能察觉到，难道不令人奇怪吗？而那些极少数察觉到并加以研究的人中，就包括伯恩海姆。伯恩海姆敏锐地发现，形成催眠的依据便是人类的受暗示行为。他所提出的"暗示感受性"实际上就是移情作用的表现，只不过他将这种表现形式的范围缩小了，并没有包括消极的移情。不过，伯恩海姆从未指明他所说的暗示是什么，起源何处。因为以他的观念，这种事实随处可见，不需要证明，也没有解释的必要。可惜他并不知道"暗示感受性"伴随着性欲后者力比多的倾向，后者很少为人发现。所以我们只好在我们的分析中放弃催眠法，因为我们想从移情作用中发现暗示的性质。

　　现在让我们先停下来，你们对于我讲的内容仔细思考一番。适才我一直在讲述，你们内心不免会产生抗议，认为我不让你们有机会发表自己的见解，剥夺了你们的发言权。我相信，你们一定会有这样的疑问：你既然承认了催眠法需要借助于暗示才能起效，这可是我们始终坚持的观点。那你为什么要来对分析过去的试验，探求潜意识思想，解释种种改造作用？你浪费了大量的精力和时间，到头来只是证明了暗示是催眠的一种有效工具。为什么你不能做一个忠诚的催眠医生，直接运用暗示法来对精神病症候做治疗呢？如果你认为可以运用这些曲折弯绕的方法可以揭露那些隐藏在暗示后的重要心理学事实，那么你又如何来使这些事实为世人相信呢？所谓的移情作用，其实不就是暗示——不管这种暗示是有意的还是无意的产物吗？你就不能使病人接受你的观念，这样才更有利于你的治疗？

　　你们这些质疑可以说铿锵有力，似乎我必须给予答复。然而现在我真的不能回答，因为讲演的时间马上就要结束了，等下一次再讲演。希望你们能理解，我绝不是想躲避

梦的解析

　　画家用一种近乎梦魇的手法来表现弗洛伊德所讲的理论，他的精神分析是关于性的研究，毫无疑问，图中的弓箭便是男性性器官的暗示。弗洛伊德认为：暗示是催眠的一种有效工具。

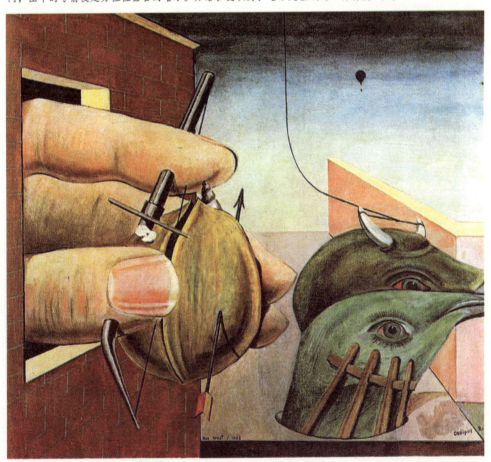

或者无法回答。而现在，我必须将演讲的内容讲完。

我曾说过，由于移情作用的影响，自恋性精神病很难运用精神分析疗法治愈。对于这一理论，我认为只需要几句简单的话就能解释了，你们也会明白这个看似朦胧的理论实际上很容易理解的。根据实验证明，那些自恋性精神病人根本没有移情的能力，即使有，也是非常微弱。他们拒绝接受医生的治疗，不是因为对医生有敌视的情感，而是他对于治疗缺少兴趣。因此，医生无法对他们这种病人施加影响，医生的嘱咐和劝告他们通常爱理不理，根本不会放在心上。所以，可以使其他精神病人恢复的医术，对于他们却不产生任何疗效。这种病人盲目自大，常有一些奇怪的行为，他们认为可以恢复健康，然而实际上却会使病情加重。对于这些情况，我们真的是无能为力了。

前面我提到过，从对这种病人的临床试验表明，他们并没有将内心的力比多欲望倾注在课题上，可是转为自我满足的力比多。所以，这些精神病人与那些患臆想症、焦虑症和强迫症的精神病人有本质的区别，这已经由他们接受治疗时的表现证明了。由于他们缺少移情他人的能力，所以我们无法对其进行有效的治疗。

第二十八章

分析疗法

　　我想你们应该了解了今天所讨论的内容。我曾说过精神分析的治疗需借助暗示，于是你们便提出质疑，为什么不直接运用暗示来对患者做治疗呢？而且还进一步提出另一个疑问：既然暗示在精神分析治疗中如此重要，那么精神分析法所求得的材料是否真的具有客观性呢？请允许我对你们这些问题作出一一解答。

　　我所说的暗示实际上是给予病人抗御病症的暗示，需要病人运用自己的主观意志力与客观的病症作激烈的斗争。我们在观察这种斗争时，不需要理会病症的变化，而应关注患者在抗御病症时有什么样的表现。不管此种斗争是否处于催眠之中，其效果都是一样的。伯恩海姆一直都强调一个观点，那就是催眠的本质就是暗示，它是暗示发生作用的结果，而被催眠的患者实际上就处于一种被暗示的情境。伯恩海姆喜欢运用一种清醒的暗示，这样他对患者的病情变化可以有一个即时了解，不过这种暗示与催眠的暗示并没有什么区别。

　　你们希望先学习前人的经验，还是先做理性的讨论呢？

伯恩海姆

　　就我个人观点，我觉得先讲经验比较好。请允许我这么决定了。1889年我去南锡向伯恩海姆拜师，成为他的学生，在学习的期间我将他关于暗示方面的著作翻译成了德文版。在最初的几年，我为患者治疗时常运用"禁止的暗示"（prohibitory suggestions）这种疗法，后来才学会了结合布洛伊尔的询问病人生活的疗法综合使用。所以，通过多方面的治疗经验，我可以对于暗示疗法或者说催眠疗法作出总结了。根据古人的医学理论，任何一个理想的疗法，都必须具有见效迅速、保障疗效、且病人不排斥三个特点，所以伯恩海姆采用的疗法

　　伯恩海姆，法国心理治疗家。他是南锡学派代表人物。研究癔症、催眠和心理治疗。他首先创用"精神神经症"一词，他最早提出"对癔症的治疗不是暗示，而是消除暗示"；他认为催眠是一种特殊的睡眠方式。他还指出催眠是基于暗性增高的一种心理现象，正常人只要接受暗示就能被催眠。弗洛伊德曾于1889年跟随伯恩海姆学习催眠术，这对他以后发展精神分析法有很大的启发。

就满足了其中的两个特点。这种疗法相比传统的分析法见效更迅速，病人也绝不会有什么不适之感。不过这种疗法让现在的医生来看，总显得单调了一些。它对于任何患者均采用相同的方式治疗，虽然可以遏制各种病症的发生，却无法对病症的意义有更多的了解。催眠法并非传统的科学医疗，倒有些像茅山道术，不过若是它能对病人产生理想的疗效，我们也不需计较那么多。理想疗法还有第三个特点，但却不是催眠法所具备的，因为催眠法并不能保证会有理想的疗效。这种疗法只适合某些精神病的治疗，而其他精神病运用此法未必会产生什么太大的效果，这个中原因，我们尚不知晓。更令人泄气的是，催眠法的疗效不能持续很久，在患者接受治疗后，过了一段时间，他可能会旧病复发，或者说表现出其他的病症，到时候我们不得不再次对其催眠。一些有主见的人曾批评过这种疗法，他们奉劝患者不要为了治愈自己的病症而不断地接受催眠，一旦形成了习惯，比如服了麻醉药一样，会失去自己的独立意识。反之，即便使用催眠法对患者做治疗，即便有时会达到医生的期待，在最短的时间内有绝佳的疗效，然而对此疗效的

催眠情景 伯格 油画 1851年 斯德哥尔摩国立博物馆藏

　　图中的医生即是伯恩海姆，他正在用催眠的方法为一位失语的病人治疗，催眠术是伯恩海姆以及当时的其他心理治疗家常用的一种治疗心理疾病的方法。

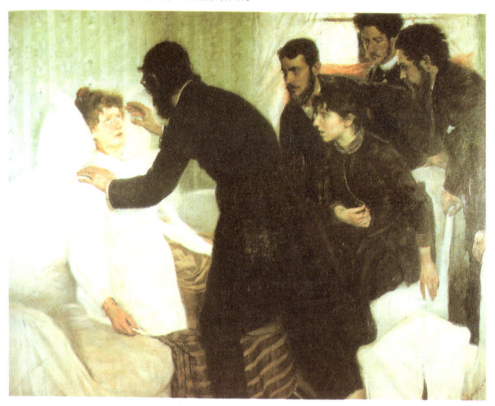

性质我们仍没有充分的了解。曾经有一次我以极短的时间对患者做了一次催眠治疗，患者是一名女士，当时我已经治好了她的病，然而过了不久她便对我毫无根由地产生了怨恨，并且她的病症又复发了。虽然她后来对我又变得友善了，我也再次将她的病医好，然而没过多久她便又对我憎恨起来。还有一次，我做过一个实验，有一位女性患者，她的病非常奇怪，我多次尝试消除其精神病的症状，有一次在我为她诊断时，她突然伸出上臂搂住了我的脖子。不论你是否喜欢这样的事情，但是它真的发生了，以致我不得不怀疑这种"暗示"疗法的性质和疗效了。

对于经验的介绍大致如上述所说。现在你们该明白，即便缺少直接的暗示，也并非没有其他有效的方法，我们对上述的事例稍作分析便会知道了。医生在运用暗示法做治疗时，实际上是很辛苦的，而患者只需要静坐着介绍治疗就行了。而暗示法也并不会违背大多数医生对于精神病治疗的一致观点。医生常会对精神错乱的患者说："你只是有些胡思乱想，其实没有什么病。我保证我们坐下来说几分钟话，你所遭受的痛楚就会立马消失。"不过，只要医生运用此疗法，即便只付出最初级的努力，且没有任何辅助性的手段，也会治好患者的病。当然，你们肯定会觉得这与你们固有的医疗观点是大不相同的。如果我们将各种病的症候作一个比较，便可以根据以往的经验来判定，这种暗示法并不能治疗所有的精神病。不过这种论断并非毫无破绽，因为谁也不能保证这世上不会有奇迹发生。

我们从上述的比较中可以得出，催眠的暗示和精神分析的暗示有如下区别：首先，催眠法是将患者藏在心中的事情予以化装，改变其本来面貌，而分析法则是要将隐藏的事情暴露出来，然而将其解除。前者在于粉饰，后者在于消除。前者运用暗示来抗御患者的病症，只改变了症候的表现形式，而并不能组织病症的形成和发生，而后者则通过引出精神病的症候，探求其形成缘由，然后运用暗示来消除这些病症。接受催眠法治疗的患者，会处于一种无意识和不能活动的状态，所以一旦受到某种引发病症的刺激，就根本无法抗御了。至于分析法，则会要求患者像医生那样付出努力，用自己的意志力来消除对于内心的抵抗，一旦这种抵抗被压制住了，那么患者的心理状况就会得到极大的改善，并会有一个良性的发展，而且慢慢地就会产生抵抗旧病复发的能力了。分析法的疗效就表现在对这种抵抗的压制，如果患者具备了此种能力，那么医生就会使用充满教育意义的暗示为帮助患者恢复。由此我们可以说，精神分析疗法也是一种教育手段。

上述所总结的催眠法的暗示与分析法的暗示两者之间的区别，你们应该有所了解，催眠法的暗示只用于辅助治疗，而分析法的暗示则是一种治疗手段。我们将暗示的效果与移情作用联系起来，因此便发现催眠法的暗示，其疗效并没有保障，而分析法的暗示，至少其效果比较持久。一般来说，能否对患者进行催眠，是由患者的移情作用的条件所决定的，不过这种调节并非我们能左右的。一个接受催眠治疗的患者，其移情作用往往比较消极，常见的为两极性的，也许我们可以采取一种特殊的方法来组织他的移情作用，不过目前我们尚未找到。而分析法则直接从移情作用入手，使其能够自由发展以辅助整个治疗。所以，我们要学会尽量运用暗示的力量，对病症加以控制，这样患者才能有规律地掌握自己的情感。如果患者能够受到暗示作用的影响，我们就有可能利用暗示对于他的病症进行利导。

也许你们会觉得，不论对我们的分析起作用的是移情或者暗示，我们对于患者的治疗却使得我们的精神分析领域的知识也是客观准确也成为一个问题，精神分析的疗效反而使精神分析的研究成果受到了质疑。批评者在反对精神分析是常说的一句话就是：虽然这些理论缺少依据，不过我们仍会对它们保持关注。如果它的确有据为证，那精神分析也只是暗示疗法中比较有效的一种变式。至于那些关于病人的生活习性、心理状况以及潜意识思想等理论，我们更不需要理会了。这些就是批评家常有的想法。他们觉得我们会自己事先推想出关于性的联想，然后将性的联想加诸患者身上，以使患者相信。对于这种反对的声音，光凭理论的反驳是没用的，我们需要列出实际经验的证据，那么反驳才能掷地有声。任何采用过精神分析疗法的医生，都会明白这种暗示法并不能产生多大的疗效。我们自然可以使患者相信某一种信仰，或者是医生的错误观点，并且他会

催眠的暗示和精神分析的暗示的区别

	催眠的暗示	精神分析的暗示
作用	催眠法是将患者藏在心中的事情予以化装，改变其本来面貌，用于粉饰。	分析法则是要将隐藏的事情暴露出来，然而将其解除。用于消除。
缺点	催眠法运用暗示来抗御患者的病症，只改变了症候的表现形式，而并不能组织病症的形成和发生。	分析法则通过引出精神病的症候，探求其形成的缘由，然后运用暗示来消除这些病症。
治疗手段	催眠法治疗的患者，会处于一种无意识和不能活动的状态，所以一旦受到某种引发病症的刺激，就根本无法抗御了。	分析法，则会要求患者像医生那样付出努力，用自己的意志力来消除对于内心的抵抗，一旦这种抵抗被压制住了，那么患者的心理状况就会得到极大的改善，并会有一个良性的发展，而且慢慢地就会产生抵抗旧病复发的能力了。
效果意义	催眠法的暗示只用于辅助治疗。	分析法的暗示则是一种治疗手段。

像学生一样来表现自己的言行举止。不过，我们采用此种疗法，只能影响患者的思想，而无法治愈其病情。所以当我们告诉患者，他的心灵在期待某事时，他便会认为自己的确在有这样的想法存在，而他这样做了，便有了压制内心抗拒的可能。至于医生那些错误的观点，在治疗过程中也会慢慢消失，并最终被科学的理论所替代。现在我们需要做的，是寻求一种可靠的方法，来阻止暗示法所产生的疗效，不过，即便出现了这种疗效，也不会对我们的治疗有太大影响，因为它并非我们的最终目的。在我看来，如果我们不能对那些奇怪的病症作出解释，不能引起患者遗忘的记忆和查找出其内心被压制的缘由，那我们的分析研究还要继续。如果我们在没有掌握充分的条件下仓促求得结论，则此结论只能阻碍我们的研究工作，而并不能使我们的工作有所进展，我们需要探究出造成这种结论的移情作用，至于已经获得的疗效，实际上没有什么用处，可以忽视不理。以上说的这些，便是分析法与一般暗示法的区别，所以分析法的暗示所得的疗效也不同于纯粹暗示法所得的疗效。在一般的暗示疗法中，移情作用都会被完整地保留下来；而在分析法中，移情作用则成了治疗的对象，常对其表现形式进行研究。所以在分析法的疗效下，往往是以移情作用被消灭为结果的。不过，若是此种疗效能够持续较长时间，那就不仅仅是暗示的功劳了，还有患者内心的变化，这种变化已经借助暗示的力量而被克服了。

暗示疗法在治疗时也会产生负面影响，即内心的反抗会在治疗过程中粉饰成为一种反面的移情，为了消除此种负面影响，就需要不断地与内心的反抗作斗争。有一个论点需要我们关注，那就是，由分析法所产生的许多结果，常会被认为是暗示的作用，不过我们可

赠送

　　弗洛伊德曾因大胆谈论"性"而震惊医学界，图中的少女没有面目，躺在一个山洞口的外面，手里拿着象征男性性器官的煤油灯，艺术家通过暗示的手法，指出精神病患者不能享受的人生乐趣。

以运用一些其他材料来证实其形成的根本原因。比如说痴呆症者和狂想症者绝不会受暗示的影响，但是当它们诉说那些潜入意识中的幻象以及象征的转化等症状时，却和我们对于移情精神病患者所得出的分析结论是一致的。所以说，虽然我们的解释的确易使人怀疑，不过我们可以寻求到证据来证明的。如果你们愿意信赖分析法的疗效，那么你们至少不会犯大错。

现在我们用力比多理论来阐述这种疗法的作用。精神病患者无法享受人生的乐趣，因为他们的力比多并非寄托在现实事物上，也不能活动做事，因为他们的行为能力只能用来支撑处于压制作用下的力比多，这样一来便没有多余的力量来自我表现了。如果患者的力比多和其自我反抗不再发生冲突，而这种反抗又能有效地控制力比多，那么他就会痊愈了。由此来说，治疗的工作实际上就是将患者的力比多从压制作用下解脱出来，并抛离其原有依附物，而只满足与自我的需求。然而，我们该如何来发现患者的力比多呢？其实不难找寻，力比多就附于病症的背后，而病症就是一种替代，以满足其需求。所以，我们的对于患者的治疗工作，便是掌控并消除患者的病症。然而，若要消除病症，须得先查找出其形成根源，探求形成此病症时的种种矛盾，在借助于一种从未用过的推动力，来解决这些矛盾。如果我们要对压制作用作一个详细的了解，那就必须根据形成压制作用的各种线索来作分析，才有可能受过期待的结果。更重要的是，如果一些早年的矛盾在医生为患者做治疗时，在移情作用的影响下又重新爆发，以致患者不断重复过去惯有的行为，那么医生只有绞尽脑汁，运用一切办法来解决这些旧有的矛盾了。所以说，移情作用包含一切力量，包括患者的反抗力量、患者的主观意志力、医生的力量等。

患者与医生的关系与患者内心的力比多以及与力比多相反抗的力量存在着密切的联系，一旦患者的力比多被剥夺，其移情作用可能就会发生改变甚至错乱，患者就会表现出不同于以往的病症。也许患者的力比多就是以医生为幻想对象，来作为他内心那些非现实事物的替代。所以，这种由幻想对象而引起的矛盾斗争，就需要借助于暗示的作用，将其升华到一种比较高级又易见的心理特征上，然后演化为一种常规的心里矛盾，我们便可能寻求方法解决它了。这时患者已经消除了新的压制作用的影响，而那种对力比多的自我反抗力量也已经示弱，而患者的内心也渐趋平稳了。当力比多拜托了其幻想对象，也就是医生时，也不会再回归原来的寄托对象上，而是真正地开始自我掌控了。医生在治疗时所遇到的这种反抗，其形成常有两方面的原因，一方面是患者自己对于力比多的憎恶，于是便会表现出一种压制的意向，另一个原因就是对于力比多的坚持，使患者不愿意离开以前所寄托的对象。

那么，我们的治疗工作也可以从两方面入手，首先使力比多脱离病症的束缚，而集中在移情作用下，然后就需要解决移情作用的问题以使力比多恢复自由。如果我们期望对这种矛盾的解决取得理想的疗效的话，那就必须消除压制作用的影响，使力比多不能再隐藏于潜意识中从而使患者失去了自我。这种治疗是有可能的，因为患者的自我意识

精神分析的心理结构

潜意识是精神分析的主要理论之一，与压抑作用和梦的解析息息相关。

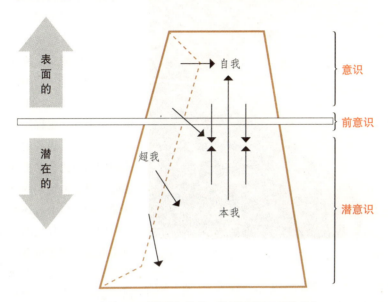

人的心理活动就好像是一块浮在海面上的冰山

- **意识** 指人们眼前所注意到的清晰的感知觉、情绪、意志、思维等的心理活动。其活动遵循"现实原则"。

- **潜意识** 是不为人感知的那一部分心理活动。它包括人的原始冲动、本能活动和被压抑的愿望、被意识遗忘的幼年经历等。其活动遵循"唯乐原则"。

- **前意识** 是介于意识和潜意识之间的心理活动过程，是意识和潜意识之间的缓冲地带。

精神分析理论将人格分为三个部分

- **本我** 潜意识深处的性本能和破坏欲等，即力比多，是人类本能的内部驱动力，控制其的机制是"唯乐原则"。

- **超我** 人们将社会生活过程中学会的社会规范、道德观念等内化，也就是指人类的良心、良知、理性等，大部分属于意识的，按"唯实原则"行事。

- **自我** 自我的动力来自于本我，即为了满足力比多；自我又要按"超我"的要求，按"现实原则"调节和控制"本我"的活动。

丹娜埃 古斯塔夫·克里姆特 奥地利 1907年 私人收藏

克里姆特的画主要受到希腊和古罗马神话的影响。画中的丹娜埃便是以希腊神话中的人物为原型所塑造出来的。丹娜埃是阿耳戈斯的公主，她的父亲阿克里西俄斯国王把她软禁在塔中。原因是她的父亲得到神的暗示，预言她的儿子将会杀死他，所以她的父亲不允许她跟任何男人接触。但是，宙斯有一天将自己变成了黄金雨降临到丹娜埃的身边。后来她的儿子珀尔修斯误杀了阿克里西俄斯，预言就这样实现了。画面中极富装饰色彩的黄金雨即是男人的精液，画面充满了情欲的暗示。

会由于医生的分析暗示而发生变化。医生的治疗常将潜意识的想法暗示给患者，以使患者的自我意识因为潜意识的明确而升华到一个新境界，又因为患者与医生的交流使其内心的力比多达到了一个平衡的状态，所以在患者的自我意识中，也会在一定程度上给予力比多以满足。患者的自我意识若能借用力比多来提升，那么其内心对于力比多的反抗也会逐渐消逝。以上叙述是一种理想的治疗，当我们的治疗过程越接近这一理想状态，所取得的疗效也会越大。然而，这种治疗也会存在多种困难，主要有二：一是力比多缺少灵活性，不愿脱离所寄托的客体，第二就是患者有严重的自恋倾向，不愿有任何客体移情的变化。运用治疗过程中的动力学可以更清楚地说明这一点：既然我们通过移情作用集中了部分的力比多，那么我们就使所有的力比多脱离患者的自我控制而为我们所掌握了。

有一点我们必须明白，我们并不能根据分析得来的力比多而推测出过去患者病发时的力比多倾向。如果一位患者将对父亲的情感转移到了医生身上，而使自己的病得以痊愈，我们也不能就此而认为他得病的原因就是对于父亲的一种潜意识的依恋。事实上，父亲移情（the father transference）就像是一个竞技场，医生在这个场地内压制住了患者的力比多倾向。若寻求其来源则需作另一番分析。总的来说，这个竞技场并非敌人最重要的堡垒，敌人也没有在城门前誓死反抗。一旦我们对移情作用作了分解，便可以探求出隐藏于病症背后的力比多倾向了。

通过上述的分析，我们现在可以用力比多来解梦了。一个神经病患者所做的梦，往往与他的过失及联想相同，我们都可以从中求得病症的缘由进而探究出隐藏的力比多倾向。从欲望的满足在这种倾向中所采用的形式来看，我们可以发现是哪一种欲望受到了压制，而力比多在脱离自我意识后，又会依托在哪一种客体上。对于梦的解释在精神分析治疗中具有十分重要的作用，在大部分的事例中，它都是精神分析最有效的一种工具。我们已经了解，睡眠本身可以缓和内心的压制作用，当此种压制作用的力量被减弱时，压制的欲望便会进入梦境，在梦境中会有比白天更为明确的表现形式。因此，对于梦的研究是研究被压制的潜意识最有效的办法，而被压制的潜意识就是脱离了我们掌控的力比多的藏身所在。

然而精神病患者所做的梦，与一般的梦没有什么不同，简直是无法区分。所以，如果我们认为对于精神病患者的梦的解释，不适用于对一般人的梦作出说明，这种想法就未免不切实际了。我们只能得出这样的结论，精神病患者于正常人的区别仅限于半天，而两者所做的梦，说有什么本质的区别是不正确的。所以，我们可以将那些由神经病患者所做的梦以及病症得出的结论来对正常人做出某方面的解释。有一点我们应该明白，即便是正常人的精神生活，也会有形成精神病症状或者梦的因素，我们也认为正常人的内心也会存在压制作用，而他们也必须消耗一定的力量来对其维持，并且他们的潜意识思想中也隐藏了丰富而强烈的受到压制的力比多倾向，而其中一部分力比多是不受自我意识的掌控的。因此，一个正常的人，在某种程度上说，也是一个精神病患者，只不过他是在梦中来表现自己的精神病症状。如果你们对于他在清醒时的行为进行批评，就会发现所批评的事实与这种结论是相反的，因为一个看似健康的正常人，其生活中常表现出来的是琐屑而轻微的症状。

神经质的健康和神经质的病症两者的区别可以凝缩为一个非常微小的差异，并且这个差异可以决定实际的结果。比如说一个人的享乐到底能达到什么样的程度。对于这个差异，我们可能就要探求自我支配力量与被压制的力量之间达到平衡时的一个比例了，也可以这么说，这个差异就是一种力量的差异，而非本质的差异。由此我们就为我们的知识得到了一个理论的依据，那就是，虽然精神病是基于体质的倾向，不过它是有可能被治疗的。

漫画中的弗洛伊德

位于左边的人物是伟大的物理学家爱因斯坦，中间的是弗洛伊德，右边的是斯坦纳，斯坦纳是变性手术的先驱之一。从这幅漫画中也足以看出弗洛伊德当时的知名度，那时的媒体称他为"爱情专家"。

寻找诚实之人的戴奥真尼斯 卡撤·范·埃沃尔丁肯 荷兰 布面油画 1652年 海牙毛里茨里兹博物馆

　　哲学家戴奥真尼斯站在交易广场上，他想在这里寻找一位诚实的人，围观的这群人来自社会各个阶层，有穷人，有富人，不知道他是不是能从人的表面看到人的内心？也许就是因为围观的人太多，想被证明诚实的人也太多，而这种人大多都是不诚实的。精神分析法的治疗也是一样，若有亲友在一旁干涉，实则是一件极度危险的事情，而我们在做治疗时常会显得无所适从了。

所以，我们可以从精神病患者的梦与正常人的梦的一致性推测出健康的特质。然而仅就梦的本身，我们还可以得出这样以下几种结论，其一，梦与精神病的症状有着不可断绝的关系。其二，若是我们不赞同梦的重要意义，也可以这样认为，梦是将潜意识思想还原为原始的表现形式。其三，通过梦来探求内心的力比多倾向以及当时的幻想对象，是最有效的方法。

对于精神分析的讲演基本结束了。可能你们会觉得失望，说我关于精神分析疗法的课题，只是讲了些空洞的理论，没有联系实际的治疗和疗效。你们的质疑没错，不过我也有自己的理由：我没有提实际的治疗，是由于我不想你们在决定如何使用这种分析法时受现实情况的影响，而我为什么不提及疗效，则是有以下几个动机：你们应该记得，我在讲演开始前便多次宣称，我们在特定环境下所取得的疗效，绝对不会低于其他医学疗法所能取得的最辉煌的成就；还有，我还可以这样说，精神分析疗法所取得的疗效，绝对是其他医疗手段所不能比拟的。如果要我说得再详细些，可能就有人觉得我是在夸夸其谈，只是为一种新疗法做宣传，以抵抗反对者的批判。我们医学家的一些同行，有时甚至在公共场合，也会对精神分析肆意诋毁，声称会讲这种邪说的失败经验和危害性公之于众，好使那些受了蒙骗的民众认清楚这种学说的真面目。且不说这种态度有多么恶毒，他们说能找寻出精神分析的失败经验，我看他们也未必能搜集到什么有价值的证据，以使公众信服。希望你们明白，精神分析疗法是一门新生的学说，它需要经历长久的磨炼和沉淀才能不断地完善。鉴于此种学说的教学难度，因此初学精神分析的同学们，必须更加努力培养自己独立研究的能力。你们应该有这样一个观点：精神分析家的结论也绝不是精神分析疗法最有效、最正确的理论。

在精神分析疗法最初时期，有很多治疗经常会失败，主要是由于精神分析家不能辨认哪些病症属于精神分析疗法的治疗范畴，所以一概对其做治疗，而现在我们可以通过适宜治疗病症的特征将一些不相干的病症排除了，这些特征也是经过多方面的努力探索才总结出来的。最初我们也不知道狂想症和痴呆症在发展到一个充分时期，便不需要精神分析法来治疗了，虽然此疗法可以治愈很多错乱的病症。早期的失败并非全是医生的过错，或者是对于病症的选择错误，不利的外部环境也是一个非常重要的因素。前面讲过，患者的内心有一种无法避免却可以克制的抵抗意识。患者在接受治疗所表现出来的反对精神分析的抵抗，虽然在学术研究上没有什么价值，然而在治疗上却有重要意义。精神分析法的治疗和外科手术有一个相同之处，那就是两者都需要在最合适的情境下施行治疗，才有可能取得成功。你们也了解，外科医生在实施手术前，一般都是布置手术环境，比如选择手术室、调整室内关系、挑选合适的助手、并需要患者亲友回避等。你们可以想象一下，如果在外科医生做手术的同时，患者的亲友在一旁围观，且乱糟糟说个不休，那么你们认为这手术会有多大的成功率？精神分析法的治疗也是一样，若有亲友在一旁干涉，实在是一件极度危险的事情，而我们在做治疗时常会显得无所适从了。在治疗过程中，我们必须引起患者内心的抵抗，同时还要加以戒备，但对于那些外界的

向一位半老徐娘献殷勤的农夫 阿德里安·范·奥斯塔德 荷兰 木板油画 1653年 伦敦国家美术馆

    图中的老妇人颇有几分姿色，所以引得这位农夫向她献殷勤。但这幅画，总是有几分滑稽的味道，农夫诡秘的笑容，显然不是一个好人，妇人却被他的甜言蜜语撩拨得沾沾自喜，脸上洋溢着掩饰不住的高兴。这幅场景就像是一只狐狸在向一只雌鹅求欢一样，农夫的手里还拿着作为礼物的咸鱼，实在让人忍俊不禁。

抵抗，就是患者亲友的干涉，即便我们戒备了也防御不了。我们既不能以情理说服他们离开，也无法劝导他们不要干扰，更不能推心置腹地对他们讲实话。最后一种情况是非常严重的，若是我们讲了实话，立刻便会使患者对于我们的信任发生倾塌。到那时患者就会认为我们既然与他的亲友站一边，便不再愿意接受我的治疗了，而患者的要求是正当的，我们也无法拒绝。作为一个精神分析师，若是我们知晓了家庭不睦的内情，对于患者的亲属不想患者康复而宁愿他病情持续恶化的事实，我们也不必感到惊讶了。如果患者的精神病是由于家庭纠纷，那么家庭中健康的人肯定会将自己的利益放在首位，而不理会生病人的死活。所以，丈夫便常会认为生病的妻子在医院治病时，自己的缺点就会被暴露无遗，这也就难怪他对于妻子接受的治疗百般指责了。丈夫的抵抗，再加上妻子的潜意识抵抗，那么即使尽了最大的努力，也常免不了会失败。所以，最初我们的精神分析治疗，其成功的难度非常大，可谓是难于上青天啊。

上述事实，我想用不着多举例子你们就会明白，不过我还要举出一个事例。在这个事例，因为事关职业操守，所以我没有为自己争辩过。在几年前，我曾治疗过一名少女，这名少女因为胆子小而不敢出家门，也不敢一个人在家。在我和她交谈时，她在迟疑了很久终于承认，她曾经不经意发现自己的母亲与一位富豪有过暧昧关系，于是她便对此事感到十分忧虑。后来她便用一种很幼稚，或许是很巧妙的方式将自己这种忧虑暗示给母亲。她这种暗示方式有这样几点：第一是在母亲面前尽量变得积极主动一点。第二是时不时声称除了母亲之外，没有人能消除她独自在家的恐惧感。第三就是当母亲要出门时，她便挡在门前，阻止母亲出去。少女的母亲本来患有神经过敏症，不过她已经治愈了，很久都没有复发了，或者可以这样说，她在医院治疗期间认识了一名男士，对其顿生好感，便常与其来往。她正觉得幸福，却因为女儿的奇怪举动而变得猜疑，最终她明白了女儿这暗示的含义了。她是想将自己的母亲关起来，不使她再与情人来往。这位母亲便痛下决心不再接受这种对自己有害的治疗，然后她将女儿送进了精神病院。这么多年来，她一直在指责说女儿是"精神分析的不幸牺牲品"，而我也经常遭受她的侮辱。多年来我从来都没有辩解，因为我有自己的职业操守，这件事属于秘密，我不能公之于众。又过了几年，有个同行去拜访这位患有神经过敏症的女士才知道，原来她与情人的交往已经人尽皆知，即便她的丈夫和父亲也默认不管了。不过她的女儿却因为这个秘密而成为"精神分析的牺牲品"。

在这次欧战开始几年里，经常会有各个国家的患者来我这里求诊，出于医生的职业操守，我肯定不能考虑他们对于我的国家的好恶之感。于是我就制定了这样一个规定，凡是生活上与家人不和睦、没有达到法定成人年龄以及不能独立生活的人，我不会为其诊治的。实际上精神分析家不需要有这种原则。也许你们认为我是在对患者的亲属提出警告、或者是鼓动患者离开家人，再或者认为只有离家出走的人才可以接受诊治。你们这种想法绝不能算对，病人，或者是疲惫的人，他们在接受治疗时，如果仍在反抗生活强加于他们的种种限制，那么我们的治疗才能更有效果。而病人的亲属也应当对自己的行为做出合理的规范，这样才不会对这种有利的治疗条件有所损害，并且他们也不应该再对医生的工作加以辱骂。不过，我们该怎么做才能使那些我们根本无法施加影响的人表现出我们期望的态度呢？也许你们认为病人自身的修养以及直接的外部环境对于病症的治疗会有更大的帮助。

虽然我们可以将精神分析的失败归咎于外界不可消除的因素，不过这已经使精神分析法的疗效大打折扣了。曾有支持精神分析的人向我提了个建议，说我们可以将精神分析法的成就进行统计以消除那些因失败而造成的不利影响。这种建议很好，不过我不能同意，理由很简单，成功的经验与失败的经验相差太多，而且我们所治疗的病症也多种多样，所以这种统计实际上没有什么太大的意义。况且我们也没有什么时间来做这种不足以证明疗效的持久性的统计，因为大多数的病例，根本就没法对其做记录。病人通常对于自己的病情以及治疗过程都会三缄其口，即便恢复了健康也不会告诉别人。因此，

浮现在海岸边的面孔与水果盘　萨尔瓦多·达利 西班牙 1938年 华兹沃斯文艺协会藏

达利语录中有这样一句话："我和疯子之间唯一的不同，就是我不是疯子。"他在创作时避免自己陷入精神异常，所以经常在心理层面总是会扮演一名偏执狂病患者，运用此种感觉所产生的幻象而进行创作。画面中央明显可以看到一个人的脸庞变成了水果盘，同时也变成了整个画面的狗的一部分。这种重叠的影像也是达利作品中经常看到的。

那些反对精神分析的人便常会引用这样的理由来提出自己的质疑了：医生在治疗疾病上往往不讲科学性，不能指望他们会被正确的理论所感化。一种新的疗法出现后，有时会受到疯狂的推崇，如科克首次发布结核菌的研究成果，然而有时也会引起猜疑，比杰纳的种痘术，本来是一种极有效的预防疗法，当时遭到很多人的反对。那种反对精神分析的观点，我们可以从下面这个事例集中了解。我们曾经治愈了一个疑难之症，于是一个同事便说："这种病症不算什么，经过一段恢复期后，病人肯定会好起来的。"然而没过多久，病人便又遭受了抑郁症和狂躁症的折磨，所以在一次病发后她来找我求治，当时我为她做了悉心的治疗，没想到不到一个月，她的狂躁症又复发了。因此，她的亲属和其他的医生都认为，病人的狂躁症是由于精神分析治疗所导致的后果。对于这种偏见，我们真是无可奈何。你们该明白，在这次欧战中，无论哪一个集团国都对另外的集团国怀有深深的偏见。所以，最明智的方法就是沉默以对，那么这种偏见自然会消失得无影无踪。而最终有一天，人们会用一种崭新的科学的、眼光来看待这一事实。至于他们以前对此有过什么样的想法，可能连他们自己也记不起来了。

如今那些反对精神分析疗法的声音已经渐趋式微，而这一学说则在不断地推广传播着，最有利的证明就是许多国家中越来越多的医生开始采用精神分析疗法了。我年轻时，新生的催眠暗示法成了医学家的公敌，当时人们对于它的强烈批判与今天那些反对精神分析的偏见有过之而无不及。催眠暗示法虽然可以作为一种治疗的工具，不过它的疗效的确不尽如人意，而精神分析法则是在对它取其精华去其糟粕的基础上进行了改善和提升，即便如此，我们也不能遗忘催眠暗示法对我们的鼓励和启示。对于有的人指出的精神分析的负面影响，实际上都是病人在恢复过程中的一些表现病症，而恢复过程常会因为我们治疗的死板而回突然停止。即便你们了解了治疗病人的方法，也未必能够准确判断，我们为治疗所付出的努力是否会使病人受到伤害。分析法可能会产生失误，尤其对一些昏庸的医生而言，移情作用会成为一项很危险的工具。然而，医学治疗免不了会产生失误，但我们不能就此弃用。如果不能用刀做手术，那外科医生该怎么办？

至今我的演讲，现在可以彻底结束了。我的演讲未必尽善尽美，也有不少的缺点，所以我感到很惭愧，这可不是客套话。最让我觉得抱歉的是，有时会提出一个问题，言说以后再讲，然而却一直没有对这一问题作出解释。关于精神分析这一课题，它正处于发展阶段，现在还没有结束，因此我所讲的一切，也免不了欠周全之处，还有就是该下定论时，我却没有进行总结。不过，我演讲的根本目的并非想让你们都成为精神分析家，只要你们对这一学说有所了解或者产生兴趣，那么我便满足了。

弗洛伊德街　姬佑 摄影

这是位于巴黎的"弗洛伊德街"。弗洛伊德的精神分析主要是针对神经症在临床实践上的一套理论和技术，是对人的精神结构有史以来最为深邃和细致的考察，精神分析重新建构了人的主体，换句话说，就是梳理了人的整个精神历史，达到直面症状、重构人格的自我更新。